Die Baumwollspinnerei

von

WM. SCOTT TAGGART. M.I.MECH.E.

CONSULTING INGENIEUR

Mitglied des Vereins Deutscher Ingenieure

Nach dem englischen Original übersetzt und erweitert

von

WILHELM BAUER

Straßburg

Band I

Berechnungen

Mit 124 Textabbildungen und 11 Leistungstafeln

München und Berlin 1914

Druck und Verlag von R. Oldenbourg

Einführung.

„Die Baumwollspinnerei" ist die deutsche Ausgabe der bekannten englischen Werke „Cotton Spinning" und „Cotton Spinning Calculation", die in ausführlicher und verständlicher Weise an Hand zahlreicher Zeichnungen das gesamte Fachgebiet der Baumwollspinnerei behandeln.

Die Fortschritte und die neuere Entwicklung der Spinnerei im Gebiet des Rohstoffes, des Spinnvorgangs und der Spinnereimaschinen in allen ihren Einzelheiten sind weitgehend berücksichtigt. Vor allem aber wurden auch die deutschen und Schweizer Maschinen, die mit zu den besten gehörend, hier eine wesentliche Rolle spielen, in ausführlicher Behandlung hinzugefügt.

Das Werk umfaßt im ersten Band die Berechnungen, im zweiten Band, der in zwei Teile zerfällt, die Baumwolle und die Vorwerke der Spinnerei sowie die Feinspinnerei, Zwirnerei und Fabrikanlagen, Luftbefeuchtung, Entstaubung etc.

Der vorliegende erste Band umfaßt die praktischen und theoretischen Berechnungen, teils in allgemeinen Formeln, teils in praktischer Durchrechnung von Beispielen an den Maschinen fast sämtlicher Maschinenfabriken, wozu zahlreiche Getriebskizzen vorhanden sind. Diese Zeichnungen bieten für jeden in der Praxis stehenden Fachmann ein wertvolles Material für seine Berechnungen, da sie ihm die genauen Getriebe der gebräuchlichen englischen, deutschen und Schweizer Maschinen geben.

Dabei sind die Zeichnungen zum großen Teil umgearbeitet, entsprechend der heute bei uns üblichen Darstellungsweise, so daß die meisten auch als Zeichnungsvorlagen dienen können.

Um dem Anfänger das Einarbeiten zu erleichtern, ist in Abschnitt I eine gründliche Einführung in die wichtigsten Rechnungsarten, soweit sie in der Folge in Anwendung kommen, vorausgeschickt.

Abwechselnd mit den deutschen Maschinenbezeichnungen sind auch die bei uns gebräuchlichen englischen Ausdrücke angewandt, um den Anfänger damit bekannt zu machen. Der Gedanke war naheliegend, dem Werke ein Wörterverzeichnis der wichtigsten deutschen, englischen und französischen Ausdrücke aus dem Gebiet der Spinnerei beizugeben, eine derartige Zusammenstellung würde aber für den Rahmen dieses Werkes zu umfangreich, falls an sie einigermaßen Anspruch auf Vollständigkeit gestellt würde. Es seien deshalb diesbezügliche Interessenten auf die Fachbände über Faserstofftechnik der Schlomannschen Illustrierten Technischen Wörterbücher (sechssprachig) verwiesen, die in demselben Verlag erscheinen.

Straßburg, i. Els.

Wilhelm Bauer.

Vorwort zu Band I.

Das in den folgenden Seiten angewandte Schema ist in Lehrbüchern wenig gebräuchlich, aber eine lange Erfahrung mit Schülern und in der Textilindustrie Angestellten läßt den Herausgeber glauben, daß es willkommen ist. Alle praktisch vorkommenden Maschinen der verschiedenen Maschinenfabriken sind dargestellt und Rechnungsbeispiele von diesen Maschinen gegeben. Das hat natürlich zur Wiederholung mancher Formel geführt, aber dieser scheinbare Fehler ist für die Praxis eine günstige Gelegenheit, eine Reihe von Beispielen der heutigen Maschinen zu geben und den Schüler mit den verschiedenen Getrieben und Maschinen vertraut zu machen.

Es sei auch darauf hingewiesen, daß scheinbar in der Art wie die Formeln vorgeführt und die Beispiele durchgerechnet werden, keine Übereinstimmung besteht. Das ist absichtlich geschehen, um zu zeigen, daß es nicht notwendig ist, die Regeln auswendig zu lernen, sondern die Berechnungen auf verschiedenem Wege gemacht werden können, falls die darin enthaltenen Grundlagen genügend verstanden worden sind.

Es ist deshalb auch nicht unbedingt notwendig, daß der Schüler eine genaue Kenntnis der Mathematik hat. Lehrer werden deshalb besser und schneller damit vorgehen können, da die Berechnungen in einer Form gebracht sind, die auch für die Schüler, die mit Gleichungen vertraut, verwendbar sind. Das Skizzieren ist für Schüler und Techniker sehr wichtig und werden deshalb die zahlreichen Beispiele sehr wertvoll sein.

Die verschiedenen Maschinenfirmen haben dazu beige-
tragen, das Buch so vollständig als möglich zu machen, wofür der Herausgeber ihnen bestens dankt, aber es darf nicht
übersehen werden, daß sie nicht verantwortlich gemacht
werden können für Abweichungen von ihren eigenen Formeln
und Skizzen, die der Herausgeber für notwendig erachtet hat.

In Anbetracht der zahlreichen Rechnungsbeispiele und
Formeln sind Fehler leicht möglich. Der Leser wird an Hand
der Zeichnungen oder an vorhandenen Maschinen solche
korrigieren können und der Herausgeber und der Verleger
werden für solche Berichtigungen dankbar sein, damit sie in
späteren Ausgaben richtiggestellt werden können.

Bolton 1909.

Wm. Scott Taggart.

Inhaltsverzeichnis.

Abkürzungen.

α = (alpha =) Drehungskoeffizient,

cm = Zentimeter,

d = Durchmesser (= $2\,r$),

dm = Dezimeter,

Dw = Drahtwechsel, Zwirnwechsel, Marsch- oder Gangrad,

Dz = Drahtzähler, Zähler,

g = Gramm,

Hz = Hinterzylinder,

Kg = Kilogramm,

Kw = Kilowatt (= 1000 Watt) = 1,36 PS theoretisch und
    $1\,^1/_2$—$1\,^3/_4$ PS praktisch,

m = Meter,

mm = Millimeter,

Nr. = Garnnummer,

Nw = Nummerwechsel, Verzugswechsel,

π = (pi =) 3,14 oder $\dfrac{22}{7}$, der Koeffizient für den Zylinder-
    umfang,

$\pi\,d$ = Kreisumfang, Zylinderumfang (= $2\,r\,\pi$),

$\dfrac{\pi\,d^2}{4}$ = Kreisfläche $\left(= \dfrac{2\,r^2\,\pi}{4} \right)$,

PS = Pferdestärke,

Pfd. = Pfund (= $^1/_2$ kg), Zollpfund,

Pfd. engl. = englisch Pfund (= 453,6 g),

r = Radius $\left(= \dfrac{d}{2} \right)$,

$\sqrt{}$ = (r = Radix =) Wurzel, Quadratwurzel,

s = Sekunden,

t/m. = (t/min. =) Tourenzahl, minutlich,

T = (Torsion =) Drehung,

v = Geschwindigkeit, minutlich,

v. H. = vom Hundert (= $\%$),

V = Verzug,

Vw = Verzugswechsel, Nummerwechsel,

Vz = Vorderzylinder,

W = Wechselrad,

Ww = Wagenwechsel, Wagenzugrad,

x = unbekannte oder veränderliche Zahl (z. B. Wechselrad),

Z = Zähler, Drahtzähler,

Z = Zoll (hier stets englisch Zoll = 25,4 mm),

$\%$ = Prozent (= v. H.).

I. Abschnitt.

Allgemeine Rechnungsarten.

Zur Einführung in die Spinnereiberechnungen werden in diesem Abschnitt die grundlegenden Rechnungsformen behandelt:

1. Prozentrechnung.
2. Quadrate und Quadratwurzeln.
3. Garnschneller und Nummern.
4. Riemscheiben-Übertragung.
5. Zahnräder-Übersetzung.
6. Durchmesser und Umfang.
7. Umfangsgeschwindigkeit.
8. Verzugsberechnung.
9. Die Hilfszahl oder Konstante.
10. Hebelberechnung.

Es sind dies Kalkulationsformen, wie sie sich in den späteren Abschnitten, wo sie auf die einzelnen Maschinen angewendet werden, immer wiederholen.

1. Prozentrechnung.

Wenn irgendwelche Mengen, ausgedrückt in Gewicht, Anzahl etc., um einen gewissen Betrag vermehrt oder vermindert werden, so können wir die Veränderung ausdrücken, indem wir sagen, die Zunahme betrug das Doppelte oder die Hälfte des ursprünglichen Gewichts, oder man kann es ausdrücken, indem man die tatsächlichen Zahlen nennt und z. B. sagt, die Gewichtszunahme des Garnes beträgt 6500 Pfd., oder der Gewichtsverlust betrage 510 Pfd., oder die eine Maschine wird 60 Wickel mehr herstellen als die andere usw.

Für Vergleichszwecke muß eine bestimmte Grundlage angenommen werden, und wir vergleichen Verlust oder Gewinn am besten in ihrem Verhältnis zu der Grundzahl 100 und nennen es »vom Hundert« (v. H.) oder »Prozent« (%).

1. Beispiel: Wenn 10 000 Pfd. Rohbaumwolle gekauft werden und daraus nur 9000 Pfd. Garn verfertigt werden, wie groß ist der Abfall?

Wir können darauf antworten, daß der Abfall 1000 Pfd. beträgt, oder $^1/_{10}$ des Originalgewichtes, oder aber wieviel Pfund Abfall auf jede 100 Pfd. Rohbaumwolle gemacht wurden.

Rohbaumwolle   10 000 Pfd.

Baumwollabfall   10 000 — 9000 = 1000 Pfd., und wenn also   10 000 Pfd. Baumwolle 1000 Pfd. Abfall geben,

dann haben wir von 1   »   » $\dfrac{1000}{10\,000}$ Pfd. Abfall

und von   100   »   » $\dfrac{1000 \cdot 100}{10\,000} = 10$ Pfd. Abfall,

und somit 10 v. H. oder 10%.

2. Beispiel: Angenommen, wir haben 9000 Pfd. Garn zu spinnen, und wir wissen, daß der Abfall beim Spinnen 10% beträgt, wie berechnen wir uns die nötige Rohbaumwolle?

Wir sehen aus dieser Angabe von 10%, daß

90 Pfd. Garn aus 100 Pfd. Rohbaumwolle erzeugt werden,

folglich 1   »   »   » $\dfrac{100}{90}$ »   »

und 9000   »   »   » $\dfrac{100 \cdot 9000}{90}$ Pfd. = 10 000 Pfd. Rohbaumwolle.

Das waren zwei übersichtliche Beispiele, die auch ohne Rechnungsformel beantwortet werden könnten; nun einige andere Aufgaben:

3. Beispiel: Wenn 100 000 Pfd. Rohbaumwolle zu Garn verarbeitet werden, so betrage beispielsweise der Verlust durch Abfall: 5% bei den Öffnern und Schlagmaschinen, 5% in der Karderie und 5% an den Spinnmaschinen. Was bleibt als Garngewicht? Wir suchen zuerst das Baumwollgewicht der Kardenwickel, wofür der Abfall 5% beträgt:

Wenn   100 Pfd. Rohbaumwolle   5 Pfd. Abfall geben,

so gibt   1 »   » $\dfrac{5}{100}$ »   »   und

100 000 »   » $\dfrac{5 \cdot 100\,000}{100} = 5000$ Pfd. Abfall.

100 000 — 5000 = 95 000 Pfd. ist das Gewicht der Baumwollwickel.

Nun haben wir das Gewicht, das uns aus diesen 95 000 Pfd. in den Spinnkannen verbleibt, zu suchen:

Wenn bei 100 Pfd. der Abfall   5 Pfd. beträgt,

so ist bei   95 000 »   »   » $\dfrac{5 \cdot 95\,000}{100} = 4750$ Pfd.

95 000 — 4750 = 90 250 Pfd. für die Vorspinnmaschinen.

Auf den Vor- und Feinspinnmaschinen seien wieder 5% gerechnet:

Wenn aus 100 Pfd. der Abfall   5 Pfd. beträgt,

so ist auf   90 250 »   »   » $\dfrac{5 \cdot 90\,250}{100} = 4512\tfrac{1}{2}$ Pfd. und

90 250 — 4512 ½ = 85 737 ½ Pfd. Garn.

Wir   können   nun   den   Gesamtabfall-Prozentsatz bestimmen:

100 000 — 85 737 ½ = 14 262 ½ Pfd. Abfall.

Wenn bei 100 000 Pfd. Baumwolle der Abfall 14 262 Pfd. beträgt,

dann ist er bei   1 »   » $\dfrac{14\,262}{100\,000}$

und bei   100 »   » $\dfrac{14\,262 \cdot 100}{100\,000} = 14\tfrac{1}{4}$ v. H. (%).

Wir dürfen also nicht einfach die dreimal 5% addieren, denn ¾% spielt hier schon eine Rolle.

4. Beispiel: 120 000 Pfd. wurden verarbeitet und ergaben in der Putzerei 5600 Pfd. Abfall; in der Karderie 4250 Pfd. Abfall, auf den Spinnmaschinen 3900 Pfd. Abfall. Wieviel Prozent Abfall haben wir in jedem einzelnen Fall und wieviel im Gesamten?

Wenn aus 120 000 Pfd.   5600 Pfd. Abfall entstehen,

dann aus 1 Pfd. $\dfrac{5600}{120\,000}$

und aus 100 Pfd. $\dfrac{5600 \cdot 100}{120\,000} = 4\tfrac{2}{3}$ v. H.

In die Karderie gelangen 120 000 — 5600 = 114 400 Pfd. Baumwolle.

Wenn aus diesen 114 400 Pfd. 4250 Pfd. Abfall erzielt werden, so wird aus 100 Pfd. $\dfrac{4250 \cdot 100}{114\,400} = 3{,}71$ v. H.

In die Spinnerei gelangen 114 400 — 4250 = 110 150 Pfd. Baumwollunte.

Wenn aus diesen 110 150 Pfd. 3900 Pfd. Abfall entstehen, dann aus 100 Pfd. $\dfrac{3900 \cdot 100}{110\,150} = 3{,}54$ v. H.

Gesamtabfall ist 5600 + 4250 + 3900 = 13 750 Pfd.

Wenn aus 120 000 Pfd. Baumwolle 13 750 Pfd. Abfall entstehen, dann aus 100 Pfd. » $\dfrac{13\,750 \cdot 100}{120\,000} = 11{,}45$ v. H. Gesamtabfall.

5. Beispiel: Einer Karde wurden 560 Pfd. Baumwolle vorgelegt und der Abfall durch den Vorreißer- und Tambourrost beträgt 1¾%. Der Deckelputz wiegt 24 Pfd. Wieviel ist der Gesamtabfall vom Hundert?

Rostabfall ist $\dfrac{1\frac{3}{4} \cdot 560}{100} = 9{,}8$ Pfd.

Gesamtabfall 9,8 + 24 = 33,8 Pfd.

560 Pfd. erzeugen also 33,8 Pfd.

100 » » dann $\dfrac{33{,}8 \cdot 100}{560} = 6{,}03$ v. H.

Die Baumwolle, die die Deckel passiert = 560 — 9,8 = 550,2 Pfd.

550,2 Pfd. erzeugen also 24 Pfd. Deckelputz,

100 » » dann $\dfrac{24 \cdot 100}{550{,}2} = 4{,}36$ v. H. ¦Deckelputz.

Dies ist natürlich nur ein Übungsbeispiel für Kalkulation. Der Prozentsatz Deckelputz aus der der Karde zugeführten Baumwolle ist

$$\dfrac{24 \cdot 100}{560} = 4{,}28 \text{ v. H.,}$$

dann ist wieder der Gesamtabfall = 1,75 + 4,28 = 6,03 v. H.

2. Quadrate und Quadratwurzel.

Um eine Zahl zu quadrieren, multiplizieren wir die Zahl mit sich selbst, und das erhaltene Produkt heißt »Quadrat«. Diese Bezeichnung stammt von der Berechnung der Quadratflächen, wobei bekanntlich die Länge einer Seite des Quadrats (in m, mm etc.) mit sich selbst multipliziert das entsprechende Flächenmaß (in qm, qmm etc.) ergibt. Z. B.: Das Quadrat von 12 ergibt sich aus $12 \cdot 12 = 144$; es ist 144 das Quadrat von 12.

Umgekehrt müssen wir, um die Quadratwurzel aus einer bestimmten Zahl zu erhalten, eine Zahl suchen, die mit sich selbst multipliziert diese Zahl ergibt. Z. B.: Die Quadratwurzel aus 144 ist 12, weil $12 \cdot 12 = 144$.

Die gebräuchliche Schreibweise für das Ausziehen der Quadratwurzel ist $\sqrt{}$, also $\sqrt{144} = 12$, d. h. die Wurzel aus 144 ist 12. Anderseits wird Quadrieren mit einer kleinen 2 rechts über der Zahl bezeichnet, also $12^2 = 144$ heißt 12 Quadrat ist 144.

Zur Übersicht einige Quadratzahlen mit ihren Wurzeln:

$1^2 = 1$	$5^2 = 25$	$9^2 = 81$	$50^2 = 2\,500$
$2^2 = 4$	$6^2 = 36$	$10^2 = 100$	$75^2 = 5\,625$
$3^2 = 9$	$7^2 = 49$	$16^2 = 256$	$100^2 = 10\,000$
$4^2 = 16$	$8^2 = 64$	$32^2 = 1024$	$320^2 = 102\,400$

Es ist also die Quadratwurzel einer

1 ziffrigen oder 2 ziffrigen Zahl	= 1 ziffrig,
3 » » 4 » » = 2 ziffrig usw.

Anderseits sehen wir z. B., daß einfachen Zahlen, wie 2, 4, 8, 16, 32, die eine fortgesetzte Verdoppelung darstellen, die Quadratzahlen 4, 16, 64, 256, 1024 gegenüberstehen, die eine 4 fache Steigerung ausdrücken. In diesem Verhältnis liegt die Bedeutung einer Quadratzahl oder umgekehrt einer Quadratwurzel in einer Rechnungsformel gegenüber einer einfachen Zahl, da das Resultat genau dementsprechend beeinflußt wird.

Nun sei noch ein praktisches Beispiel zur Ausziehung der Quadratwurzel angeführt. Es soll die $\sqrt{176\,840}$ gesucht werden. Nach obiger Regel gibt diese 6 ziffrige Zahl eine

3 ziffrige Quadratwurzel, und demgemäß sehen wir sofort
schätzungsweise, daß die Wurzel etwas über 400 ist. Aus
derselben Veranlassung teilen wir die Quadratzahl, mit dem
Einer und dem Zehner angefangen, in zweiziffrige Zahlen,
wovon jede eine Ziffer der Quadratwurzel gibt.

$$\sqrt{17^{c}68^{c}40} = 420{,}5$$

$$16$$

$$\overline{16^{c}8} : 82$$

$$164$$

$$\overline{44^{c}00^{c}0} : 8405$$

$$42025$$

$$\overline{1975}$$

1. Man sucht zunächst die Quadratwurzel aus der vor-
dersten Stelle, in diesem Falle aus 17. Diese Wurzel ist 4,
man schreibt diese 4 in den Quotienten und das Quadrat
von 4 = 16 unter 17, subtrahiert und erhält als Rest 1.

2. Zu dem Rest bringt man die nächsten 2 Ziffern 68
herunter und bildet für diese 168 einen neuen Divisor durch
Multiplikation des vorhandenen Quotienten 4 mit 2 = 8,
dividiere diese 8 in die ersten zwei Stellen von 168 (die 8
also weggedacht), d. h. in 16, das ergibt 2, die sowohl in den
Quotienten als in den Divisor geschrieben werden, wodurch
der letztere 82 beträgt. Diese 2 nun mit diesem Divisor 82
multipliziert = 164 und dieses subtrahiert ergibt Rest 4.

3. Zu diesem Rest die letzten 2 Ziffern 40 herunter.
Bildet man für diese 440 wieder einen Divisor durch Multiplikation des jetzigen Quotienten 42 mit 2 = 84 und dividiert
diese 84 in die ersten zwei Stellen von 440 (die letzte Stelle
wieder weggedacht), also in 44, so findet man, das geht nicht,
also 0 in den Quotienten. Die Quadratwurzel ist 420, für die
Dezimalstellen fahren wir fort:

4. Zu 440 zwei Nullen herunter. Für diese 44 000 bildet
man wieder einen Divisor durch Multiplikation des vorhandenen Quotienten 420 mit 2 = 840, dividiere diese 840 in
4400 (die letzte Stelle von 44 000 gestrichen), das gibt 5, die
sowohl in den Quotienten, also 420,5, wie in den Divisor,
also 8405, geschrieben werden. Diese 5 wieder mit dem neuen

Divisor 8405 multipliziert $= 42\,025$, und dieses subtrahiert, bleibt Rest 1975 usw.

Warum Quadrate und Quadratwurzeln in den Spinnereiberechnungen in Anwendung kommen:

Die Gespinste (wie Kardenband, Vorgarn, Feingarn etc.) haben alle mehr oder weniger eine runde Form, also einen runden Querschnitt, und wenn wir uns mit der Dicke des Gespinstes oder mit dessen Fasern, ihrer Drehung usw. beschäftigen, so müssen wir uns diesen Querschnitt und seine Kreisfläche vor Augen halten. Wäre der Querschnitt quadratisch, so würde das an unseren Folgerungen nichts ändern, denn das Verhältnis zwischen Quadratwurzeln und zwischen Quadratzahlen besteht ebenfalls zwischen den Kreisdurchmessern und zwischen den Kreisflächen.

Angenommen, wir hätten zwei Kreise (runde Querschnitte) von 2 mm Durchm. und 4 mm Durchm., wievielmal ist die eine Kreisfläche größer als die andere?

Flächeninhalt des Kreises von 2 mm Durchm. $= \dfrac{d^2 \cdot \pi}{4} = 2 \cdot 2 \cdot 0{,}785.$

$\quad$ » $\quad$ » $\quad$ » $\quad$ » 4 » $\quad$ » $\qquad = 4 \cdot 4 \cdot 0{,}785.$

Nun dividiere den Flächeninhalt des 4 mm-Kreises durch den Flächeninhalt des Kreises von 2 mm Durchmesser.

$$\frac{4 \cdot 4 \cdot 0{,}785}{2 \cdot 2 \cdot 0{,}785} = 4.$$

Die 4 mm Durchmesser ergeben also eine viermal größere Kreisfläche als die 2 mm Durchmesser, und diese Kreisfläche ist viermal größer, weil das Quadrat aus ihrem Durchmesser ebenfalls viermal größer ist als das Quadrat aus dem Durchmesser der andern.

Die Hilfszahl $0{,}785 \left(= \dfrac{3{,}14}{4} \right)$ hebt sich in dieser Berechnung auf; bei der Vergleichung von Kreisflächen haben wir also nur die Quadrate ihrer Durchmesser zu vergleichen.

Das Gewicht einer bestimmten Länge ist die Basis, auf der die Garnnumerierung beruht. Stellen wir uns nun diese Kreisflächen vor als Querschnitt von zwei Vorgarnfäden von je 1 m Länge, so würde der Faden von 4 mm Durchmesser viermal mehr wiegen als wie der von 2 mm Durchm., oder das 2 mm-Gespinst müßte, um das gleiche Gewicht zu erhalten, viermal länger sein als das 4 mm-Gespinst. Diese letzte Feststellung ist sehr wichtig, denn darauf beruht das ganze System der Nummern und Schneller. Wir sehen also, daß ein Band, Vorgespinst oder Garn, das zweimal so stark ist als ein anderes, bei gleicher Länge viermal so viel wiegt als das andere, oder viermal so lang ist bei gleichem Gewicht. Würden wir den großen Kreis mit Nummer 2 bezeichnen, so wäre der kleine Kreis $2 \cdot 4 =$ Nummer 8. Mit andern Worten: die Garnnummern stehen im umgekehrten Verhältnis zu den Quadraten ihrer Durchmesser.

In der praktischen Baumwollspinnerei spielt die Frage des tatsächlichen Garndurchmessers kaum eine Rolle, dieser Durchmesser ist aber die Grundlage der Garnnumerierung. Angenommen, wir hätten zwei Garnnummern, Nr. 25 und Nr. 50, davon wissen wir, daß das 50ᵉ das feinere ist, mit andern Worten, es hat einen kleineren Durchmesser. Wir haben oben aus dem Garndurchmesser auf die Nummer geschlossen, ebenso können wir, wenn wir die Garnnummern wissen, das Verhältnis ihrer Durchmesser zueinander bestimmen, oder um wieviel der eine Durchmesser dicker oder dünner ist als wie der andere. Die Durchmesser stehen im umgekehrten Verhältnis zu den Quadratwurzeln der Nummern. In diesem Fall ziehen wir die Quadratwurzeln aus den beiden Nummern, und wir erhalten zwei Zahlen, die, in umgekehrtes Verhältnis gebracht, uns die Durchmesser anzeigen.

$$\sqrt{25} = 5 \quad \sqrt{50} = \infty \, 7$$

umgekehrt $\qquad\qquad 7 \qquad\qquad 5.$

D. h. wenn das Garn Nr. 25 z. B. $\frac{7}{10}$ mm Durchmesser hätte, dann würde Nr. 50 etwa $\frac{5}{10}$ mm Durchmesser haben, oder in andern Worten: obwohl 25 die Hälfte von 50 ist, so ist doch der Durchmesser von Nr. 25 $\sqrt{2} = 1{,}4$ mal größer als von Nr. 50. Wir können in der Praxis ganz einfach die eine Nummer durch die andere dividieren und aus dem erhaltenen Quotienten die Quadratwurzel ziehen, um das Verhältnis der Garndurchmesser zu bekommen.

Beispiel: $\frac{50}{25} = 2$; $\sqrt{2} = 1,4$.

Wir sehen also, wenn ein Garn feiner wird, so wird es nicht feiner im geraden Verhältnis zu der Nummer, auch nicht im umgekehrten Verhältnis zu der Nummer, sondern im umgekehrten Verhältnis zu der Quadratwurzel aus der Nummer.

3. Schneller und Nummer.

Der Schneller oder Hank ist ein Längenmaß von 840 englischen Yard (= 768 m), oder für französische und metrische Nummer von 1000 m.

Die Garnnummer ist ein spezifisches Längenmaß, bezogen auf Schneller pro Pfund, und zwar für die meist gebräuchliche **englische Nummer**: Anzahl Schneller von 840 Yard (768 m) pro englisch Pfund (0,453 kg).

Der Ausdruck Schneller oder Hank wird in der Praxis hauptsächlich angewandt für die Lieferung der einzelnen Maschinen und zeigt dabei die Längen an, die von den Lieferungszylindern der Strecken, Vor- und Feinspinnmaschinen hervorgebracht werden. Die Garnnummer bezeichnet dagegen die Feinheit des Gespinstes, wie wir oben gesagt haben, im umgekehrten Verhältnis zum Quadrat des Durchmessers (der Fadendicke). Wenn eine Länge von 840 Yard Garn 1 Pfd. engl. (453 g) wiegt, so bezeichnen wir das als einen Schneller in der Nr. 1 engl., wenn zwei Schneller von je 840 Yard (zus. 1680 Yard) 1 Pfd. engl. wiegen, so ist das die engl. Nr. 2.

Wenn 3 Schneller oder Hank von je 840 Yard 1 Pfd. engl. wiegen,
so ist das Nr. 3 engl.,
wenn 20 Schneller oder Hank von je 840 Yard 1 Pfd. engl. wiegen,
so ist das Nr. 20 engl.,
wenn 100 Schneller oder Hank von je 840 Yard 1 Pfd. engl. wiegen,
so ist das Nr. 100 engl.

Das Garn Nr. 100 ist also so fein, daß 100 Schneller nötig sind, um 1 Pfd. zu erhalten, während bei Nr. 1 schon 1 Schneller 1 Pfd. wiegt.

Die metrische Nummer beruht auf der Anzahl Schneller von 1000 m, die auf 1 kg gehen, diese Numerierung hat jedoch

nur in der Woll- und Kammgarnspinnerei Anwendung gefunden, dagegen beruht auf ihr die französische **Nummer**,
die eigentliche metrische Nummer in der Baumwollspinnerei,
die auf die Anzahl Schneller von 1000 m pro Zollpfund ($\frac{1}{2}$ kg
= 500 g) berechnet ist, also

wenn 1 Schneller von je 1000 m 1 Zollpfund (500 g) wiegt, so ist
das Nr. 1 franz.,
wenn 25 Schneller von je 1000 m 1 Zollpfund (500 g) wiegen, so ist
das Nr. 25 franz.

Das Verhältnis der englischen Nummer zur französischen
Nummer ist demgemäß:

$$\text{engl. Nr.} = \frac{\text{Länge in Schneller (768 m)}}{\text{Gewicht in engl. Pfd. (453 g)}} = \frac{\text{Länge in m} \cdot 453}{768 \cdot \text{Gewicht in g}}$$

$$= 0{,}59 \cdot \frac{\text{Länge in m}}{\text{Gewicht in g}}$$

$$\text{franz. Nr.} = \frac{\text{Länge in Schneller (1000 m)}}{\text{Gewicht in Zollpfund (500 g)}} = \frac{\text{Länge in m} \cdot 500}{1000 \quad \text{Gewicht in g}}$$

$$= 0{,}5 \cdot \frac{\text{Länge in m}}{\text{Gewicht in g}},$$

also engl. Nr. zur franz. Nr. wie 0,59 : 0,5 oder 1,18 : 1 oder 1 : 0,847
oder

engl. Nr.	1,18	10	13	18	20	26	30	32	39
= franz. Nr.	1	8,47	11	15$\frac{1}{4}$	17	22	25$\frac{1}{2}$	27	33
= metrische Nr.	2	16,94	22	30$\frac{1}{2}$	34	44	51	54	66 oder

engl. Nr. · 0,847 = franz. Nr.
franz. Nr. · 1,18 = engl. Nr.

Garnsortierung für die engl. Nr. Für ein Material wie
Baumwolle ist es zweckmäßig, mit einem kleineren Gewicht
zu manipulieren, als wie es das Pfund ist; das engl. Pfund
(453 g) wird in 7000 Grän oder Gran (Apothekergewicht)
eingeteilt, dann sind also 15,4 Grän = 1 g. Es ist auch nicht
notwendig, für die Feststellung der Garn- oder Vorgarn-Nr.
eine volle Schnellerlänge zu nehmen. Wir können einfacher
mit Bruchteilen arbeiten, wie $\frac{1}{2}$ Schneller und $\frac{1}{2}$ Pfd., also
420 Yard und 3500 Grän oder 105 Yard und $\frac{1}{8}$ Pfd. (875 Grän)
und überhaupt jede beliebige Länge verwenden und in demselben Verhältnis entsprechende Bruchteile eines Pfundes.

Die hierfür in Frage kommenden engl. Maße und Gewichte sind: 24 Grän = 1 Pennygewicht (dwt.) = engl. Troy-
Gewicht (Feingewicht).

18 dwt. 5½ Grän = 437½ Grän = 1 Unze = Avoir-
dupoids (Handelsgewicht).

16 Unzen = 7000 Grän = 1 Pfd. engl.

54″ (engl. Zoll) = 1 Faden oder Haspelumfang = 1½ Yard,
4320″   »   » = 80 » oder 1 Gebinde von 120 Yard,
30240″ »   » = 560 »   » 7 » = 1 Schneller von
840 Yard oder 768 m.

Zur Bestimmung der Vorgarn- und Garnlängen wird eine Vorgarn- oder Bandrolle und ein Garnhaspel oder Weife verwendet. Für beide ist das Grundprinzip dasselbe, um eine bestimmte Länge schnell zu messen, bezeichnet ein Zeiger das Maß und kurz bevor die Gesamtlänge abgelaufen ist, läutet eine Glocke. Für diese Prüfungen nehmen wir also eine bestimmte Länge; um diese abzuwiegen und um mit einem Blick die Nummer zu berechnen, stellen wir Tafeln auf, die vorwiegend für Band- und Vorgarnnumerierung geeignet sind. Diese Tafeln geben den Dividenden an in einer Reihe von Gewichten für Längen von 1 bis 7 Gebinden (à 120 Yard) und für kürzere Längen von 1 Yard aufwärts. Die Dividenden in den einzelnen Kolonnen sind durch eine einfache Proportion gefunden worden. Anstatt mit 840 Yard und 1 Pfd. engl. oder 7000 Grän rechnet man mit 1 Yard und 8,3 Grän oder mit 20 Yard und 166 Grän oder 3 Gebinden (à 120 Yard) und 3000 Grän.

Dividenden

für engl. Nr. und engl. Maße und Gewichte (840 Yard auf 7000 Grän).

Yard	Dividend	Yard	Dividend	Gebinde à 120 Yard	Dividend
	Grän		Grän		Grän
1	8,3	10	83,3	1	1000
2	16,6	12	100	2	2000
3	25	15	125	3	3000
4	33,3	20	166	4	4000
5	41,6	30	250	5	5000
6	50	40	333,3	6	6000
7	58,3	60	500	7	7000
8	66,6	80	666,6		
9	75	120	1000		

Z. B.:

Wenn 840 Yard 7000 Grän wiegen,

dann wiegt 1 » $\dfrac{7000}{840}$

und   6 » $\dfrac{7000 \cdot 6}{840} = 50$ der Dividend für 6 Yard.

Auf diese Weise kann jeder seine eigenen Tabellen für die Dividenden beliebiger Längen aufstellen.

Um die englische Nummer eines Wickels zu finden, messen wir 5 Yard ab und finden z. B. dafür ein Gewicht von 60 Unzen = 26 250 Grän.

Der Dividend für 5 Yard ist 41,6 Grän, so daß

$$\frac{41,6}{26\,250} = 0,0015$$

die Wickelnummer ist.

Durch Anwendung dieser Dividenden kann Zeit erspart werden, man muß aber auch die Nummer ohne Dividenden direkt ausrechnen können. Nehmen wir das obige Beispiel von 5 Yard zu 60 Unzen, so finden wir die Nummer wie folgt:

Wenn 60 Unzen das Gewicht von 5 Yard ist,

so entspricht 1 Unze einer Länge von $\dfrac{5}{60}$ Yard und 1 Pfd. oder

16 Unzen einer Länge von $\dfrac{5 \cdot 16}{60} = 1\frac{1}{3}$ Yard.

Die Nummer ist selbstverständlich $1\frac{1}{3}$ Yard : 840 Yard =

$$\frac{1\frac{1}{3}}{840} = \frac{4}{3 \cdot 840} = \frac{1}{630} = 0,0015 \text{ Nr. engl.}$$

2. Beispiel: 4 Yard eines Kardenbandes wiegen 220 Grän, wie ist die engl. Nr.?

Der Dividend für 4 Yard ist 33,3 Grän.

$\dfrac{33,3}{220} = 0,151$ ist die engl. Nr. des Kardenbandes,

oder direkt ohne Dividend auszurechnen:

Wenn 220 Grän einer Bandlänge von 4 Yard entsprechen,

so entspricht 1 »   »   »   » $\dfrac{4}{220}$ » und

1 Pfd. = 7000 »   »   »   » $\dfrac{4 \cdot 7000}{220} = 127,27$ Yard

und $\dfrac{127,27}{840} = 0,151$ ist wieder die engl. Nr. des Kardenbandes.

Bei dieser Berechnungsart haben wir zum Schluß mit 840 dividiert, wir können die Rechnung aber auch in einem Satz ausführen:

$$\frac{4 \cdot 7000}{220 \cdot 840} = 0,151 \text{ Nr. engl.}$$

Für deutsche Maße und Gewichte haben wir eine zweite Tabelle, ebenso berechnet:

Wenn 768 m 453 g wiegen,

dann wiegt 1 m $\dfrac{453}{768}$ g,

und z. B. 6 m $\dfrac{453 \cdot 6}{768} = 3,54$ der Dividend für 6 m.

Dividenden

für engl. Nr. und Meter und Gramm (768 m auf 453 g).

Meter	Dividend	Meter	Dividend	Meter	Dividend
	Gramm		Gramm		Gramm
1	0,59	10	5,9	100	59,06
2	1,18	12	7,08	150	88,59
3	1,77	15	8,85	200	118,12
4	2,36	20	11,81	250	147,65
5	2,95	30	17,71	300	177,18
6	3,54	40	23,62	400	236,24
7	4,13	50	29,53	500	295,3
8	4,72	60	35,43	600	354,36
9	5,31	80	47,24	768	453

Beispiel: 4 m Kardenband wiegen 16 g, wie ist die Nr. engl. ?

Der Dividend für 4 m ist 2,36

$$\frac{2,36}{16} = 0,1475 \text{ ist die engl. Nr.}$$

oder direkt ohne Dividend berechnet

$$\frac{4 \cdot 453}{16 \cdot 768} = 0,1475 \text{ Nr. engl.}$$

Es ist anzuempfehlen, sich vor allem die letzte direkte Berechnungsart zu merken, weil Dividendentabellen nicht immer zur Hand sind.

Für die Numerierung von Garn ist die meist übliche Länge $^1/_7$ Schneller = 120 Yard, das ist ein Gebinde, und das Gewicht dieses Gebindes mit 7 multipliziert, ergibt das Gewicht eines Schnellers; wird dieses Schnellergewicht (in Grän) in 7000 Grän (= 1 Pfd. engl.) dividiert, so sehen wir den wievielsten Teil eines Pfundes dieser Schneller wiegt oder wieviel Schneller auf 1 Pfd. gehen. Damit haben wir die Nummer. Wenn wir 120 Yard (= $^1/_7$ Schneller) verwenden, so brauchen wir deren Gewicht aber nur in $^1/_7$ Pfd. zu dividieren, also in $^1/_7$ von 7000 = 1000 Grän. Wenn wir 240 Yard weifen, so haben wir deren Gewicht in 2000 Grän zu dividieren usw., um die Nr. zu erhalten. Meistens werden mehrere Garnkötzer von verschiedenen Teilen der Spinnmaschine abgenommen und alle zusammen gehaspelt und abgewogen, um so einen Durchschnittswert zu erhalten.

Beispiel: 4 Kötzer werden nebeneinander geweift, auf eine Länge von 1 Gebinde, also je 120 Yard, und diese wiegen zusammen 3¼ dwt., welches ist deren Nr.?

$$3¼ \text{ dwt.} = 78 \text{ Grän.}$$

Da es 4 Kötzer sind, haben wir eine Gesamtlänge von $4 \cdot 120 = 480$ Yard oder 4 Gebinde, so daß also

$$\frac{4000}{78} = 51{,}3 \text{ die Garn-Nummer ist.}$$

Garnsortierung für die franz. Nr. Anzahl Schneller von 1000 m pro Zollpfund (500 g) berechnet. Auch hier rechnen wir einfacher mit Bruchteilen, also

½ Schneller = 500 m und ½ Zollpfund = 250 g oder
$^1/_{10}$ » = 100 m » $^1/_{10}$ Zollpfund = 50 g etc.

Ebenso können wir uns hier eine Dividendentabelle ausrechnen.

Beispiel:

Wenn 1000 m 500 g wiegen,

dann wiegt 1 m $\dfrac{500}{1000}$ g

und 6 m $\dfrac{500 \cdot 6}{1000} = 3$ der Dividend für 6 m.

1. Beispiel: Um damit die franz. Nr. eines Wickels zu finden, messen wir 6 m ab und finden dafür z. B. 2000 g:

$$\frac{3}{2000} = 0,0015 \text{ die franz. Wickel-Nr.}$$

oder da wir hier den Dividenden gut entbehren können, so rechnen wir auch hier wieder d i r e k t ohne Dividenden:

$$\frac{6 \cdot 500}{2000 \cdot 1000} = 0,0015 \text{ Nr. franz.}$$

oder vereinfacht

$$\frac{\text{Länge in Meter}}{\text{Gewicht in Gramm} \cdot 2} = \frac{6}{2000 \cdot 2} = 0,0015.$$

2. Beispiel: Wenn 5 m eines Kardenbandes 20 g wiegen, dann ist

$$\frac{5}{20 \cdot 2} = 0,125 \text{ Nr. franz.}$$

Die Einteilung des franz. Garnschnellers von 1000 m ist 10 Gebinde von je 100 m. Der Haspelumfang ist 1,428 m (an Stelle von 1½ Yard = 1,37 m bei der engl. Nr.). Wir haben demgemäß für die franz. Numerierung: 1 Schneller = 10 Gebinde à 70 Faden (Haspelumfang) von 1,4285 m = 1000 m.

3. Beispiel: Wenn wir nun 5 Kötzer miteinander ab-haspeln auf die Länge von je 1 Gebinde (mit je 70 Faden) und diese wiegen zusammen 5 g, wie ist die Nr. franz.? Die 5 Kötzer ergeben 5 Gebinde (= ½ S c h n e l l e r), so stellen wir fest, wie oft dieses Gewicht von 5 g in ½ Pfund (250 g) enthalten ist:

$$\frac{250}{5} = 50 \text{ die Nr. franz.}$$

Noch üblicher ist es, daß wir von jedem der 5 Copse 140 Umdrehungen (= 2 Gebinde) abhaspeln, dann haben wir 10 Gebinde = 1 Schneller mit ca. 10 g und stellen nun fest, wie oft diese 10 g in 1 Pfd. (500 g) enthalten sind.

$$\frac{500}{10} = 50 \text{ Nr. franz.}$$

Es gehen also davon 50 Schneller auf 1 Pfd. von 500 g.

Dasselbe Resultat erhalten wir mit der obengenannten Formel:

$$\frac{\text{Länge in Meter}}{\text{Gewicht in Gramm} \cdot 2} = \frac{500 \text{ m}}{5 \cdot 2} = 50 \text{ Nr. franz.}$$

oder

bei 5 Cops zu je 2 Gebinden ($= 1000$ m u. 10 g) $= \dfrac{1000}{10 \cdot 2} = 50$ Nr. franz.

Für die **metrische Nr.**, die, wie gesagt, nur selten angewandt wird, ist das Verhältnis: Anzahl Schneller von 1000 m pro 1 kg (1000 g) oder $\dfrac{\text{Länge in Meter}}{\text{Gewicht in Gramm}}$ und demgemäß die Berechnung der Nr.:

1. $\dfrac{6}{2000} = 0{,}003$ Nr. metrisch.

2. $\dfrac{5}{20} = 0{,}25$ Nr. metrisch.

3. 5 Gebinde à 100 m $= 500$ m wiegen 5 g,

    $\dfrac{500}{5} = 100$ Nr. metrisch;

    10 Gebinde à 100 m $= 1000$ m wiegen 10 g,

    $\dfrac{1000}{10} = 100$ Nr. metrisch.

4. Riemscheiben-Übersetzung.

Riemen- oder Seilantriebe kommen dort in Anwendung, wo Zahnräder nicht verwendet werden können, insbesondere für große Entfernungen.

In Fig. 1 wird von der Hauptwelle mittels der Scheibe *A* die Scheibe *C* und damit die Nebenwelle (oder Vorgelege) angetrieben, und von diesem Vorgelege durch die Scheibe *B* die Maschinenscheibe *D* und dadurch die Maschine betrieben. Die Drehrichtung der Scheiben und dementsprechend die Laufrichtung der Riemen ist durch Pfeile angedeutet. Die Berech-

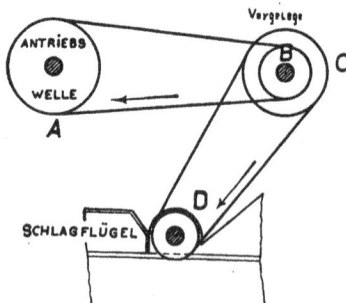

Fig. 1.

nung der Geschwindigkeiten beruht auf den Scheibenum-
fängen; über Durchmesser und Umfang ist unter 6. näheres
zu finden. Wenn z. B. *A* und *C* denselben Durchmesser und
damit denselben Umfang hätten, so würde *C* dieselbe Tourenzahl machen wie *A*. Wenn der Durchmesser von *A* zweimal
so groß ist wie der von *C*, dann ist auch der Scheibenumfang
von *A* doppelt so groß wie der von *C*, und wenn in diesem
Fall die Riemscheibe *A* eine Umdrehung macht, so wird
in derselben Zeit die Riemscheibe *C* durch den Riemen zweimal umgedreht, oder in andern Worten: *C* wird 2 Touren
machen, wenn *A* 1 Tour macht. *A* ist die treibende und *C*
die getriebene Riemscheibe. Die auf derselben Welle wie *C*
befestigte Riemscheibe *B* läuft mit derselben Tourenzahl wie *C*,
und wenn wir von *B* die Riemscheibe *D* antreiben, so ist hier
B die treibende und *D* die getriebene Scheibe. Ist nun auch
B zweimal so groß wie *D*, so läuft *D* mit der doppelten Tourenzahl von *B*. Wenn z. B. *B* zwei Umdrehungen macht, dann
würde in diesem Fall *D* in derselben Zeit vier Umdrehungen
machen, und demgemäß finden wir, daß *D* viermal so schnell
läuft wie *A*.

Wir sehen also, daß der Umfang von *A*, dividiert durch
den Umfang von *C*, uns anzeigt, um wievielmal schneller
(oder langsamer) *C* läuft, und wenn wir die Geschwindigkeit
von *A* wissen, so können wir auf diese Weise die Tourenzahl
von *C* berechnen. Angenommen, *A* hat einen Durchmesser
von 350 mm, *C* einen Durchmesser von 100 mm und *A* läuft
mit 72 Touren in der Minute, dann ist:

$$\text{Tourenzahl von } A \cdot \frac{\text{Durchmesser von } A}{\text{Durchmesser von } C} = \text{Tourenzahl von } C,$$

also

$$72 \cdot \frac{350}{100} = 252 \text{ Touren pro Minute für } C.$$

Nun suche die Tourenzahl von *D*, wenn der Durchmesser von *D*
250 mm und von *B* 400 mm ist:

$$\text{Tourenzahl von } B \cdot \frac{\text{Durchmesser von } B}{\text{Durchmesser von } D} = \text{Tourenzahl von } D,$$

also

$$\frac{252 \cdot 400}{250} = 403{,}2 \text{ minutliche Touren für } D.$$

Wir können nun diese beideñ Berechnungen in eine Rechnung zusammenfassen:

$$\text{Tourenzahl v. } A \cdot \frac{\text{Durchm. v. } A}{\text{Durchm. v. } C} \cdot \frac{\text{Durchm. v. } B}{\text{Durchm. v. } D} = \text{Tourenzahl v. } D,$$

vereinfacht geschrieben (minutliche Tourenzahl = t/m)

$$\text{t/m von } A \cdot \frac{A \cdot B}{C \cdot D} = 72 \cdot \frac{350 \cdot 400}{100 \cdot 250} = 403,2 \text{ t/m von } D.$$

Es ist hierōei ersichtlich, daß die Durchmesser der treibenden Scheiben als Zähler über dem Bruchstrich stehen, die Durchmesser der getriebenen Scheiben aber als Nenner unter dem Bruchstrich. Demgemäß können wir folgende Grundregel aufstellen für Transmissionen und Getriebe: Multipliziere alle treibenden Teile und dividiere sie durch das Produkt aller getriebenen Teile; den erhaltenen Quotienten aus dieser Division multipliziere mit der Tourenzahl des ersten treibenden Teils.

1. Beispiel: Geschwindigkeit von A ist 60 Touren minutlich, der Durchmesser von $A = 600$ mm, von $C = 200$ mm, von $B = 825$ mm, von $D = 275$ mm, welches ist die Tourenzahl von D (Fig. 1)?

$$\frac{\text{t/m von } A \cdot A \cdot B}{C \cdot D} = \text{t/m von } D,$$

also

$$\frac{60 \cdot 600 \cdot 825}{200 \cdot 275} = 60 \cdot 3 \cdot 3 = 540 \text{ t/m von } D.$$

2. Beispiel: Geschwindigkeit von A sei wieder 60 t/m und ebenso der Durchmesser von $A = 600$ mm, von $B = 825$ mm, von $D = 275$ mm, die Geschwindigkeit von $D = 540$ t/m. Wie finde ich in diesem Fall den Durchmesser von C?

Wie im vorhergehenden Beispiel nehmen wir wieder die Formel:

$$\frac{\text{t/m von } A \cdot A \cdot B}{C \cdot D} = \text{t/m von } D.$$

Diese Grundform kann nun verwendet werden, um einen der Durchmesser von A, B, C oder D oder die Geschwindigkeiten zu finden, vorausgesetzt, daß außer der gesuchten Größe alle andern Zahlen bekannt sind, wie z. B.:

$$\frac{60 \cdot 600 \cdot 825}{C \cdot 275} = 540.$$

Eine ganze Zahl wie 540 kann in einen Bruch umgewandelt werden wie $\frac{540}{1}$, ohne ihren Wert zu verändern, weil 540 : 1 = 540 und demgemäß

$$\frac{60 \cdot 600 \cdot 825}{C \cdot 275} = \frac{540}{1}.$$

Das ist eine Gleichung und wir können eine Größe auf der einen Seite auf dem Strich wegnehmen und sie auf der andern Seite gegen eine Größe unter dem Strich vertauschen, oder umgekehrt eine Zahl unter dem Strich gegen eine solche auf der andern Seite über dem Strich austauschen, die Gleichung bleibt bestehen. Z. B.:

$$\frac{80}{40} = \frac{60}{30} \quad \text{und} \quad \frac{30}{40} = \frac{60}{80},$$

oder wenn

$$\frac{108\,000}{200} = 540,$$

dann ist

$$\frac{108\,000}{540} = 200.$$

Ebenso können wir in obiger Formel C gegen 540 austauschen, dann ist

$$\frac{60 \cdot 600 \cdot 825}{540 \cdot 275} = C = 200 \text{ mm Durchmesser von } C.$$

3. Beispiel: Wie groß muß der Durchmesser von B sein, wenn die t/m von $A = 60$, der Durchmesser von $A = 600$ mm, von $C = 200$ mm, von $D = 275$ mm und D mit 540 t/m laufen soll?

$$\frac{\text{t/m von } A \cdot A \cdot B}{C \cdot D} = \text{t/m von } D.$$

$$\frac{60 \cdot 600 \cdot B}{200 \cdot 275} = \frac{540}{1}$$

und daraus ist

$$\frac{60 \cdot 600 \cdot B}{1} = \frac{540 \cdot 200 \cdot 275}{1}$$

und

$$B = \frac{540 \cdot 200 \cdot 275}{60 \cdot 600}, \text{ also } = 825 \text{ mm.}$$

2*

5. Zahnräder-Übersetzung.

In Fig. 2 haben wir die einfachste Form eines Zahnräder-
getriebes, bestehend aus den 2 Rädern *A* und *B*. Wenn beide
Räder dieselbe Anzahl Zähne haben, so werden sie sich mit
gleicher Geschwindigkeit bewegen; sie haben in diesem Fall
ein und denselben Durchmesser, und ihre Umfänge sind in
dieselbe Anzahl Zähne eingeteilt. In der Berechnung von
Zahnrädergetrieben vertritt die Anzahl der Zähne den Umfang
oder Durchmesser. Es sei wieder angenommen, daß *A* der
treibende Teil ist, und wenn nun dieses Rad 40 Zähne hat,
während das getriebene Rad *B* nur 20 Zähne erhält, so ist es
klar, daß bei einer Umdrehung von *A* auch 40 Zähne von *B*

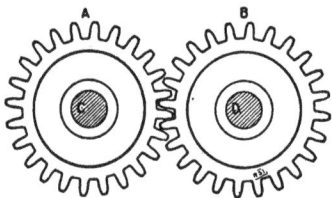 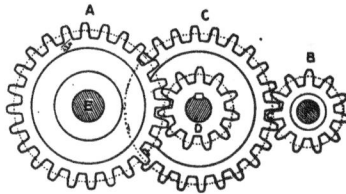

Fig. 2.   Fig. 3.

umgedreht werden, da aber *B* nur 20 Zähne hat, so muß das
Rad *B* zwei Umdrehungen machen, um mit 40 Zähnen ein-
zugreifen. In einer Formel ausgedrückt ist $\frac{A}{B} = 2$, oder in
Worten: Die Tourenzahl von *A* multipliziert mit der Zähnezahl von *A* und dividiert durch die Zähnezahl von *B* = Tourenzahl von *B*. Ist *B* das treibende Rad, so daß ein kleineres
Rad ein größeres treibt, so dividieren wir wieder wie oben
das treibende Rad, in diesem Falle *B*, durch das getriebene *A*,
das ist

$$\frac{B}{A} = \frac{20}{40} = \frac{1}{2},$$

d. h. bei einer Umdrehung von *B* macht *A* nur eine halbe
Umdrehung, weil nur 20 Zähne eingegriffen haben.

In Fig. 3 haben wir eine Zusammenstellung von zwei
solcher Räderpaare, den Zahnrädern *A*, *D*, *C*, *B*, wobei *C*
und *D* auf einer gemeinsamen Achse befestigt sind. Wenn *A*

wieder das treibende Rad ist, so treibt A das Rad D und C das Rad B, es sind also D und B getriebene Räder. Aus dem vorher Gesagten können wir folgenden Ansatz aufstellen:

$$\frac{A}{D} \cdot \frac{C}{B} = \text{Tourenzahl von } B, \text{ wenn } A \text{ eine Umdrehung macht.}$$

Da sowohl A und D und ebenso C und B den beiden Rädern in Fig. 2 zu vergleichen sind, so haben wir sie beide miteinander zu multiplizieren, um die Tourenzahl von B zu finden. Dabei sind auch wieder die treibenden Räder A und C dividiert durch die getriebenen D und B. Das gilt für alle Getriebe. Nun könnte aber auch von B der Antrieb ausgehen, dann wird von B C getrieben und von D schließlich A, so daß $\frac{B}{C} \cdot \frac{D}{A} = $ Geschwindigkeit von A.

Beispiel: In Fig. 3 habe A 60 Zähne und laufe mit 72 t/m, $D = 25$ Zähne, $C = 84$ Zähne, $B = 18$ Zähne, dann ist

$$\frac{\text{t/m von } A \cdot A \cdot C}{D \cdot B} = \text{t/m von } B \text{ und } \frac{72 \cdot 60 \cdot 84}{25 \cdot 18} = 806 \text{ t/m von } B.$$

Fig. 4 ist ein günstiges Beispiel, das Riementrieb und Rädergetriebe umfaßt und deren Kalkulation vereinigt. A sei wieder der treibende Teil, also

A mit	14 Zähnen	treibt	B mit	28 Zähnen,
C »	9 »	»	D »	27 »
E »	250 mm Durchm.	»	F »	375 mm Durchm.
G »	18 Zähnen	»	H »	24 Zähnen
J »	12 »	»	K »	18 »
L »	600 mm Durchm.	»	M »	400 mm Durchm.
N »	36 Zähnen	»	R »	16 Zähnen
S eine einfache Schnecke		»	T »	18 »
V mit	12 Zähnen	»	W »	14 »
X eine einfache Schnecke		»	Y »	27 »

Z mit 18 Zähnen wird von N mittels Transportträder angetrieben.

$$\text{Geschwindigkeit von } A \cdot \frac{A \cdot C \cdot E \cdot G \cdot J \cdot L \cdot N \cdot S \cdot V \cdot X}{B \cdot D \cdot F \cdot H \cdot K \cdot M \cdot R \cdot T \cdot W \cdot Y}$$
$$= \text{Geschwindigkeit von } Y.$$

1. Beispiel: Geschwindigkeit von $A = 2800$ t/m,

$$\frac{2800 \cdot 14 \cdot 9 \cdot 250 \cdot 18 \cdot 12 \cdot 600 \cdot 36 \cdot 1 \cdot 12 \cdot 1}{28 \cdot 27 \cdot 375 \cdot 24 \cdot 18 \cdot 400 \cdot 16 \cdot 18 \cdot 14 \cdot 27} = 0{,}91 \text{ t/m von } Y.$$

NB.: P und Q sind Transporträder, ihre Zähnezahl ist für die Geschwindigkeit des getriebenen Rades gleichgültig, und sie werden deshalb bei der Kalkulation nicht berücksichtigt.

Die eingängigen Schnecken S und X bewegen das Schneckenrad auf jede Umdrehung um einen Zahn und werden deshalb mit 1 Zahn eingesetzt, zweigängige mit 2 Zähnen.

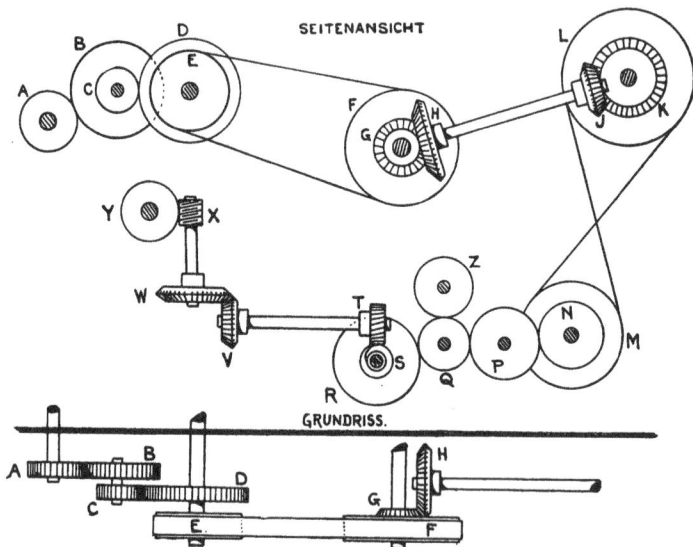

Fig. 4.

2. Beispiel: Geschwindigkeit von A sei mit 160 t/m angenommen, wieviel Touren macht dann Z?

$$\frac{160 \cdot 14 \cdot \ 9 \cdot 250 \cdot 18 \cdot 12 \cdot 600 \cdot 36}{28 \cdot 27 \cdot 375 \cdot 24 \cdot 18 \cdot 400 \cdot 18} = 26{,}66 \text{ t/m von } Z.$$

3. Beispiel: Die Schnecke S laufe mit 650 t/m, wie ist dann die Geschwindigkeit von Y?

$$\frac{650 \cdot \ 1 \cdot 12 \cdot \ 1}{18 \cdot 14 \cdot 27} = 1{,}17 \text{ t/m von } Y.$$

Als Rechnungsbeispiel können wir auch eine bestimmte Tourenzahl annehmen, mit der Y laufen soll, und können in der Annahme, Y sei das erste treibende Rad, von Y nach A zurückrechnen. In Wirklichkeit würden die beiden Schnecken X und S einen derartigen Antrieb unmöglich machen, für die Ausarbeitung der Kalkulation spielt dies aber keine Rolle. Dann ist

$$\text{t/m von } Y \cdot \frac{Y \cdot W \cdot T \cdot R \cdot M \cdot K \cdot H \cdot F \cdot D \cdot B}{X \cdot V \cdot S \cdot N \cdot L \cdot J \cdot G \cdot E \cdot C \cdot A} = \text{t/m von } A.$$

4. Beispiel: Wenn nun Y mit 1 Tour pro Minute laufen soll, welche Geschwindigkeit hat dann A?

$$\frac{1 \cdot 27 \cdot 14 \cdot 18 \cdot 16 \cdot 400 \cdot 18 \cdot 24 \cdot 375 \cdot 27 \cdot 28}{1 \cdot 12 \cdot 1 \cdot 36 \cdot 600 \cdot 12 \cdot 18 \cdot 250 \cdot 9 \cdot 14} = 3024 \text{ t/m von } A.$$

6. Zylinder-Durchmesser und Umfang.

Der Umfang eines Kreises (eines Zylinders, einer Walze, einer Trommel usw.) wird gefunden, wenn man den Durchmesser desselben mit der Zahl 3,1416 oder mit dem Bruch $\frac{22}{7}$ multipliziert. Die Zahl 3,1416 muß dem Gedächtnis einverleibt werden, sie wird der Einfachheit wegen vielfach durch den griechischen Buchstaben π (pi) ersetzt, ebenso wird der Durchmesser, wenn er noch nicht in Zahlen festgestellt ist, mit einem d in die Rechnungsformel eingesetzt.

Die Regel für den Umfang des Kreises kann deshalb in folgender Weise geschrieben werden:

Der Umfang des Kreises ist =
Durchmesser des Kreises $\cdot$ 3,1416 oder $d \cdot \pi$, oder

$$d \cdot 3{,}1416, \text{ oder } \frac{d \cdot 22}{7} \text{ usw.}$$

Beispiel: Berechne den Umfang eines Kreises mit einem Durchmesser von 10 mm.

$$d \cdot \pi = 10 \cdot 3{,}1416 = 31{,}416 \text{ mm Umfang.}$$

2. Beispiel: Berechne den Umfang eines Zylinders von $1^3/_8$ Zoll Durchmesser.

$$d \cdot \pi = 1^3/_8 \cdot 3{,}1416 = \frac{11 \cdot 3{,}1416}{8} = 4{,}3197 \text{ Zoll Umfang}$$

oder

$$\frac{d \cdot 22}{7} = \frac{1^3/_8 \cdot 22}{7} = \frac{11 \cdot 22}{8 \cdot 7} = \frac{11 \cdot 11}{4 \cdot 7} = 4{,}3214 \text{ Zoll Umfang.}$$

Beide Berechnungen sind praktisch gleich, aber es ist leicht zu sehen, daß die 2. Lösung einfacher ist, besonders wenn der Durchmesser in einem Bruch angegeben wird, der sich ganz oder teilweise aufheben läßt.

Ist also die Lieferung einer Maschine aus den Zylindern zu berechnen, so kann man den Durchmesser des Lieferungszylinders mit 3,1416 oder mit $\frac{22}{7}$ multiplizieren, um die in einer bestimmten Zeit gelieferte Länge eines Vorgespinstes oder Garnes zu finden.

3. Beispiel: Welches ist die stündlich gelieferte Bandlänge des Vorderzylinders einer Strecke bei 1½ Zoll Durchmesser dieses Zylinders und 183 Umdrehungen in der Minute?

$$\text{Umfang} = \frac{1\frac{1}{2} \cdot 22}{7} = \frac{3 \cdot 22}{2 \cdot 7} = 4,714 \text{ Zoll.}$$

4,714 Zoll ist also die Lieferung für eine Umdrehung des Zylinders, dann ist für 183 Umdrehungen in der Minute die Lieferung

$$4,714 \cdot 183 = 862,66 \text{ Zoll pro Minute}$$

und in 60 Minuten erhalten wir

$$862,66 \cdot 60 = 51\,760 \text{ Zoll.}$$

Wenn wir das Resultat in Yard (= 36 Zoll) erhalten wollen, so können wir das auch in folgenden Ansatz zusammenfassen:

$$\frac{183 \cdot 3 \cdot 22 \cdot 60}{2 \cdot 7 \cdot 36} = \frac{183 \cdot 11 \cdot 10}{2 \cdot 7} = 1438 \text{ Yard pro Stunde.}$$

Aus diesem Beispiel geht hervor, daß die von einem Zylinder gelieferte Länge berechnet wird durch Multiplikation des Zylinderumfangs mit der minutlichen Tourenzahl und der Arbeitszeit in Minuten.

In manchen Zylinderkalkulationen können wir den Umfang weglassen und ihn durch den Durchmesser ersetzen. Das ist vor allem der Fall bei den Verzugsberechnungen, bei denen wir nicht die Lieferungslängen der Zylinder vollständig berechnen, sondern nur das Verhältnis zwischen den verschiedenen Zylindergeschwindigkeiten feststellen, und dafür genügt schon der Durchmesser, wie folgendes Beispiel zeigt:

Um wieviel mehr Vorgarn wird von einem Flyerzylinder von 1½ Zoll Durchm. und 60 minutlichen Umdrehungen geliefert, als von einem Zylinder mit 1⅛ Zoll Durchm. und 50 minutlichen Touren:

1½ · 3,1416 · 60 = Länge der Ablieferung des I. Zylinders.

1⅛ · 3,1416 · 50 = » » » » II. »

Die I. Länge durch die II. Länge dividiert, ergibt wie oftmal die erste größer als die zweite ist:

$$\frac{1½ \cdot 3,1416 \cdot 60}{1⅛ \cdot 3,1416 \cdot 50} = 1,6\text{fach}; \quad \text{ebenso} \quad \frac{1½ \cdot 60}{1⅛ \cdot 50} = 1,6 \text{ fach.}$$

Wir können also in diesen Fällen die Hilfszahl 3,1416 streichen und aus Durchmesser und Tourenzahl das 1,6 fache Verhältnis zwischen den beiden Zylindern feststellen. Wir werden also alle Verzugsberechnungen nur mit dem Durchmesser berechnen, weil die Durchmesser zu ihren Umfängen in geradem Verhältnis stehen, denn ein Zylinder von 2 Zoll Durchm. hat auch einen zweimal so großen Umfang, als ein Zylinder von 1 Zoll Durchm.

7. Umfangsgeschwindigkeiten der Zylinder.

Zu den Berechnungen von den Geschwindigkeiten der Riemscheiben- und Zahnrädergetriebe kommt vor allem noch die Berechnung der Umfangsgeschwindigkeiten von Zylindern, die uns anzeigt, welche Länge der Maschine zugeführt oder von ihr abgeliefert wird, d. h. welche Produktion sie leistet.

Wenn ein Zylinder von 70 mm Durchmesser eine Umdrehung macht, so ist seine Lieferung, d. h. die Länge, die durch ihn passiert, gleich seinem Umfang, das sind in diesem Fall

$$70 \cdot 3,1416 = 21,9912 \text{ mm.}$$

Bei 20 Umdrehungen ist die Lieferung

$$\frac{20 \cdot 70 \cdot 22}{7} = 20 \cdot 10 \cdot 22 = 4400 \text{ mm.}$$

NB. Der Bruch $\frac{22}{7}$ ist in den Berechnungen oft vorteilhafter als die Zahl 3,1416, da wir damit oft kürzen können

und die Rechnung dann einfacher wird, als wie bei langen
Dezimalzahlen. Dies trifft besonders zu, wenn wir mit engl.
Zoll rechnen. Z. B.: Ein Zylinder von $3\frac{1}{2}$ Zoll habe 840 Umdrehungen in der Minute, wieviel Yard (à 36 Zoll engl.) liefert
er in der Stunde?

$$\frac{\text{t/m} \cdot \text{Umfang in Zoll} \cdot 60 \text{ Minuten}}{36 \text{ Zoll}} = \text{Lieferung}.$$

$$\frac{840 \cdot 7 \cdot 22 \cdot 60}{2 \cdot 7 \cdot 36} = 140 \cdot 11 \cdot 10 = 15\,400 \text{ Yard}.$$

Der Vorderzylinder eines Flyers mit $1\frac{1}{8}$ Zoll engl. Durchmesser laufe mit 84 t/m. Wieviel Schneller liefert er in
$56\frac{1}{2}$ Stunden?

$$\left(1\frac{1}{8} = \frac{9}{8} \text{ und } 56\frac{1}{2} = \frac{113}{2}; \; 840 \text{ Yard} = 1 \text{ Schneller oder Hank.}\right)$$

$$\frac{84 \cdot 9 \cdot 22 \quad \cdot 60 \cdot 113}{8 \cdot 7 \cdot 36 \cdot 840 \cdot \quad 2} = 33{,}29 \text{ Schneller}.$$

8. Der Verzug

ist die Differenz zwischen den Umfangsgeschwindigkeiten
zweier Zylinder. Der hierauf bezügliche Arbeitsprozeß heißt
»Verziehen« oder »Strecken«, wobei das Streckwerk einer
Maschine das zugeführte dicke Band etc. in ein dünneres
und längeres Band verzieht. Praktisch wird das dadurch
erzielt, daß man einen Zylinder schneller laufen läßt als den
vorhergehenden, oder daß man einen Zylinder größer als den
vorhergehenden macht und ihm dadurch einen größeren Umfang und eine größere Umfangsgeschwindigkeit gibt. Das
Verziehen ist von grundlegender Bedeutung in der Spinnerei,
und so sind auch die Verzugsberechnungen von großer
Wichtigkeit.

Als Beispiel ist in Fig. 5 das Zylindergetriebe einer
Strecke von Brooks & Doxey veranschaulicht, mit folgenden
Rädern:

A	mit	20 Zähnen	treibt B mit	100	Zähnen	
C	»	40—70	»	» D	»	70	»
E	»	43	»	» F	»	16	»
G	»	22	»	» H	»	18	»
K	»	22	»	» M	»	48	»

N, *J* und *L* sind Transporträder und haben für die Kalkulation keinerlei Bedeutung.

Das Band einer Strecke kommt aus der Kanne zum Hinterzylinder und wird, da jeder folgende Zylinder eine größere Umfangsgeschwindigkeit hat, zu einem entsprechend dünneren Bande verzogen. Um den Verzug zwischen jedem Zylinderpaar zu berechnen, müssen wir zuerst die Umfangsgeschwindigkeit eines jeden Zylinders feststellen und daraus bestimmen,

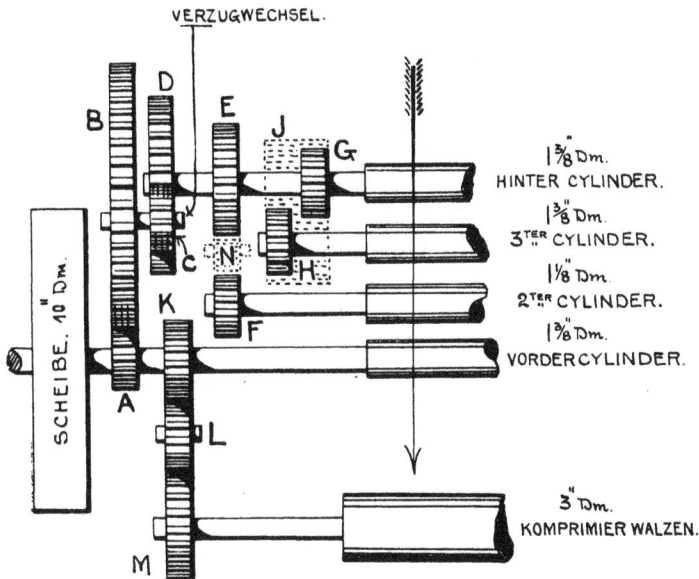

Fig. 5.

wievielmal die eine Umfangsgeschwindigkeit größer ist als die andere. Hat z. B. der Vorderzylinder eine sechsmal größere Umfangsgeschwindigkeit als wie der Hinterzylinder, so ist zwischen diesen Zylindern ein »sechsfacher Verzug«.

Beispiel: Angenommen, die Antriebscheihe auf dem Vorderzylinder laufe mit 350 t/m.

$$1\frac{3}{8} = \frac{11}{8} \text{ und } 1\frac{1}{8} = \frac{9}{8} \text{ Zoll; } C = 58 \text{ Zähne.}$$

IV. $350 \text{ t/m} \cdot \dfrac{A \cdot C}{B \cdot D} \cdot \dfrac{11}{8} \cdot \dfrac{22}{7} =$ Umfangsgeschwindigkeit des Hinterzylinders in Zoll engl.

$$\frac{350 \cdot 20 \cdot 58 \cdot 11 \cdot 22}{100 \cdot 70 \cdot 8 \cdot 7} = 250 \text{ Zoll engl. pro Minute des Hinterzyl.}$$

III. $350 \text{ t/m} \cdot \dfrac{A \cdot C \cdot G}{B \cdot D \cdot H} \cdot \dfrac{11}{8} \cdot \dfrac{22}{7} =$ Umfangsgeschwindigkeit des III.
Zylinders in engl. Zoll.

$$\frac{350 \cdot 20 \cdot 58 \cdot 22 \cdot 11 \cdot 22}{100 \cdot 70 \cdot 18 \cdot 8 \cdot 7} = 306 \text{ Zoll engl. pro Minute des III. Zyl.}$$

II. $350 \text{ t/m} \cdot \dfrac{A \cdot C \cdot E}{B \cdot D \cdot F} \cdot \dfrac{9}{8} \cdot \dfrac{22}{7} =$ Umfangsgeschwindigkeit in engl.
Zoll des II. Zylinders.

$$\frac{350 \cdot 20 \cdot 58 \cdot 43 \cdot 9 \cdot 22}{100 \cdot 70 \cdot 16 \cdot 8 \cdot 7} = 538 \text{ Zoll engl. pro Minute des II. Zyl.}$$

I. $\text{t/m} \cdot \dfrac{11}{8} \cdot \dfrac{22}{7} =$ Umfangsgeschwindigkeit in engl. Zoll vom Vorderzylinder.

$$\frac{350 \cdot 11 \cdot 22}{8 \cdot 7} = 1512 \text{ Zoll pro Minute des Vorderzylinders.}$$

Umfangsgeschw. des Hinterzylinders =   250 Zoll engl. pro Minute
»   »   III. Zylinders =   306 »   »   »   »
»   »   II.   »   =   538 »   »   »   »
»   »   I.   »   = 1512 »   »   »   »

Verzug zwischen Hinterzylinder und III. Zylinder $\dfrac{306}{250} = 1{,}224$

»   »   III. Zylinder » II. » $\dfrac{538}{306} = 1{,}758$

»   »   II. »   » I.   » $\dfrac{1512}{538} = 2{,}81.$

Gesamtverzug $= \dfrac{\text{Vorderzylinder}}{\text{Hinterzylinder}} = \dfrac{1512}{250} = 6{,}04.$

Der Gesamtverzug ergibt sich also aus der Multiplikation
der einzelnen Verzüge (nicht aus deren Zusammenzählen):

$$1{,}224 \cdot 1{,}758 \cdot 2{,}81 = 6{,}04.$$

Diese Kalkulation ist so umständlich vorgeführt, um alle
Einzelheiten verständlich zu machen. Die Berechnung läßt
sich bedeutend vereinfachen. Wir können vor allem die
Tourenzahl des treibenden Rades (auf dem Vorderzylinder)
weglassen, da für den Verzug zwischen den Zylindern diese
Antriebsgeschwindigkeit ohne Einfluß ist, denn von dem
Vorderzylinder aus werden alle anderen getrieben. Wir könnten

für den Vorderzylinder also als Grundlage annehmen, daß er
eine Umdrehung in der Minute macht und die Verzugskal-
kulation dadurch vereinfachen. Da aber der Vorderzylinder
z. B. sechsmal soviel Umdrehungen macht als wie der Hinterzylinder, so ist es für die Kalkulation vorteilhafter, die Geschwindigkeit des Hinterzylinders mit 1 t/m anzunehmen
und das Hinterzylinderrad als erstes treibendes Rad zu betrachten. Wir können die Kalkulation noch weiter vereinfachen; es ist nicht notwendig, den Umfang der einzelnen
Zylinder genau auszurechnen, da uns schon der Durchmesser
das entsprechende Verhältnis zwischen den Zylindern angibt
und sowieso die Zahlen 3,1416 oder die Brüche $\dfrac{22}{7}$ sich aufheben, weil der eine Zylinderumfang in den andern dividiert
werden muß. Wir können sogar noch weiter vereinfachen,
wenn wir in diesem Fall, wo die beiden Zylinder den gleichen
Durchmesser haben, auch den Durchmesser streichen.

Beispiel (vom Hinterzylinder ausgehend):

$$\frac{D \cdot B \cdot 1\,^3/_8 \text{ Zoll Durchmesser} \cdot 3{,}1416}{C \cdot A \cdot 1\,^3/_8 \text{ Zoll Durchmesser} \cdot 3{,}1416}$$

gibt vereinfacht $\dfrac{70 \cdot 100}{58 \cdot 20} = 6{,}03$ fachen Verzug.

Der Verzug einer Maschine läßt sich auch leicht feststellen durch Abwiegen einer bestimmten Länge des Materials
vor der Bearbeitung und einer gleichen Länge, die die Maschine
passiert hat. Man dividiert in diesem Fall das erste Gewicht
durch das zweite und erhält so den Verzug.

Beispiel: An der Karde wiege 1 m des Wickels 460 g,
das Kardenband 3,8 g pro m, wie groß ist der Verzug?

$$\frac{460}{3{,}8} = 121 \text{ facher Verzug.}$$

Beispiel: Die Nr. engl. eines Wickels sei 0,0012 und die
engl. Nr. des daraus gefertigten Bandes 0,16, dann war der
Verzug:
$$\frac{0{,}16}{0{,}0012} = 133{,}33 \text{ fach.}$$

Beim Abwiegen von Längen des Spinnmaterials sehen
wir, daß das Gewicht in demselben Verhältnis ab- oder zu-

nimmt, wie die Länge, also im geraden Verhältnis, wenn wir dagegen die Nr. verwenden, so steht diese Nr. im umgekehrten Verhältnis zum Gewicht. Für die Verzugsbestimmung dividieren wir die höhere Nr. durch die niedere Nr. und das größere Gewicht durch das kleinere Gewicht, um so ihr Verhältnis zueinander und damit den soundsovielfachen Verzug festzustellen. Bei der Verzugsberechnung an Öffnern, Karden, Kämmaschinen etc. muß auch der Abfall berücksichtigt werden, durch den das Endgewicht kleiner und die Nr. feiner, also der Verzug oder die Verfeinerung praktisch größer wird, als wie er aus der Maschine berechnet ist.

9. Die Hilfszahl oder Konstante.

Die sog. Hilfszahlen oder Konstanten, auch Unveränderliche genannt, sind in der Spinnereikalkulation äußerst wertvoll, da hier so viele Zahlen von Riemscheiben, Rädern, Zylindern etc. dauernd unveränderlich bleiben und wo eine Änderung nötig ist, oft nur ein einziges Wechselrad geändert wird.

Zur Veranschaulichung nehmen wir folgendes Beispiel:

Ein 20^r Zahnrad treibt ein 40^r; ein 60^r treibt ein 50^r,
ein 100^r »   »   » 60^r; ein 90^r »   » 10^r,
ein 30^r »   »   » 15^r; ein 100^r »   » 20^r.

Das gibt eine Übersetzung oder einen Verzug von

$$\frac{20 \cdot 60 \cdot 100 \cdot 90 \cdot 30 \cdot 100}{40 \cdot 50 \cdot 60 \cdot 10 \cdot 15 \cdot 20} = 90.$$

Angenommen, das 10^r sei ein Wechselrad, das wir auswechseln können, wenn wir z. B. statt 90 nur einen Verzug von 50 haben wollen. Um für alle derartige Änderungen die Rechnung zu vereinfachen, nehmen wir aus dem obigen Rechenansatz das 10r Wechselrad heraus, ersetzen es durch ein W und erhalten dann als Hilfszahl

$$\frac{20 \cdot 60 \cdot 100 \cdot 90 \cdot 30 \cdot 100}{40 \cdot 50 \cdot 60 \cdot W \cdot 15 \cdot 20} = \frac{900}{W}.$$

Diese Hilfszahl oder Konstante 900 haben wir also durch das Wechselrad zu dividieren, um den Verzug zu erhalten:

Ist $W = 10$, dann ist dieser Verzug $\dfrac{900}{10} = 90$.

Ist $W = 18$, » » » » $\dfrac{900}{18} = 50$.

Oder wenn wir die Formel $\left(\dfrac{900}{W} = \text{Verzug}\right)$ umsetzen (siehe S. 19), dann ist $\dfrac{900}{\text{Verzug}} = W$ und somit das Wechselrad

für 90fachen Verzug $\quad W = \dfrac{900}{90} = 10,$

für 50fachen Verzug $\quad W = \dfrac{900}{50} = 18.$

Die meisten Wechsel sind getriebene Räder, in diesem Falle haben wir immer die Hilfszahl durch das Wechselrad zu dividieren, um den Verzug zu erhalten und ebenso durch den Verzug zu dividieren, um das Wechselrad zu erhalten. Nun soll aber z. B. das treibende 30^r Rad als Wechselrad genommen werden, dann ist die Hilfszahl

$$\frac{20 \cdot 60 \cdot 100 \cdot 90 \cdot W \cdot 100}{40 \cdot 50 \cdot 60 \cdot 10 \cdot 15 \cdot 20} = 3 \cdot W.$$

Diese Hilfszahl 3 mit dem Wechsel multipliziert gibt also den Verzug.

Ist also $W = 30$, dann ist der Verzug $= 3 \cdot 30 = 90$, ist der Verzug mit 90 angegeben, dann finden wir $W = \dfrac{90}{3} = 30$, d. h. das Wechselrad ist gleich dem Verzug, dividiert durch die Hilfszahl.

Soll aber z. B. der Verzug auf ·120 geändert werden, dann finden wir den Wechsel

$$W = \frac{\text{Verzug}}{\text{Hilfszahl}} = \frac{120}{3} = 40 \text{ Zähne.}$$

Oder wenn wir diesen 40^r Wechsel an der Maschine hätten und wir den Verzug feststellen wollen, dann ist

$$3 \cdot W = 3 \cdot 40 = 120 \text{facher Verzug.}$$

Bei Verwendung dieser Konstanten oder Hilfszahlen ist es also wichtig, ob der Wechsel ein treibendes oder ein getriebenes Rad ist. Wir können aber auch ohne Hilfszahl den Wechsel oder Verzug sehr schnell feststellen durch eine einfache Proportion oder Verhältnisrechnung:

Z. B.: Wir haben einen 25^r Wechsel als getriebenes Rad und erhalten 120 fachen Verzug, wir wollen nun aber auf 100 fachen Verzug umändern, welchen Wechsel gebrauchen wir dafür?

Wenn dieser Verzug von 120 einen Wechsel von 25 Zähnen verlangt, so verlangt ein Verzug von 1 das 120 fache = 25 · 120 und ein 100 facher Verzug

$$\frac{25 \cdot 120}{100}$$

Die Proportion für ein getriebenes Wechselrad ist also in diesem Falle

$$\frac{25 \cdot 120}{100} = 30.$$

NB. Ein geringer Verzug verlangt eine kleinere Geschwindigkeit und kleinere Geschwindigkeiten oder geringere Tourenzahlen verlangen größere getriebene Räder.

2. Beispiel: Wir haben ein treibendes Wechselrad von 25 Zähnen und erhalten 120 fachen Verzug, welches Rad ist für 100 fachen Verzug nötig?

Wenn 120 facher Verzug ein Wechselrad von 25 verlangt

und   1   »   » $\dfrac{25}{120}$,

dann ist für 100 fachen   »   die Proportion $\dfrac{25 \cdot 100}{120}$

und also das Wechselrad $\dfrac{25 \cdot 100}{120} = 20{,}83$ oder 21 Zähne.

NB. Weil geringerer Verzug eine kleinere Geschwindigkeit verlangt, so ist für geringeren Verzug ein kleineres treibendes Wechselrad nötig.

Von dieser Rechnungsweise können wir auf die Anwendung von sog. »einfachen Gleichungen« übergehen, die bei richtigem Verständnis derartige Kalkulationen sehr erleichtert. In Fig. 5 haben wir ein Streckwerkgetriebe, wofür wir den Verzug und ·das Wechselrad C berechnen wollen. Wie gesagt, finden wir die Konstante oder Hilfszahl, indem wir das Wechselrad nicht in Zahlen, sondern in einem Buchstaben einsetzen.

$$\frac{D \cdot B}{C \cdot A} = \frac{\text{Konstante}}{C} = \text{Verzug},$$

so daß

$$\frac{D \cdot B}{C \cdot A \cdot \text{Verzug}} = 1, \text{ oder } \frac{\text{Konstante}}{C \cdot \text{Verzug}} = 1;$$

daraus ist

$$C = \frac{\text{Konstante}}{\text{Verzug}};$$

$$\text{Verzug} = \frac{\text{Konstante}}{C} \text{ und Konstante} = \text{Verzug} \cdot C.$$

Beispiele hierzu finden sich in Verbindung mit den späteren Maschinenberechnungen.

10. Die Hebelberechnung.

Hebel kommen in der Baumwollspinnerei hauptsächlich für Zylinderbelastung in Betracht.

In Fig. 6 sind die drei Formen von Hebeln dargestellt.

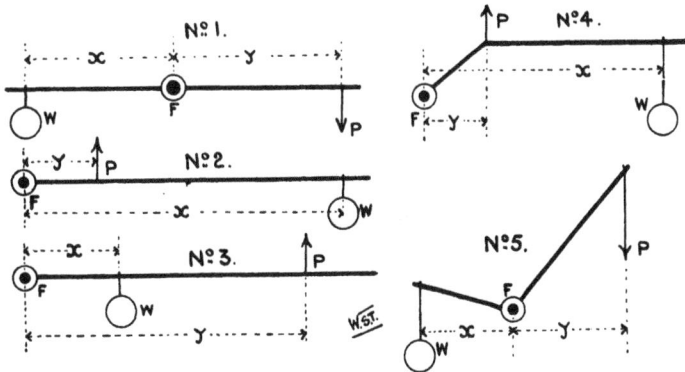

Fig. 6.

In Nr. 1 ist eine Stange in ihrem Stützpunkt F drehbar angeordnet; an dem einen Ende wirkt ein Gewicht W derart, daß es das Gewicht P am andern Ende zu heben versucht oder einen entsprechenden Druck ausübt. In Nr. 2 ist der Drehpunkt F an dem einen Ende und das Gewicht W am andern Ende des Hebels, wobei der Druck abwärts an irgendeinem Punkt zwischen F und W zur Geltung kommt. In Nr. 3 ist der Drehpunkt F ebenfalls an einem Ende des Hebels und

das Gewicht zwischen den beiden Enden und am andern Ende
P der Druckpunkt nach abwärts. Die Richtung, in der P
und W wirken, kann durch Schnur- und Scheibenanordnung
geändert werden.

Für alle drei Hebelarten gilt die Regel:

Das Gewicht, multipliziert mit seiner Entfernung vom
Drehpunkt, ist gleich dem Druck, multipliziert mit seiner
Entfernung vom Drehpunkt, oder als Formel

$$W \cdot x = P \cdot y.$$

In Fig. 6, Nr. 4 und 5, sind beide Hebelarme von der
Horizontalen abweichend, aber Gewicht und Hebeldruck
wirken senkrecht, so daß die wirksame Entfernung vom
Drehpunkt nicht längs der Hebelarme gemessen wird, sondern
wie x und y lotrecht zur Richtung der Druckwirkung von
W und P. Für jede Hebelkalkulation empfiehlt sich eine
einfache Skizze.

Beispiel: In Fig. 6, Nr. 1, hat der Hebel x ein Gewicht W
von 12 Pfd. 250 mm vom Drehpunkt entfernt, wie groß ist
der Druck bei P, wenn der Hebelarm y 150 mm lang ist?

$$W \cdot x = P \cdot y; \quad 12 \cdot 250 = P \cdot 150; \quad \frac{12 \cdot 250}{150} = P; \quad P = 20 \text{ Pfd.}$$

In Worten heißt das: Multipliziere das Gewicht mit
seiner Hebellänge vom Drehpunkt an und dividiere mit der
Hebellänge vom Drehpunkt zum Druckpunkt, und du erhältst
den Druck. Oder umgekehrt: Man findet das Gewicht, wenn
man den verlangten Druck mit der Länge des Druckhebels
multipliziert und dieses durch die Hebellänge der Gewicht-
seite dividiert.

Ob nun das Gewicht oder der Druck oder die Länge eines
der Hebelarme festgestellt werden soll, wir können dies alles
aus der Formel $W \cdot x = P \cdot y$ ableiten. Z. B.:

Das Gewicht zu berechnen $\quad W = \dfrac{P \cdot y}{x}.$

Den Druck zu berechnen $\quad P = \dfrac{W \cdot x}{y}.$

Den Hebelarm x zu berechnen $\quad x = \dfrac{P \cdot y}{W}.$

Den Hebelarm y zu berechnen $\quad y = \dfrac{W \cdot x}{P}.$

Wenn die Gesamtlänge der beiden Hebel zusammen $(x + y)$ gegeben, so ist

$$x = \frac{x + y}{W + P} \cdot W$$

und

$$y = \frac{x + y}{W + P} \cdot P.$$

Beispiel: In Fig. 6, Nr. 1, sei der eine Hebelarm 300 mm und habe ein Gewicht von 20 Pfd., wie groß ist der Druck am Ende des andern Hebelarmes, wenn dieser 450 mm lang ist?

$$W \cdot x = P \cdot y; \quad 20 \cdot 300 = P \cdot 450; \quad P = \frac{20 \cdot 300}{450} = 13,33 \text{ Pfd.}$$

In Nr. 2 ist der Hebel x 650 mm und hat am Ende 38 Pfd. Gewicht, wie groß wird der Druck sein bei P, also 260 mm vom Drehpunkt?

$$W \cdot x = P \cdot y; \quad P = \frac{W \cdot x}{y} = \frac{38 \cdot 650}{260} = 95 \text{ Pfd. Druck.}$$

In Nr. 2 sei der Hebel 1400 mm und das Gewicht 44 Pfd., wenn wir nun einen Druck von P 220 Pfd. ausüben wollen, wie groß muß die ·Entfernung y vom Drehpunkt sein?

$$W \cdot x = P \cdot y; \quad y = \frac{W \cdot x}{P} = \frac{44 \cdot 1400}{220} = 280 \text{ mm.}$$

Aufgaben zu Abschnitt I.

1. Suche den Umfang eines Kreises, der $2\frac{3}{4}$ Zoll Durchm. hat, unter Benutzung von 3,1416 als Hilfszahl. Auflösung: 8,6394.

2. Unter Benutzung von $\frac{22}{7}$ als Hilfszahl. Auflösung: 8,6425.

3. 1 Meile Garn (1760 Yard) wiegt 1 Unze, wie ist die Nr. engl.? Auflösung: $33\frac{1}{2}$.

4. 1 Meile Garn wiegt 458 Grän, was ist die Nr. engl.? Auflösung: 32.

5. 6 Zoll (engl.) Garn wiegen $\frac{1}{5}$ Grän, dann ist die Nr. engl.? Auflösung: 5,95.

6. 6 Kötzer werden nebeneinander auf die Länge von je 7 Gebinden abgehaspelt und das Gewicht dieser 6 Schneller ist 506 Grän, wie ist die Nr. engl.? Auflösung: 83.

7. Der an einer Karde berechnete Verzug sei 120, aber zwischen Zuführ- und Abzugzylinder werden 4% Abfall ausgeschieden. Wie groß ist der tatsächliche praktische Verzug? Auflösung: 125.

   NB. Für eine Länge von 100 Yard Zuführung wird eine Länge von $100 \cdot 120 = 12\,000$ Yard abgeliefert. Von den zugeführten 100 Yard sind aber 4% Abfall zu kürzen, sie entsprechen also nur $100 - 4 = 96$ Yard Zuführung und dementsprechend ist der praktische Verzug $\dfrac{12\,000}{96} = 125$.

8. Der berechnete Verzug in einer Karde ist 110, während der tatsächliche Verzug mit 114 festgestellt wird, wieviel Prozent ist der Abfall? Auflösung: $3\frac{1}{2}\%$.

9. Die untere Kalanderwalze einer Schlagmaschine hat $8\frac{1}{2}$ Zoll engl. Durchm. und macht bis zum Abreißen eines jeden Wickels 63 Touren. Wie lange ist ein Wickel und welches ist die Nr. engl. eines solchen Wickels von 33 Pfd. engl.? Auflösung: $46\frac{3}{4}$ Yard und Nr. engl. 0,00168.

   NB. Ein Pfund engl. entspricht einer Wickellänge von 1,416 Yard . . . $\dfrac{1,416}{840} = 0,00168$.

10. Wie groß ist die Fläche eines Sicherheitsventils von 100 mm Durchmesser? Auflösung: 78,54 qcm.

11. Wie groß ist der Gesamtdruck auf ein Sicherheitsventil von 12 cm Durchmesser bei 10 Atmosphären Kesseldruck (d. h. 10 kg auf 1 qcm). Auflösung: $0,7854 \cdot 12^2 \cdot 10 = 1130$ kg.

12. Welches sind die Quadratwurzeln aus 11, 18, 29, 39, 85, 128? Auflösung: 3,31, 4,24, 5,38, 6,24, 9,21, 11,31.

13. Wenn ein Wickel mit $11\frac{1}{2}$ Unzen auf 1 Yard zu Garn, engl. Nr. 50, verarbeitet wird, welche Garnlänge erhält man von einem 40 Yard-Wickel? Auflösung: $11\frac{1}{2}$ Unzen pro Yard $= \dfrac{16}{11\frac{1}{2} \cdot 840} = 0,00165$ Nr. engl. u. 121200 Yard.

14. Wie viele Unzen auf 1 Yard enthalten folgende Wickel-Nummern?

Nr. engl.:	0,00123	0,0014	0,00119	0,0018
Auflösung:	$15\frac{1}{2}$	$13\frac{1}{2}$	16	$10\frac{1}{2}$ Unzen.

15. Ein Wickel mit 40 Yard mit je 12 Unzen, welches Gewicht und welche Nr. engl. ist das? Auflösung: Wickel Nr. engl. 0,00158; Gewicht 30 Pfd. engl.

16. Eine Schlagmaschine produziert 13 000 Pfd. engl. in der Woche von 50 Stunden bei 5% Abfall. Wie groß ist das Gewicht der zugeführten Baumwolle und das Gewicht des Abfalls in 10 Stunden? Auflösung: 13 684 Pfd. engl.; 68,4 Pfd. engl. Abfall in 10 Std.

17. Ein Hebelarm sei 1,2 m lang, der Gegenhebel sei, 0,2 m vom Drehpunkt entfernt, mit 20 kg belastet, welchen Druck übt der erstere an seinem Ende aus? Auflösung: 120 kg.

18. Ein Sicherheitsventil habe 9 cm Durchmesser und sein Druckmittelpunkt ist 75 mm vom Drehpunkt des Hebels. In welcher Entfernung vom Drehpunkt muß das Hebelgewicht von 25 kg angebracht sein, wenn der Kessel bei 6 Atm. (6 kg pro qcm) abblasen soll? Auflösung: 1145 mm.

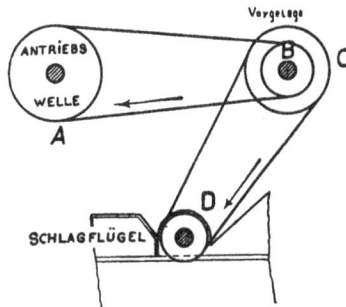

Fig. 7.

19. In der Fig. 7 hat A 575 mm Durchmesser und macht 300 t/m, B hat 290 mm, C 440 mm und D 250 mm Durchm. Wieviel t/m hat D? Auflösung: 1046 t/m.

20. Wenn nun aber D mit 1000 t/m laufen soll, welchen Durchmesser erhält dann C? Auflösung: 420 mm Durchm.

21. Die Kalander-(Druck-)Walzen einer Schlagmaschine seien beidseitig wie in der Figur 8 belastet mit einem Gewicht W von 6½ kg am Hebel F-W = 950 mm, während der Gegenhebel F-P 110 mm und der obere Druckhebel F-W 350 mm und F-P 75 mm hat. Welcher Gesamtdruck wird auf die Baumwolle, die zwischen den Kalanderwalzen durchpassiert, ausgeübt, wenn die obere Kalanderwalze 55 kg wiegt? Auflösung: 579 kg.

22. Die Preßwalzen einer Schlagmaschine seien wie in der
Fig. 9 und auch beidseitig belastet. Der Hebel ist 1,5 m
lang und das Gewicht 9 kg. Der Drehpunkt F des Hebels ist
150 mm vom Druckpunkt P entfernt. Wie groß ist der

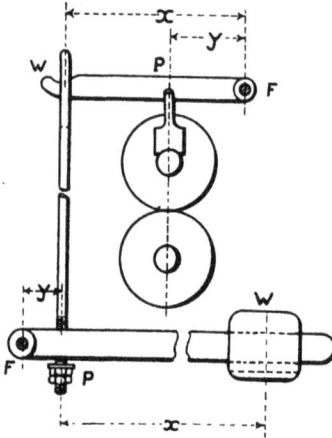

Fig. 8.

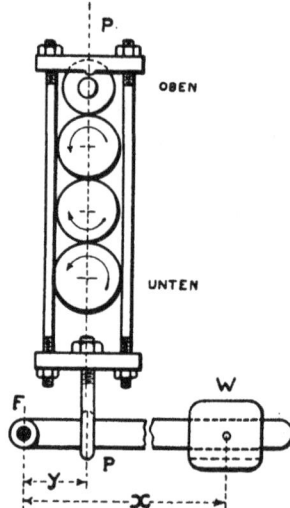

Fig. 9.

Druck auf die Watte zwischen jedem Walzenpaar, wenn
die obere Preßwalze 32 kg, die zweite 35 kg und die dritte
36 kg wiegt? Auflösung: 212 kg, 247 kg, 283 kg.

II. Abschnitt.

Schlagmaschinen.

Die Getriebe der Schlagmaschinen werden durch mehrere
geeignete Beispiele dargestellt, die Durchmesser der englischen
Modelle in engl. Zoll.

Fig. 10 und 11 ist die Maschine von **Dobson & Barlow, Bolton,** und zwar in Schnitt und Draufsicht. Die in voll-ausgezogenen Linien dargestellten Räder und Scheiben sind die auf der Ansichtseite, während die Getriebe der anderen Seite durch strichpunktierte Zeichnung veranschaulicht sind. Ein Teil der folgenden Zeichnungen enthält Buchstaben oder die Zähnezahl und den Durchmesser oder auch beides. Wo es angängig ist, werden zuerst zur Darstellung des Ge-triebes die Buchstaben verwendet und mit den Zahlen wird ein praktisches Beispiel durchgerechnet.

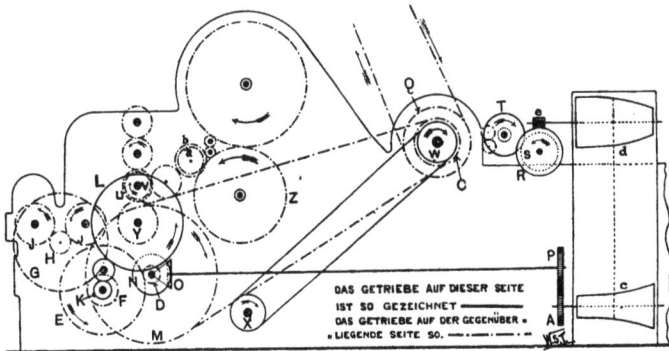

Fig. 10.

Der Schläger ist der Ausgangspunkt, von dem aus die ganze Maschine angetrieben wird. Wir stellen also zuerst seine Geschwindigkeit fest und haben als Beispiel für den Schlägerantrieb Fig. 1 oder die Fig. 7.

Tourenzahl des Schlägers.

$$\frac{\text{t/m der Haupttransmission} \cdot \text{Durchm. von } A \cdot \text{Durchm. von } C}{\text{Durchm. von } B \cdot \text{Durchm. von } D \text{ (Fig. 10 u. 11: } Q)} = \text{t/m des Schlägers.}$$

Beispiel: Transm. 250 t/m, Durchm. von $A = 800$, $B = 450$, $C = 675$, $D = 300$ mm.

$$\frac{250 \cdot 800 \cdot 675}{450 \cdot 300} = 1000 \text{ t/m des Batteurflügels.}$$

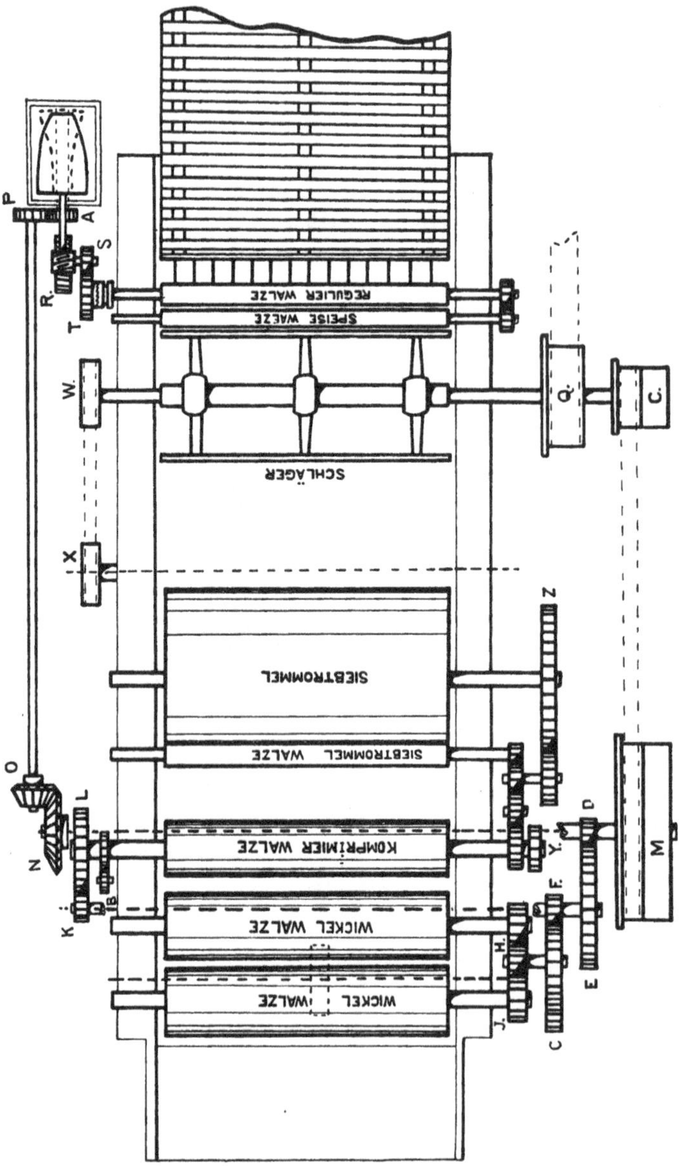

Fig. 11. Schlagmaschine von Dobson & Barlow.

Durchmesser der Schlägerscheibe.

$$\frac{\text{t/m von } A \cdot \text{Durchm. von } A \cdot \text{Durchm. von } C}{\text{Durchm. von } B \cdot \text{t/m des Schlägers } D\,(Q)} = \text{Durchm. der}$$
$$\text{Schlägerscheibe } D\,(Q).$$

Beispiel:

$$\frac{250 \cdot 800 \cdot 675}{450 \cdot 1000} = 300 \text{ mm Durchmesser.}$$

Tourenzahl des Speise-Regulierzylinders (Fig. 10 u. 11).

$$\frac{\text{t/m von } Q \cdot C \cdot N \cdot P \cdot c \cdot e \cdot S}{M \cdot O \cdot A \cdot d \cdot R \cdot T} = \text{t/m des Speisezylinders}$$

$$\frac{1000 \cdot 7 \cdot 30 \cdot 48 \cdot 5\frac{3}{4} \cdot 1 \cdot 45}{24 \cdot 20 \cdot 24 \cdot 7\frac{1}{4} \cdot 65 \cdot 55} = 8{,}73 \text{ t/m.}$$

Es zeigt sich hier wieder, daß alle treibenden Räder auf dem Strich im Zähler und alle getriebenen Teile im Nenner des Bruches stehen.

Lieferlänge dieses Speisezylinders. An der Tourenzahl dieses Zuführungszylinders können wir leicht die Länge der zugeführten Baumwolle berechnen, durch Multiplikation dieser Tourenzahl mit dem Zylinderumfang oder auch, indem wir dem vorigen Ansatz die Hilfszahl $\frac{22}{7}$ (= 3,1416) und den Zylinderdurchmesser von 2¼ Zoll hinzufügen.

$$\frac{1000 \cdot 7 \cdot 30 \cdot 48 \cdot 5\frac{3}{4} \cdot 1 \cdot 45 \cdot 22 \cdot 2\frac{1}{4}}{24 \cdot 20 \cdot 24 \cdot 7\frac{1}{4} \cdot 65 \cdot 55 \cdot 7 \cdot} = 61{,}7 \text{ Zoll minutlich.}$$

Verzug. Der Gesamtverzug einer Schlagmaschine wird berechnet durch die Division der Umfangsgeschwindigkeit des Zuführ- oder Speisezylinders in die Umfangsgeschwindigkeit des Abzugzylinders oder der Wickelwalze. Die Umfangsgeschwindigkeit des Speisezylinders ist vorstehend bestimmt, während die der Wickelwalze in der folgenden Formel gegeben ist:

$$\frac{\text{t/m von } Q \cdot C \cdot D \cdot F \cdot H \cdot 22 \cdot \text{Walzendurchm.}}{M \cdot E \cdot G \cdot J \cdot 7} = \text{Umfangsgeschwindig-}$$
$$\text{keit der Wickelwalze.}$$

$$\frac{1000 \cdot 7 \cdot 13 \cdot 20 \cdot 17 \cdot 22 \cdot 8\frac{3}{4}}{24 \cdot 65 \cdot 71 \cdot 30 \cdot 7 \cdot} = 256 \text{ Zoll minutlich.}$$

Nun dividieren wir diesen Ansatz durch den obigen des Speisezylinders, streichen aber dabei schon im voraus die

Tourenzahl von Q, den Durchmesser von C und M und die Hilfszahl $\frac{22}{7}$, weil sie sich gegenseitig aufheben:

$$\frac{D \cdot F \cdot H \cdot O \cdot A \cdot d \cdot R \cdot T \cdot \text{Durchm. der Wickelwalze}}{E \cdot G \cdot J \cdot N \cdot P \cdot c \cdot e \cdot S \cdot \text{Durchm. des Speisezylinders}} = \text{Verzug}.$$

$$\frac{13 \cdot 20 \cdot 17 \cdot 20 \cdot 24 \cdot 7\frac{1}{4} \cdot 65 \cdot 55 \cdot 8\frac{3}{4}}{65 \cdot 71 \cdot 30 \cdot 30 \cdot 48 \cdot 5\frac{3}{4} \cdot 45 \cdot 2\frac{1}{4}} = 4,14 \text{ facher Verzug}.$$

Dieses Resultat kann auch auf direktem Weg gefunden werden; wenn wir uns die Fig. 10 u. 11 ansehen, finden wir, daß auf der Welle von M sich sowohl das Rad D zum Antrieb der Wickelwalzen als auch das Rad N für den Speisezylinder- antrieb befindet und also von dieser sog. Hauptwelle das Getriebe der Zuführzylinder und das der Abführwalzen ver- bunden sind. Um also den Verzug zu erhalten oder in andern Worten das Verhältnis der Geschwindigkeit des Speise- zylinders zu der Geschwindigkeit der Wickelwalzen, denken wir uns den Speise- oder Zuführzylinder als den Antrieb und T als erstes treibendes Rad mit 1 t/m und multiplizieren die treibenden Räder mit dem Durchmesser der Wickelwalze, die getriebenen Räder mit dem Durchmesser des Zuführ- zylinders und dividieren das erstere durch das letztere:

$$\frac{T \cdot R \cdot d \cdot A \cdot O \cdot D \cdot F \cdot H \cdot \text{Durchm. der Wickelwalze}}{S \cdot e \cdot c \cdot P \cdot N \cdot E \cdot G \cdot J \cdot \text{Durchm. des Speisezylinders}} = \text{Verzug}.$$

$$\frac{55 \cdot 65 \cdot 7\frac{1}{4} \cdot 24 \cdot 20 \cdot 13 \cdot 20 \cdot 17 \cdot 8\frac{3}{4}}{45 \cdot 1 \cdot 5\frac{3}{4} \cdot 48 \cdot 30 \cdot 65 \cdot 71 \cdot 30 \cdot 2\frac{1}{4}} = \text{Verzug, und die Brüche auf}$$

ihre Nenner gebracht:

$$\frac{55 \cdot 65 \cdot 29 \cdot 24 \cdot 20 \cdot 13 \cdot 20 \cdot 17 \cdot 35}{45 \cdot 1 \cdot 23 \cdot 48 \cdot 30 \cdot 65 \cdot 71 \cdot 30 \cdot 9} = 4,14 \text{ facher Verzug}.$$

Wir haben hierbei zwei Wechselräder A und P für den Verzug, so daß, wenn wir das Wechselrad suchen für einen bestimmten Verzug, wir diesen Verzug in die Formel ein- setzen, das Wechselrad A oder P aber herausnehmen. Wir suchen also das Wechselrad A aus der Formel:

$$\frac{55 \cdot 65 \cdot 29 \cdot A \cdot 20 \cdot 13 \cdot 20 \cdot 17 \cdot 35}{45 \cdot 1 \cdot 23 \cdot 48 \cdot 30 \cdot 65 \cdot 71 \cdot 30 \cdot 9} = \text{Verzug}.$$

Daraus ist

$$A = \frac{\text{Verzug} \cdot 45 \cdot 1 \cdot 23 \cdot 48 \cdot 30 \cdot 65 \cdot 71 \cdot 30 \cdot 9}{55 \cdot 65 \cdot 29 \cdot 20 \cdot 13 \cdot 20 \cdot 17 \cdot 35},$$

und da der Verzug 4,14 ist

$$\frac{4{,}14 \cdot 45 \cdot \ 1 \cdot 23 \cdot 48 \cdot 30 \cdot 65 \cdot 71 \cdot 30 \cdot \ 9}{55 \cdot 65 \cdot 29 \ \cdot \ 20 \cdot 13 \cdot 20 \cdot 17 \cdot 35} = 24 \text{ für } A.$$

Wenn wir aber P als Wechselrad auswechseln wollen, so haben wir

$$\frac{55 \cdot 65 \cdot 29 \cdot 24 \cdot 20 \cdot 13 \cdot 20 \cdot 17 \cdot 35}{45 \cdot \ 1 \cdot 23 \cdot \ P \cdot 30 \cdot 65 \cdot 71 \cdot 30 \cdot \ 9} = \text{Verzug}$$

und daraus

$$\frac{55 \cdot 65 \cdot 29 \cdot 24 \cdot 20 \cdot 13 \cdot 20 \cdot 17 \cdot 35}{45 \cdot \ 1 \cdot 23 \ \cdot \ 30 \cdot 65 \cdot 71 \cdot 30 \cdot \ 9 \cdot \text{Verzug}} = P$$

und somit für 4,14 fachen Verzug

$$\frac{55 \cdot 65 \cdot 29 \cdot 24 \cdot 20 \cdot 13 \cdot 20 \cdot 17 \cdot 35}{45 \cdot \ 1 \cdot 23 \ \cdot \ 30 \cdot 65 \cdot 71 \cdot 30 \cdot \ 9 \cdot 4{,}14} = 48 \text{ für Wechselrad } P.$$

Die Räder A und P sind in dem Getriebe zum Antrieb des Speisezylinders, wenn wir sie ändern, so ändern wir den Verzug, weil der Speisezylinder durch die Änderung mehr oder weniger schnell zuführt. A ist für den Antrieb des Speisezylinders ein getriebenes Rad, je größer A, desto kleiner die Speisegeschwindigkeit, desto größer der Unterschied zwischen Speisung und Abführung oder in andern Worten, desto größer der Verzug. Umgekehrt je größer P, das ein treibendes Rad ist, desto größer die Zylindergeschwindigkeit, desto kleiner der Verzug.

Der Verzug wird sich also im gleichen Verhältnis ändern wie A und in einen Ansatz gebracht:

$$\frac{\text{alter Verzug} \cdot \text{neuer Wechsel } A}{\text{alter Wechsel}} = \text{neuer Verzug}$$

oder

$$\text{neuer Wechsel } A = \frac{\text{neuer Verzug} \cdot \text{alter Wechsel } A}{\text{alter Verzug}}.$$

Der Verzug ändert sich dagegen im umgekehrten Verhältnis zu P:

$$\frac{\text{alter Verzug} \cdot \text{alter Wechsel } P}{\text{neuer Wechsel } P} = \text{neuer Verzug}.$$

oder

$$\frac{\text{alter Verzug} \cdot \text{alter Wechsel } P}{\text{neuer Verzug}} = \text{neuer Wechsel } P.$$

1. Beispiel: Vorhandener Verzug 4,14 bei $A = 24$; neuer Verzug 3,8, dann ist

$$\text{neuer Wechsel } A = \frac{3,8 \cdot 24}{4,14} = 22 \text{ Zähne.}$$

2. Beispiel: Vorhandener Verzug ist 4,14 bei Wechsel $P = 48$, ändere P für neuen Verzug 3,8:

$$\frac{4,14 \cdot 48}{3,8} = 52 \text{ für } P \text{ bei Verzug 3,8.}$$

Um den Verzug auf 3,8 abzuändern, muß entweder A auf 22 geändert werden o d e r P auf 52.

Tourenzahl des Ventilators:

$$\text{t/m d. Schlägers} \cdot \frac{W}{X} = \text{t/m d. Ventilators;} \quad \frac{\text{t/m des Schlägers} \cdot W}{\text{t/m des Ventilators}} = X.$$

Beispiel:

$$1000 \cdot \frac{7}{6} = 1166 \text{ t/m d. Ventilators;} \quad \frac{1000 \cdot 7}{1166} = 6 \text{ Zoll Durchm. von } X.$$

Abfall in Prozent. Zugeführtes Gewicht — Abgeliefertes Gewicht = Gewichtsverlust.

$$\frac{\text{Gewichtsverlust} \cdot 100}{\text{Zugeführtes Gewicht}} = \text{Abfall in Prozent.}$$

Beispiel: Der Maschine werden täglich 1250 kg Baumwolle aufgelegt und die Lieferung ist 1200 kg. Wie groß ist der Abfall v. H. ?

$$\frac{(1250 - 1200) \cdot 100}{1250} \text{ oder } \frac{50 \cdot 100}{1250} = 4\%.$$

Wickellänge. Nehmen wir einige Meter, z. B. 3 m, eines Wickels und wiegen diese 3 m ab und ebenso den Wickel, dann ist

$$\frac{3 \text{ m} \cdot \text{Gewicht des Wickels}}{\text{Gewicht von 3 m}} = \text{Wickellänge.}$$

Beispiel: 3 m wiegen 1,2 kg, Wickelgewicht ist 16 kg.

$$\frac{3 \cdot 16}{1,2} = 40 \text{ m Wickellänge.}$$

Produktion. Wenn eine Änderung der Produktion einer Schlagmaschine gewünscht wird, so kann die Riemscheibe auf der Schlägerwelle, die die einzige vom Vorgelege getriebene Antriebscheibe ist, geändert werden. Eine k l e i n e r e Scheibe auf der Schlägerwelle gibt eine größere Geschwindigkeit und also eine g r ö ß e r e Produktion, dagegen gibt eine größere Scheibe eine kleinere Produktion.

Wenn die Produktion für eine bestimmte Schlägerscheibe bekannt ist, so ist es leicht, die Produktion bei einer Änderung dieser Riemscheibe zu berechnen. Z. B.:

Wenn eine 7 zöllige Scheibe wöchentlich 12 000 Pfd. liefert,

dann liefert eine 1 zöllige Scheibe $\qquad$ 12 000 · 7 und

eine 6 zöllige Scheibe $\qquad$ $\dfrac{12\,000 \cdot 7}{6} = 14\,000$ Pfd.

Wickelgewicht oder Wickellänge. Die Länge eines Wickels und damit auch sein Gesamtgewicht wird durch das Wechselrad der Abstellvorrichtung verändert.

Fig. 12, 13 u. 14 zeigen d r e i v e r s c h i e d e n e A b - s t e l l v o r r i c h t u n g e n. In Fig. 12 ist an der unteren Preßwalze das Rad J befestigt, welches in das am Hebel L gelagerte Rad K eingreift. Falls der an J angeschraubte Zahn in die an K angeschraubte Kerbe eingreift, so wird K beiseite gestoßen und damit auch der in M drehbar gelagerte Hebel L, der seinerseits wieder durch das Gestänge N den Drehhebel P in der Pfeilrichtung bewegt. Der Abstellhebel Q ist aber durch einen kleinen Ansatz in diesem Klinkenhebel P gelagert, er fällt also durch diese Bewegung herab, durch eine Drehung um seinen Drehpunkt R, wodurch sowohl das Rad S, das die Preßwalzen antreibt, ausgeschaltet wird, als auch durch das Gestänge T die Kupplung des Speisezylinders. Dadurch sind die Preßwalzen mit den Siebtrommeln und die Speisezylinder mit dem Zuführlattentuch abgestellt, während die Wickelwalzen und die Schlägerwelle weiterlaufen. Das Prinzip, das die beiden Räder oder vielmehr ihre Sperransätze zusammenarbeiten läßt, beruht darauf, daß ihre Zähnezahlen, in einen Bruch gebracht, sich nicht untereinander vereinfachen lassen und demgemäß der Eingriff derselben Zähne und damit der Sperransätze erst dann wieder eintritt, wenn sich $J \cdot K$ Zähne aufeinander abgewickelt haben.

In Fig. 12 ist $J = 43$ Zähne und $K = 62$ Zähne; in diesem Fall muß also die Preßwalze (mit ihrem 43^{r} Rad) 62 Touren machen (62 · 43 = 2666 Zahneingriffe) und damit das Zahnrad K 43 Touren (43 · 62 = 2666 Zahneingriffe). Würde J nur 41 Zähne haben, so ist das für die Preßwalze ohne Belang,

sie muß auch dann 62 Touren machen (62 · 41 = 2542 Zahn-
abwicklungen), bis die Abstellklinke eingreift, während das
Zahnrad K allerdings nur 41 Touren (41 · 62 = 2542) macht,
was aber für die Lieferung ohne jeden Einfluß ist. Würde
J dagegen 42 Zähne haben, so haben wir eine Übersetzung
$\frac{42}{62}$, also einen Bruch der sich mit 2 vereinfachen läßt, und
dadurch erhalten wir schon bei 31 Touren der Preßwalze

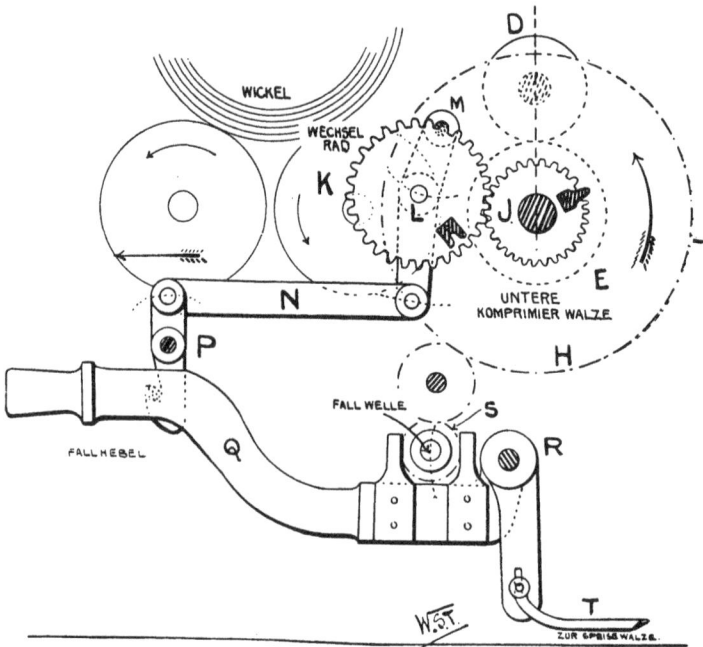

Fig. 12.

und 21 Touren des Zahnrades K einen Eingriff der Sperr-
klinke, weil 31 · 42 = 1302 und 21 · 62 ebenfalls = 1302 ist.

Unter der Voraussetzung also, daß sich die beiden Zähnezahlen, in einen Bruchansatz gebracht, nicht weiter verein-
fachen lassen (also z. B. $\frac{43}{62}$, $\frac{41}{80}$ etc.), und J wird an allen

Maschinen ein solches Rad sein, muß die Preßwalze soviel Touren machen, als das Rad K Zähne hat.

Die Wickellänge ist also

Zähnezahl von $K \cdot$ Umfang der Preßwalze.

Ist also $K = 62$ und der Durchmesser der unteren Preßwalze $= 8$ Zoll engl., so ist die Wickellänge $= 62 \cdot 8 \cdot 3{,}1416$ $= 1558$ Zoll engl., oder genauer nach Fig. 15 aus der Wickelwalze von $8\frac{3}{4}$ Zoll Durchm. berechnet:

$$62 \cdot \frac{L \cdot F \cdot H \cdot 8\frac{3}{4} \cdot \pi}{K \cdot G \cdot J} = \frac{62 \cdot 71 \cdot 21 \cdot 17 \cdot 35 \cdot 3{,}1416}{13 \cdot 71 \cdot 30 \cdot 4} = 1560 \text{ Zoll engl.}$$

Dieser Wickel hat also zwischen der unteren Preßwalze und den Wickel- oder Riffelwalzen noch 2 Zoll Verzug.

Das Wickelgewicht ist bei z. B. 0,0016 Nr. engl. in diesem Fall:

$$\text{Gewicht in Pfund engl.} = \frac{\text{Länge in Schneller}}{\text{Nummer}} = \frac{1560}{36 \cdot 840 \cdot \text{Nr. engl.}}$$

$$= \frac{1560}{36 \cdot 840 \cdot 0{,}0016} = \frac{130\,000}{3 \cdot 84 \cdot 16} = 32\frac{1}{4} \text{ Pfund engl.}$$

Vor allem ist zu beachten, daß eine Vergrößerung des Rades K, das oben mit 62 Zähnen eingesetzt ist, eine Verlängerung des Wickels im gleichen Verhältnis ergibt. Wenn also ein 62^r Rad einen 1560 zölligen Wickel ergab, welches Rad ist notwendig für einen Wickel von 1512 Zoll engl.?

$$\frac{\text{Altes Rad} \cdot \text{Neue Wickellänge}}{\text{Seitherige Wickellänge}} = \text{Neues Rad}$$

$$\frac{62 \cdot 1512}{1560} = 60 \text{ Zähne.}$$

Der neue Wickel von 1512 Zoll engl. oder $\frac{1512}{36 \cdot 840} = \frac{1}{20}$ Schneller hat bei Nr. engl. 0,0016 ein Gewicht von

$$\frac{1}{20 \cdot 0{,}0016} = \frac{1000}{32} = 31\frac{1}{4} \text{ Pfund engl.}$$

In Fig. 13 wird die Abstellvorrichtung durch einen Exzenter E an der unteren Preßwalze betätigt. Dieser Exzenter bewegt durch seinen Hebel N das Sperrad P und damit auch die Klinke J, so daß auf jede Umdrehung von P und J der Hebel K zurückgedrückt wird, und weil der Abstellhebel Q

an einem Ansatz von K gelagert ist, so fällt auch hier der Abstellhebel Q herab und schaltet ebenfalls das Rad S aus. Auch hier ist die Anzahl der Zähne des Schaltrades P gleich der Anzahl Umdrehungen der unteren Preßwalze und die

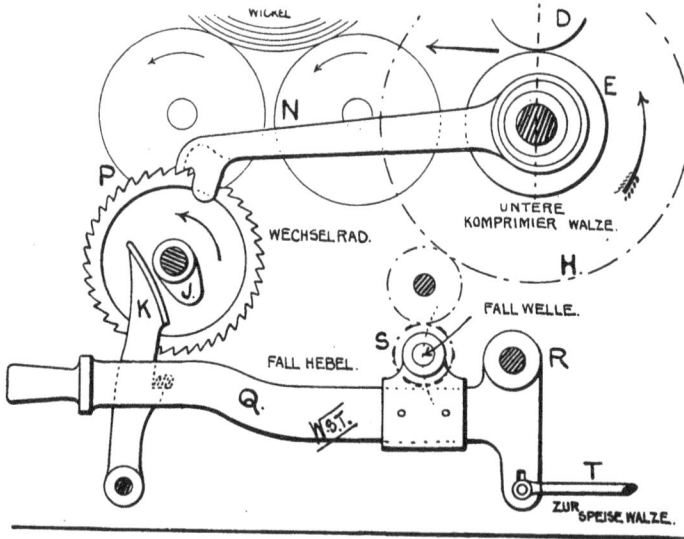

Fig. 13.

Wickellänge = Zähnezahl von $P \cdot$ Preßwalzenumfang. Oder wenn ein 62^r Schaltrad einen Wickel von 1560 Zoll liefert, dann liefert ein 66^r Schaltrad $\dfrac{1560 \cdot 66}{62} = 1660$ zöllige Wickel.

Nehmen wir auch hier wieder die Wickelnummer 0,0016 an, so ist das Wickelgewicht

$$\frac{1660}{36 \cdot 840 \cdot 0,0016} = 34^1/_3 \text{ Pfd. engl.}$$

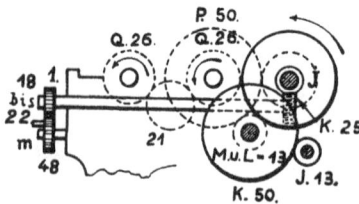

Fig. 14.

In Fig. 14 ist eine dritte Abstellvorrichtung nach Platt Bros. dargestellt. (Siehe auch Fig. 18.) Auf der Achse der unteren Preßwalze sitzt das Schneckenrad j und treibt das

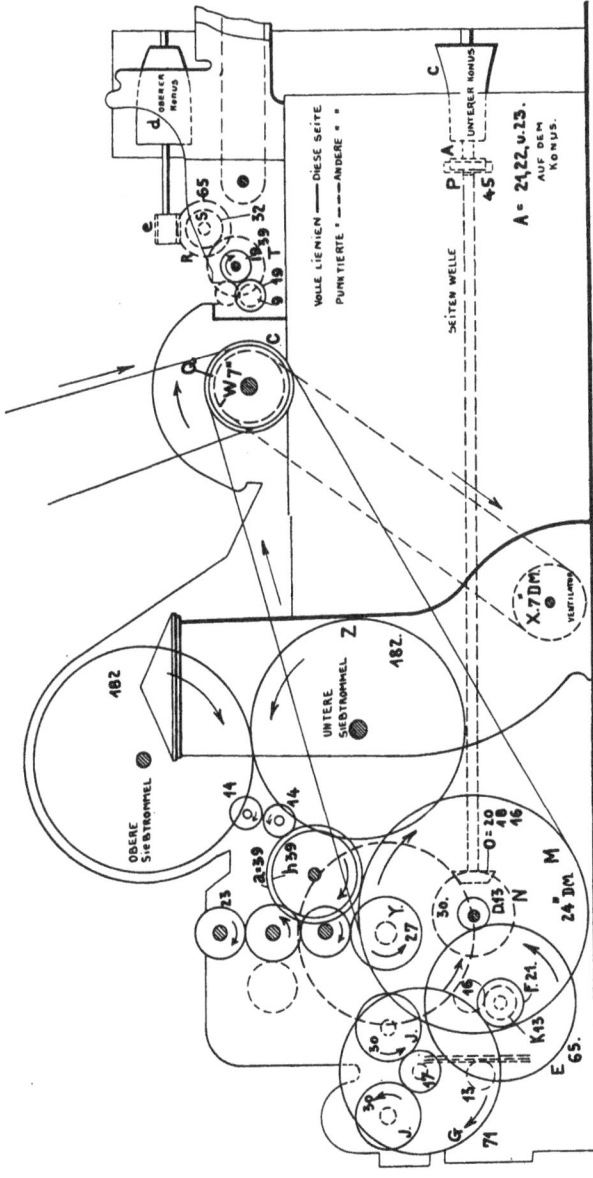

Fig. 15. Schlagmaschine von Dobson & Barlow.

zugehörige Schraubenrad K (= 25 Zähne) mit der Übersetzung $\frac{1}{25}$. K ist durch eine Welle mit dem Zahnrad l (Wechselrad von 18—22 Zähnen) verbunden und treibt damit das Zahnrad m von 48 Zähnen. An m ist, wie aus der Fig. 14 ersichtlich, ein kleiner Stift, auch wieder dazu bestimmt, für je eine Umdrehung von m den Abstellhebel auszuschalten.

Die Wickellänge, auf die Wickelwalze berechnet, ist in engl. Zoll:

$$\frac{48 \cdot 25 \cdot 42 \cdot 9 \cdot 22}{l \cdot 1 \cdot 50 \cdot 7} = \frac{28\,512}{l} \text{ und bei } l = 20 \quad \frac{28\,512}{20} = 1425 \text{ Zoll engl.}$$

Die Länge in Yard ist

$$\frac{28\,512}{l \cdot 36} = \frac{28\,512}{20 \cdot 36} = 39,6 \text{ Yard}$$

und das Wechselrad

$$l = \frac{28\,512}{1425} = 20 \text{ Zähne.}$$

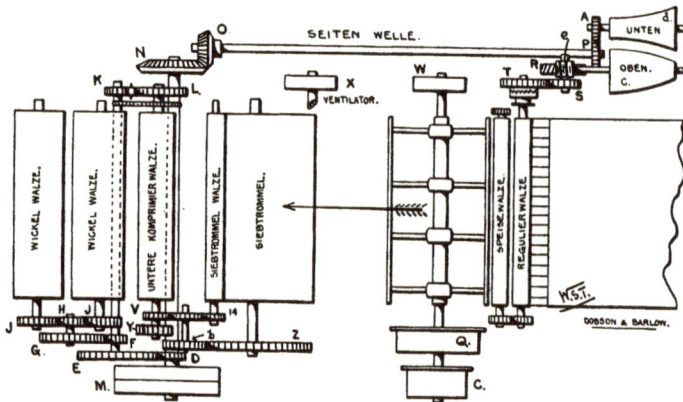

Fig. 16.

In Fig. 15 und 16 sind weitere Einzelheiten der Schlagmaschinen von Dobson & Barlow gegeben, die das Verständnis für die Getriebe erleichtern und genauere Zahlenangaben für die Berechnung enthalten.

Schlagmaschine von J. Hetherington & Sons.

Fig. 17.

In Fig. 17 ist Hetheringtons Schlagmaschine wiedergegeben. Die Berechnungen sind im Prinzip dieselben wie bei dem vorigen Batteur. Der Speisezylinder wird zum Teil gleich als Regulierzylinder verwendet, dann wird er mit einem Durchmesser von 3 Zoll engl. ausgeführt (Fig. 17). In anderen Maschinen dagegen ist er als besondere Zuführwalze vor dem Regulierzylinder mit 2½ Zoll engl. Durchm. angebracht. Im ersteren Fall hat er die Baumwolle gegenüber dem Schlagflügel festzuhalten, deshalb die Verstärkung, damit nicht etwa in der Mitte ein Durchbiegen erfolgen kann.

Die Preß- oder Komprimierwalzen haben 7 Zoll engl. Durchmesser. Beide Konusse (oder Konoiden) haben in der Mitte 6¾ Zoll Durchm. für 3 zölligen Speiseregulierzylinder. Für 2½ zölligen Speisezylinder hat in der Mittelstellung der treibende Konus 7½ und der getriebene Konus 6½ Zoll engl. Durchmesser. In diesen Zeichnungen sind die Getriebe nicht mit Buchstaben, sondern mit Zahlen versehen. Der Schlagflügel ist auch wieder vom Vorgelege aus angetrieben und treibt seinerseits in Fig. 17 mit fünf auf 12 Zoll-Scheiben eine Hilfswelle, von der auf der einen Seite durch Seiltrieb die Konusse, auf der anderen Seite durch Riemen die Wickelmaschine angetrieben wird.

Um den Verzug zu berechnen, nehmen wir auch wieder den Speisezylinder als ersten treibenden Teil und erhalten dann:

$$\frac{88 \cdot 6\frac{3}{4} \cdot 5 \cdot 10 \cdot 14 \cdot 13 \cdot 7 \text{ zöllige Wickelwalze}}{1 \cdot 6\frac{3}{4} \cdot 7 \cdot 30 \cdot 72 \cdot 54 \cdot 3 \text{ zölliger Speisezylinder}} = 2{,}28 \text{ facher Verzug.}$$

Zwei Wechsel sind dabei vorhanden: die Seilscheibe auf der Hilfswelle (6—8 Zoll Durchm.) für den Konusantrieb und auf der andern Seite derselben Welle die Riemscheibe (8—11 Zoll) zum Antrieb des Wickelapparates, so daß wir in dem obigen Ansatz die 7 im Nenner und die 10 im Zähler entsprechend ändern können.

Durchmesser der Schlägerscheibe:

$$\frac{\text{t/m der Transm.-Welle} \cdot \text{Antriebscheibe} \cdot \text{treibende Vorgelegescheibe}}{\text{getriebene Vorgelegescheibe} \cdot \text{t/m des Schlägers}}.$$

4*

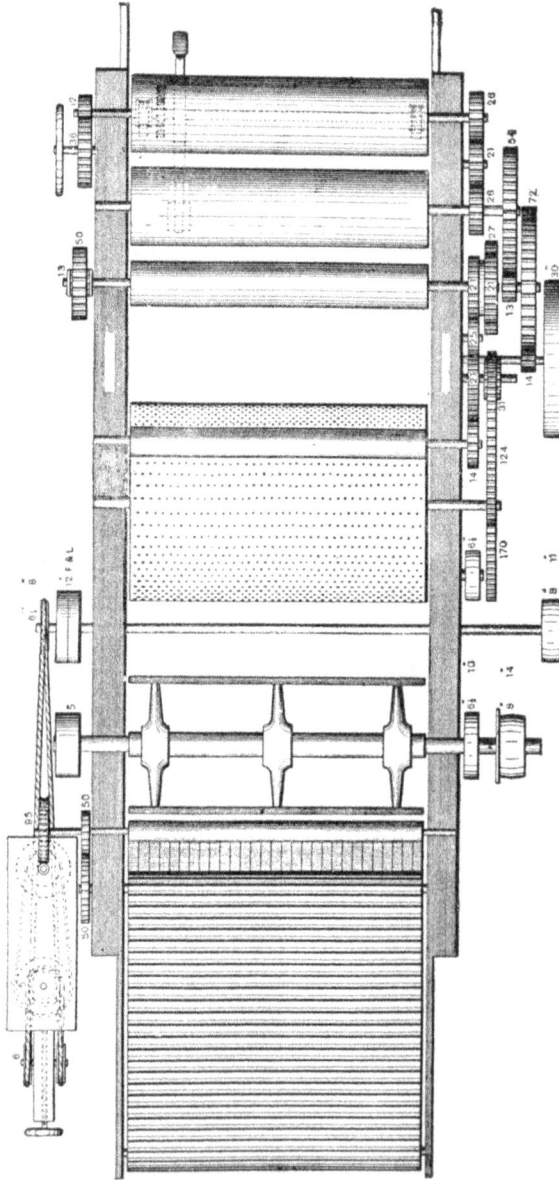

Fig. 17. Einfache Schlagmaschine von J. Hetherington & Sons.

Ventilatortouren:

$$= \frac{\text{Schlägertouren} \cdot \text{Antriebscheibe auf der Schlägerwelle}}{\text{getriebene Scheibe auf der Ventilatorwelle}}$$

Wickellänge in Yard:

$$\frac{\text{Wickelgewicht} \cdot 6 \text{ Yard}}{\text{Gewicht von 6 Yard Wickelwatte}}.$$

Schlagmaschine von Platt Bros. Fig. 18.

$$\text{Verzug} = \frac{\text{Umfangsgeschwindigkeit der Wickelwalze}}{\text{Umfangsgeschwindigkeit des Speisezylinders}}.$$

$$\frac{\text{Durchm. der Wickelwalze} \quad \cdot c \cdot a \cdot Y \cdot W \cdot F \cdot H \cdot J \cdot L}{\text{Durchm. des Speisezylinders} \cdot b \cdot Z \cdot X \cdot V \cdot G \cdot I \cdot K \cdot P} = \text{Verzug},$$

$$\frac{9 \cdot 56 \cdot 90 \cdot 6\frac{1}{2} \cdot 5 \cdot 14 \cdot 32 \cdot 13 \cdot 13}{3 \cdot 28 \cdot 1 \cdot 7\frac{1}{2} \cdot 10 \cdot 24 \cdot 96 \cdot 50 \cdot 50} = 3,07 \text{ facher Verzug.}$$

Abfall in Prozenten:

$$\frac{\text{Abfallgewicht} \cdot 100}{\text{Gewicht der zugeführten Baumwolle}} = \text{Abfall vom Hundert.}$$

Brooks & Doxeys Trommelöffner mit Schlagmaschine. Fig. 19.

Änderung des Wickelgewichts.

Um einen Wickel leichter zu machen:

Vermindere die Auflage vor den Trommel-Speisezylindern oder vermindere die Umdrehungen dieser Speisezylinder durch die Konoiden.

Einen Wickel schwerer zu machen:

Vergrößere die Zuführung zu den Speisezylindern oder vergrößere die Zuführgeschwindigkeit der Speisezylinder.

Das letztere geschieht durch den unteren Konuswechsel (18—26), der als getriebenes Rad für diesen Zweck kleiner werden muß, oder in derselben Weise durch den Kolben der Seitenwelle von 19—24 Zähnen. Dazu kommt die automatische Regulierung durch die Konusse, die zudem selbst noch verstellt werden kann.

Schlägertouren.

$$\frac{\text{Touren der Vorgelegewelle} \cdot \text{treibende Vorgelegescheibe}}{\text{Schlägerscheibe}} = \text{Touren des Schlägers.}$$

Z. B.: $\dfrac{420 \cdot 34}{12} = 1190 \text{ t/m.}$

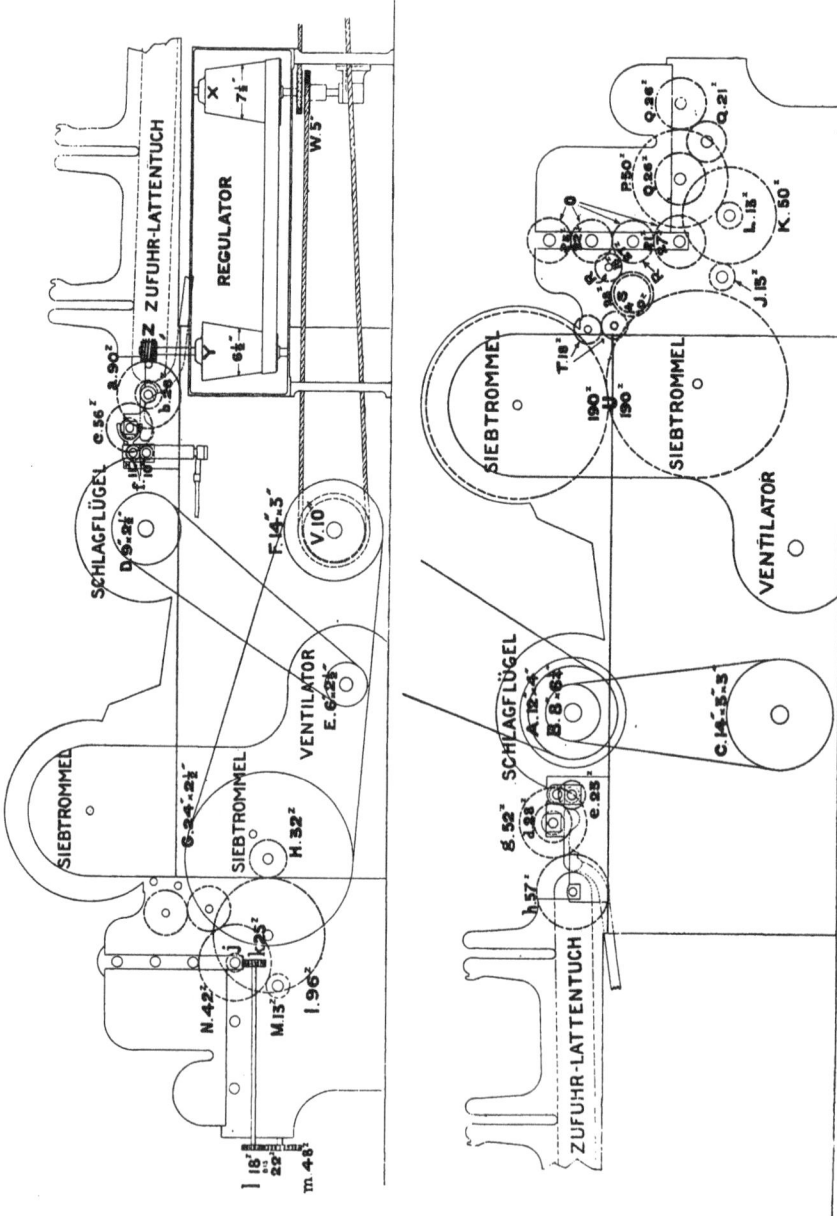

Fig. 18. Beidseitige Ansicht der Schlagmaschine von Platt Brothers & Co.

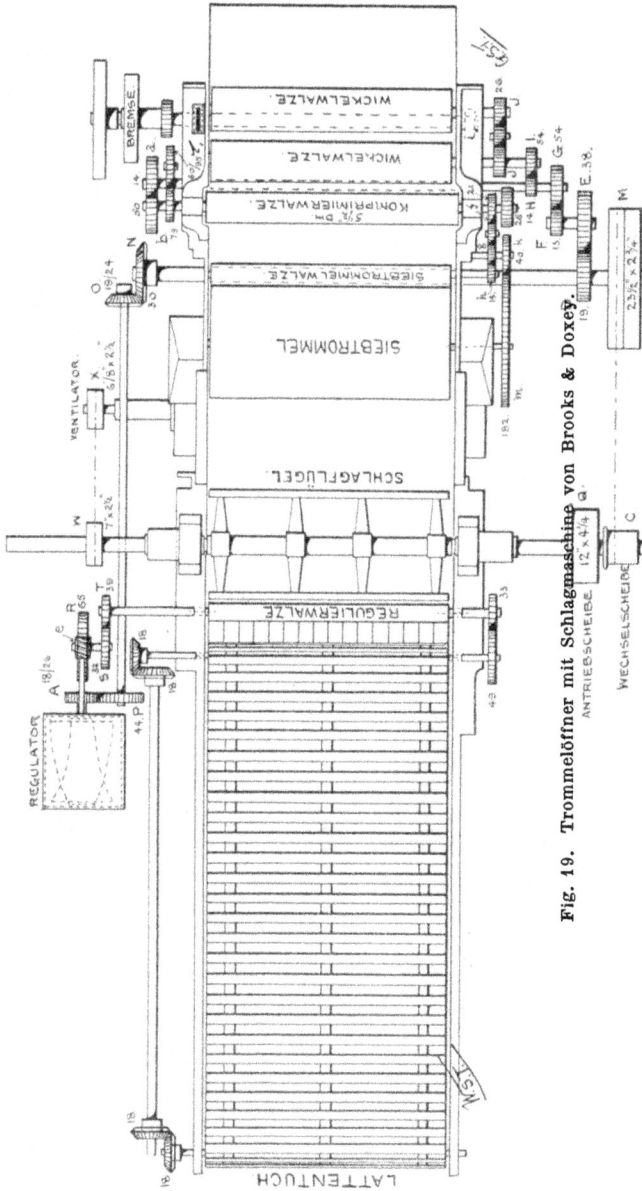

Fig. 19. Trommelöffner mit Schlagmaschine von Brooks & Doxey.

Trommeltouren.

$$\frac{\text{Touren der Vorgelegewelle} \cdot \text{treibende Vorgelegescheibe}}{\text{Trommelscheibe}} = \text{Touren der Trommel.}$$

Z. B.:

$$\frac{420 \cdot 24}{20} = 504 \text{ Touren minutlich.}$$

Schlägertouren für verschiedene Sortimente.

2 flügelige Schläger:

1000 t/m für beste Baumwolle (ägyptische etc.),

1150 t/m für gute Baumwolle (Amerikaner),

1250 t/m für geringere Baumwolle (geringe Amerikaner, indische etc.).

3 flügelige Schläger:

für die obigen 3 Sortimente: 900, 950, 1000 t/m.

Brooks & Doxeys Schlagmaschine. Fig. 20.

$$\text{Verzug} = \frac{\text{Umfangsgeschwindigkeit der Wickelwalzen}}{\text{Umfangsgeschwindigkeit der Speisezylinder}}$$

oder

$$\frac{\text{t/m der Wickelwalzen} \cdot 9 \text{ Zoll}}{\text{t/m der Speisezylinder} \cdot 2\frac{1}{4} \text{ Zoll}} = \text{Verzug.}$$

Für die Verzugsberechnung ist wieder mit dem Speisezylinder als treibendem Teil zu beginnen, und zwar auf 1 t/m desselben berechnet.

$$\frac{39 \cdot 65 \cdot 6 \cdot 22 \cdot 20 \cdot 19 \cdot 13 \cdot 14 \cdot 9}{32 \cdot 1 \cdot 6 \cdot 44 \cdot 30 \cdot 38 \cdot 54 \cdot 54 \cdot 2\frac{1}{4}} = 3{,}3 \text{ facher Verzug.}$$

Hierbei sind die mittleren Konusdurchmesser als gleich angenommen (je 6 Zoll), der Speise- oder Regulierzylinder hat hier nur 2¼ Zoll, die untere Preß- oder Komprimierwalze 7 Zoll und die Riffel- oder Wickelwalzen 9 Zoll Durchmesser.

Auch hier sind dieselben Wechsel, wie bei dem vorigen Öffner-Batteur: Auf der Schlägerwelle die Antriebscheibe zur Wickelmaschine; auf dem unteren Konus und auf der Seitenwelle je ein Wechselrad.

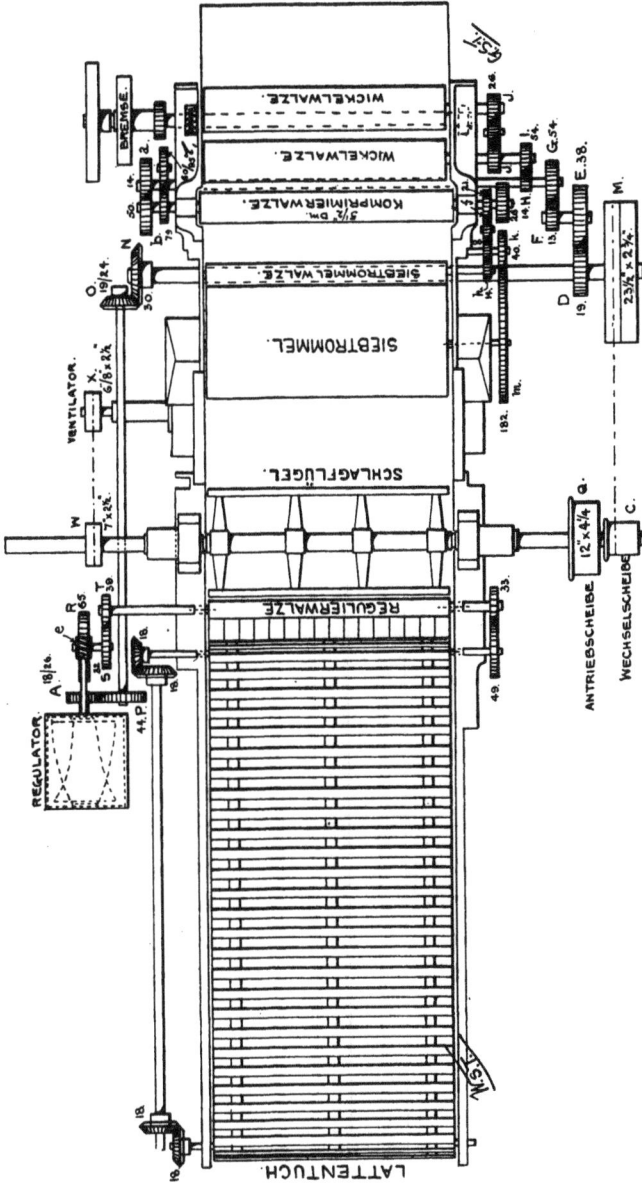

Fig. 20. Brooks & Doxey's Schlagmaschine.

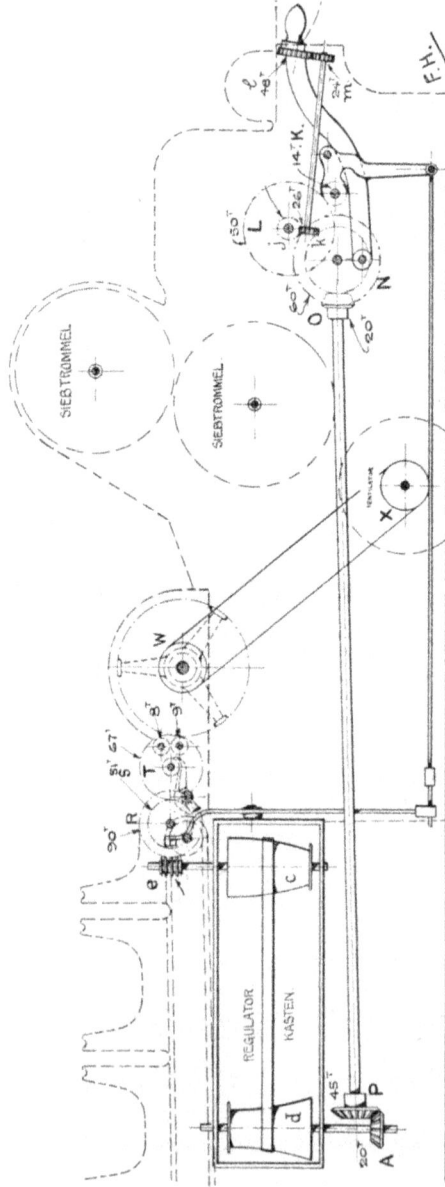

Fig. 21. Schlagmaschine von Taylor, Lang & Co., 1. Seitenansicht.

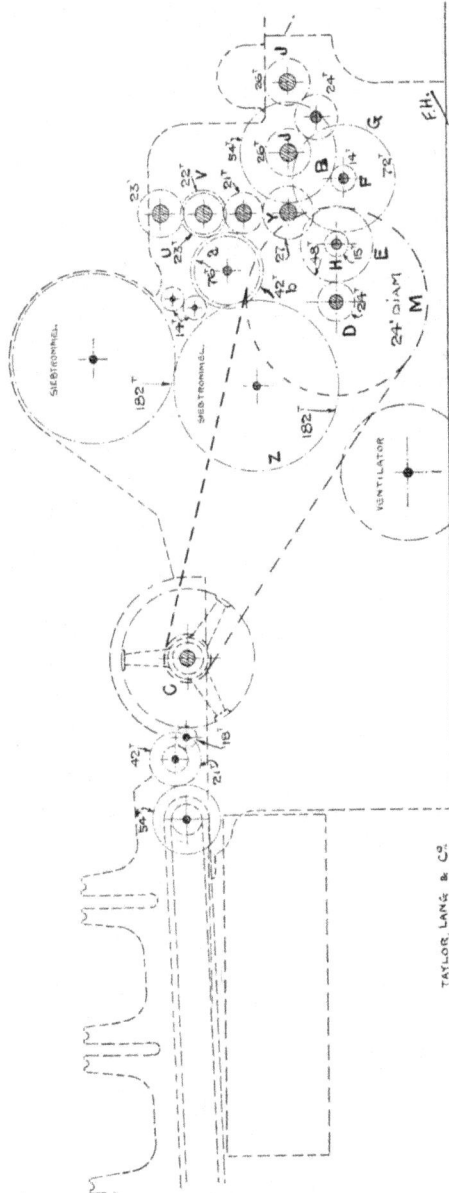

Fig. 22. Schlagmaschine von Taylor, Lang & Co., 2. Seitenansicht.

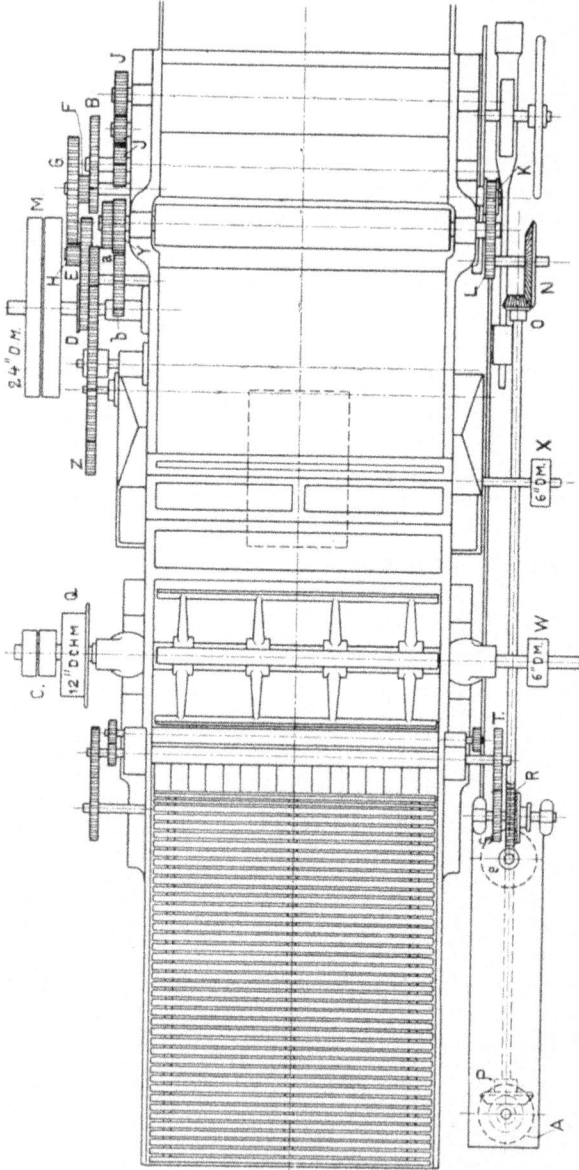

Fig. 23. Schlagmaschine von Taylor, Lang & Co.

Schlagmaschine von Taylor, Lang & Co. Fig. 21, 22 u. 23.

Speisezylinder 3 Zoll, untere Preßwalze 5½ Zoll, Wickel-walzen 9 Zoll Durchm. Mittlerer Durchmesser des treibenden Konus $d = 5\frac{1}{2}$ Zoll, des getriebenen $c = 7$ Zoll Durchm.

Gesamtverzug.

$$\frac{T \cdot R \cdot c \cdot A \cdot O \cdot H \cdot K \cdot \text{Durchm. der Wickelwalzen}}{S \cdot e \cdot d \cdot P \cdot N \cdot G \cdot L \cdot \text{Durchm. des Regulierzylinders}} = \text{Verzug.}$$

Wickellänge. Wechselrad l für Abstellvorrichtung bei vollem Wickel:

$$\frac{m \cdot k \cdot L \cdot F \cdot \text{Durchm. der Wickelwalze} \cdot 22}{j \cdot K \cdot B \cdot 36 \cdot 7 \cdot \text{Wickellänge in Yard}} = l.$$

Konstante für das Wechselrad l:

$$\frac{m \cdot k \cdot L \cdot F \cdot \text{Wickelwalzendurchm.} \cdot 22}{j \cdot K \cdot B \cdot 36 \qquad 7} = \text{Hilfszahl f. Wechsel } l.$$

$$\frac{\text{Hilfszahl}}{\text{Wickellänge in Yard}} = \text{Zähnezahl für Wechsel } l.$$

$$\frac{\text{Hilfszahl}}{\text{Wechselrad } l} = \text{Wickellänge in Yard.}$$

Schlagmaschine von Howard & Bullough Ltd.

Fig. 24.

$$\text{Verzug} = \frac{X \cdot n \cdot V \cdot T \cdot D \cdot F \cdot \text{Durchm. von } j}{W \cdot m \cdot U \cdot S \cdot E \cdot G \cdot \text{Durchm. von } k}.$$

$$\frac{88 \cdot 5 \cdot 18 \cdot 30 \cdot 13 \cdot 11 \cdot 9\frac{1}{2}}{1 \cdot 5 \cdot 72 \cdot 30 \cdot 68 \cdot 74 \cdot 2} = 2{,}97 \text{ facher Verzug.}$$

Dieser Verzug ist natürlich höchstens für 3 Wickel, also 3 fache Dublierung geeignet, für eine Auflage von 4 Wickel kann, abgesehen von V, der Wechsel T von 30 auf 40 geändert werden und ergibt dann $\dfrac{2{,}97 \cdot 40}{30} = 3{,}96$.

Verzugskonstante für T als Wechselrad (und $V = 18$ Zähne).

$$\text{Verzug} = \frac{88 \cdot 5 \cdot 18 \cdot T \cdot 13 \cdot 11 \cdot 19}{1 \cdot 5 \cdot 72 \cdot 30 \cdot 68 \cdot 74 \cdot 2 \cdot 2} = \frac{T}{\infty 10};$$

z. B.: $\dfrac{30}{10} = 3$ facher Verzug. Wechselrad $T = \text{Verzug} \cdot 10$;

z. B.: $3 \cdot 10 = 30^r$ Wechselrad.

Die Verzugskonstante ist also rund 10.

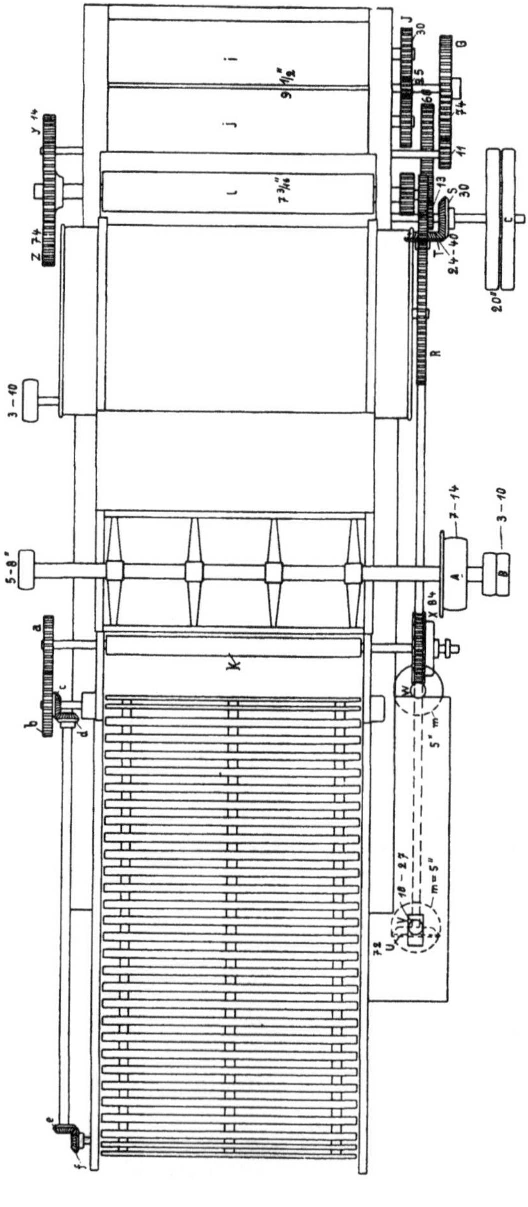

Fig. 24. Einfache Schlagmaschine von Howard & Bullough.

Öffner mit Schlagmaschine der A.-G. vorm. J. J. Rieter & Co. Fig. 25.

Die Transmission in der Putzerei hat meistens 200 bis 250 t/m und das Vorgelege etwa die doppelte Tourenzahl, also 400—500 t/m, so daß vom Vorgelege zum Flügel eine 2—3 fache Übersetzung nötig ist.

Trommeltouren. Nach der Skizze sind 450 t/m angegeben, nehmen wir nun an, das Vorgelege habe ebenfalls 450 t/m, dann ist als Antriebscheibe auf dem Vorgelege ebenfalls eine 520 mm-Scheibe nötig, wie sie auf der Trommelachse sitzt.

Schlägertouren. Der zweischienige Schlagflügel soll 1500 t/m haben. Wenn das Vorgelege 450 t/m macht, so ist der Durchmesser der Vorgelegescheibe x für den Antrieb der 240 mm-Flügelscheibe:

$$\frac{450 \cdot x}{240} = 1500 \text{ t/m.} \qquad x = \frac{1500 \cdot 240}{450} = 800 \text{ mm Durchmesser.}$$

Der Verzug. Als Beispiel soll der Verzug in zwei Einzelverzügen festgestellt werden, und zwar vom Trommel-Speisezylinder zum Speisezylinder des Schlägers und von da zu den Wickelwalzen.

I. Den Trommel-Speisezylinder als treibenden Teil angesehen:

$$\frac{54 \cdot 22 \cdot 20 \cdot 54 \text{ mm}}{18 \cdot 20 \cdot 30 \cdot 77 \text{ mm}} = 1,5 \text{ facher Verzug.}$$

II. Der Verzug der Schlagmschine vom Flügelspeisezylinder aus:

$$\frac{30 \cdot 14 \cdot 72 \cdot 19 \cdot 19 \cdot 307 \text{ mm}}{20 \cdot 52 \cdot 15 \cdot 74 \cdot 52 \cdot 54 \text{ mm}} = 1,03 \text{ facher Verzug.}$$

Der Gesamtverzug ist also nur 1,545 und wird im allgemeinen nicht verändert. Die Änderung der Wickelnummer wird durch entsprechende Wattenauflage erreicht, und zwar durch einen automatischen Speiseapparat (Kastenspeiser), der an die Rohrleitung oder an einen Voröffner angeschlossen ist.

Die Produktion. Angenommen sei 10 stündige Arbeitszeit und 10% Zeitverlust für Stillstände, also praktisch 9 Stunden Lieferung. Es sei die Wickelnummer = Nr. engl. 0,0014 (= 420 g pro m).

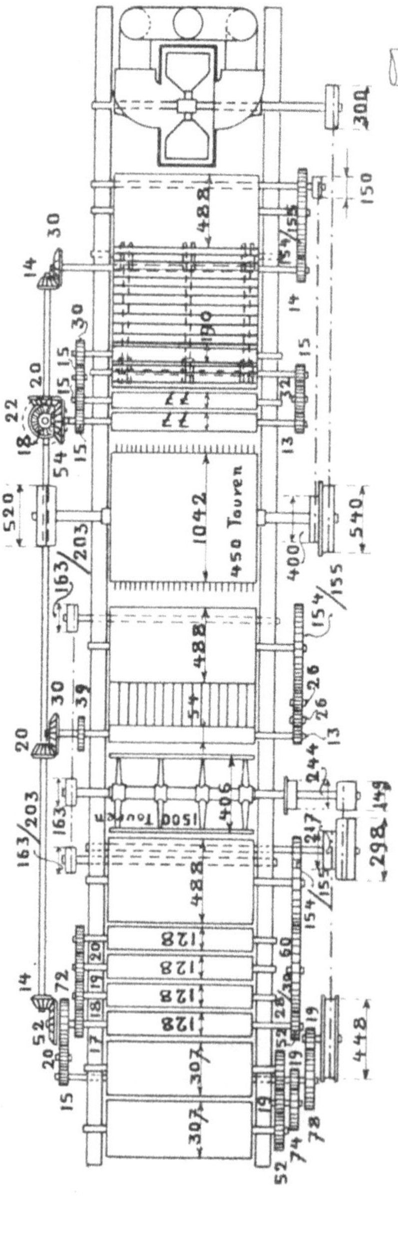

T Nasentrommel
K₁ Klappenkasten
F Ansaugewindflügel
Y Gabelrohr
R, R₁ R₂ Roste

S S₁ S₂ Siebtrommeln
V V₁ V₂ Ventilatoren
L Zufuhrtisch
Z einfach kannelierte
Speisezylinder.

B Ablenkfläche
B₁ Rostblech od. Stabrost
K Abfallkasten
M Muldenhebel
M₁ Speisewalze

T₁ Batteurschläger
A Abstreifschiene
P Pressionswalzen
W Wickelwalzen
Q Glättewalze

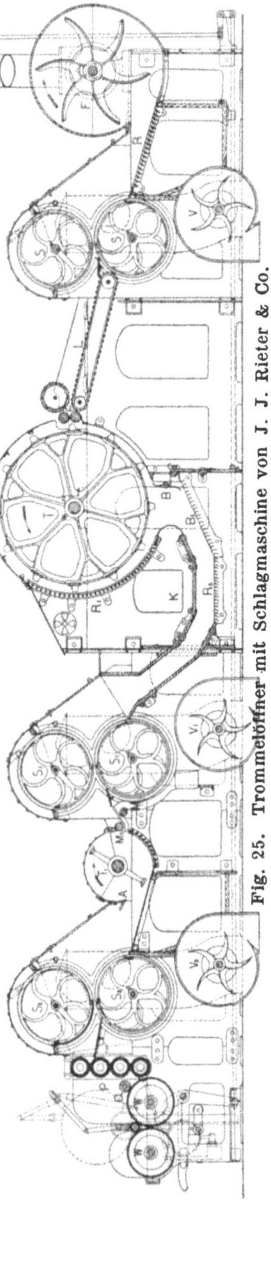

Fig. 25. Trommelöffner mit Schlagmaschine von J. J. Rieter & Co.

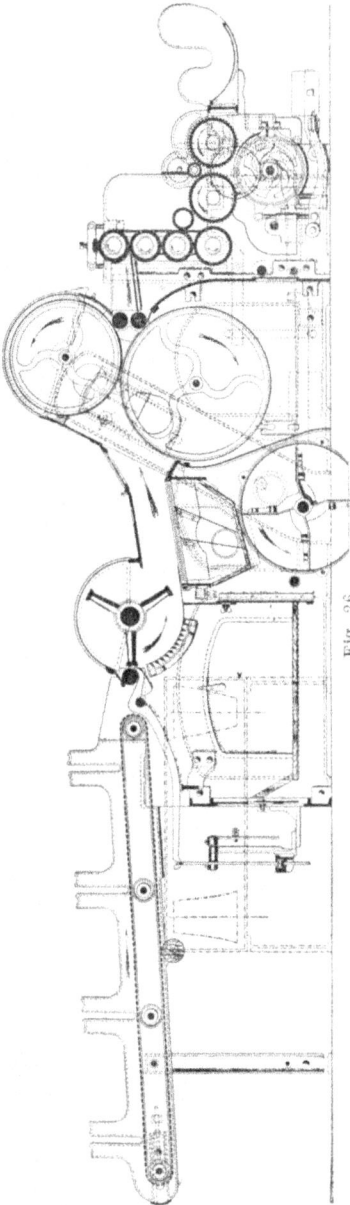

Die Umfangsgeschwindigkeit der Wickelwalzen ist:

$$\frac{1500 \cdot 149 \cdot 217 \cdot 19 \cdot 19 \cdot 19 \cdot 307 \cdot 22}{298 \cdot 448 \cdot 78 \cdot 74 \cdot 52} \cdot 7$$

$= 8024$ mm oder rd. 8 m minutl.,

das gibt in 9 Stunden

$$\frac{8 \cdot 60 \cdot 9 \cdot 420 \, g}{1000} = 1814 \text{ kg täglich}$$

und für Wickel-Nr. (engl.) 0,0012 $= 492$ g pro m

$$\frac{8 \cdot 60 \cdot 9 \cdot 492}{1000} = 2125 \text{ kg täglich.}$$

Schlagmaschine der Elsäss. Maschinenbau-Ges., Mülhausen. Fig. 26 u. 27.

Schlagflügel mit 3 Schienen, 1300 t/m, das sind also

$$\frac{3 \cdot 1300}{60} = 65 \text{ Schläge sekundlich.}$$

Die Zuführgeschwindigkeit des Speisezylinders ist in der Sekunde

$$\frac{1300 \cdot 140 \cdot 250 \cdot 40 \cdot 40 \cdot 40 \cdot 1 \cdot 75 \cdot 3,14}{60 \cdot 300 \cdot 600 \cdot 20 \cdot 25 \cdot 40 \cdot 88 \cdot}$$

$= 36$ mm.

also je ein Schlag pro $\left(\dfrac{36}{65} = \text{rund}\right)$ ½ mm.

Für einen 2 schienigen Schläger und 1500 t/m $=$

$$\frac{2 \cdot 1500}{60} = 50 \text{ Schläge sekundlich}$$

erhalten wir je einen Schlag auf $\left(\dfrac{36}{50} = \text{rund}\right)$ ¾ mm.

Im letzteren Fall ist also trotz der 1500 t/m die Schlagzahl geringer, die S c h l a g k r a f t aber infolge der größeren Umfangsgeschwindigkeit stärker und deshalb sind zweiflügelige Schläger bei entsprechend größerer Tourenzahl für geringere Baumwolle üblich. Der dreiflügelige Schläger mit etwas größerer Schlagzahl, aber schonender Schlagkraft ist dagegen für besseren Stoff gebräuchlich.

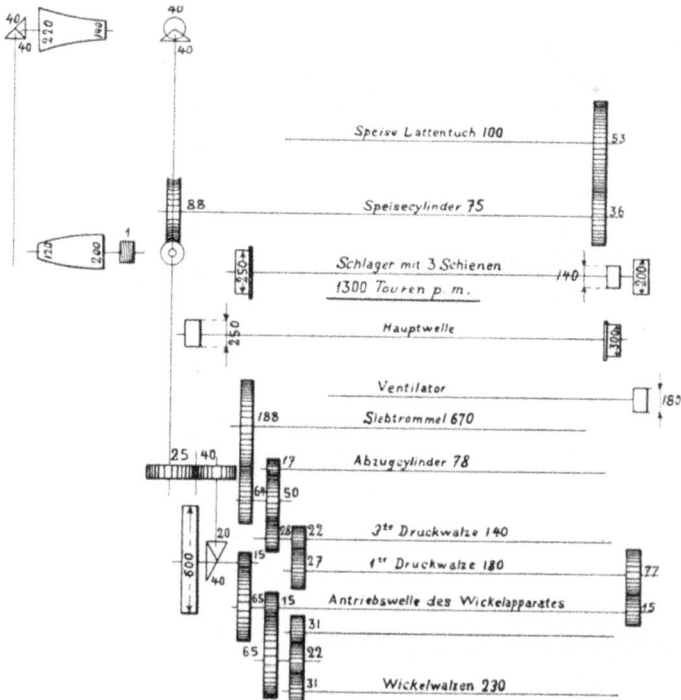

Fig. 27.

Verzug. Vom Speisezylinder ausgehend und Konusmitte gleicher Durchmesser:

$$\frac{88 \cdot 40 \cdot 25 \cdot 20 \cdot 15 \cdot 15 \cdot 22 \cdot 230 \text{ mm}}{1 \cdot 40 \cdot 40 \cdot 40 \cdot 65 \cdot 65 \cdot 31 \cdot 75 \text{ mm}} = 3,18 \text{ fach.}$$

Für Änderungen kann auch hier das Getriebe an der Seitenwelle $\left(\frac{25}{40}\right)$ gewechselt werden und für kleine Differenzen durch Verstellung des Konusriemens.

Wickelnummer.

$$\text{Nr. engl.} = \frac{\text{Länge in m} \cdot 453}{768 \cdot \text{Gewicht in g}}; \text{ für 300 g pro m} = \frac{1 \cdot 453}{768 \cdot 300} = 0,00196,$$

$$\text{Nr. frz.} = \frac{\text{Länge in m} \cdot 500}{1000 \cdot \text{Gewicht in g}}; \text{ für 300 g pro m} = \frac{1}{2 \cdot 300} = 0,00166.$$

Gramm pro Meter	Nr. engl.	Nr. franz.
300	0,00196	0,00166
325	0,00182	0,00154
350	0,00169	0,00143
375	0,00157	0,00133
400	0,00148	0,00125
425	0,00139	0,00118
450	0,00131	0,00111
475	0,00124	0,00105
500	0,00118	0,001

III. Abschnitt.

Wanderdeckel-Krempel

(Karde mit wandernden Deckeln).

Brooks & Doxeys Karde.

Die Zeichnung Fig. 28 gibt eine vollständige Darstellung, es sind darin alle wichtigen Teile bezeichnet, die Durchmesser in engl. Zoll. Die Tambourtouren sind mit 160 minutlich angenommen. Die ganze Krempel wird von dieser Trommelachse aus angetrieben, so daß diese 160 t/m die Grundlage für die Berechnung aller Geschwindigkeiten geben.

Verzug. Die Berechnung des Verzuges beruht auf den Umfangsgeschwindigkeiten der Speisewalze gegenüber den Abzugwalzen, so daß der Speisezylinder als treibender Teil angenommen wird. In der Zeichnung ist auf der Speisewalze ein 160^r Rad, das in den Verzugs- oder Nummerwechsel (16 bis

5*

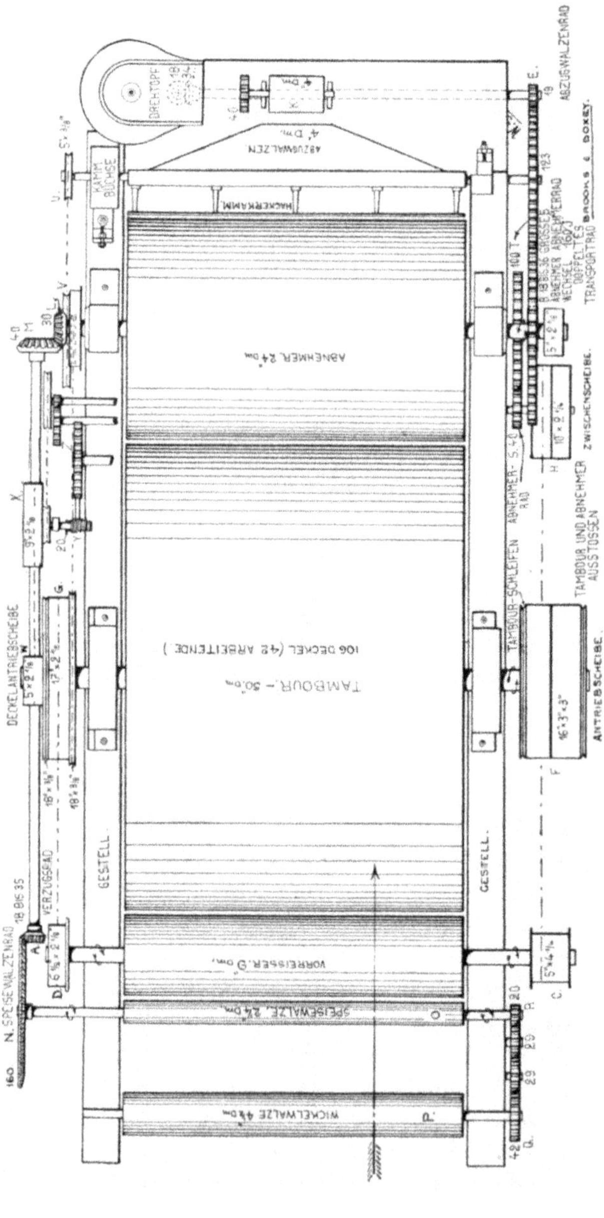

Fig. 28. Krempel von Brooks & Doxey.

36 Zähne), der auf der Seitenwelle sitzt, eingreift. Am Ende dieser Seitenwelle ist ein 40^r Rad mit einem 30^r Rad am Abnehmer in Eingriff, und auf der andern Seite des Abnehmers ist ein großes Rad von 160 Zähnen, das u. a. durch ein Transportrad das 19^r Rad auf der Abzugwelle und von da mit $\frac{32}{40}$ die Kalanderwalzen antreibt. Der Rechnungsansatz ist demnach bei 27^r Verzugswechsel wie folgt:

$$\frac{160 \cdot 40 \cdot 160 \cdot 32 \cdot 4 \text{ Zoll}}{27 \cdot 30 \cdot 19 \cdot 40 \cdot 2\frac{1}{4}} = 95 \text{facher Verzug.}$$

Der 27^r Verzugswechsel gibt den Verzug zwischen Wickel und Kardenband und bestimmt damit die Bandnummer, deshalb kann er auch als Nummerwechsel bezeichnet werden. Für die Verzugskonstante ersetzen wir ihn durch den Buchstaben W:

$$\frac{160 \cdot 40 \cdot 160 \cdot 32 \cdot 4 \cdot 4}{W \cdot 30 \cdot 19 \cdot 40 \cdot 9} = \frac{2555}{W} = \text{Verzug.}$$

$$\text{Verzug: für } 33^r \text{ Wechsel} \qquad = \frac{2555}{33} = 77 \text{fach.}$$

$$\text{Wechsel: für } 77 \text{fachen Verzug} = \frac{2555}{77} = 33^r \text{ Wechsel.}$$

Abnehmer. Auf der einen Krempelseite treibt ein Riemen von der Tambourachse aus den Vorreißer, auf der andern der Vorreißer mittels Riemen die Abnehmerantriebscheibe. Von hier aus treibt eine Räderübersetzung $\frac{40}{100}$ den Abnehmerwechsel und damit das große Abnehmerrad. Bei einem 22^r Abnehmerwechsel ist z. B.:

$$\frac{160 \cdot 17 \cdot 5 \cdot 40 \cdot 22}{6\frac{1}{2} \cdot 10 \cdot 100 \cdot 160} = 11,5 \text{ t/m des Abnehmers.}$$

Von der Abnehmerwelle aus wird sowohl die Speisewalze als auch die Abnehmerwalzen angetrieben, der Abnehmerwechsel ist also für die Zu- und Abführung und somit für die P r o d u k t i o n maßgebend.

Hilfszahl für die Abnehmertouren:

$$\frac{160 \cdot 17 \cdot 2 \cdot 5 \cdot 40 \cdot W}{13 \cdot 10 \cdot 100 \cdot 160} = 0,52 \cdot W.$$

Für jede andere Tourenzahl des Tambours ist diese an
Stelle der 160 in obigem Ansatz zu setzen, und z. B. für 165 t/m
des Tambours ist dann die Konstante $= 0,54 \cdot W$.

Die Änderung der Abnehmergeschwindigkeit hat auf den
Verzug keinen Einfluß, sie hat dagegen den Zweck, die Produktion der Nummer und der Baumwollsorte anzupassen,
also bessere Sortimente mit einem kleineren Wechsel langsamer und sorgfältiger zu kardieren. Der Verzug wird durch
den Antriebskolben der Speisewalze geändert, durch schnellere
oder langsamere Zuführung.

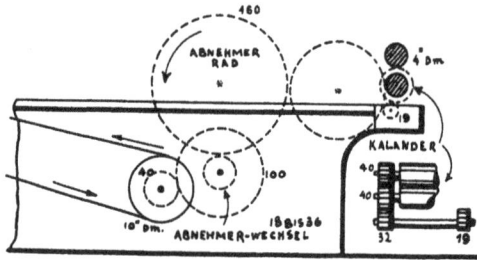

Fig. 29.

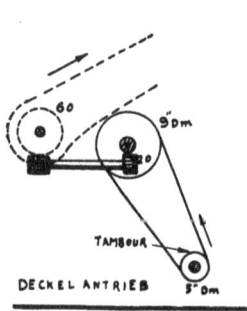

Fig. 30.

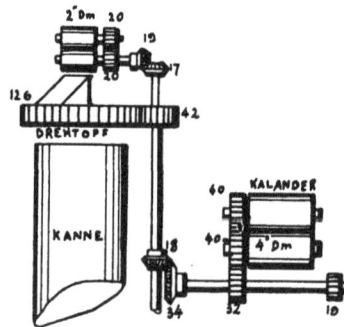

Fig. 31.

Fig 29 stellt den Abnehmer- und Abzugwalzenantrieb
genauer dar.

Fig. 30 gibt den Deckelantrieb und Fig. 31 das Drehtopfgetriebe, aus dem wir den Verzug zwischen Abzug -
walzen und Drehtopfwalzen berechnen:

$$\frac{40 \cdot 34 \cdot 17 \cdot 2 \text{ Zoll}}{32 \cdot 18 \cdot 19 \cdot 4 \text{ Zoll}} = 1,05\,\text{facher Verzug.}$$

Dieser geringe Verzug hat nur den Zweck, das Band anzuziehen.

Deckelgeschwindigkeit. Die Deckel laufen auf einer Scheibe von 10 Zoll engl. Durchm.

$$\frac{160 \cdot 5 \cdot 1 \cdot 1 \cdot 10 \cdot 22}{9 \cdot 20 \cdot 60 \cdot 7} = 2,3.$$

Krempel von Tweedales & Smalley. Fig. 32.

a 19 zöll. Riemscheibe am Tambour treibt	*b* 7 zöll. Scheibe des Vorreißers.
c 7 zöll. Riemscheibe des Vorreißers »	*d* 10¼ zöll. Scheibe des Langsamtriebes.
e 32ʳ Rad auf der Scheibenwelle »	*f* 112ʳ Rad.
y Abnehmerwechsel »	*g* 180ʳ Abnehmerrad.
h 24ʳ Abnehmerkolben »	*i* 34ʳ Rad d. Seitenwelle.
x Einzugwechsel »	*j* 120ʳ Speisewalzenrad.
k 17ʳ Speisewalzenrad »	*l* 48ʳ Wickelwalzenrad.
g 180ʳ Abnehmerrad »	*m* 28ʳ Abzugwalzenrad.
n 32ʳ Drehtopfantriebsrad »	*o* 15ʳ Drehtopftriebrad.
p 20ʳ aufrechter Kolben »	*q* 20ʳ mittlerer Kolben.
r 20ʳ oberer Kolben »	*s* 20ʳ Drehtopfwalzenrad.

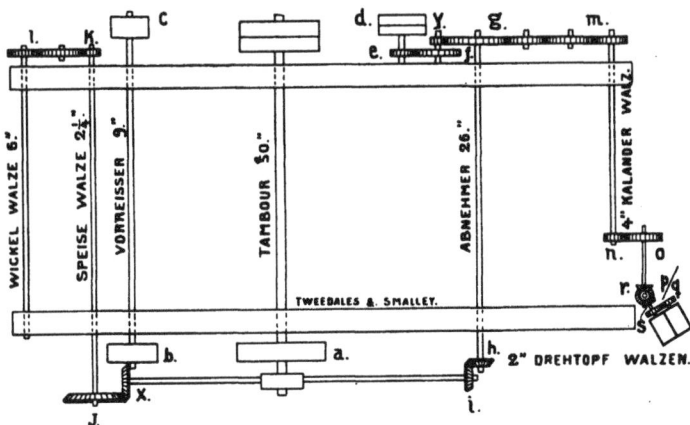

Fig. 32.

In den Berechnungen sind folgende Bezeichnungen ver•
wendet:

A = minutliche Tourenzahl des Abnehmers.

B = Touren des Tambours während einer Tour des Abnehmers.

C = Touren des Abnehmers während einer Tour der Speisewalze.

D = Gesamtverzug.

E = Anzahl Grän pro Yard des Kardenbandes.

P = Gesamtproduktion in 10 Stunden.

Durchmesser: Wickelwalze 6 Zoll engl., Speisewalze $2\frac{1}{4}$ Zoll
engl., Vorreißer 9 Zoll engl., Trommel 50 Zoll engl., Abnehmer
26 Zoll engl., Abzug-Kalanderwalzen 4 Zoll engl., Drehtopfwalzen 2 Zoll engl.

Gesamtverzug:
$$\frac{l \cdot j \cdot i \cdot g \cdot n \cdot p \cdot r \cdot 2''}{k \cdot x \cdot h \cdot m \cdot o \cdot q \cdot s \cdot 6''}.$$

Dies ist der gesamte Verzug zwischen der Wickelwalze
und den Drehtopfwalzen.

Wenn nun der Verzugs- oder Nummerwechsel $x = 20$ Zähne,
dann ist der

$$\text{Gesamtverzug} = \frac{48}{17}\ \frac{120}{20}\ \frac{34}{24}\ \frac{180}{28}\ \frac{32}{15}\ \frac{20}{20}\ \frac{20}{20}\ \frac{2}{6} = 109,7 \text{ fach.}$$

$$\text{Verzugskonstante} = \frac{48}{17}\ \frac{120}{x}\ \frac{34}{24}\ \frac{180}{28}\ \frac{32}{15}\ \frac{20}{20}\ \frac{20}{20}\ \frac{2}{6} = \frac{2194}{x}.$$

$\dfrac{\text{Konstante}}{x} = \text{Verzug};\quad \dfrac{\text{Konstante}}{\text{Verzug}} = x;\quad \text{Konstante} = x \cdot \text{Verzug}.$

Trommeltouren auf eine Umdrehung des Abnehmers:
$$\frac{g \cdot f \cdot d \cdot b}{y \cdot e \cdot c \cdot a} = B = \frac{180 \cdot 112 \cdot 10\frac{1}{4} \cdot 7}{20 \cdot 32 \cdot 7 \cdot 19} = 17.$$

Abnehmertouren in der Minute:
$$\frac{\text{Tambour t/m } a\ c\ e\ y}{b\ d\ f\ g} = \frac{160 \cdot 19 \cdot 7 \cdot 32 \cdot 20}{7 \cdot 10\frac{1}{4} \cdot 112 \cdot 180} = 9,4 \text{ t/m.}$$

Produktionskonstante. Wenn die Abnehmertouren oder
das Gewicht des Kardenbandes oder beides bekannt ist,
berechnet in engl. Pfund auf 600 Minuten ($= 10$ Stunden):

$$\frac{g \cdot n \cdot p \cdot r \cdot 2 \cdot 3{,}1416 \cdot 600 \cdot A \cdot E}{m \cdot o \cdot q \cdot s \cdot 36 \cdot 7000 \cdot P} = \frac{\text{Konstante} \cdot A \cdot E}{P} = 1.$$

$$\frac{180 \cdot 32 \cdot 20 \cdot 20 \cdot 2 \cdot 3{,}1416 \cdot 600 \cdot A \cdot E}{28 \cdot 15 \cdot 20 \cdot 20 \cdot 36 \cdot 7000 \cdot P} = \frac{0{,}205 \cdot A \cdot E}{P} = 1.$$

$$P = \text{Konstante} \cdot A \cdot E;\quad \text{Konstante} = \frac{P}{A \cdot E}.$$

Kardenband-Nr. engl. Dividiere 50 durch das Gewicht in Grän von 6 **Y a r d** Band:

$$\text{Nr. engl.} = \frac{\text{Länge in Yard} \cdot 7000}{840 \cdot \text{Gewicht in Grän}} = \frac{6 \cdot 7000}{840 \cdot \text{Grän}}$$

$$= \frac{50}{\text{Grängewicht von 6 Yard}} = \text{Nr. engl.}$$

Gewicht in Grän pro Yard = Dividiere 8⅓ oder 8,3 durch die engl. Nr.:

$$\frac{50}{6 \cdot \text{Grän pro Yard}} = \frac{8,3}{\text{Grän pro Yard}} = \text{Nr. engl.};$$

$$\text{Grän pro Yard} = \frac{8,3}{\text{Nr. engl.}}.$$

Der Haker macht etwa 1700 t/m, wenn der Tambour 180 t/m macht und die Bürste etwa 11 t/m.

Krempel von Platt Bros. Fig. 33.

Vorreißer- und Abnehmerantrieb geschieht wie folgt:

$A = 14$—18 zöll. Trommelscheibe treibt $B = 6$-, 7- oder 8 zöll. Vorreißerscheibe.

$C = 3\frac{1}{2}$—6 zöll. Vorreißerscheibe » $D = 10$- od. 12 zöll. Scheibe zum Abnehmer.

$E = 18$—50ʳ Abnehmerwechsel » $F = 40$ʳ oder 100ʳ Rad.

$G = 20$ʳ oder 40ʳ Rad » $H = 216$ʳ oder 192ʳ Abnehmerrad.

Zuführwalzenantrieb:

$I = 30$ʳ oder 40ʳ Abnehmerkolben treibt $J = 40$ʳ Seitenwellekolben

$K = 9$—32ʳ Speise- oder Nummerwechsel » $L = 120$ʳ Speisewalzenrad.

$M = 17$ʳ Speisewalzenrad » $N = 48$ʳ Wickelwalzenrad.

Durchmesser der Wickelwalze = 6 Zoll engl.,

» der Speisewalze = 2¼ Zoll engl.

Abzugwalzen- und Drehtopfgetriebe:

$P = 4$ zöllige Abzugwalzen.

$N' = 30$ʳ Abzugwalzenrad $O = 32$ʳ Walzenverbindungsrad.

$Q = 31$ʳ Abzugwalzenrad treibt $R = 15$ʳ Rad zur Drehtopfwelle.

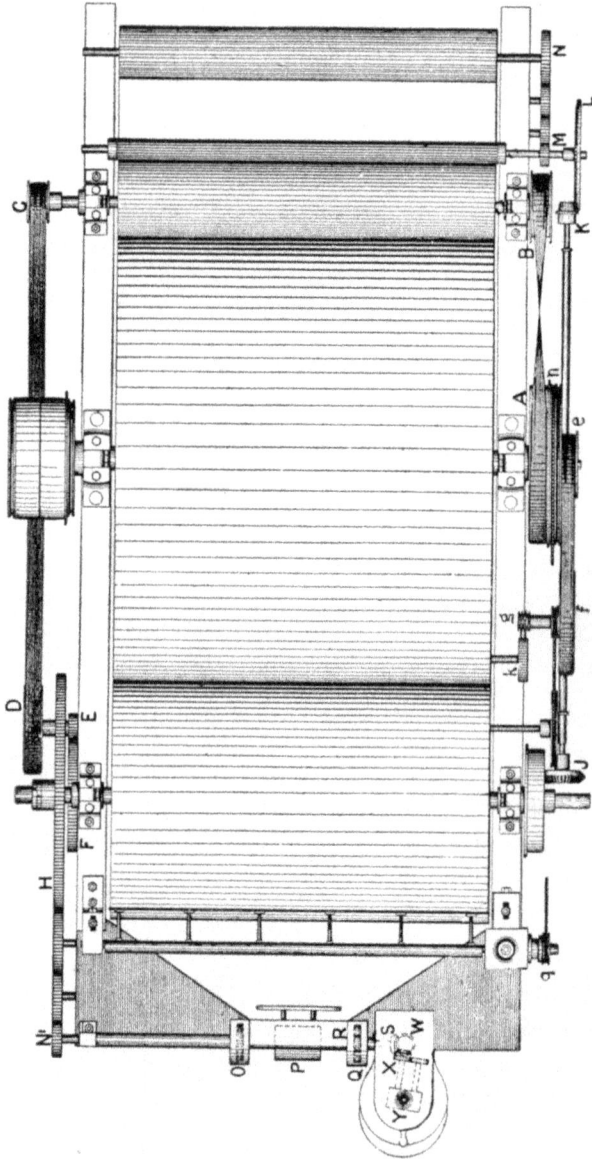

Fig. 33. Plattsche Krempel.

$S = 20^r$ Mittelrad z. Drehtopfwelle treibt $T = 20^r$ Drehtopfwelle-
Mittelrad.

$U = 38^r$ Drehtopfwellenrad » $V = 106^r$ Kopftellerrad.

$W = 16^r$ Ober-Drehtopfwellenrad » $X = 16^r$ mit 24^r Drehtopf-
Walzenrad.

$Y =$ Drehtopfwalzen von 2 Zoll (engl.) Durchmesser.

Gesamtverzug:

$$= \frac{\text{Durchmesser von } Y \cdot N \cdot L \cdot J \cdot H \cdot Q}{\text{Durchm. der Wickelwalze } M \cdot K \cdot I \cdot N' \cdot R}.$$

Beispiel:

$$\frac{2 \cdot 48 \cdot 120 \cdot 192 \cdot 31}{6 \cdot 17 \cdot 20 \cdot 30 \cdot 15} = 74 \text{ facher Verzug.}$$

Verzugs-Konstante. K ist der Verzugswechsel.

$$\frac{2 \cdot 48 \cdot 120 \cdot 192 \cdot 31}{6 \cdot 17 \cdot K \cdot 30 \cdot 15} = \frac{1480}{K}.$$

$\dfrac{\text{Konstante}}{\text{Verzugwechsel } K} = \text{Verzug};$ Beispiel: $\dfrac{1480}{16} = 92\frac{1}{2}$ fach. Verzug.

$\dfrac{\text{Konstante}}{\text{Verzug}} = \text{Wechsel } K;$ Beispiel: $\dfrac{1480}{110} = 13^r$ Wechselrad.

$\dfrac{\text{Konstante}}{\text{Verzug} \cdot \text{Wechselrad}} = 1;$ Beispiel: $\dfrac{1480}{92 \cdot 16} = 1.$

Verzug zwischen Speisewalze und Abnehmer:

$$\frac{\text{Durchm. des Abnehmers} \cdot L \cdot J}{\text{Durchm. der Speisewalze} \cdot K \cdot I} = \text{Verzug.}$$

Beispiel:

$$\frac{24 \text{ Zoll} \cdot 120 \cdot 40}{2\frac{1}{4} \text{ Zoll} \cdot 14 \cdot 40} = 91{,}4 \text{ fach.}$$

Abnehmertouren:

$$\frac{\text{Tambourtouren} \cdot A \cdot C \cdot E \cdot G}{B \cdot D \cdot F \cdot H}.$$

Beispiel:

$$\frac{160 \cdot 18 \cdot 5 \cdot 30 \cdot 40}{6 \cdot 12 \cdot 100 \cdot 192} = 12\frac{1}{2} \text{ t/m.}$$

Produktions-Konstante:

$$= \frac{H \cdot Q \cdot \text{Umfang von } Y \cdot 60}{N' \cdot R \cdot 36 \cdot 7000} = \text{Konstante.}$$

Beispiel:

$$\frac{192 \cdot 31 \cdot 2 \text{ Zoll} \cdot 22 \cdot 60}{30 \cdot 15 \cdot 36 \cdot 7 \cdot 7000} = 0{,}0197 \text{ Hilfszahl.}$$

Hilfszahl · Grän pro Yard · t/m des Abnehmers = Produktion in engl. Pfd. pro Stunde.

Beispiel: $0{,}0197 \cdot 60 \cdot 11\frac{1}{2} = 13{,}6$ engl. Pfd. pro Stunde.

Kardenband-Nummer (engl):

$$\frac{\text{Dividend für die abgewogene Yardzahl}}{\text{Gewicht in Grän dieser Yardzahl}} .$$

Beispiel: 6 Yard eines Kardenbandes wiegen 13 dwts. 21 Grän = 333 Grän

$$\frac{50}{333} = 0{,}15 \text{ Nr. engl.}$$

NB. Dividend für 1 Yard $= \dfrac{7000}{840} = 8{,}3$ Grän.

»   »   6 Yard $= 8{,}3 \cdot 6 = 50$ Grän.

Yard		Dividend	Yard		Dividend
1	=	8,333	5	=	41,66
2	=	16,666	6	=	50
3	=	25	8	=	66,66
4	=	33,333	10	=	83,33

Länge einer Bandgarnitur:

$$\frac{\text{Trommeldurchmesser} \cdot \text{Trommelbreite} \cdot 3{,}1416}{\text{Breite der Bandgarnitur}} = \text{Bandlänge.}$$

Sind die Maße in Zoll oder Zentimeter angesetzt, so ist auch die Länge Zoll oder Zentimeter.

Krempel von Hetherington & Sons. Fig. 34.

Verzug. Dividiere das Gewicht von einem Yard Wickelwatte durch das Gewicht von einem Yard Kardenband oder dividiere die Bandnummer durch die Wickelnummer. Dabei ist, um genau zu gehen, der Abfall zu beachten, der die Bandnummer verfeinert.

Beispiel: 1 Yard des Wickels wiegt 1 Pfd. engl., 1 Yard Kardenband 55½ Grän, der Abfall sei 5 v. H., wie groß war der Verzug?

Es ist klar, daß das eine Pfund Wickelwatte 5 v. H. verliert, so daß aus dem Pfund (= 7000 Grän) bei 5 v. H. Verlust 6650 Grän werden.

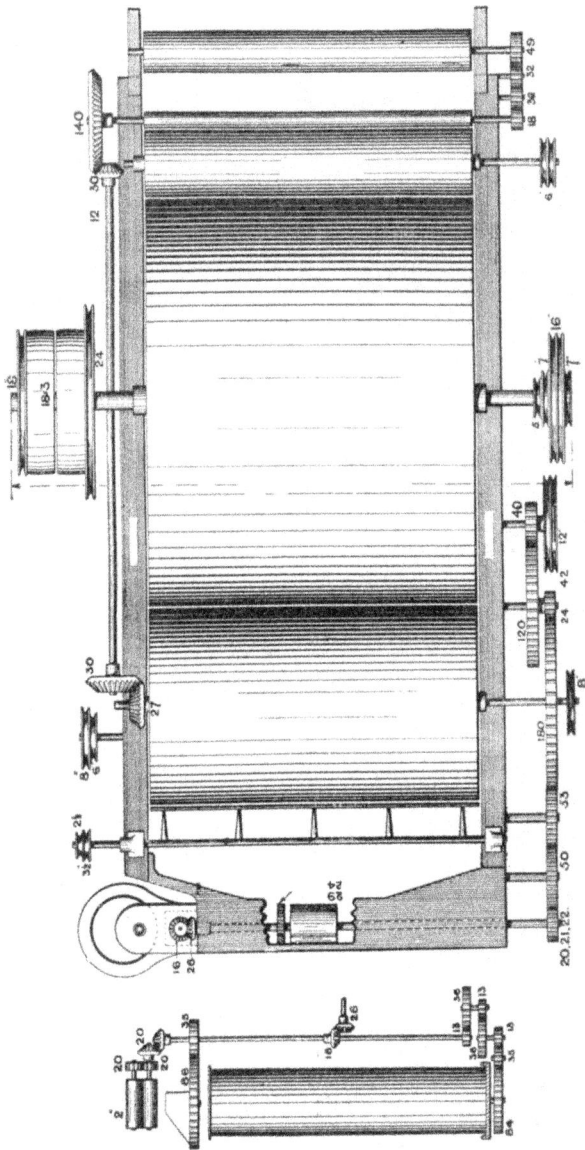

Fig. 34. Hetherington's Karde.

$$\text{Nr. engl.} = \frac{\text{Länge in Schneller}}{\text{Gewicht in engl. Pfund}} = \frac{1 \cdot 7000}{840 \cdot 6650} = 0{,}00125.$$

Ein Yard Kardenband wiegt 55,5 Grän, dann ist die

$$\text{Band-Nr. (engl.)} = \frac{1 \cdot 7000}{840 \cdot 55{,}5} = 0{,}15,$$

$$\text{der Verzug} = \frac{0{,}15}{0{,}00125} = \frac{15\,000}{125} = 120.$$

Auch bei dieser Krempel wird für die Änderung des Verzugs das Seitenwellenrad (12—30 Zähne), das die Speisewalze antreibt, geändert. Der Durchmesser der Speisewalze ist 2¼ Zoll engl. bei 38 und 41 Zoll Kardenbreite und 2½ Zoll für 45 Zoll Kardenbreite.

Neben dem üblichen Verzugs- oder Nummerwechsel (12—30 Zähne) wird hier, wie bei andern Krempeln, auch noch das 27—30^r Rad der Abzugwalzenwelle für verschiedene Baumwollklassen geändert und damit der Zug im Vlies zwischen Abnehmer und Abzugwalzen.

Beispiel:

$$\frac{140 \cdot 36 \cdot 180 \cdot 4 \quad \text{Zoll}}{30 \cdot 27 \cdot \ 28 \cdot 2\tfrac{1}{4} \ \text{Zoll}} = 71\,\text{facher Verzug.}$$

Verzugskonstante:

$$\frac{140 \cdot 36 \cdot 180 \cdot 4 \cdot 4}{W \cdot 27 \cdot 28 \cdot 9} = \frac{2132}{W} \ \text{Hilfszahl für den Verzug.}$$

Dies war der Verzug zwischen Speisewalze und Abzugwalzen.

Die Verzugskonstante zwischen Speisewalze und Abnehmer ist

$$\frac{140 \cdot 36 \cdot 24\tfrac{3}{4}}{W \cdot 27 \cdot \ 2\tfrac{1}{4}} = \frac{140 \cdot 36 \cdot 99 \cdot 4}{W \cdot 27 \cdot \ 4 \cdot 9} = 2053 \ \text{Hilfszahl.}$$

Gesamtverzug zwischen Speisewalze und Drehtopfwalzen:

$$\frac{140 \cdot 36 \cdot 180 \cdot 37 \cdot 20 \cdot 20 \cdot 2}{\cdot W \cdot 27 \cdot \ 28 \cdot 18 \cdot 20 \cdot 20 \cdot 2\tfrac{1}{4}} = \frac{2192}{W} \ \text{Hilfszahl.}$$

Verzug zwischen Abzugwalzen und Drehtopfwalzen:

$$\frac{37 \cdot 20 \cdot 20 \cdot 2}{18 \cdot 20 \cdot 20 \cdot 4} = 1{,}027.$$

$$\frac{\text{Hilfszahl}}{\text{Verzugswechsel}} = \text{Verzug}; \quad \frac{\text{Hilfszahl}}{\text{Verzug}} = \text{Wechselrad.}$$

$$\text{Verzug} \cdot \text{Wechsel} = \text{Hilfszahl}; \quad \frac{\text{Hilfszahl}}{\text{Verzug} \cdot \text{Wechselrad}} = 1.$$

Howard & Bullough's Krempel. Fig. 35.

Gesamtverzug:

$$\frac{T \cdot B \cdot D \cdot F \cdot J \cdot \text{Durchm. } P}{Q \cdot C \cdot E \cdot I \cdot K \cdot \text{Durchm. } U} = \text{Verzug.}$$

Beispiel:

$$\frac{48 \cdot 120 \cdot 22 \cdot 180 \cdot 24 \cdot 2}{15 \cdot 20 \cdot 24 \cdot 20 \cdot 15 \cdot 6} = 84\,\tfrac{1}{2}.$$

Der Hauptverzugswechsel ist C, außerdem können für B, D, E, I und Q Wechselräder bezogen werden. W ist der Abnehmerwechsel.

Verzugswechsel. Eine einfache Proportion gibt den Wechsel C:

Wenn der Verzug 84,4 ein 20^r Wechselrad verlangt, dann verlangt der Verzug 1 $\qquad 20 \cdot 84{,}4$

und der Verzug 100 $\qquad \dfrac{20 \cdot 84{,}4}{100} = 17^r$ Wechsel.

Oder

$$\frac{T \cdot B \cdot D \cdot F \cdot J \cdot \text{Durchm. } P}{Q \cdot \text{Verzug} \cdot E \cdot I \cdot K \cdot \text{Durchm. } U} = \text{Wechselrad } C.$$

$$\frac{48 \cdot 120 \cdot 22 \cdot 180 \cdot 24 \cdot 2}{15 \cdot 100 \cdot 24 \cdot 24 \cdot 15 \cdot 6} = 17^r \text{ Verzugswechsel.}$$

Krempel von Asa Lees & Co. Fig. 36.

Verzug zwischen Speisewalze und Abzugwalzen:

$$\frac{N \cdot M \cdot F \cdot 3\tfrac{1}{4} \text{ Zoll}}{A \cdot L \cdot J \cdot 2\tfrac{1}{4} \text{ Zoll}} = \text{Verzug.}$$

Beispiel:

$$\frac{136 \cdot 32 \cdot 180 \cdot 13}{20 \cdot 27 \cdot 23 \cdot 9} = 91{,}1.$$

Verzugskonstante zwischen Speisewalze und Abzugwalzen:

$$\frac{N \cdot M \cdot F \cdot 3\tfrac{1}{4} \text{ Zoll}}{L \cdot J \cdot 2\tfrac{1}{4} \text{ Zoll}} = \text{Hilfszahl.}$$

Beispiel:

$$\frac{136 \cdot 32 \cdot 180 \cdot 13}{27 \cdot 23 \cdot 9} = 1822 \text{ Hilfszahl.}$$

$$\frac{\text{Hilfszahl}}{\text{Verzug}} = \text{Verzugsrad}; \qquad \frac{1822}{101} = 18^r \text{ Verzugsrad.}$$

$$\frac{\text{Hilfszahl}}{\text{Verzugsrad}} = \text{Verzug}; \qquad \frac{1822}{18} = 101 \text{facher Verzug.}$$

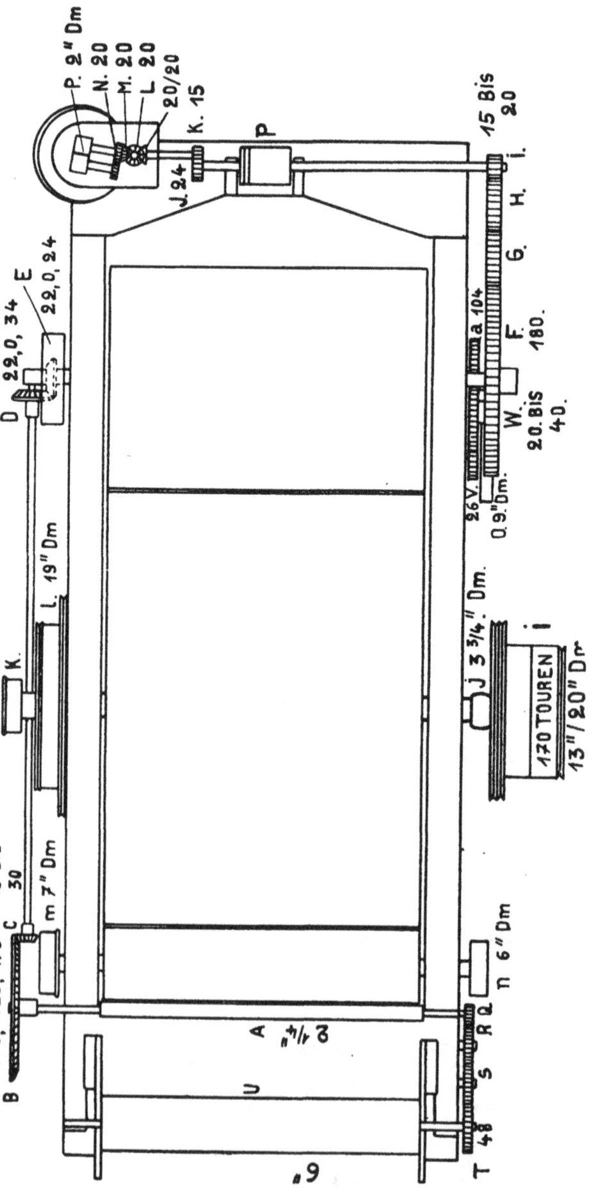

Fig. 35. Krempel von Howard & Bullough.

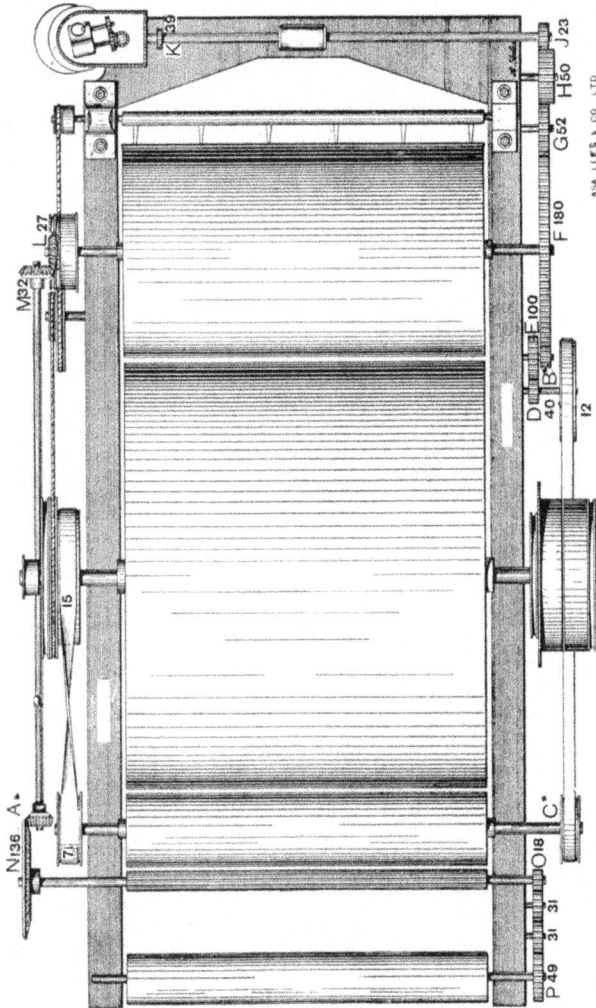

Fig. 36. Krempel von Asa Lees & Co.

Nr. des Krempelbandes aus dem Gewicht von 1 Yard des Wickels berechnet:

$$\frac{1 \cdot \text{Verzug} \cdot 16 \text{ Unzen}}{840 \cdot \text{Gewicht in Unzen pro Yard Wickel}} = \text{Nr. engl.}$$

Beispiel: $\dfrac{96 \cdot 16}{840 \cdot 12} = 0{,}152$ Nr. engl. des Krempelbandes.

Produktion pro 10 Stunden:

$$\frac{\text{Minutl. Tambourtouren} \cdot 600 \cdot 15 \cdot C \cdot 40 \cdot B \cdot 27 \cdot A \cdot 9 \cdot 22 \cdot}{7 \cdot 12 \cdot 100 \cdot 180 \cdot 32 \cdot 136 \cdot 4 \cdot 7 \cdot}$$

$$\frac{\cdot \text{ Unzen pro Yard Wickel}}{\cdot 36 \cdot 16} =$$

$$= \frac{\text{Tambour t/m} \cdot A \cdot B \cdot C \cdot \text{Unzen pro Yard Wickel}}{55\,200} = \text{Pfund engl.}$$
$$\text{in 10 Stunden.}$$

Die Hilfszahl ist abgerundet auf die nächste runde Zahl, sie ergibt 0,001 v. H. Genauigkeit.

Abnehmerwechselrad B. Aus dem vorigen Rechnungsansatz erhalten wir:

$$\frac{552\,000 \cdot \text{Pfund pro Stunde}}{\text{Tambour t/m} \cdot A \cdot C \cdot \text{Unzen pro Yard Wickel}} = \text{Wechselrad } B.$$

Wechsel:

$A = $ 9—35^r Verzugs- oder Nummerwechsel auf der Seitenwelle.
$B = $ 20—50^r Abnehmer-Wechselrad.
$C = $ 4—7 zöllige Vorreißerscheibe zum Abnehmerantrieb.

Dobson und Barlows Krempel. Fig. 37.

Auch hier sind vier Punkte, die in der Spinnerei leicht geändert werden können, es sind dies A, B, C und D, wofür in der Zeichnung die Zahlen fehlen. Durch den Verzugswechsel A wird der Verzug und damit das Gewicht des Krempelbandes sowie die Produktion geändert. Die Geschwindigkeit des Abnehmers wird durch eine Änderung des Verzugswechsels nicht beeinflußt, aber das Vlies wird entsprechend schwerer oder leichter, weil die Zuführung durch die Speisewalze schneller oder langsamer erfolgt. Ein Wechsel von B, C und D ändert dagegen die Produktion, ohne den Verzug zu beeinflussen.

Soll die Geschwindigkeit des Vorreißers mit der Scheibe D geändert werden, ohne anderweitige Änderungen zu veranlassen, so ist C im umgekehrten Verhältnis zu verändern.

Verzug. Durchmesser der Speisewalze $2\frac{1}{4}$ Zoll engl. und Abzugwalzen 4 engl. Zoll. $A = 10$—40 Zähne.

Beispiel:

$$\frac{P \cdot Q \cdot L \cdot 4 \text{ Zoll}}{A \cdot N \cdot E \cdot 2\frac{1}{4} \text{ Zoll}} = \frac{154 \cdot 32 \cdot 195 \cdot 4 \cdot 4}{21 \cdot 26 \cdot 28 \cdot 9} = 111,7.$$

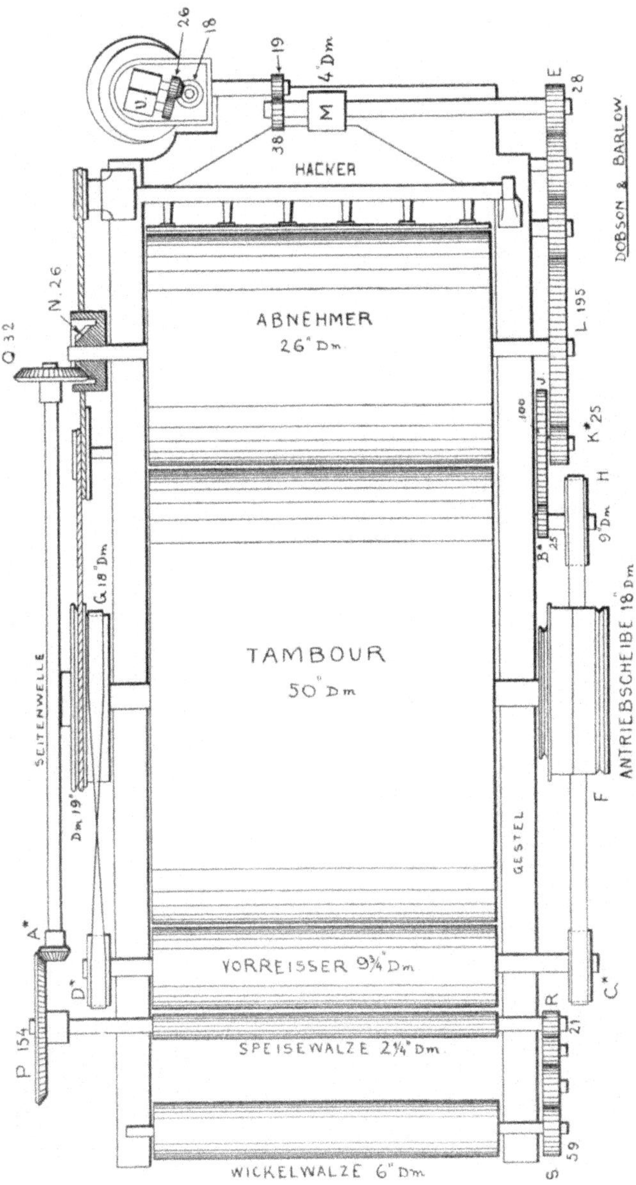

Fig. 37. Krempel von Dobson & Barlow.

6*

Verzugskonstante:

$$\frac{154 \cdot 32 \cdot 195 \cdot 4 \cdot 4}{A \cdot 26 \cdot 28 \cdot 9} = \frac{2346}{A} = \text{Verzugskonstante.}$$

$$\frac{\text{Konstante}}{\text{Verzug}} = \text{Verzugswechsel;} \quad \frac{2346}{102} = 23^r \text{ Verzugswechsel.}$$

$$\frac{\text{Konstante}}{\text{Verzugswechsel}} = \text{Verzug;} \quad \frac{2346}{30} = 78{,}2 \text{ facher Verzug.}$$

Für die Berechnung einer Kardenbandänderung und des dafür nötigen Wechselrades genügt es auch, den Verzug zu wissen. Wenn wir die Länge oder das Gewicht der zugeführten Wickelwatte kennen, so dividieren wir diese durch den Verzug und erhalten so das gelieferte Krempelband.

Eine einfache Verhältnisrechnung gibt den Verzugswechsel A. Wenn z. B. mit einem 20^r Wechsel ein Krempelband der Nr. 0,15 erzielt wird, dann ist das Wechselrad für ein Band Nr. 0,17

$$\frac{20 \cdot 0{,}15}{0{,}17} = 17{,}6 \text{ oder 18 Zähne.}$$

Bei solchen Dezimalstellen muß also die Zähnezahl auf- oder abgerundet werden.

Bandnummer. Um die erzielte Bandnummer aus dem Wickelgewicht zu berechnen, dividieren wir das Wickelgewicht durch den Verzug. Wenn dieses Resultat (Gewicht in Unzen von 1 Yard Krempelband) in 16 (Unzen) dividiert wird, so erhalten wir die Yard pro Pfund engl., dieses wieder, durch 840 dividiert, ergibt die Bandnummer:

Gewicht von 1 Yard Wickelwatte $= 13$ Unzen; Verzug $= 100$. Dann ist

$$\frac{16 \cdot 100}{13 \cdot 840} = 0{,}146 \text{ Nr. engl. des Krempelbandes.}$$

Produktion in 10 Stunden:

$$\frac{10 \cdot 60 \text{ Min.} \cdot \text{t/m des Abnehmers} \cdot 26\tfrac{3}{4} \text{ Zoll} \cdot 3{,}1416 \cdot}{36}$$

$$\frac{\cdot \text{ Grän pro Yard Krempelband}}{\cdot 7000}$$

Diese Berechnung ist für die Praxis ausreichend, wenn sie auch etwas abgekürzt ist.

Länge der Kratzengarnitur. Das Kratzenband ist im allgemeinen 2 Zoll breit, und der Tambour hat z. B. 50 Zoll Durchmesser sowie 45 Zoll Garniturbreite.

$$\frac{\text{Tambourdurchm.} \cdot 3,1416 \cdot \text{Tambourbreite}}{\text{Breite des Kratzenbandes} \cdot 12} = \text{Länge in Fuß.}$$

Beispiel:

$$\frac{50 \cdot 22 \cdot 45}{2 \cdot 7 \cdot 12} = 294 \text{ Fuß.}$$

Fig. 38 gibt einen typischen Schnitt durch ein Kardengetriebe. Fig. 39 zeigt die Einzelheiten eines Drehtopfes von Dobson & Barlow.

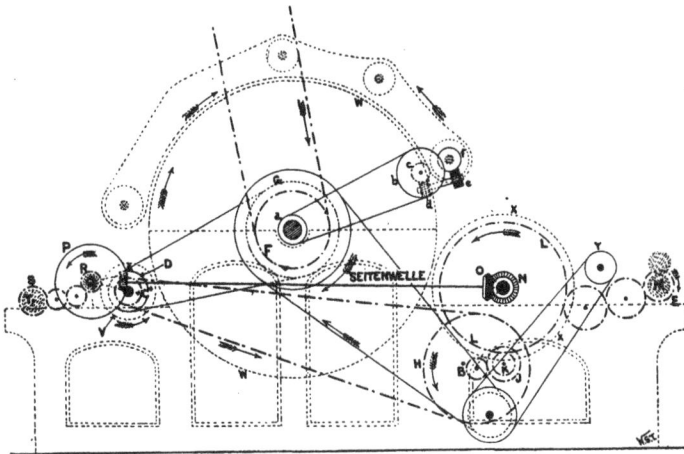

Fig. 38.

Fig. 40 ist ein Schnitt der Krempel von der A.-G. v o r m. J. J. R i e t e r & C o., Winterthur, der einen guten Einblick in den ganzen Bau der Maschine gewährt. Diese Einzelheiten sollen aber erst im nächsten Band der »Baumwollspinnerei« behandelt werden.

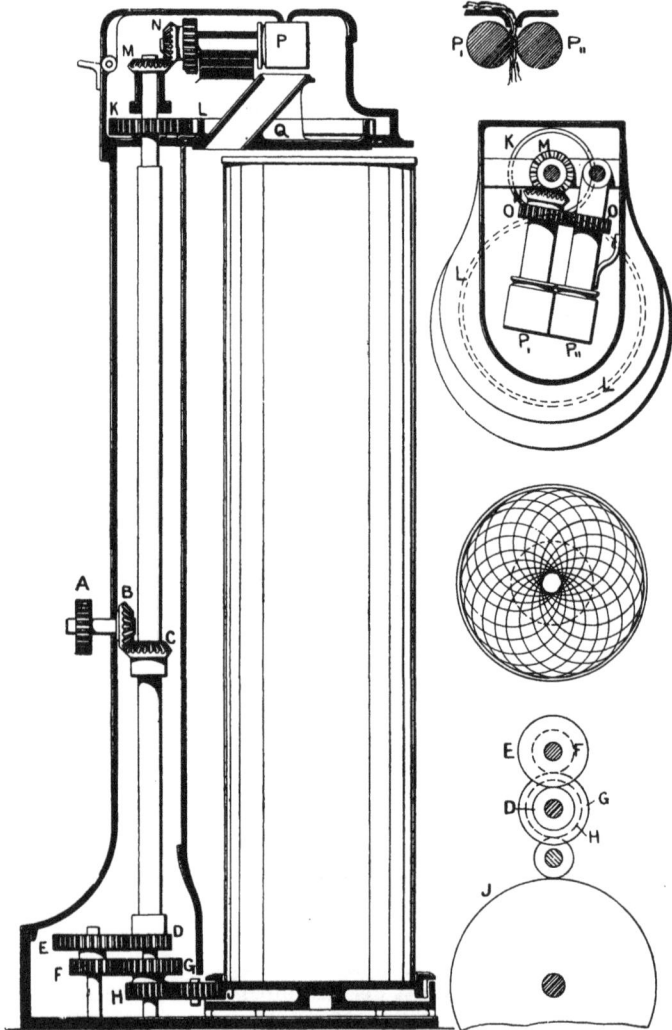

Fig. 39. Krempel-Drehtopf von Dobson & Barlow.

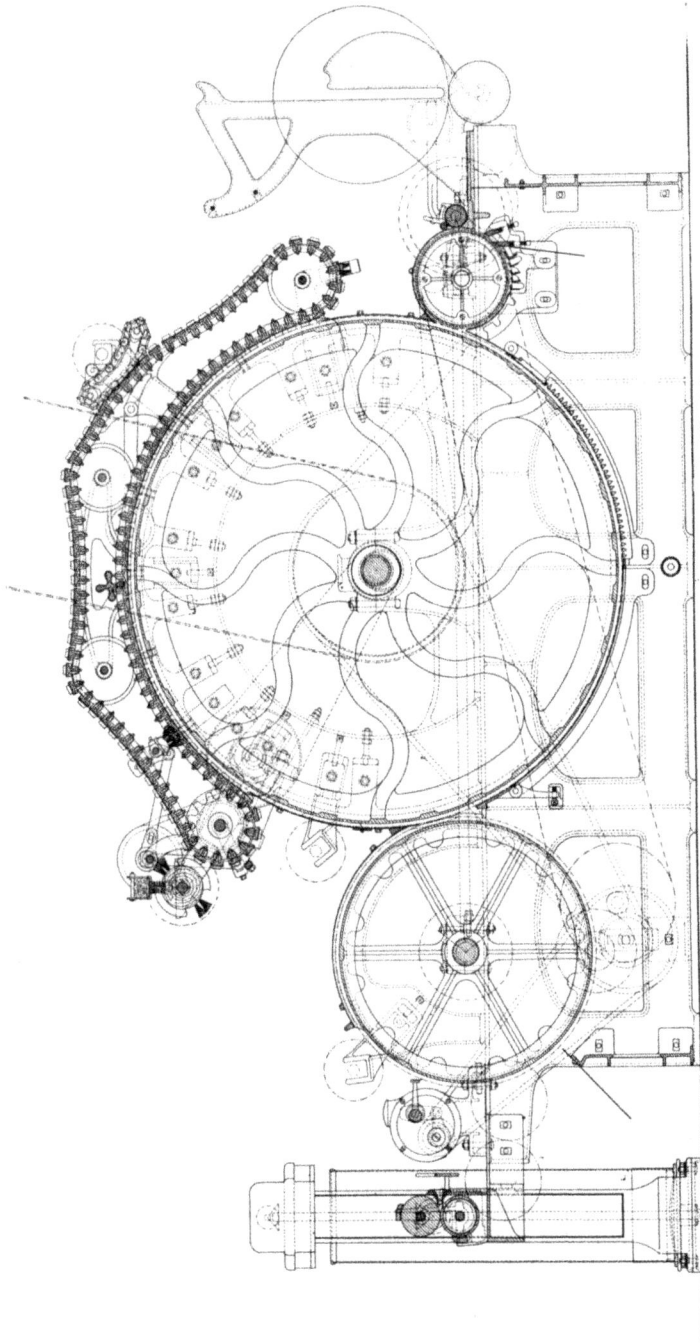

Fig. 40. Krempel der A.-G. vorm. J. J. Rieter & Co. Schnittzeichnung.

Krempel der Elsässischen Maschinenbau-Gesellschaft, Mülhausen. Fig. 41.

Die üblichen Wechselräder sind hier $W_V =$ Verzugs-wechsel und $W_A =$ Abnehmerwechsel.

Die einzelnen Verzüge lassen sich wie folgt zerlegen:

I. Verzug zwischen Zuführwalze und Speisezylinder:

$$\frac{51 \cdot 60 \text{ mm}}{19 \cdot 152 \text{ mm}} = 1{,}06.$$

II. Verzug zwischen Speisezylinder und Vorreißer ($W_V = 15$, $W_A = 21$):

$$\frac{120 \cdot 170 \cdot 45 \cdot 350 \cdot 250 \text{ mm}}{15 \cdot 20 \cdot 21 \cdot 130 \cdot 60} = 1635.$$

III. Verzug zwischen Vorreißer und Trommel:

$$\frac{170 \cdot 1300}{450 \cdot 250} = 1{,}96.$$

IV. Verzug zwischen Trommel und Abnehmer ($W_A = 21$):

$$\frac{450 \cdot 130 \cdot 21 \cdot 20 \cdot 650}{170 \cdot 350 \cdot 45 \cdot 170 \cdot 1300} = 0{,}027.$$

V. Verzug zwischen Abnehmer und Abzugwalzen:

$$\frac{170 \cdot 30 \cdot 94 \text{ mm}}{18 \cdot 37 \cdot 650 \text{ mm}} = 1{,}107.$$

VI. Verzug zwischen Abzugwalzen und Drehtopfwalzen:

$$\frac{37 \cdot 26 \cdot 15 \cdot 52 \text{ mm}}{30 \cdot 16 \cdot 16 \cdot 94 \text{ mm}} = 1{,}04.$$

Der Gesamtverzug daraus ist

$1{,}06 \cdot 1635 \cdot 1{,}96 \cdot 0{,}027 \cdot 1{,}107 \cdot 1{,}04 = 105\frac{1}{2}$ facher Verzug.

Wir können uns daraus ein Bild über die Arbeitsweise der Krempel machen. Die Verzüge I, V und VI enthalten nur die wünschenswerte Anspannung des Wickels und des Bandes. Dagegen ist der Verzug des Vorreißers sehr groß, es erfolgt hier eine äußerst forcierte Bearbeitung der aufgelegten Watte. Der Tambour verdoppelt noch diesen Verzug und erzielt dadurch eine sehr weitgehende Ausbreitung des Stoffes, den der

Abnehmer durch einen negativen Verzug wieder verdichtet, damit ein genügend haltbares Band entsteht.

Neben der Umbildung des Wickels in ein Band oder Gespinst handelt es sich also vorwiegend um eine weitgehende

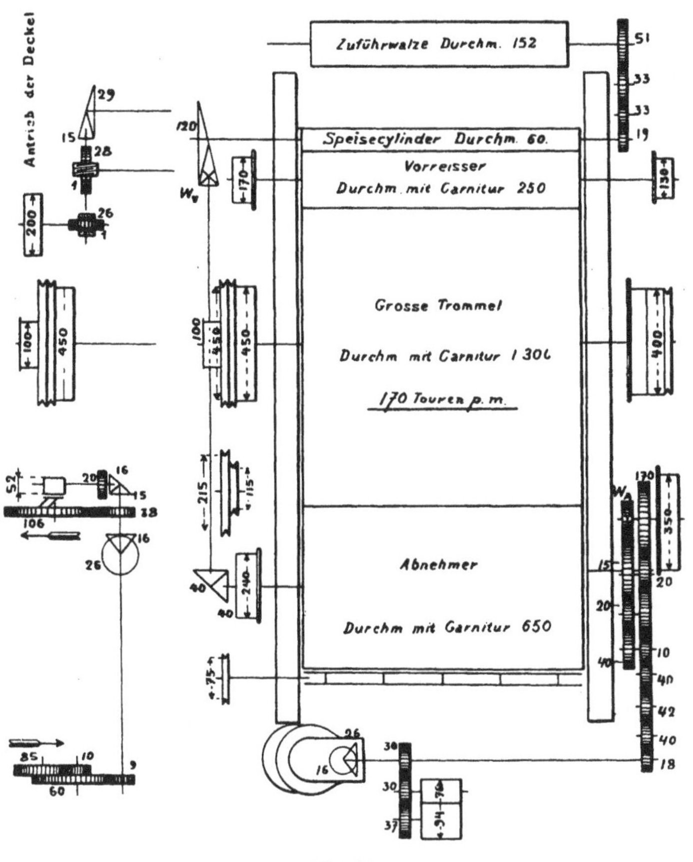

Fig. 41.

Ausbreitung der Wickelwatte auf dem Tambour, um eine intensive Kämmung der Fasern zwischen Tambour- und Deckelgarnitur zu erreichen.

Die Kämmungen der Krempel kommen demgemäß auch dadurch zum Ausdruck, daß wir die Tourenzahl des Tambours für jeden Zentimeter zugeführte Wickelwatte berechnen:

Die Tourenzahl des Tambours auf 1 Umdrehung des Speisezylinders ist

$$\frac{120 \cdot 40 \cdot 170 \cdot 45 \cdot 350 \cdot 170}{W_V \cdot 40 \cdot 20 \cdot W_A \cdot 130 \cdot 450} = \frac{46\,685}{W_V \cdot W_A}.$$

Der Umfang des Speisezylinders oder seine Lieferung auf 1 Umdrehung ist aber $6 \cdot 3,14$ cm und demgemäß die Tourenzahl oder die Kämmungen des Tambours auf 1 cm Lieferung an Wickelwatte

$$\frac{46\,685}{W_V \cdot W_A \cdot 6 \cdot 3,14} = \frac{2478}{W_V \cdot W_A}.$$

Ist nun $W_V = 15$ und $W_A = 21$ Zähne, so sind die

$$\text{Kämmungen} = \frac{2478}{15 \cdot 21} = 7,8 \text{ pro cm.}$$

Produktion in 10 Stunden aus den Abzugwalzen. Bandgewicht pro Meter $3\frac{1}{2}$ g; $W_V = 15$, $W_A = 21$ Zähne. Tambour 190 t/m.

$$\frac{190 \cdot 450 \cdot 130 \cdot 21 \cdot 20 \cdot 30 \cdot 94 \cdot 22 \cdot 3,5 \cdot 60 \cdot 10}{170 \cdot 350 \cdot 45 \cdot 18 \cdot 37 \cdot 1000 \cdot 7 \cdot 1000} = 48,7 \text{ kg in 10 Std.}$$

Wenn wir nun in der Praxis an diesen Krempeln durchschnittlich 66 t/m an der Abzugwalze feststellen, so ist die **praktische Lieferung**

$$\frac{66 \cdot 94 \cdot 22 \cdot 3,5 \cdot 60 \cdot 10}{1000 \cdot 7 \cdot 1000} = 41 \text{ kg in 10 Stunden.}$$

Der Wirkungsgrad, auf 100 berechnet, ist also

$$\frac{41 \cdot 100}{48,7} = 84,$$

d. h. die praktische Lieferung ist 16 v. H. geringer als die theoretische, infolge der Gleitverluste in den Riemen.

IV. Abschnitt.

Kämmaschinen und Strecken.

Wickelstrecke.

Fig. 42 gibt das übliche Getriebe für das Streckwerk und die Wickelmaschine.

Gesamtverzug. Beginnt mit den 2¾ zölligen Zuführwalzen und endigt mit den 12 zölligen Wickeltrommeln.

Beispiel:

$$\frac{56 \cdot 70 \cdot 100 \cdot 68 \cdot 20 \cdot 14 \cdot 21 \cdot 12}{37 \cdot 50 \cdot 25 \cdot 72 \cdot 40 \cdot 21 \cdot 50 \cdot 2¾} = 4{,}89 \text{ facher Verzug.}$$

Verzugskonstante:

$$= \frac{56 \cdot 70 \cdot 100 \cdot 68 \cdot 20 \cdot 14 \cdot 21 \cdot 12 \cdot 4}{37 \cdot W \cdot 25 \cdot 72 \cdot 40 \cdot 21 \cdot 50 \cdot 11} = \frac{244{,}6}{W}.$$

Die Räder A, B, C, D, E und F können verschieden ausgeführt werden. In Hetheringtons eigenem Kalkulationsbeispiel ist für B ein 30^r Rad verwendet, das gibt als Hilfszahl 301,7.

Mit unserer Hilfszahl aus Fig. 42 finden wir das Wechselrad D:

$$\text{Wechselrad} = \frac{\text{Hilfszahl}}{\text{Verzug}};$$

Beispiel: $\frac{244{,}6}{5} = 48{,}9$ oder 49 Zähne für den Verzugswechsel.

$$\text{Verzug} = \frac{\text{Hilfszahl}}{\text{Verzugswechselrad}};$$

Beispiel $\frac{244{,}6}{51} = 4{,}8$ facher Verzug.

Das Wickelgewicht variiert zwischen 10—14 dwts. pro Yard (17—24 g pro m), es ändert sich aber für bestimmte Kämmaschinen noch viel mehr.

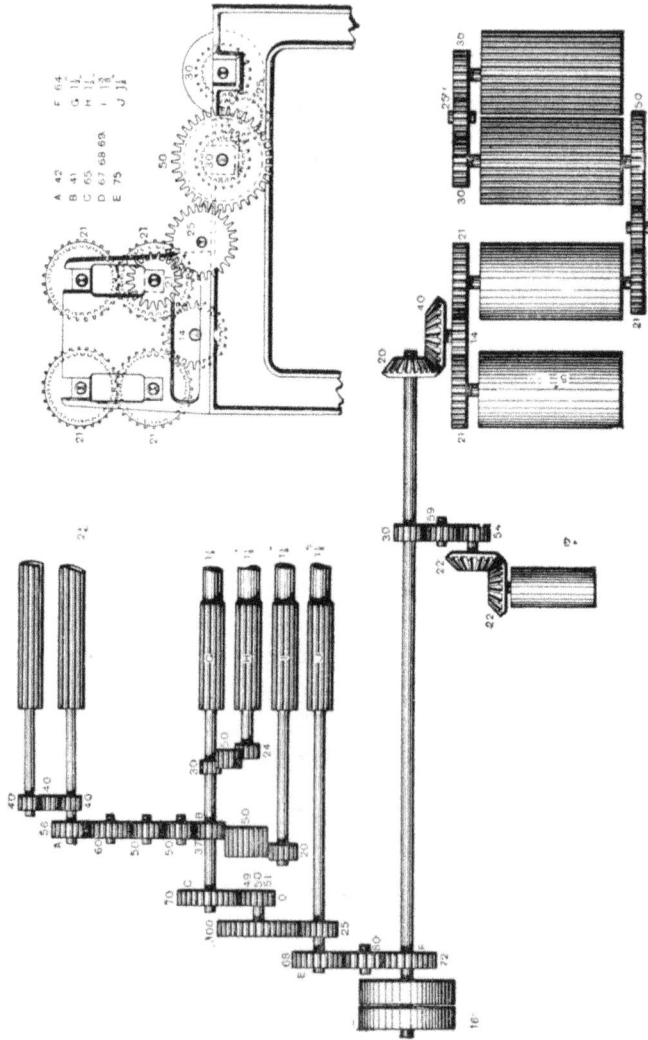

Fig. 42. Wickelstrecke von Hetherington.

Kämmaschine von J. Hetherington & Sons. Fig. 43.

In Fig. 43 sind drei Wechselstellen, und zwar ist die wichtigste die des Speisewechsels (13—20 Zähne), der den Speisezylinder antreibt und damit die ganze Arbeit der Kämmmaschine beeinflußt, dann kommt ein Verzugswechsel von 44—47 Zähnen im Streckwerk und ein 35—75^r Wechsel für den Drehtopf und seine Abzugwalzen.

Verzug. Von den Wickelwalzen zu den Drehtopfwalzen:

$$\frac{47 \cdot 55 \cdot 22 \cdot 38 \cdot 5 \cdot 60 \cdot 18 \cdot 21 \cdot 2 \text{ Zoll}}{35 \cdot 20 \cdot 23 \cdot 16 \cdot 1 \cdot 45 \cdot 20 \cdot 20 \cdot 2\frac{3}{4} \text{ Zoll}} = 38,4 \text{ facher Verzug.}$$

Kämmaschine von Platt Bros. Fig. 44.

$A = 31^r$ Antriebsrad der Hauptwelle,

$B = 80^r$ Rad der Kammwelle,

$C = 80^r$ Rad der Exzenterwelle,

$D = 138^r$ Rad zum Schaltrad,

$E = 18^r$ Rad des Abreißzylinders,

$F = 5^r$ Sternrad,

$G = 12—20^r$ Speisewechsel,

$H = 38^r$ oder 30^r Speisezylinderrad,

$I = 21^r$

$J = 21^r$ } Kegelräder zum Wickelwalzen-Antrieb,

$K = 20^r$

$L = 55^r$

$M = 35^r$ } do. Räderpaar,

$N = 47^r$ Wickelwalzenräder,

$O = 30^r$ Streckwerkrad (Wechsel),

$P =$ Hauptwechselrad (Streckwerk),

$Q = 45^r$ Streckwerkrad (Wechsel),

$R = 22^r$ Vorderzylinder-Wechselrad,

$S = 15^r$ Antriebsrad zum Hinterzylinder,

$T = 52^r$ Hinterzylinder-Wechselrad,

$U = 60^r$ Hinterzylinderrad zum Antrieb von V,

$V = 20^r$ Wechselrad des II. Zylinders,

$W = 27^r$ Hinterzylinderrad zum Antrieb von X,

$X = 22^r$ Wechselrad des III. Zylinders,

$Y = 21^r$ Vorderzylinderrad zum Kalanderantrieb,

$Z = 39^r$ Kalanderwalzenrad,

Kalanderwalzen $2\frac{3}{4}$ engl. Zoll Durchmesser.

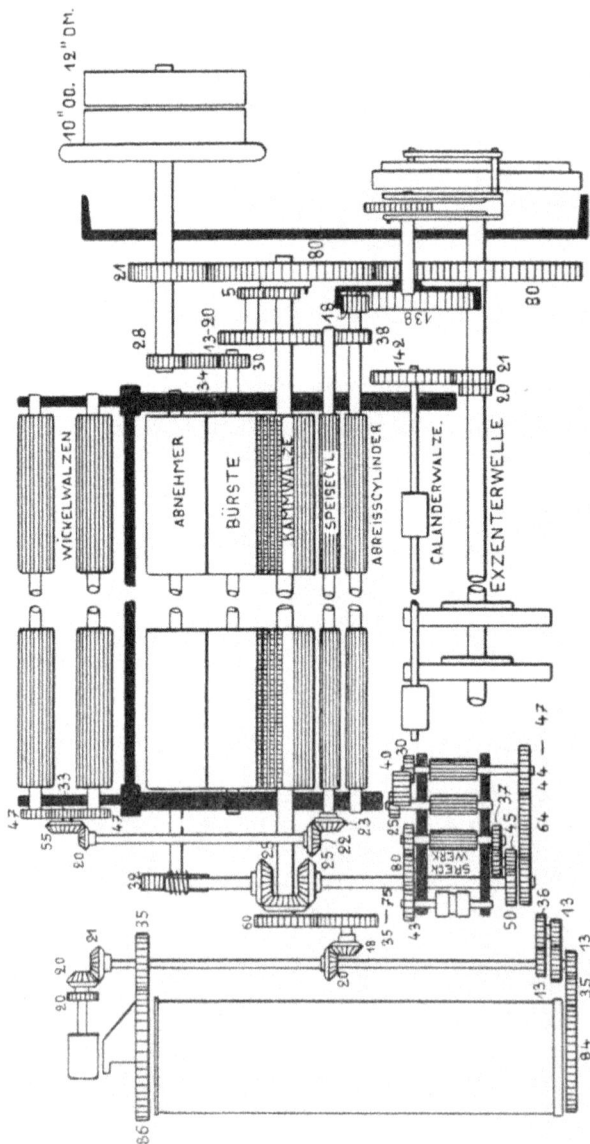

Fig. 43. Kämmaschine von Hetherington.

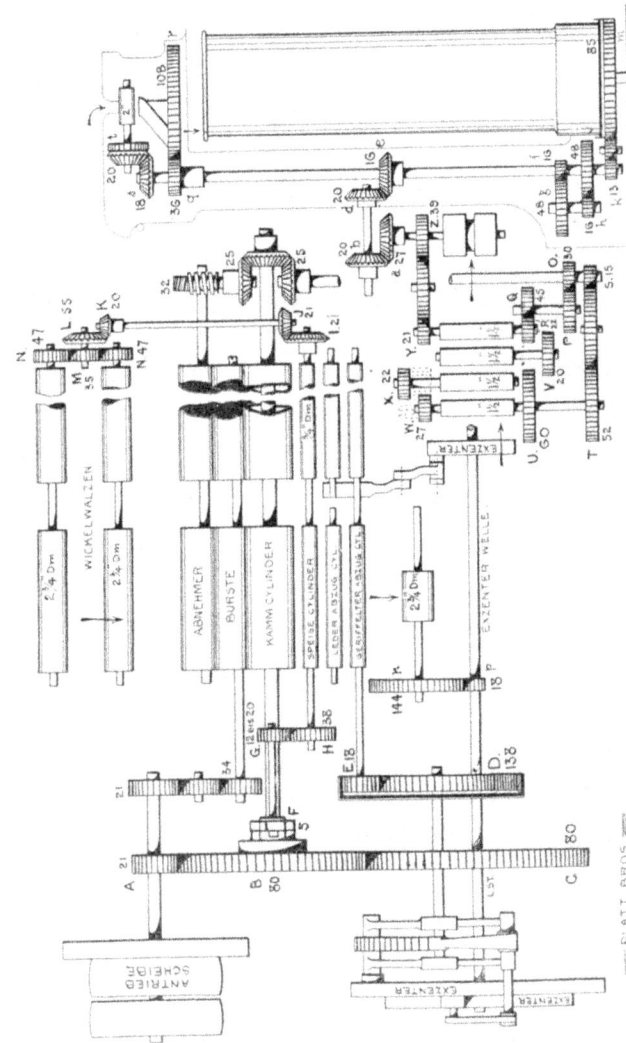

Fig. 44. Plattsche Kämmaschine.

Verzugskonstante:

$$\frac{47 \cdot 55 \cdot 38 \cdot 5 \cdot 30 \cdot 45 \cdot 21 \cdot 27 \cdot 20 \cdot 18 \cdot 2}{35 \cdot 20 \cdot G \cdot 1 \cdot P \cdot 22 \cdot 39 \cdot 20 \cdot 16 \cdot 20 \cdot 2\frac{3}{4}} = \frac{25\,600}{G \cdot P}.$$

Verzug, wenn Speisewechsel $G = 15$ und Hauptverzugs-wechsel $P = 50$:

$$\frac{25\,600}{15 \cdot 50} = 34\,\text{facher Verzug.}$$

Änderungen im Verzug werden hauptsächlich durch P gemacht. Das Hinterzylinder-Wechselrad T gibt den nötigen Zug auf dem Kehrtisch.

Die Verfeinerung der Nr. durch den Abfall ist dem Verzug noch zuzurechnen.

Verzug zwischen Wickelwalzen und Speisezylinder:

$$\frac{47 \cdot 55 \cdot \frac{3}{4}}{35 \cdot 20 \cdot 2\frac{3}{4}} = \frac{47 \cdot 55 \cdot 3}{35 \cdot 20 \cdot 11} = 1{,}007.$$

Verzug zwischen Speisezylinder und Kalander, wenn $G = 19$

$$\frac{H \cdot F \cdot B \cdot 18 \cdot 2\frac{3}{4}}{\cdot G \cdot 1 \cdot C \cdot 144 \cdot \frac{3}{4}} = \frac{38 \cdot 5 \cdot 18 \cdot 11}{19 \cdot 1 \cdot 144 \cdot 3} = 4{,}58\,\text{facher Verzug.}$$

Speisewechsel $G =$	19	18	17	16	15	14	13	12
Verzug =	4,58	4,83	5,12	5,44	5,8	6,22	6,7	7,25

Das Speiserad wird nur geändert entsprechend dem Stapel der Baumwolle, langer Stapel verlangt eine größere Speisung und also einen größeren Speisewechsel.

Verzug zwischen Kalander und Hinterzylinder des Streck-werks:

$$\frac{144 \cdot 15 \cdot 1\frac{1}{2}}{18 \cdot 52 \cdot 2\frac{3}{4}} = 1{,}26.$$

Verzug im Streckwerk:

$$\frac{T \cdot O \cdot Q \cdot \text{Vorderzyl.-Durchm.}}{S \cdot P \cdot R \cdot \text{Hinterzyl.-Durchm.}} = \text{Verzug} = \frac{52 \cdot 30 \cdot 45 \cdot 1\frac{1}{2}}{15 \cdot 50 \cdot 22 \cdot 1\frac{1}{2}} = 4{,}25.$$

Verzug zwischen Streckwerk und Drehtopfwalzen:

$$\frac{21 \cdot 27 \cdot 20 \cdot 18 \cdot 2}{39 \cdot 20 \cdot 16 \cdot 20 \cdot 1\frac{1}{2}} = 1{,}08.$$

Die Einzelverzüge sind also zwischen:

Wickelwalzen und Speisezylinder 1,007
Speisezylinder und Kalander ($G = 15$). . . . 5,8
Kalander und Hinterzylinder 1,26
Hinterzylinder und Vorderzylinder (Streckwerk) 4,25
Vorderzylinder und Drehtopfwalzen 1,08

Der Gesamtverzug: $1,007 \cdot 5,8 \cdot 1,26 \cdot 4,25 \cdot 1,08 = 34$ fach.

Verzug,
durch den Kämmlingsabfall veranlaßt.

Kämmling	Verzug	Kämmling	Verzug	Kämmling	Verzug
v. H.		v. H.		v. H.	
$7^1/_2$	1,081	$12^1/_2$	1,142	$17^1/_2$	1,212
8	1,087	13	1,15	18	1,219
9	1,099	14	1,162	19	1,234
10	1,11	15	1,176	20	1,25
11	1,123	16	1,19	$22^1/_2$	1,29
12	1,136	17	1,205	25	1,33

Gesamtverzug
der Kämmaschine mit 8 Streckzylindern, berechnet aus Wickelgewicht und Bandnummer.

Wickel-gewicht		Nr. engl. des gekämmten Bandes							
pro Yard	pro Meter	0,13	0,14	0,15	0,16	0,17	0,18	0,19	0,2
dwts.	Gramm	Verzug	Verzug	Verzug	Verzug	Verzug	Verzug	Verzug	Verzug
10	17	29,96	32,26	34,57	36,87	39,18	41,48	43,79	46,09
$10^1/_2$	17,85	31,46	33,88	36,3	38,72	41,14	43,56	45,98	48,4
11	18,7	32,96	35,49	38,03	40,56	43,10	45,63	48,17	50,7
$11^1/_2$	19,5	34,45	37,1	39,75	42,41	45,06	47,71	50,36	53,01
12	20,4	35,95	38,72	41,48	44,25	47,02	49,78	52,55	55,31
$12^1/_2$	21,25	37,45	40,33	43,21	46,09	48,97	51,86	54,74	57,62
13	22,1	38,95	41,94	44,94	47,94	50,93	53,93	56,93	59,92
$13^1/_2$	22,9	40,45	43,56	46,67	49,78	52,89	56,—	59,12	62,23
14	23,8	41,94	45,17	48,4	51,63	54,85	58,08	61,31	64,53
$14^1/_2$	24,6	43,44	46,78	50,13	53,47	56,81	60,15	63,5	66,84
15	25,5	44,94	48,4	51,86	55,31	58,77	62,23	65,69	69,14

Verzug

in der Kämmaschine, ohne Streckwerk.

Speise-wechsel	$1^1/_8$ Zoll engl. Hinterzylinder	$1^1/_4$ Zoll engl. Hinterzylinder	$1^1/_2$ Zoll engl. Hinterzylinder
	Verzug	Verzug	Verzug
12	9,14	9,207	9,14
13	8,442	8,503	8,442
14	7,847	7,904	7,847
15	7,307	7,361	7,307
16	6,85	6,9	6,85
17	6,447	6,494	6,447
18	6,089	6,134	6,089
19	5,891	5,934	5,891

Die Verzüge sind dieselben für $1^1/_8$ Zoll Zylinder wie für $1\frac{1}{2}$ Zoll, wenn ein 39^r Rad für $1^1/_8$ Zoll und ein 52^r für $1\frac{1}{2}$ Zoll verwendet wird, also im Verhältnis von 3 zu 4.

Produktion. Bei der Berechnung von Gewicht und Nummer des gekämmten Bandes muß das Gewicht des Kämmlings (Abfall) von dem aufgelegten Wickel abgezogen werden.

$$\text{Bandnummer} = \frac{\text{Nr. des Wickels nach Abzug d. Kämmlings} \cdot \text{Verzug}}{\text{Anzahl der aufgelegten Wickel (Doublierungen)}}.$$

$$\text{Bandgewicht} = \frac{\text{Wickelgewicht abzüglich Kämmling} \cdot \text{Wickelanzahl}}{\text{Verzug}}.$$

Kämmaschine von Dobson & Barlow. Fig. 45.

In der Zeichnung sind die veränderlichen Räder ausgelassen. Das Getriebe ist in der Hauptsache gleich den vorigen und die einzelnen Verzüge werden in derselben Weise berechnet. Die folgenden Einzelheiten, zusammen mit der Zeichnung werden die Kalkulation verständlich machen.

Speisezylinderrad $q =$ . . . . 38 Zähne,

Speisewechsel $H =$ . . . . z. B. 18 »

Hinterzylinder-Antriebsrad auf der Seitenwelle $S =$ 16 »

Vorderzylinder-Antriebsrad auf d. Seitenwelle $O =$ 50 »

Transporträderpaar P und $Q =$ . . . . $\dfrac{45}{40}$ »

Vorderzylinderrad $R =$ . . . . 34 »

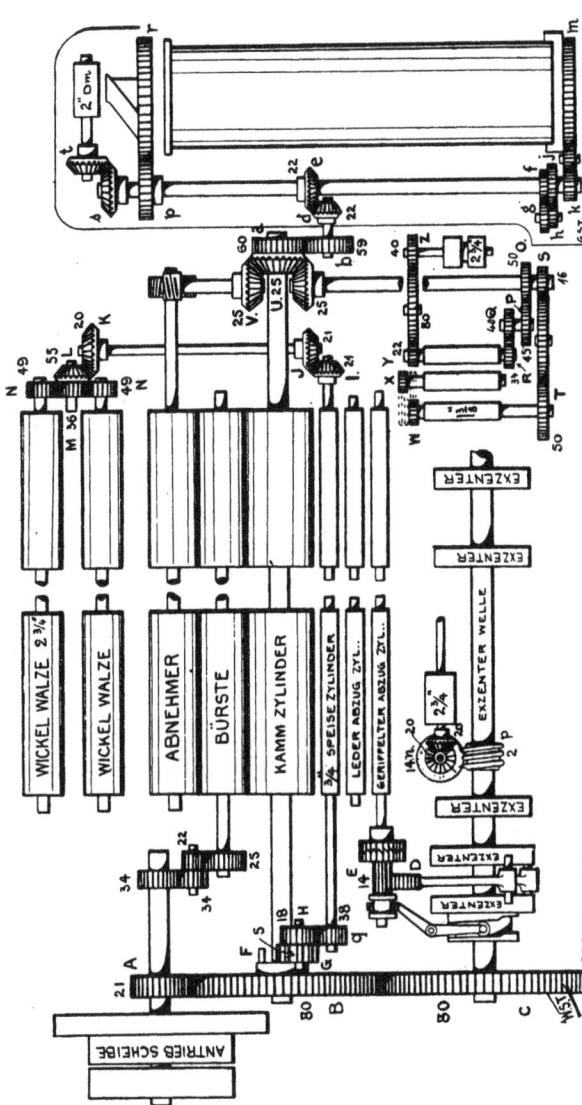

Fig. 45. Kämmaschine von Dobson & Barlow.

Vorderzylinderrad Y zur Abzugwalze= . . . . 22 Zähne,
Streckwerk-Abzugwalzenrad Z = ... 40 »
Durchmesser des Speisezylinders . . . . ¾ Zoll. engl.
Durchmesser der Kalanderwalze (Lieferwalze) . . 2¾ » »
Durchmesser des Hinterzylinders . . . . 1³/₈ » »
Durchmesser der Streckwerk-Abzugwalze . . . . 2¾ » »

Verzug zwischen Speisezylinder und Kalanderwalze:

$$\frac{38 \cdot 5 \cdot 80 \cdot\ 2 \cdot 20 \cdot 11}{18 \cdot 1 \cdot 80 \cdot 14 \cdot 20 \cdot\ 3} = 5{,}52.$$

Verzug zwischen Wickelwalzen und Speisezylinder:

$$\frac{49 \cdot 55 \cdot 21 \cdot\ 3}{36 \cdot 20 \cdot 21 \cdot 11} = 1{,}02.$$

Verzug zwischen Kalander und Hinterzylinder:

$$\frac{20 \cdot 14 \cdot 80 \cdot 25 \cdot 16 \cdot 1³/₈}{20 \cdot\ 2 \cdot 80 \cdot 25 \cdot 50 \cdot 2¾} = 1{,}12.$$

Verzug des Streckwerks:

$$\frac{50 \cdot 50 \cdot 40 \cdot 22 \cdot 2¾}{16 \cdot 45 \cdot 34 \cdot 40 \cdot 1³/₈} = 4{,}5.$$

Gesamtverzug $= 1{,}02 \cdot 5{,}52 \cdot 1{,}12 \cdot 4{,}5 = 28{,}37.$

Vierköpfige Kämmaschine der Elsäss. Maschinenbau-Gesellschaft Mülhausen. Fig. 46 u. 47.

In Fig. 46 ist das Modell 1913 der bisher nur ein- und zweiköpfig ausgeführten Kämmaschine dieser Firma dargestellt. Auf jeden Kopf sollen 2 Wickel von je 42 g pro m (= Nr. engl. 0,014) aufgelegt werden, das gibt für die 4 Köpfe 8 Wickel oder 8 fache Doublierung.

Tourenzahl: Die Antriebscheibe erhält 532 t/m, das ergibt bei der Übersetzung von $\frac{15}{84} \cdot 532 = 95$ Spiele minutlich. Die Produktion ergibt dabei je nach dem Kämmlingsabfall 85—100 kg in 10 effektiven Arbeitsstunden.

Verzug I: Innerhalb der Kämmaschine.

Der Verzugswechsel 17—21 ist mit 20 Zähnen angenommen:

$$\text{Verzug} = \frac{40 \cdot 39 \cdot 84 \cdot 25 \cdot 16 \cdot 20 \cdot 36 \text{ mm}}{20 \cdot\ 2 \cdot 25 \cdot 38 \cdot 19 \cdot 41 \cdot 83 \text{ mm}} = 15{,}36.$$

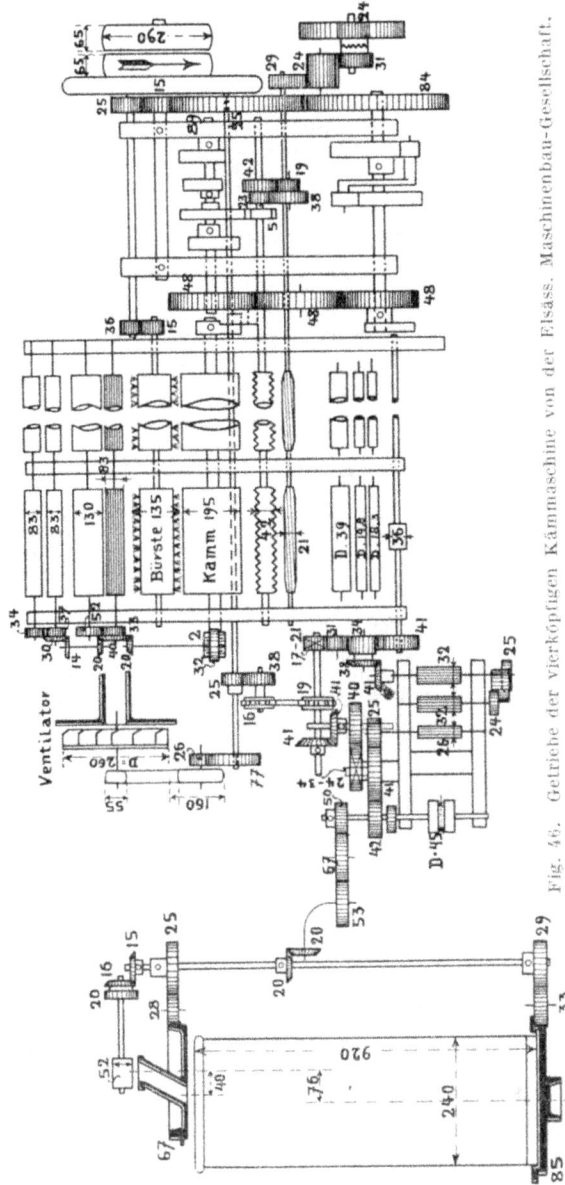

Fig. 46. Getriebe der vierköpfigen Kämmaschine von der Elsäss. Maschinenbau-Gesellschaft.

Verzug II: Im Streckwerk. Das Wechselrad des Streck-
werks = 30 Zähne.

$$\text{Verzug} = \frac{41 \cdot 40 \cdot 41 \cdot 45 \text{ mm}}{20 \cdot 30 \cdot 20 \cdot 36 \text{ mm}} = 3{,}33.$$

Gesamtverzug. Kämmaschine mit Streckwerk:

$$\text{Verzug} = \frac{40 \cdot 39 \cdot 84 \cdot 25 \cdot 16 \cdot 40 \cdot 41 \cdot 45 \text{ mm}}{20 \cdot 2 \cdot 25 \cdot 38 \cdot 19 \cdot 30 \cdot 42 \cdot 83 \text{ mm}} = 51{,}23.$$

Nr. des Kämmbandes. Zu dem Verzug aus dem Getriebe
kommt noch der Abfall an Kämmling, haben wir z. B. 20 v. H.
Kämmling, so verringert sich das Wickelgewicht während
des Kämmens im Verhältnis von 100 auf 80, und so ist das
verbleibende Gewicht für die 2·4 = 8 Wickel:

$$\frac{42 \cdot 8 \cdot 80}{100} = 268 \text{ g.}$$

Die engl. Nr. ist für Meter und Gramm:

$$\frac{\text{Länge in Meter} \cdot 453{,}6 \cdot \text{Verzug}}{768 \cdot \text{Gewicht in Gramm}} = \frac{0{,}59 \cdot \text{Meter}}{\text{Gramm}} \cdot \text{Verzug}$$

und somit für 268 g pro 1 m und 51,23 fachen Verzug:

$$\text{Nr. engl.} = \frac{0{,}59 \cdot 1 \cdot 51{,}23}{268} = 0{,}112 \ (= 5\,\tfrac{1}{4} \text{ g pro m}).$$

Produktion. Aus der 45 mm-Abzugwalze des Streck-
werks in Meter pro Minute:

$$\frac{532 \cdot 15 \cdot 25 \cdot 16 \cdot 40 \cdot 41 \cdot 45 \text{ mm} \cdot 22}{25 \cdot 38 \cdot 19 \cdot 30 \cdot 42 \cdot 1000 \cdot 7} = 28{,}3 \text{ m.}$$

In Kilogramm (bei 5¼ g pro m) und auf 10 Stunden
effektiv:

$$\frac{28{,}3 \cdot 5{,}25 \cdot 600}{1000} = 89 \text{ kg.}$$

Fig. 47 gibt eine bildliche Darstellung der neuesten
Mülhauser Kämmaschine, in der auch die Anordnung
des Getriebes gut ersichtlich ist, insbesonders der Zahn-
bogen zum Antrieb der Abzugwalzen und der Antrieb
der Exzenterwellen. Die Arbeitsweise dieser Maschine ist
im folgenden Band der »Baumwollspinnerei« ausführlich behandelt.

Fig. 47. Vierköpfige Kämmaschine der Elsäss. Maschinenbau-Gesellschaft.

Hübnersche Kämmaschine der Elsäss. Maschinenbau-Gesellschaft Mülhausen. Fig. 48 u. 49.

Diese Maschine, die wohl nur in Süddeutschland und der Schweiz eingeführt ist, liefert einen sehr schönen Kammzug,

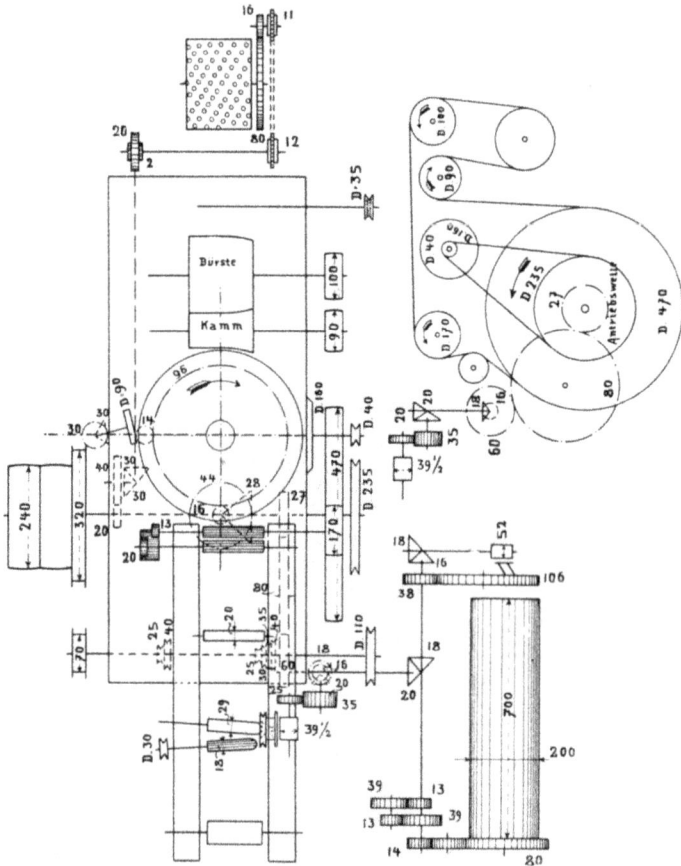

Fig. 48.

aber bei geringer Produktion und nur sorgfältiger Bedienung. Die verschiedenen Modelle haben eine Geschwindigkeit der

Antriebscheibe (Hauptwelle) von 150—200 t/m, die sich in der Hauptsache danach richtet, daß die Tourenzahl der Turbine keinenfalls über 20—22 t/m hinausgeht. Für Fig. 48 seien 160 t/m der Antriebswelle angenommen, dann ist die

Tourenzahl der Turbine:

$$\frac{160 \cdot 28 \cdot 16}{44 \cdot 96} = 17 \text{ t/m.}$$

Produktion. Aus der Abzugwalze von $39\frac{1}{2}$ mm Durchm. berechnet.

$$\frac{160 \cdot 27 \cdot 20 \cdot 35 \cdot 39,5 \cdot 22}{60 \cdot 20 \cdot 25 \cdot 1000 \cdot 7} = 12,5 \text{ m minutlich.}$$

Ein Wechsel kann leicht durch das 60^r Rad erfolgen. Das durchschnittliche Bandgewicht sei 4,6 g pro m, dann ist die Produktion:

$$\text{Minutlich: } 12,5 \cdot 4,6 = 57\frac{1}{2} \text{ g.}$$

$$\text{Täglich: } \frac{12,5 \cdot 4,6 \cdot 600}{1000} = 34,5 \text{ kg.}$$

Kämmlingsabfall. Es wird in der Regel mindestens einmal wöchentlich der Kämmlingsabfall kontrolliert, indem die Maschinen kurze Zeit z. B. 6 Minuten für eine Probe laufen und der Kammzug und Kämmling aus dieser Zeit für jede Maschine gesondert abgewogen wird.

Beispiel:

$$\begin{array}{ll} \text{Maschine I:} & \text{Kämmling 63 g} \\ & \underline{\text{Kammzug 324 g}} \\ & \text{zus. 387 g.} \end{array}$$

$$\frac{63 \cdot 1000}{387} = 16\frac{1}{4} \text{ v. H. Kämmlingsabfall.}$$

Bandnummer. Wenn 10 m 46 g wiegen:

$$\text{Nr. engl.} = \frac{10 \cdot 453,6}{768 \cdot 46} = 0,128.$$

$$\text{Nr. franz.} = \frac{10 \cdot 500}{1000 \cdot 46} = 0,108.$$

In Fig. 49 ist die Hübnersche Kämmaschine im Schnitt dargestellt. Die Bandzuführung erfolgt von zweimal 28

= 56 Spulen *c*, wozu dieses Spulengestell zusammen mit der Speiseplatte *Z* und der Oberzange oder Turbine etwa 17 bis 20 t/m erhält. Seitens der Kämmwalze *l* wird der Faserbart, der von der Ober- und Unterzange festgehalten ist, gekämmt,

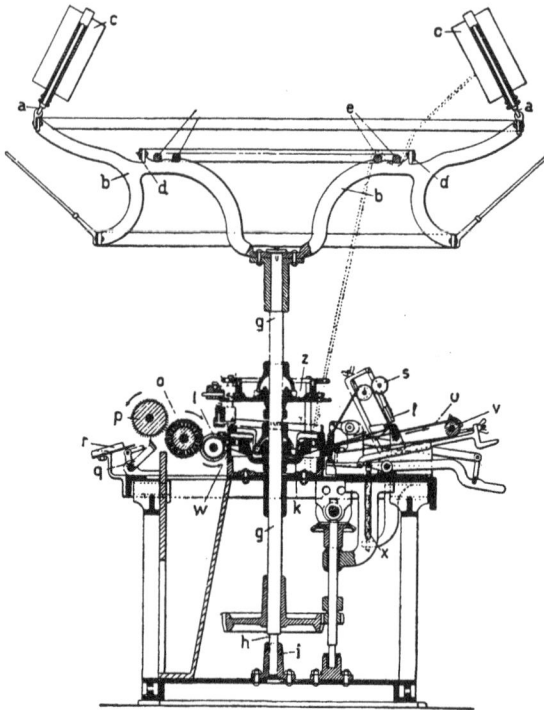

Fig. 49.

während auf der entgegengesetzten Seite bei offener Zange die Abreißzylinder und das Abzugleder *U* das Kammvließ der Abzugwalze, aus der wir oben die Lieferung berechnet haben, zuführen.

Die Strecke.

Strecke von Platt Bros. Fig. 50.

Die Durchmesser der Zylinder sind nicht immer dieselben, der Vorderzylinder wird mit $1\frac{1}{4}$, $1\frac{1}{2}$ oder $1\frac{3}{4}$ engl. Zoll Durchm. ausgeführt. Ebenso sind die übrigen Zylinder, je nach der Baumwolle, für die sie bestimmt sind, verschieden, und ist deshalb für den Verzug der mittleren Zylinder kein Beispiel auf die Formel angewandt. Die Tourenzahl des Vorderzylinders ist ebenfalls verschieden, wir nehmen für ihn 300 t/m an und für seinen Durchmesser $1\frac{3}{8}$ engl. Zoll, sowie $1\frac{3}{8}$ Zoll engl. für den Hinterzylinder. Die Berechnungen sind, ausgenommen wo es anders vermerkt ist, nur auf eine Ablieferung bezogen.

Gesamtverzug zwischen Vorder- und Hinterzylinder. Für die Berechnung beginnen wir mit dem Hinterzylinder und notieren zur Übersicht das Getriebe wie folgt:

$$\frac{E \cdot C \cdot \text{Durchm. des Vorderzyl.}}{D \cdot B \cdot \text{Durchm. des Hinterzyl.}} = \frac{60 \cdot 100 \cdot 1\frac{3}{8}}{50 \cdot 18 \cdot 1\frac{3}{8}} = 6{,}6 \text{ facher Verzug.}$$

NB. Der H a u p t w e c h s e l ist das eine Bockrad D, aber auch das Hinterzylinderrad E kann gewechselt werden und für die Zwischenverzüge sämtliche Räder auf dem 2., 3. und Hinterzylinder.

Getriebsteile der Fig. 50:

A Vorderzylinder-(Antrieb-)Scheibe . . . 10 Zoll engl. Durchm.
B Vorderzylinderkolben . . . . 18 Zähne
C Bockrad . . . . 100 »
D Verzugswechselrad (Hauptwechsel) . . . . . 46—56 »
E Hinterzylinderrad . . . . 54, 60 od. 66 »
F Hinterzylinderrad für Antrieb des 2. Zylinders 52—60 »
G Doppeltransportrad für Antrieb des 2. Zylinders . . 56 »
H Antriebskolben auf dem 2. Zylinder . . . . . 20—22 »
I Hinterzyl.-Kolben zum Antrieb des 3. Zylinders 25—28 »
J Doppeltransportrad zum Antrieb des 3. Zylinders . 56 »
K Antriebskolben auf dem 3. Zylinder . . . . . 20—22 »
L Vorderzylinderrad zur Abzugwalze . . . . . . 18—20 »
M Transportrad zur Abzugwalze . . . . 44 »
N Antriebsrad der Abzugwalze . . . . 39 »
O Verbindungsräder zur 2. Abzugwalze . . . . . . 30 »
P Abzugwalzen. . . . . 3 Zoll engl. Durchm.

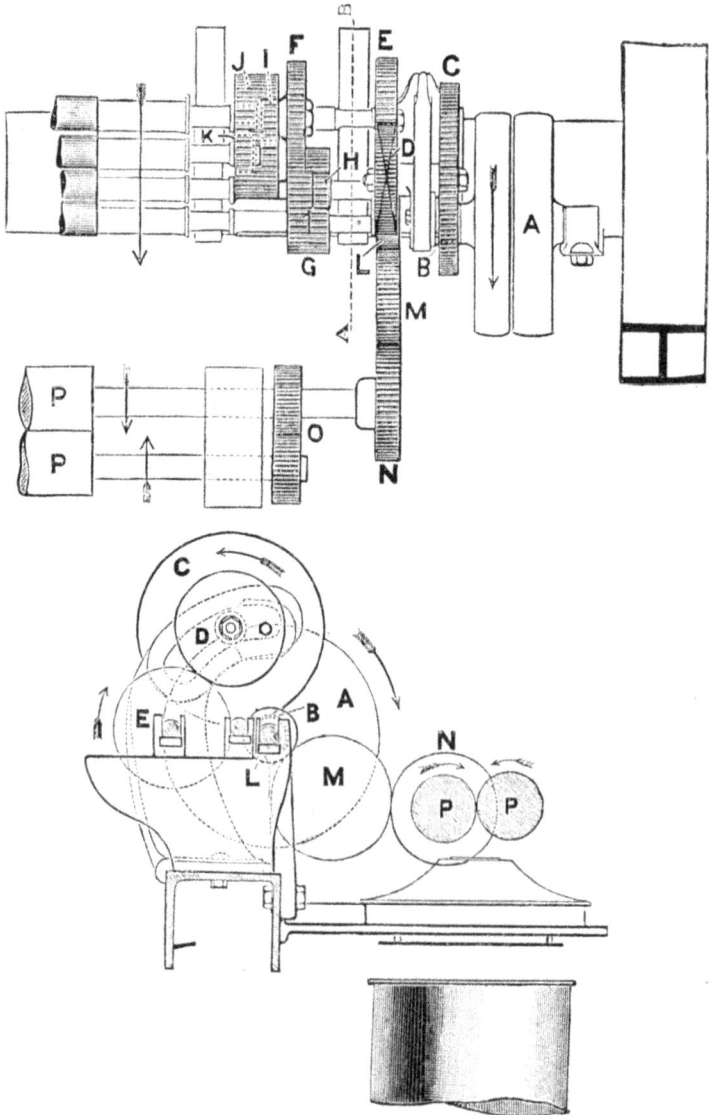

Fig. 50. Strecke von Platt Bros.

Verzugs- oder Nummerwechsel D für einen bestimmten Verzug:

$$\frac{E \cdot C \cdot \text{Dchm. V.-Zyl.}}{\text{Verzug} \cdot B \cdot \text{Dchm. H.-Zyl.}} = D = \frac{60 \cdot 100 \cdot 1^3/_8}{6 \cdot 18 \cdot 1^3/_8} = 55^r \text{ Nummernwechsel.}$$

Verzugskonstante:

$$\frac{E \cdot C \cdot \text{Durchm. V.-Zyl.}}{D \cdot B \cdot \text{Durchm. H.-Zyl.}} = \frac{60 \cdot 100 \cdot 1^3/_8}{D \cdot 18 \cdot 1^3/_8} = \frac{333,3}{D}.$$

$$\frac{\text{Hilfszahl}}{\text{Verzug}} = \text{Wechselrad} = \frac{333,3}{6,5} = 51^r \text{ Wechsel.}$$

$$\frac{\text{Hilfszahl}}{\text{Verzugswechsel}} = \text{Verzug} = \frac{333,3}{58} = 5,74 \text{ fach.}$$

$$\frac{\text{Hilfszahl}}{\text{Verzugswechsel} \cdot \text{Verzug}} = 1 = \frac{333,3}{58 \cdot 5,74} = 1.$$

Hilfszahl $=$ Verzugswechsel $\cdot$ Verzug; $58 \cdot 5,74 = 333,3$.

Verzugs- oder Nummerwechsel für Änderung des Bandgewichts oder der Bandnummer in ein anderes Gewicht oder eine andere Nummer. Dies finden wir durch eine einfache Verhältnisrechnung, wenn wir uns vergegenwärtigen, daß ein größerer Verzugswechsel den Verzug vermindert (weil er die Tourenzahl des Hinterzylinders vermehrt) und demgemäß auch eine gröbere Nummer erzielt und das Bandgewicht erhöht. Das Umgekehrte gilt für einen kleineren Verzugswechsel.

Beispiel: Der vorhandene Verzugswechsel von 50 Zähnen ergibt ein Bandgewicht für 6 Yard von 14 dwts 21 Grän ($= 357$ Grän). Welches neue Verzugsrad ist notwendig für ein Band von Nr. engl. 0,17?

$$\frac{50}{357} = 0,14 \text{ Nr. engl.}$$

Wenn also Nr. 0,14^r (engl.) einen Wechsel von 50 Zähnen hat,

so hat Nr. 1   einen Wechsel von $50 \cdot 0,14$

und Nr. 0,17   einen Wechsel von $\dfrac{50 \cdot 0,14}{0,17} = 41^r$ Wechsel.

Aus dieser Rechnung ergibt sich die Formel

$$\frac{\text{Vorhand. Nummer} \cdot \text{Vorhand. Verzugswechsel}}{\text{Verlangte Nummer}} = \text{Verlangt. Wechsel.}$$

$$\frac{\text{Verlangtes Gewicht} \cdot \text{Vorhand. Verzugswechsel}}{\text{Vorhandenes Gewicht}} = \text{Verlangt. Wechsel.}$$

Einzelverzüge:

I. $\dfrac{I \cdot \text{Durchm. 3 Zylinder}}{K \cdot \text{Durchm. Hinterzylinder}}$ = Verzug zwischen 3. und Hinterzylinder.

II. $\dfrac{K \cdot F \cdot \text{Durchm. 2 Zylinder}}{I \cdot H \cdot \text{Durchm. 3 Zylinder}}$ = Verzug zwischen 2. und 3. Zyl.

III. $\dfrac{H \cdot E \cdot C \cdot \text{Durchm. Vorderzyl.}}{F \cdot D \cdot B \cdot \text{Durchm. 2 Zylinder}}$ = Verzug zwischen Vorder- und
2. Zylinder.

Der **Gesamtverzug** ist gleich dem Produkt dieser drei Einzelverzüge.

Nummer des Streckenbandes:

$\dfrac{\text{Dividend (Hilfszahl) der genommenen Yard}}{\text{Gewicht in Grän der genommenen Yard}}$ = Nr. des Streckenbandes.

NB. Hilfszahl für 6 Yard = 50 (siehe Schneller und Nummern Seite 11).

Beispiel: Die gewogenen 6 Yard haben 400 Grän.

$$\frac{50}{400} = 0,125 \text{ Bandnummer.}$$

$$\mathrm{V\,e\,r\,z\,u\,g} = \frac{\text{Anzahl Doublierungen} \cdot \text{Streckenband Nr.}}{\text{Kardenband Nr.}}.$$

$$\text{Kardenband Nr.} = \frac{\text{Anzahl der Doublierungen} \cdot \text{Streckenband Nr.}}{\text{Verzug}}.$$

Beispiel:

$$\frac{6 \cdot 0,125}{6,25} = 0,12 \text{ Nr. des Kardenbandes.}$$

Gewicht des Streckenbandes:

$$\frac{\text{Anzahl Doublierungen} \cdot \text{Kardenbandgewicht}}{\text{Verzug}} = \text{Streckenbandgewicht.}$$

Beispiel:

$$\frac{6 \cdot 416,66}{6,25} = 400 \text{ Grän.}$$

$$\text{Verzug} = \frac{\text{Anzahl der Doublierungen} \cdot \text{Gewicht des Kardenbandes}}{\text{Gewicht des Streckenbandes}}$$

Beispiel:

$$\frac{6 \cdot 416,66}{400} = 6,25 \text{facher Verzug.}$$

Produktionsberechnung pro Ablieferung in 10 Stunden:

$$\frac{\text{t/m des V.-Zyl.} \cdot 60 \text{ Min.} \cdot 10 \text{ Std.} \cdot \text{Umfang des V.-Zyl.}}{840 \text{ Yard} \cdot 36 \text{ Zoll}} = \text{Schneller pro Ablieferung.}$$

Beispiel:

$$\frac{350 \cdot 60 \cdot 10 \cdot 1^3/_8 \cdot 3{,}1416}{840 \cdot 36} = 30 \text{ Schneller pro Ablieferung.}$$

$$\frac{\text{Schneller pro Ablieferung}}{\text{Band Nr.}} = \text{Pfund pro Ablieferung.}$$

Beispiel:

$$\frac{30}{0{,}115} = 260{,}87 \text{ Pfund pro Ablieferung.}$$

Bei allen Berechnungen, wo Abfall in Frage kommt, muß dieser abgezogen werden, ebenso muß für die Produktion das Abstellen für Bandbruch etc. in Abzug gebracht werden.

In der nachstehenden Liste ist die praktisch mögliche Lieferung von Platt Bros. angegeben:

Produktion pro Endablieferung in 10 Stunden.

Band-Nr. engl.	Gewicht des Bandes für 6 Yard			Tourenzahl des $1^3/_8$ Zoll engl. Vorderzylinders		
				300 Touren	350 Touren	400 Touren
	oz	dwts	grän	lbs	lbs	lbs
0,100	1	2	14,5	257,14	300,00	342,81
0,105	1	1	14,68	244,89	285,72	326,50
0,110	1	0	17,04	233,75	272,71	311,69
0,115	—	18	2,78	223,59	260,87	298,11
0,120	—	17	8,66	214,29	250,00	285,72
0,125	—	16	16,00	205,71	240,00	274,27
0,130	—	16	0,6	197,80	230,64	263,74
0,135	—	15	10,37	190,48	222,22	253,97
0,140	—	14	21,00	183,66	214,29	244,89
0,145	—	14	8,82	177,34	206,88	236,44
0,150	—	13	21,33	171,43	200,00	128,48
0,155	—	13	10,58	165,90	193,54	221,19
0,160	—	13	0,50	160,71	187,39	214,29
0,170	—	12	6,00	151,23	176,46	201,68
0,180	—	11	13,77	142,86	166,67	190,48
0,190	—	10	23,15	135,34	157,89	180,45
0,200	—	10	10,—	128,57	149,98	171,41

Bei 1¼ zöll. Vorderzylinder multipliziere man obige Produktionen mit 0,9 und bei 1½ zöll. Vorderzylinder mit 1,09.

Produktionsabzug für Abfall und Stillstand in Prozenten.

Abzug bei 2 Abliefg. pro Kopf 8 v. H. von obiger Produktion.

»	»	3	»	»	»	12	»	»	»	»
»	»	4	»	»	»	15,5	»	»	»	»
»	»	5	»	»	»	19	»	»	»	»
»	»	6	»	»	»	22	»	»	»	»
»	»	7	»	»	»	25	»	»	»	»
»	»	8	»	»	»	27,5	»	»	»	»

Strecke von Tweedales & Smalley. Fig. 51.

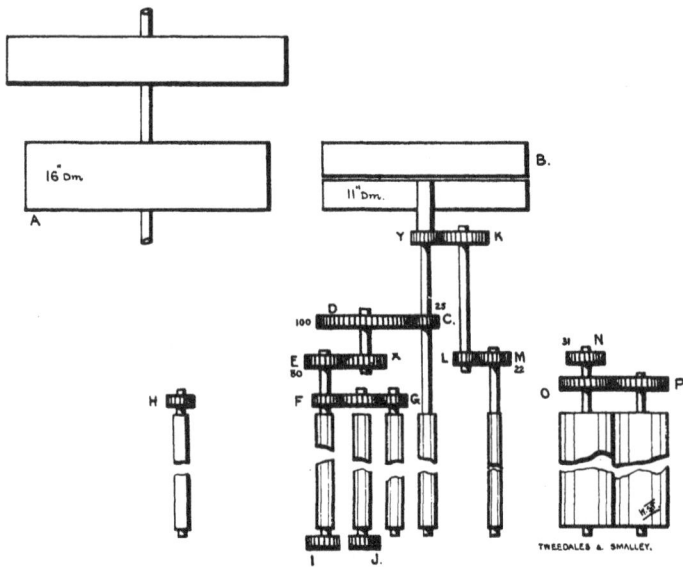

Fig. 51.

a 16 zöll. Scheibe der unteren Vorgelegewelle
treibt b 11 zöll. Vorderzylinderscheibe,

c 20ʳ Vorderzyl.-Kolben » d 80ʳ Bockrad,

x Verzugswechselrad » e 80ʳ Hinterzylinderrad,

f Hinterzylinderrad » g 2. Zylinderrad,

f Hinterzylinderrad » h Rad der elektr. Abstellwalze,

y Vorderzylinderrad » k 49/32ʳ Transportrad,

l 32/49ʳ Transportrad » m 22ʳ Drehtopfwellenrad,

m 22ʳ Drehtopfwellenrad » n 31ʳ Abzugwalzenrad.

$V =$ Verzug zwischen Vorder- und Hinterzylinder.
$C_I =$ Durchm. des Vorderzyl., $C_{II} =$ Durchm. des II. Zylinders,
$C_{III} =$ Durchm. des III. Zyl., $C_{IV} =$ Durchm. des Hinterzyl.,
$G =$ Gewicht in Grän pro Yard Streckenband,
$P =$ Berechnete Produktion in 10 Stunden.

Gesamtverzug zwischen Vorder- und Hinterzylinder:

$$= \frac{e \cdot d \cdot C_I}{x \cdot c \cdot C_{IV}} = V.$$

NB. Die Zylinderdurchmesser sind oft verschieden, für unser Beispiel nehmen wir den Vorderzylinder und Hinterzylinder mit 1½ Zoll Durchmesser.

Beispiel:

$$\frac{80 \cdot 80 \cdot 1\frac{1}{2}}{52 \cdot 20 \cdot 1\frac{1}{2}} = 6{,}15.$$

Verzugskonstante:

$$\frac{80 \cdot 80}{x \cdot 20} = \frac{320}{x}.$$

$$\frac{\text{Hilfszahl}}{\text{Verzug}} = \text{Verzugswechsel}; \qquad \frac{\text{Hilfszahl}}{\text{Verzugswechsel}} = \text{Verzug}.$$

Beispiel:

$$\frac{320}{8} = 40^r \text{ Wechsel}; \qquad \frac{320}{50} = 6{,}4 \text{ facher Verzug}.$$

Diese Hilfszahl ist nur für gleiche Zylinderdurchmesser, die sich aufheben. Für Zylinder mit verschiedenem Durchmesser ist die

$$\frac{\text{Hilfszahl} \cdot \text{Vorderzylinder-Durchmesser}}{x \cdot \text{Hinterzylinder-Durchmesser}} = \text{Verzug}.$$

Verzug zwischen Hinterzylinder, 3. und 2. Zylinder:

$$\frac{f \cdot C_{II}}{g \cdot C_{IV}} = V \text{ zwischen Hinterzylinder und 2. Zylinder,}$$

$$\frac{i \cdot C_{III}}{j \cdot C_{IV}} = V \text{ zwischen Hinterzylinder und 3. Zylinder.}$$

Praktische Verzüge:

Gesamtverzug zwischen Vorderzylinder
und Hinterzylinder: 5—5,75; 5,76—7; 7,1—8.
Verzug zwischen 3. und Hinterzylinder 1,25   1,25   1,3
Verzug zwischen 2. und 3. Zylinder 1,6   1,75   1,85.

Produktionskonstante ist eine Hilfszahl, die, mit der Anzahl Grän pro Yard des gelieferten Streckenbandes multipliziert, die Lieferung in Pfund engl. für 10 Stunden ergibt:

$$\frac{60 \text{ Min.} \cdot 10 \text{ Std.} \cdot \text{t/m von } C_I \cdot C_I \cdot 3{,}1416 \cdot G}{36 \text{ Zoll} \cdot 7000 \text{ Grän} \cdot P} = \frac{\text{Hilfszahl} \cdot G}{P} = 1.$$

$$\text{Hilfszahl} = \frac{P}{G} \text{ oder } G = \frac{P}{\text{Hilfszahl}} \text{ oder } P = G \cdot \text{Hilfszahl.}$$

Hilfszahlen
für verschiedene Tourenzahl und Durchmesser des Zylinders.

t/m von C^I	200	250	300	350	400	450	500
Hilfszahl für $1^1/_8''$	1,66	2,07	2,49	2,90	3,32	3,73	4,14
» » $1^1/_4''$	1,87	2,34	2,80	3,27	3,74	4,21	4,67
» » $1^3/_8''$	2,05	2,57	3,08	3,60	4,11	4,63	5,14
» » $1^1/_2''$	2,24	2,80	3,37	3,93	4,49	5,05	5,61

Beispiel: Vorderzylinder $= 1\tfrac{1}{4}$ Zoll Durchm. und 400 t/m:

$$\frac{60 \cdot 10 \cdot 400 \cdot 1\tfrac{1}{4} \cdot 3{,}1416 \cdot G}{36 \cdot 7000 \cdot P} = 1 = \frac{3{,}74 \cdot G}{P}.$$

Diese Hilfszahl befindet sich in obiger Liste, alle andern sind mit derselben Formel gefunden

$$\frac{\text{Hilfszahl} \cdot G}{P} = 1 \text{ und Produktion} = \text{Hilfszahl} \cdot \text{Grän pro Yard.}$$

John Hetherington Sons' Strecke.   Fig. 52.

Verzug. Vorderzylinder $1\tfrac{1}{2}$ Zoll Durchm. und $1\tfrac{1}{8}$ Zoll Hinterzylinder; der Einzugzylinder wird nicht mitberechnet.

$$\frac{80 \cdot 100 \cdot 1\tfrac{1}{2} \text{ Zoll}}{53 \cdot 25 \cdot 1\tfrac{1}{8} \text{ Zoll}} = 8 \text{ facher Verzug.}$$

$$\text{Hilfszahl} = \frac{80 \cdot 100 \cdot 1\tfrac{1}{2}}{x \cdot 25 \cdot 1\tfrac{1}{8}} = \frac{426{,}6}{x}.$$

Verzug, mit Einschluß des Einzugzylinders von $1\tfrac{1}{4}$ Zoll, Vorderzylinder $= 1\tfrac{1}{2}$ Zoll.

$$\frac{34 \cdot 80 \cdot 100 \cdot 1\tfrac{1}{2} \text{ Zoll}}{39 \cdot 48 \cdot 25 \cdot 1\tfrac{1}{4} \text{ Zoll}} = 7 \text{ facher Verzug.}$$

$$\text{Hilfszahl} = \frac{34 \cdot 80 \cdot 100 \cdot 1\tfrac{1}{2}}{39 \cdot x \cdot 25 \cdot 1\tfrac{1}{4}} = \frac{336}{x}.$$

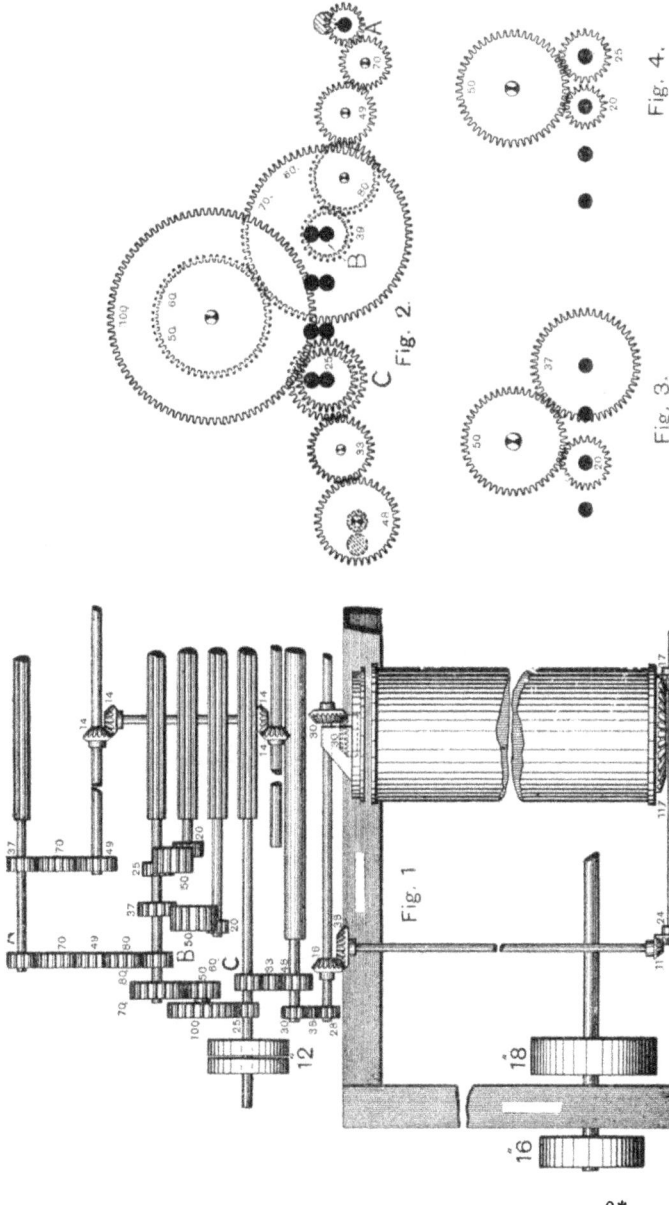

Fig. 52. Strecke von Hetherington & Sons.

Fig. 1

Fig. 2.

Fig. 3.

Fig. 4.

Tabelle der Hilfszahlen
für verschiedene Vorder- und Hinterzylinderdurchmesser.

Zylinderdurchmesser		Konstante für den Verzug in den Streckzylindern		Konstante für den Gesamtverzug zwischen dem 1 Zoll engl. Speisezylinder und der 2 Zoll engl. Abzugwalze	
Vorder-	Hinter-	Hinterzylinderräder		Hinterzylinderräder	
Zylinder		70	80	70	80
Zoll engl.	Zoll engl.				
$1^1/_{16}$	$1^1/_{16}$	280	320	306	350
$1^1/_{16}$	$1^1/_8$	264	302	284	325
$1^1/_8$	$1^1/_8$	280	320	304	347,5
$1^1/_8$	$1^1/_4$	252	288	276	316
$1^1/_4$	$1^1/_8$	311	356	326	373
$1^1/_4$	$1^1/_4$	280	320	296	338
$1^1/_4$	$1^3/_8$	254,6	291	268	305
$1^3/_8$	$1^1/_8$	342	391	357,5	408
$1^3/_8$	$1^1/_4$	308	352	328	372
$1^3/_8$	$1^3/_8$	280	320	292,5	334
$1^1/_2$	$1^1/_8$	373	427	389	445
$1^1/_2$	$1^1/_4$	336	384	354,5	405
$1^1/_2$	$1^3/_8$	305	349	318	364
$1^1/_2$	$1^1/_2$	280	320	292	334

Tourenzahl des Vorderzylinders:

$$\frac{\text{t/m des Streckenvorgeleges} \cdot \text{Vorgelegescheibe}}{\text{Vorderzylinderscheibe}} = \text{t/m des Vorderzyl.}$$

Beispiel:

$$\frac{220 \cdot 16}{10} = 352 \text{ t/m des Vorderzylinders.}$$

Brooks & Doxeys Strecke.   Fig. 53 u. 54.

Wenn der Vorderzylinder 400 t/m machen soll, mit einer 10 zöll. Scheibe, und die treibende Vorgelegewelle 220 t/m macht, wie groß muß dann die treibende Vorgelegescheibe sein? dann ist

$$\frac{220 \cdot x}{10} = 400 \text{ t/m}$$

und

$$x = \frac{400 \cdot 10}{220} = 18^3/_{16} \text{ Zoll Durchm.}$$

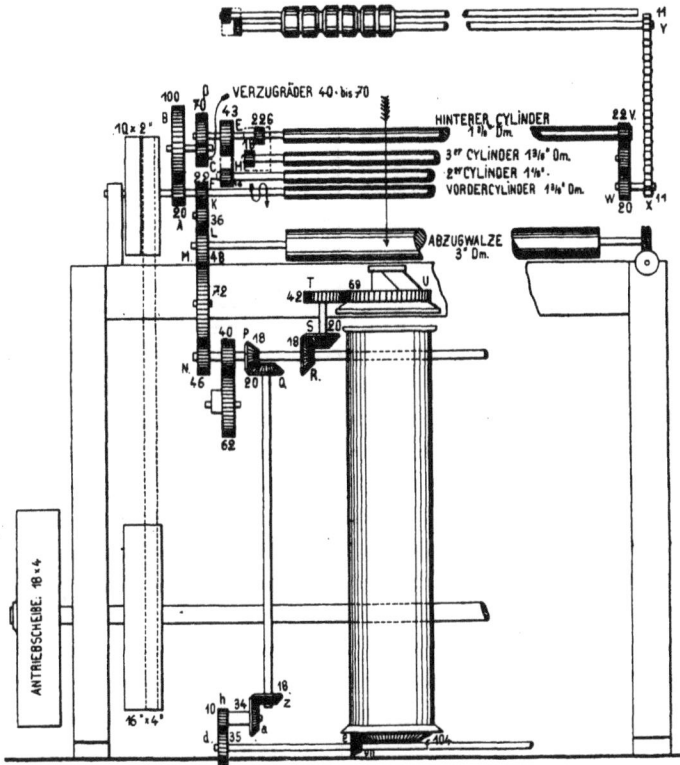

Fig. 53.

A 20ʳ Vorderzylinderrad	treibt	B 100ʳ Bockrad,
C 40—70ʳ Verzugswechsel	»	D 70ʳ Hinterzylinderrad,
E 43ʳ Hinterzylinderrad	»	F 58ʳ 3. Zylinderrad,
G 22ʳ Hinterzylinderrad	»	H 18ʳ 2. Zylinderrad,
K 22ʳ Vorderzylinderrad	»	M 48ʳ Abzugwalzenrad,
J Transportrad	»	L Transportrad.

Verzug:

$$\frac{1^3/_8 \text{ Zoll} \cdot 70 \cdot 100}{1^3/_8 \text{ Zoll} \cdot 58 \cdot 20} = 6{,}03 \text{ facher Verzug.}$$

VERZUGWECHSEL.

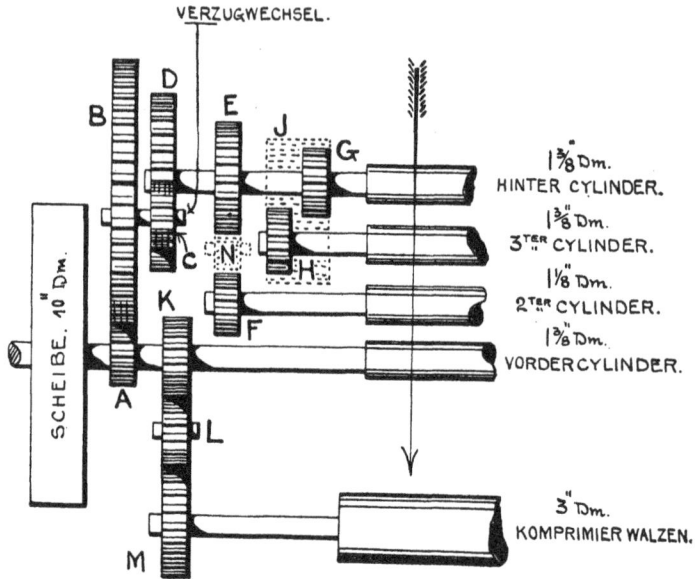

Fig. 53. Zylindergetriebe.

Bandgewicht.

Band Nr. engl.	Gewicht von 5 Yard	Gewicht von 1 Yard	Band Nr. engl.	Gewicht von 5 Yard	Gewicht von 1 Yard
	Grän	Grän		Grän	Grän
0,12	347,2	69,44	0,155	268,8	53,76
0,125	333,3	66,66	0,16	260,4	52,08
0,13	320,5	64,10	0,17	245	49,01
0,135	308,6	61,77	0,18	231,4	46,29
0,14	297,6	59,52	0,20	207,5	41,5
0,145	287,3	57,47	0,22	189,5	37,9
0,15	277,7	55,55	0,25	166	33,2

Der Verzug zwischen 4. und 3. Zylinder ist, wie schon im I. Abschnitt gezeigt, etwa 1,25 und zwischen dem 3. und 2. Zylinder etwa 1,75. Diese beiden Verzüge ändern sich nicht, wenn der Verzugswechsel C geändert wird, sondern nur der Gesamtverzug und der Verzug zwischen dem 1. und 2. Zylinder.

Howard & Bulloughs Strecke. Fig. 55.

Verzug in System C:

$$\frac{W \cdot U \cdot \text{Durchm. Vorderzylinder}}{V \cdot T \cdot \text{Durchm. Hinterzylinder}}.$$

Beispiel:

$$\frac{60 \quad 72 \quad 1^3/_8}{49 \quad 24 \quad 1^1/_8} = 4,5 \,\text{facher Verzug}.$$

Da die mit den verschiedenen Durchmessern möglichen Kombinationen sehr vielseitig sind, ist in Fig. 55 eine Reihe von Rädern gegeben, womit solchen Änderungen entsprochen werden kann. Der Studierende kann damit Berechnungen vornehmen, indem er bestimmte Durchmesser und Verzüge als gegeben annimmt und dazu die geeigneten Räder T, U, V und W sucht. Dabei kann natürlich z. B. V nur gefunden werden, wenn T, U und W gegeben sind.

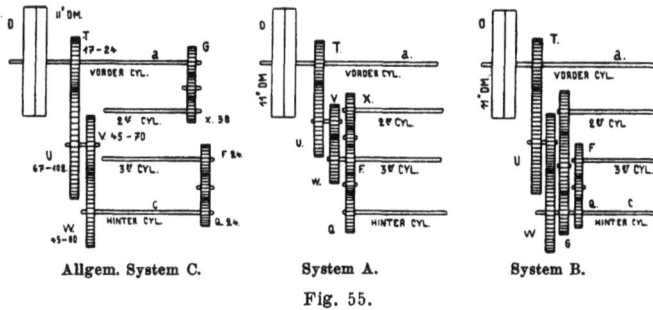

Allgem. System C.   System A.   System B.

Fig. 55.

Verzugskonstante:

$$\frac{W \cdot U \cdot \text{Durchm. des Vorderzylinders}}{T \cdot \text{Durchm. des Hinterzylinders}} = \text{Hilfszahl}.$$

$$\frac{\text{Hilfszahl}}{\text{Verzugswechsel}} = \text{Verzug}; \quad \frac{\text{Hilfszahl}}{\text{Verzug}} = \text{Verzugswechsel}.$$

Verzug zwischen 1. und 2. Zylinder:

$$\frac{X \cdot 1. \text{Zylinderdurchmesser}}{G \cdot 2. \text{Zylinderdurchmesser}} = \text{Verzug zwischen 1. und 2. Zylinder}.$$

Verzug zwischen 3. und 4. Zylinder:

$$\frac{Q \cdot \text{Durchm. des 3. Zylinders}}{F \cdot \text{Durchm. des 4. Zylinders}} = \text{Verzug zwischen 3. und 4. Zylinder}.$$

Verzug zwischen 2. und 3. Zylinder:

Dieses Getriebe ist sehr umfangreich, man multipliziert deshalb meistens die anderen zwei Verzüge und dividiert deren Produkt in den Gesamtverzug. Aus dem Getriebe dagegen ist

$$\frac{F \cdot W \cdot U \cdot G \cdot \text{Durchm. des 2. Zyl.}}{Q \cdot V \cdot T \cdot X \cdot \text{Durchm. des 3. Zyl.}} = \text{Verzug zwischen 2. u. 3. Zylinder.}$$

Produktion in 10 Stunden:

$$\frac{(10 \cdot 60) \text{Min.} \cdot \text{t/m d. Vorderzyl.} \cdot \text{Umfang des Vorder-zylinders} \cdot \text{Grän pro Yard Band}}{36 \text{ Zoll} \cdot 7000 \text{ Grän}} = \text{Pfund engl.}$$

Lieferung eines Vorderzylinders von $1\,^3/_8$ Zoll:

t/m des Vorderzylinders:	200	250	300	350	400	450,
Hilfszahl		2,05	2,56	3,08	3,60	4,11	4,63.

Diese Hilfszahl mal Grän pro Yard = Produktion in 10 Stunden.

S y s t e m A hat alle Zylinderräder auf derselben Seite; der 3. Zylinder treibt den 2. und den 4. Zylinder.

S y s t e m B. Ebenfalls alle auf einer Seite, der Hinterzylinder treibt den 2. und 3. Zylinder.

Dobson & Barlows Strecke. Fig. 56.

Die folgende Liste gibt die Einzelheiten der Zeichnung.

A Verzugswechsel . . . . 40—90 Zähne,
B Treibende Vorgelegescheibe, veränderl., mit 14 Zoll angenommen,
C Vorderzylinderscheibe . . . . 12 » Durchm.,
D Vorderzylinderrad . . . . 20 Zähne,
E Bockrad . . . . 115 »
F Hinterzylinderrad, veränderlich, ... 80 » angenommen,
G Hinterzylinderrad (treibt 2. Zylinder) . . 45 »
H 2. Zylinderrad . . . . 20 »
J Hinterzylinderrad (treibt 2. Zylinder) . . 26 »
K 3. Zylinderrad . . . . 21 »
Durchmesser des Vorderzylinders . . . . . 1½ Zoll,
    »   »   2. Zylinders . . . . 1¼ »
    »   »   3. Zylinders . . . . 1½ »
    »   »   Hinterzylinders . . . . . 1½ »
Doublierung = ... 8 fach
Geschwindigkeit des Vorderzylinders . . . 264 t/m.

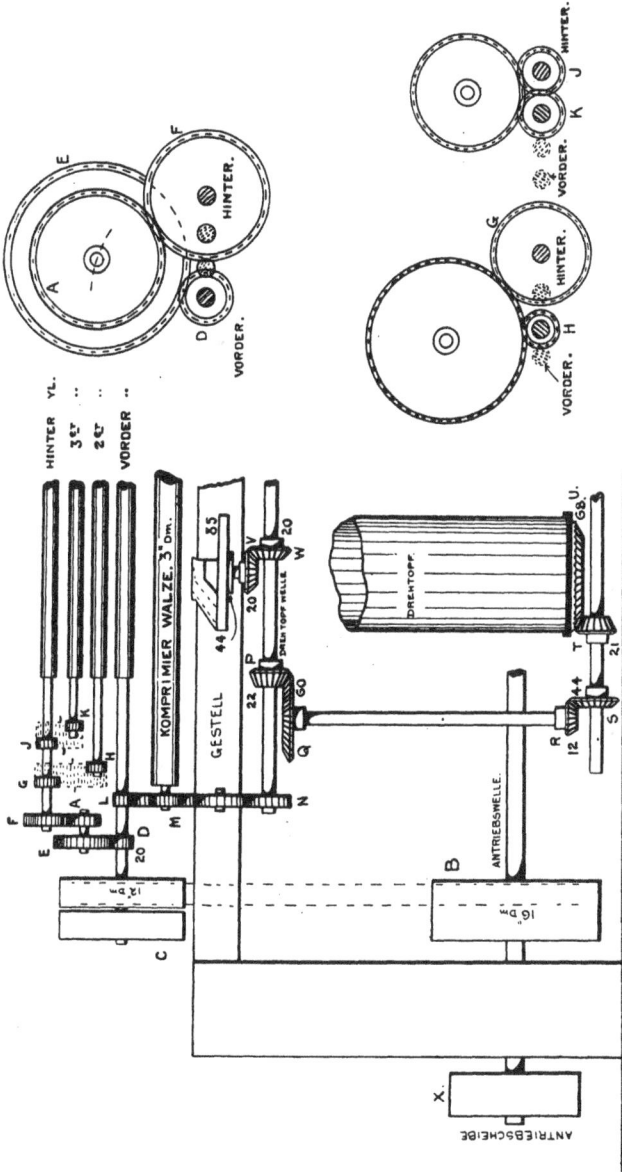

Fig. 56. Strecke von Dobson & Barlow.

Gesamtverzug:

$$\frac{F \cdot E \cdot \text{Durchm. des Vorderzylinders}}{A \cdot D \cdot \text{Durchm. des Hinterzylinders}} = \text{Gesamtverzug.}$$

Beispiel:

$$\frac{80 \cdot 115 \cdot 1\frac{1}{2}}{58 \cdot \ 20 \cdot 1\frac{1}{2}} = 7{,}93 \,\text{facher Verzug.}$$

Verzugswechsel.

Der vorige Rechnungsansatz kann umgestellt werden, indem an die Stelle des Verzugswechsels A der Verzug gesetzt wird, dann ist
$$\frac{80 \cdot 115 \cdot 1\frac{1}{2}}{8 \cdot \ 20 \cdot 1\frac{1}{2}} = 58 \text{ Zähne für } A.$$

Konstante:

$$\frac{80 \cdot 115 \cdot 1\frac{1}{2}}{x \cdot \ 20 \cdot 1\frac{1}{2}} = 460 \text{ Hilfszahl.}$$

Daraus leiten wir ab:

$$\frac{\text{Hilfszahl}}{\text{Verzugswechsel}} = \text{Verzug};\qquad \text{Beispiel:} \ \frac{460}{58} = 7{,}93.$$

$$\frac{\text{Hilfszahl}}{\text{Verzug}} = \text{Verzugswechsel}; \ \text{Beispiel:} \ \frac{460}{7{,}93} = 58^{\text{r}} \text{ Rad.}$$

Verzug zwischen 1. und 2. Zylinder:

$$= \frac{H \cdot F \cdot E \cdot \text{Vorderzylinder}}{G \cdot A \cdot D \cdot \text{Hinterzylinder}}.$$

Beispiel: $\dfrac{20 \cdot 80 \cdot 115 \cdot 1\frac{1}{2}}{45 \cdot 58 \cdot \ 20 \cdot 1\frac{1}{4}} = 4{,}23 \,\text{facher Verzug.}$

Verzug zwischen 2. u. Hinterzyl. $= \dfrac{45 \cdot 1\frac{1}{4}}{20 \cdot 1\frac{1}{2}} = 1{,}87 \,\text{facher Verzug,}$

Verzug zwischen 3. u. Hinterzyl. $= \dfrac{26 \cdot 1\frac{1}{2}}{21 \cdot 1\frac{1}{2}} = 1{,}238$ »   »

Verzug zwischen 2. u. 3. Zylind. $= \dfrac{21 \cdot 45 \cdot 1\frac{1}{4}}{26 \cdot 20 \cdot 1\frac{1}{2}} = 1{,}56$ »   »

Bandgewicht:

$$\frac{\text{Anzahl Doublierungen} \cdot \text{Kardenbandgewicht}}{\text{Verzug}} = \text{Streckenbandgewicht.}$$

$$\text{Verzug} = \frac{\text{Anzahl Doublierungen} \cdot \text{Kardenbandgewicht}}{\text{Streckenbandgewicht}}.$$

Neuer Verzugswechsel

$$= \frac{\text{Verlangtes Gewicht} \cdot \text{Vorhandener Verzugswechsel}}{\text{Vorhandenes Gewicht}}$$

$$= \frac{\text{Vorhandene Nr.} \cdot \text{Vorhandener Verzugswechsel}}{\text{Verlangte Nr.}}.$$

V. Abschnitt.

Spulbänke oder Flyer.

Die Vorspinnmaschine, die als Spindelbank, Spulbank oder Flyer bezeichnet wird, gibt uns Stoff für lehrreiche Berechnungen, und infolge der vorhandenen Mannigfaltigkeiten, die die Vorspinnmaschine aufweist, müssen bei Veränderungen an dieser Maschine verschiedene wichtige Wechselräder geändert werden.

Wir sind dabei an einer Maschine angelangt, die außer dem V e r z i e h e n des Streckenbandes zu einem längeren und feineren Gespinst dasselbe auf Spulen a u f w i n d e t und ihm durch die erzeugte D r e h u n g eine größere Festigkeit gibt. Das sind drei wichtige Punkte, die die Geschwindigkeit aller oder einzelner Teile der Maschine beeinflussen.

Der Verzug in den Zylindern und deren Getriebe entspricht den bei der Strecke üblichen Grundlagen und demgemäß ist auch der Verzugswechsel.

Die Drehung (oder der D r a h t), die in das Vorgespinst, nach dem Austritt aus den Zylindern gegeben wird, kann verschieden sein und beruht auf der Geschwindigkeit des Vorderzylinders gegenüber der Spindelgeschwindigkeit. Um diese Geschwindigkeiten in das richtige Verhältnis zueinander zu bringen, haben wir den **Drahtwechsel,** der auch Zwirnwechsel oder, weil er für die Lieferung maßgebend ist, Marschwechsel genannt wird.

Die Aufwindung des Gespinstes auf die Spule in zahlreichen nebeneinanderliegenden Lagen erfordert ebenfalls Wechselräder, da bald stärkeres, bald schwächeres Vorgarn hergestellt wird. Es wird dementsprechend bald eine größere, bald eine geringere Geschwindigkeit verlangt für die Teile, die die Spulenbildung beeinflussen, und so müssen im Getriebe Stellen vorhanden sein, die eine Auswechslung zulassen. Wir benötigen demgemäß ein Wechselrad für den Wagenhub, einen Windungswechsel für das Spulengetriebe (dazu kommt vielfach für beide Getriebe gemeinsam ein weiteres Wechselrad, wie etwa das untere Konusrad) und außerdem für das Getriebe zur Änderung der Spulengeschwindigkeit bei zunehmendem Durchmesser als Wechselrad das sog. Schaltrad.

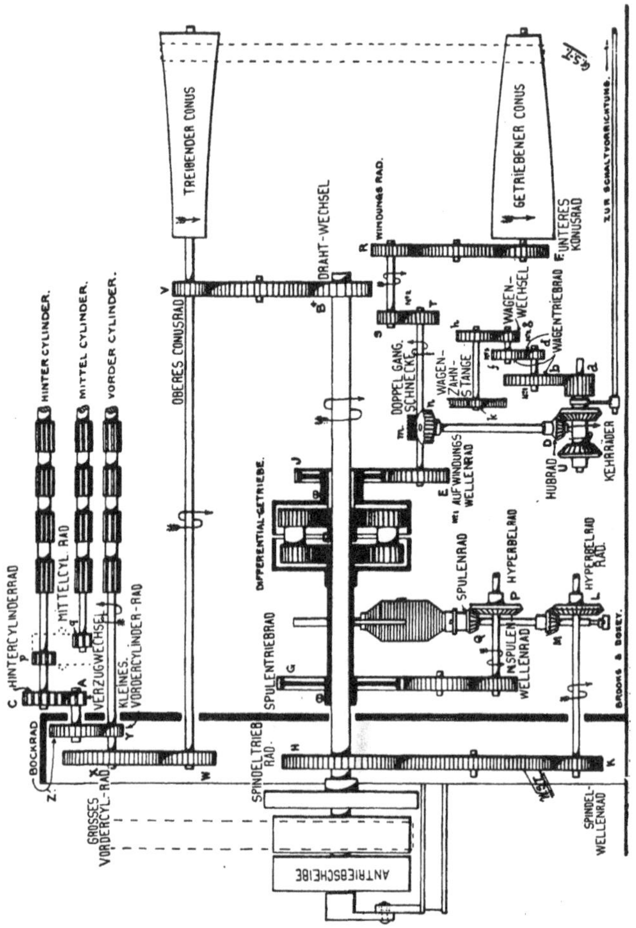

Fig. 57.

An Hand der Fig. 57, die den Flyer von Brooks & Doxey darstellt, können wir die **Einzelheiten des Getriebes** verfolgen und die verschiedenen Aufgaben, die sie auszuführen haben. Die Flyerwelle treibt durch den Drahtwechsel über das obere

Konusrad und das Endrad der oberen Konuswelle den Vorderzylinder. Der obere Konus wird also von der Hauptwelle
mittels des Drahtwechsels angetrieben, so daß eine Änderung
der Vorderzylindertouren durch den Drahtwechsel auch die
Tourenzahl des oberen Konus ändert.

Die Spindeln erhalten von der Hauptwelle aus durch ein
eigenes Spindelgetriebe ohne jegliches Wechselrad ihren Antrieb, so daß in einer gegebenen Spindelbank die Spindeltouren unverändert bleiben. Eine Veränderung der Drehung
im Vorgespinst wird durch Änderung der Vorderzylindertouren erzielt.

Die Spulen erhalten ihre Geschwindigkeit in der Hauptsache ebenfalls durch die Hauptwelle, aber da ihre Tourenzahl mit der Zunahme ihrer Durchmesser geändert werden
muß, wird ein Nebengetriebe, das sog. Differentialwerk,
angewandt, das zu den Touren der Hauptwelle die notwendige
veränderliche Tourenzahl bringt. Das Getriebe, das die
für die Spulen notwendige veränderliche Geschwindigkeit
bringt, ist durch ein Rädergetriebe in Verbindung mit dem
unteren Konus, und dessen veränderliche Tourenzahl ist es,
die die Aufwindung beherrscht.

Der Wagenhub (Spulbank) erfolgt vollständig durch den
unteren Konus; das hierzugehörige Getriebe ist in der Fig. 57
leicht zu verfolgen.

Aus dieser kurzen Beschreibung ist vor allem zu beachten, daß der Drahtwechsel ein sehr wichtiger Bestandteil
der Maschine ist, da seine Änderung die gesamten Geschwindigkeiten der Maschine beeinflußt, mit Ausnahme des Spindel-
getriebes.

In den folgenden Seiten wird eine Anzahl dieser Vorspinnmaschinen und ihre Berechnung durchgenommen; die Konoiden-
berechnung und die des Differentialgetriebes jedoch sollen erst
am Ende des Abschnittes gesondert behandelt werden.

Tweedales & Smalleys Flyer. Fig. 58.

Dieses Flyergetriebe, das mit Buchstaben bezeichnet ist,
eignet sich vorzüglich zur Aufstellung der Formeln. Für die
praktische Ausrechnung dient folgendes Räderverzeichnis.

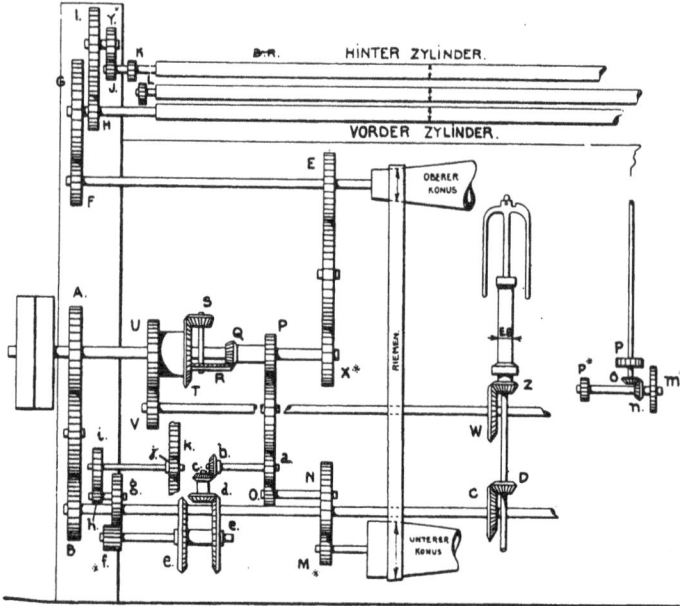

Fig. 58.

Getriebe der Feinbank:

A 40^r Spindeltriebrad	treibt	B 37^r Spindelwellenrad,
C 55^r Spindelantriebswirtel	»	D 22^r Spindelwirtel,
X 20—63^r Drahtwechsel	»	E 48^r mittl. Rad der oberen Konuswelle,
F 44^r Endrad der ob. Konuswelle	»	G 130^r Vorderzyl.-Hauptrad,
H 20^r kleines Vorderzyl.-Rad	»	I 80^r Bockrad,
Y 20—60^r Verzugswechsel	»	J 52^r Hinterzylinderrad,
K 40—60^r klein. Hinterzyl.-Rad	»	L Mittelzylinderrad,
TC 6½—3zöll. ob. Konus, 30″ lg.	»	BC 6½—3zöll. unteren Konus, 30 Zoll lang,
M Unterkonusrad	»	N 68^r Transportrad,
O 30^r Transportrad	»	P 34^r Differentialtriebrad,
Q 18^r Differentialkolben	»	R 30^r großes Diff.-Kegelrad,
S 16^r kl. Differentialkolben	»	T 48^r Gehäuseverzahnung,
U 50^r Gehäusestirnrad	»	V 37^r Spulenwellenrad,
W 55^r Spulenantriebswirtel	»	Z 22^r Spulenwirtel,

ϑ 30ʳ Transportrad   treibt   *a* 56ʳ Transportrad zum Wagentrieb,

b 22ʳ Transportkegelrad   »   *c* 22ʳ Transportkegelrad zum Wagentrieb,

d 15ʳ Kehrradkolben   »   *e* 70ʳ Kehrräder,

f Kehrwelle-Wagenwechsel   »   *g* 80ʳ Transportrad des Wagengetriebes,

h 13ʳ Transportrad d. Wagengetriebes   »   *i* 73ʳ Wagenwellenrad,

j 18ʳ Wagenkolben   »   *k* Wagenzahnstange, 17 Zähne pro 6 Zoll,

l Schaltstange   »   *m* Schaltrad d. Wendezeug,

n 18ʳ Transportkolben   »   *o* 21ʳ Kegelrad,

p 40ʳ Konus-Zahnstangenkolben   »   *q* Konuszahnstange, 7 Zähne für 2 Zoll,

r Wendestangenrad   »   *s* Wendezahnstange.

Die Räder Q, R, S, T bilden das Differentialgetriebe. Die Anordnung der Räder ist bei den vier Flyerarten dieselbe, nur die Zähnezahlen sind verschieden, laut folgender Liste:

	B	D	E	F	G	O	V	Z	b	c	d	i	n	o
Grobflyer . .	42	30	40	48	130	44	42	30	22	22	20	57	21	18
Mittelflyer . .	42	30	48	48	130	44	42	30	22	22	15	57	21	18
Extrafeinflyer	37	22	56	36	138	30	37	22	15	30	15	73	18	21

$T =$ Drehung pro Zoll engl. $V =$ Gesamtverzug.

$Vz =$ Durchm. des Vorderzyl. $Hz =$ Durchm. des Hinterzyl.

Verzug:

$$\frac{J \cdot I \cdot Vz}{Y \cdot H \cdot Hz} = \text{Verzug} = \frac{52 \cdot 80 \cdot 1^1/_8}{48 \cdot 20 \cdot 1^1/_8} = 4{,}33.$$

Verzugskonstante. Ausschaltung von Y:

$$\frac{J \cdot I \cdot Vz}{H \cdot Hz} = \text{Hilfszahl} = \frac{52 \cdot 80 \cdot 1^1/_8}{20 \cdot 1^1/_8} = 208 = \text{Verzugskonstante.}$$

$$\frac{\text{Hilfszahl}}{\text{Verzug}} = \text{Verzugswechsel } Y; \quad \text{Beispiel: } \frac{208}{5{,}2} = 40^r \text{ Verzugs- oder Nummerwechsel.}$$

$$\frac{\text{Hilfszahl}}{\text{Verzugswechsel}} = \text{Verzug}; \quad \text{Beispiel: } \frac{208}{40} = 5{,}2 \text{facher Verzug.}$$

Hilfszahl = Verzug · Wechsel; Beispiel: $208 = 5,2 \cdot 40$.

$$\frac{\text{Hilfszahl}}{\text{Verzug} \cdot \text{Verzugswechsel}} = 1; \quad \text{Beispiel:} \frac{208}{5,2 \cdot 40} = 1.$$

Spindeltouren auf 1 Umdrehung der Flyerwelle:

$$\frac{\text{Touren von } A \cdot A \cdot C}{B \cdot D} = \frac{1 \cdot 40 \cdot 55}{37 \cdot 22} = 2,7 \text{ Touren.}$$

Vorderzylindertouren auf 1 Umdrehung der Flyerwelle:

$$\frac{\text{Touren von } X \cdot X \cdot F}{E \cdot G} = \frac{1 \cdot 36 \cdot 44}{48 \cdot 130} = 0,253.$$

NB. Daraus geht hervor, daß auf eine Umdrehung der Flyerwelle der Vorderzylinder und $X \,(= 36)$ nur etwa $1/4$ Umdrehung macht und selbst bei dem größten Drahtwechsel (wenn $X = 63$) nur etwa 0,4 Umdrehung. Wenn also die Flyerwelle 400 t/m erhält, so hat der Vorderzylinder nur etwa 100—160 t/m.

Lieferungslänge des Vorderzylinders auf 1 Umdrehung der Flyerwelle:

$$\frac{\text{Touren von } X \cdot X \cdot F \cdot \text{Durchm. Vorderzyl.} \cdot 22}{E \cdot G \cdot 7} =$$

$$= \frac{1 \cdot 36 \cdot 44 \cdot 1\frac{1}{8} \text{ Zoll} \cdot 22}{48 \cdot 130 \cdot 7} = \frac{1 \cdot 36 \cdot 44 \cdot 9 \cdot 22}{48 \cdot 130 \cdot 8 \cdot 7} = 0,897 \text{ Zoll engl.}$$

Drehung pro engl. Zoll. Jede Umdrehung der Spindel gibt e i n e Drehung in das vom Vorderzylinder gelieferte Gespinst, also bei 2,7 Spindeltouren und 0,897 Zoll Zylinderlieferung $\frac{2,7}{0,897} = 3$ Drehungen pro Zoll. Daraus ersehen wir, daß bei einer größeren Tourenzahl oder Lieferung des Vorderzylinders auf das Gespinst weniger Drehungen entfallen, bei einer geringeren Lieferung dagegen mehr Drehungen auf jeden einzelnen Zoll, weil die Spindeltourenzahl konstant bleibt. Wenn wir in der obigen Notiz zu den Vorderzylindertouren festgestellt haben, daß der größere Drahtwechsel ($X = 63$) eine etwas größere Tourenzahl des Vorderzylinders veranlaßt, so können wir jetzt sagen, daß ein g r ö ß e r e r Drahtwechsel, weil er eine größere Lieferung bringt, w e n i g e r Drehung erzeugt. Der Drahtwechsel X steht also im umgekehrten Verhältnis zur Drehung pro Zoll, für eine zweimal so große Drehungszahl brauchen wir den Drahtwechsel nur halb so groß als vorher, oder umgekehrt, ein doppelt so großer Drahtwechsel vermindert die Drehungen pro Zoll auf die Hälfte. Immer vorausgesetzt, daß der Drahtwechsel wie in diesem und den meisten Fällen ein t r e i b e n d e s Rad ist. Dabei ist wohl zu beachten, daß die Drahtkalkulationen nur mit den Lieferungslängen des Vorderzylinders in Verbindung stehen, daß also eine Änderung der Drehung k e i n e Änderung des Verzugs und der Garnnummer bringt.

Die Drahtkonstante ist für diese Berechnungen sehr wichtig, wir erhalten diese, wenn wir die Spindeltouren $\dfrac{A \cdot C'}{B \cdot D}$ durch die Lieferung des Vorderzylinders in Zoll $\dfrac{X \cdot F \cdot V_z \cdot \pi}{E \cdot G}$ dividieren und dann X auslassen, immer auf der Grundlage, daß die Tourenzahl der Flyerwelle und damit von A und $X = 1$ oder daß sich die Tourenzahlen von A und X aufheben:

$$\frac{A \cdot C}{B \cdot D \cdot \dfrac{F \cdot V_z \cdot \pi}{E \cdot G}} = \frac{A \cdot C \cdot E \cdot G}{B \cdot D \cdot F \cdot V_z \cdot \pi} = \text{Konstante}.$$

Oder, ähnlich wie bei der Verzugsberechnung, können wir von 1 Zoll Umdrehung des Vorderzylinders ausgehend, die hierauf entfallenden Spindeltouren berechnen:

$$\frac{1}{\text{Vorderzyl.-Durchm.} \cdot \pi \cdot F \cdot X \cdot B \cdot D} \cdot G \cdot E \cdot A \cdot C;$$

daraus

$$\frac{1}{V_z \cdot \pi \cdot F \cdot B \cdot D} \cdot G \cdot E \cdot A \cdot C = \text{Konstante}.$$

Vorderzylinder-Durchmesser $= 1\frac{1}{8}$ oder $\frac{9}{8}$ Zoll;
$\pi = 3{,}1416$ oder $\dfrac{22}{7}$.

Beispiel:

$$\frac{8 \cdot 7 \cdot 130 \cdot 48 \cdot 40 \cdot 55}{9 \cdot 22 \cdot 44 \cdot 37 \quad 22} = 108 \text{ Drahtkonstante}.$$

$$\frac{\text{Konstante}}{\text{Draht (pro Zoll)}} = \text{Drahtwechsel } X; \quad \text{Beispiel: } \frac{108}{3} = 36^r \text{ Wechsel}.$$

$$\frac{\text{Konstante}}{\text{Drahtwechsel}} = \text{Draht}; \quad \text{Beispiel}: \frac{108}{36} = 3 \text{ Drehungen pro Zoll.}$$

$$\frac{\text{Konstante}}{X \cdot \text{Draht}} = 1; \quad \text{Beispiel}: \frac{108}{36 \cdot 3} = 1.$$

$$\text{Konstante} = X \cdot \text{Draht}; \quad \text{Beispiel}: 108 = 36 \cdot 3.$$

Die Konstante ist immer gleich der Drehung pro Zoll engl. · Drahtwechsel, so daß, wenn die Tourenzahl pro Minute der Spindeln und des Vorderzylinders mittels Tourenzählers festgestellt ist, die Konstante, ohne daß man das Getriebe berechnet, gefunden werden kann. Natürlich gilt dies auch für die Verzugskonstante etc.

Nachstehende K o n s t a n t e n sind für v e r s c h i e - d e n e D u r c h m e s s e r der Vorderzylinder.

Durchmesser der Vorderzylinder	$7/8''$	$15/16''$	$1''$	$1\,1/16''$	$1\,1/8''$	$1\,3/16''$	$1\,1/4''$	$1\,5/16''$	$1\,3/8''$	$1\,7/16''$	$1\,1/2''$
Grobflyer . .	69	64	60	57	54	51	48	46	44	42	40
Mittelflyer . .	83	77	72	68	65	61	58	55	53	50	48
Feinflyer. . .	139	130	122	115	108	103	98	93	89	85	81
Extrafeinflyer	211	197	185	174	164	156	148	141	138	129	123

Zur Übung werden einige Beispiele mit den Getriebszahlen der Liste ausgerechnet, um die Richtigkeit der Konstanten zu zeigen. Die oben berechnete Konstante 108 ist auch in obiger Liste für $1\,1/8$ Zoll Durchm. des Vorderzylinders zu finden.

Die einem Vorgespinst zu erteilende **Drehung pro Zoll engl.** ist, genau genommen, eine Frage der praktischen Beurteilung; sie hängt von der Baumwolle, den Arbeitern etc. ab, und können genaue Grenzen nicht gezogen werden. Dabei hängt die Produktion von der Drehung ab; je weniger Drehung, desto schneller kann der Vorderzylinder liefern, und deshalb soll das Gespinst nur so viel Drehung erhalten, als nötig ist. Je dünner der Faden, desto mehr Drehung ist notwendig, um den Fasern ihren Halt zu geben, so daß also die Drehungszahl sich mit der Nr. ändert. Allerdings ändert sich die Drehungszahl nicht im gleichen Verhältnis wie die Nr., sondern in einem gewissen Verhältnis zur Fadendicke oder zur Quadrat-

wurzel aus der Nr. Die Drehung wird also erhalten, indem
man die Quadratwurzel aus der Nr. mit einer Konstanten oder
einem Koeffizienten multipliziert, also Konstante · $\sqrt{\text{Nr.}}$ oder,
da nach Köchlin diese Konstante allgemein mit a bezeichnet
wird, $a \cdot \sqrt{\text{Nr.}}$ Diese Konstante oder Multiplikationszahl a
schwankt für Vorgarn gewöhnlich zwischen 1 bis 1,3, je nach
Baumwolle etc. Tweedales & Smalley betrachten die Regel
$a = 1,2$ als für die meisten Flyer passend.

Beispiel:

Vorgarn Nr. 0,25 verlangt als Drehung

$1,2 \cdot \sqrt{0,25} = 1,2 \cdot 0,5 = 0,6$ Drehung pro Zoll engl.

oder Vorgarn Nr. 0,5 erhält

$1,2 \cdot \sqrt{0,5} = 1,2 \cdot 0,707 = 0,85$ Drehung pro Zoll engl.

Im I. Abschnitt ist schon gezeigt worden, daß der Durchmesser von Vorgarn Nr. 0,25 nicht doppelt so groß ist, wie
der von Nr. 0,5, sondern das Verhältnis ihrer Durchmesser
ist $\sqrt{0,25}$ zu $\sqrt{0,5}$ oder in vollen Zahlen wie 7 zu 5, d. h.
$0,25^r$ Vorgarn hat einen $\frac{7}{5} = 1^2/_5$ mal größeren Durchmesser
als $0,5^r$ Vorgarn.

Es sei hierbei darauf hingewiesen, daß, wenn wir von
Garndurchmessern sprechen, sie nicht so buchstäblich zu
nehmen sind, denn die Vorgarne bestehen aus einem losen
Faserkörper, aber die Wollmasse bleibt dieselbe, ob die Vorgarne nun stark gedreht sind oder nicht, in andern Worten,
die Drehung ändert nichts an der Faserzahl und ihrem Gewicht.
Da der Durchmesser die Grundlage der Nummer oder Stärke
des Garnes bildet, so nehmen wir in allen diesen Fällen den
Durchmesser als theoretisch richtig an, so wie ihn ein richtig
gedrehtes Gespinst hat. Wenn dieser Punkt richtig verstanden wird, so gibt er uns die Aufklärung darüber, warum
Berechnungen in bezug auf Windung und Spulenbildung etc.
nicht immer stimmen; wir mögen die richtige Nummer haben,
aber bei Abweichungen von der richtigen Drehung, dem
Charakter der Baumwolle etc. kann das Gespinst stärker
oder schwächer sein, als es wirklich sein sollte. Wenn wir
einmal den richtigen Wechsel für die Aufwindung haben,

dann werden alle andern Wechsel für die Abänderung der
Nr. ebenfalls richtig sein, sobald die korrekte Drehung gegeben
wird, durch Anwendung eines Koeffizienten oder einer Hilfszahl a und deren Multiplikation mit der Wurzel aus der Nummer.

Unteres Konusrad. In Fig. 58 ist das Rad M auf der
unteren Konuswelle als Wechselrad bezeichnet. Wenn wir
das Getriebe verfolgen, finden wir, daß von M über N, O, a,
P, Q, R, S, T, U, V, W und Z die Spulen getrieben werden
und ebenso über N, O, a, b, c, d, e, f, g, h, i, j der Wagen. Eine
Änderung des Wechsels M wird also erfolgen, wenn der Durch-
messer der leeren Spule oder die Dicke des Flyerfadens geändert wird, denn die Garnlagen auf der Spule müssen für
ein feineres Gespinst dichter sein und breiter für ein stärkeres
Vorgarn. Der Wagenwechsel f ermöglicht eine weitere Änderung der Wagengeschwindigkeit, wenn der Wechsel M
nicht genau den Garnlagen entspricht. M wird jedoch, nach-
dem es einmal den Spulen angepaßt ist, selten geändert,
aber wenn die Faden locker und gleichzeitig die Garnwindungen zu dicht liegen, so wird eine Änderung von M die
Spulengeschwindigkeit und die Steigung der Windungen ändern.
Diese Verhältnisse werden zusammen mit den Konoiden noch
genauer behandelt. Wir werden dann annähernde Regeln
geben für die Berechnung des Schaltrades, des Kehrräder-
Wechselrades in Verbindung mit dem Durchmesser des Vorgarnes. Aus den bisherigen Erklärungen können die folgenden
Gleichungen aufgestellt werden, sie stehen alle in Beziehung
zum Durchmesser des Vorgarnes, so daß sie die Anwendung
von Quadrat und Quadratwurzel einschließen.

$$\text{Wagenkolben } j = \sqrt{\frac{\text{Vorhandener Wagenkolben}^2 \cdot \text{vorhandene Nr.}}{\text{verlangte Nr.}}}$$

$$\text{Drahtwechsel} = \sqrt{\frac{\text{Vorhandener Drahtwechsel}^2 \cdot \text{vorhandene Nr.}}{\text{verlangte Nr.}}}$$

$$\text{Wagenwechsel } f = \sqrt{\frac{\text{Vorhandener Wagenwechsel}^2 \cdot \text{vorhandene Nr.}}{\text{verlangte Nr.}}}$$

$$\text{Schaltrad } m = \sqrt{\frac{\text{Vorhandenes Schaltrad}^2 \cdot \text{verlangte Nr.}}{\text{vorhandene Nr.}}}$$

Dobson & Barlows Spulbänke. Fig. 59.

	Grob-flyer	Mittel-flyer	Fein-flyer	Extra-fein-flyer
A Verzugswechsel	—	—	—	—
B Zwirnwechsel	—	—	—	—
C Schaltwechsel.	—	—	—	—
D Wagenwechsel	—	—	—	—
E Differentialwechsel	—	—	—	—
F Unterer Konuswechsel	—	—	—	—
G Spulentriebrad	60	60	63	63
H Spindeltriebrad	56	56	56	56
I Hinterzylinderrad	60	60	60	60
J Differential-Hauptrad	125	125	125	125
K Äußeres Spindelwellenrad	58	54	50	50
L Spindelantriebswirtel	50	50	50	50
M Spindelwirtel	26	26	22	22
N Spulenwellenrad	50	50	50	50
O Differentialkegelrad	51	51	51	51
P Spulenantriebswirtel	50	50	50	50
Q Spulenwirtel	26	26	22	22
R Transportrad	75	75	75	75
S » zum Wagentrieb . .	24	22	18	16
T » » » . .	51	51	51	51
U Kehrräder zum Wagentrieb . . .	51	51	51	51
V Oberes Konusrad	24	30	30	50
W Äußeres Rad d. oberen Konuswelle	40	40	37	37
X Großes Vorderzylinderrad	115	115	130	130
Y Kleines »	18	18	18	18
Z Bockrad	90	90	90	90
a Wechselrad für Wagenhub . . .	14	14	14	14
b⎫ d⎭ Transportträderpaar	{ 70 { 34	70 26	70 20	70 20
e Hubrad (Wagenwelle)	100	100	85	85
m Zahnstangenrad (zum Wagen) . .	20	—	—	—
k Rad der Konusschiene	—	—	—	—

Tourenzahl des Vorderzylinders, Flyerwelle 270 t/m:

$$\frac{\text{t/m der Flyerwelle} \cdot B \cdot W}{V \cdot X} = \frac{270 \cdot 41 \cdot 40}{24 \cdot 115} = 160 \text{ t/m.}$$

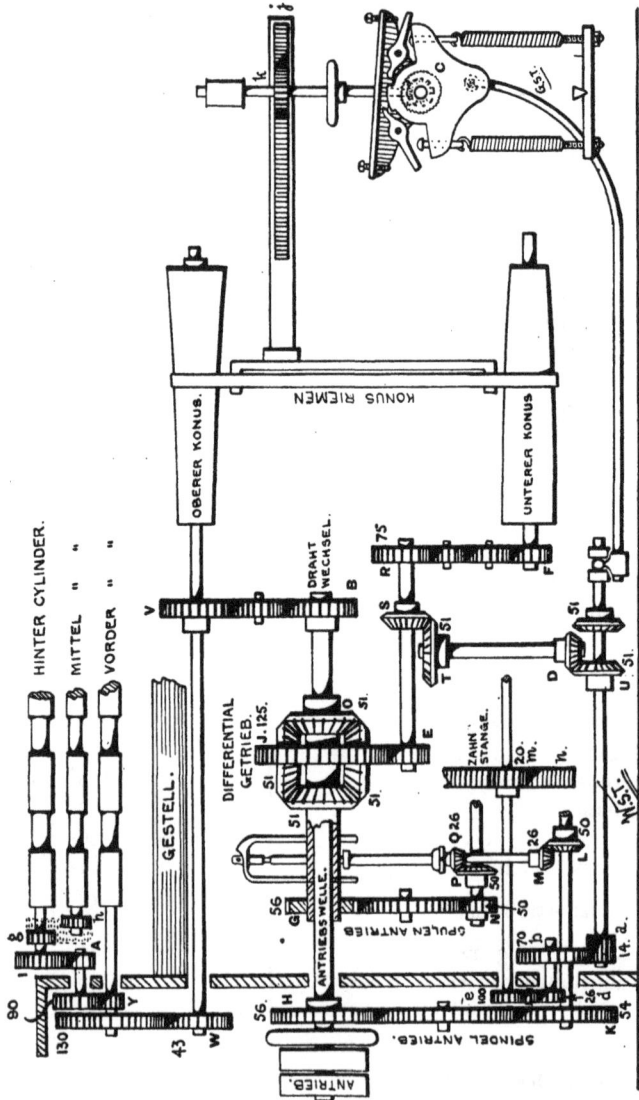

Fig. 59. Spulbank von Dobson & Barlow.

Spindeltouren:

$$\frac{\text{t/m der Flyerwelle} \cdot H \cdot L}{K \cdot M} = \frac{270 \cdot 56 \cdot 50}{58 \cdot 26} = 500 \text{ t/m.}$$

Lieferung des Vorderzylinders: Touren des Vorderzylinders · Umfang. Durchmesser des Vorderzylinders $= 1^1/_8$ Zoll:

$$\frac{\text{t/m der Flyerwelle} \cdot B \cdot W \cdot 1^1/_8 \text{ Zoll} \cdot 3{,}1416}{V \cdot X} = \text{Zoll.}$$

Beispiel:

$$\frac{270 \cdot 41 \cdot\ 40 \cdot 9 \cdot 22}{24 \cdot 115 \cdot 8 \cdot\ 7} = 565{,}7 \text{ Zoll engl. pro Minute}$$

oder

t/m des Vorderzyl. · Durchm. des Vorderzyl. · 3,1416 = Lieferung.

Beispiel:

$$160 \cdot 1^1/_8 \cdot 3{,}1416 = 565{,}7 \text{ Zoll engl. pro Minute.}$$

Spindeltouren auf eine Umdrehung des Vorderzylinders. Das ergibt sich durch Division der Spindeltouren durch die Zylindertouren:

$$\frac{500}{160} = 3{,}12 \text{ Touren}$$

oder

$$\frac{X \cdot V \cdot H \cdot L}{W \cdot B \cdot K \cdot M} = \frac{115 \cdot 24 \cdot 56 \cdot 50}{40 \cdot 41 \cdot 58 \cdot 26} = 3{,}12.$$

Die Drehung pro Zoll ergibt sich bei der Division der Zylinderlieferung in Zoll in die Spindeltouren:

$$\frac{\text{Spindeltouren}}{\text{Lieferung des Vorderzylinders in Zoll}} = \text{Drehung pro Zoll.}$$

Beispiel:

$$\frac{500}{565{,}7} = 0{,}88 \text{ Drehungen pro Zoll}$$

oder direkt auf 1 Zoll Umdrehung des Vorderzylinders bezogen:

$$\frac{X \cdot V \cdot H \cdot L \cdot 1}{W \cdot B \cdot K \cdot M \cdot \text{Dchm. Vorderzyl.} \cdot 3{,}1416} = \frac{115 \cdot 24 \cdot 56 \cdot 50 \cdot 8 \cdot\ 7}{40 \cdot 41 \cdot 58 \cdot 26 \cdot 9 \cdot 22} = 0{,}88.$$

Drahtwechsel _B._ Wenn eine bestimmte Drehung pro Zoll gegeben ist, so finden wir den Drahtwechsel, indem wir die Drehungszahl an die Stelle des Drahtwechsels _B_ der vorigen Formel setzen.

$$\frac{X \cdot \quad V \quad \cdot H \cdot L}{W \cdot \text{Draht} \cdot K \cdot M \cdot \text{Umfang des Vorderzylinders}}$$
$$= \frac{115 \cdot 24 \cdot 56 \cdot 50 \cdot 8 \cdot 7}{40 \cdot 0,88 \cdot 58 \cdot 26 \cdot 9 \cdot 22} = 41^{\mathrm{r}} \text{ Wechsel.}$$

Oder, solange die Nr. nicht gewechselt wird, gibt eine einfache Proportion den Wechsel.

Drehungskonstante des Getriebes durch Weglassen des Drahtwechsels oder des Drahtes in voriger Formel:

$$\frac{115 \cdot 24 \cdot 56 \cdot 50 \cdot 8 \cdot 7}{40 \cdot x \cdot 58 \cdot 26 \cdot 9 \cdot 22} = \frac{36,08}{x} \text{ Konstante.}$$

$$\frac{\text{Konstante}}{\text{Zwirnwechsel}} = \frac{36,08}{41} = 0,88 \text{ Drehung pro Zoll.}$$

$$\frac{\text{Konstante}}{\text{Drehung}} = \frac{36,08}{0,88} = 41^{\mathrm{r}} \text{ Drahtwechsel } B.$$

Verzug:

$$= \frac{I \cdot Z \cdot \text{Durchm. Vorderzylinder}}{A \cdot Y \cdot \text{Durchm. Hinterzylinder}} = \frac{60 \cdot 90 \cdot 1^{1}/_{8}}{57 \cdot 18 \cdot 1^{1}/_{8}} = 5,25.$$

Verzugswechsel A durch Ersetzen des Verzugswechsels A durch den Verzug:

$$\frac{60 \cdot 90 \cdot 1^{1}/_{8}}{5,25 \cdot 18 \cdot 1^{1}/_{8}} = 57^{\mathrm{r}} \text{ Verzugswechsel.}$$

Verzugskonstante mit obiger Formel, jedoch unter Auslassung des Verzugswechsels A sowie des Verzugs:

$$\frac{I \cdot Z \cdot \text{Durchm. Vorderzylinder}}{x \cdot Y \cdot \text{Durchm. Hinterzylinder}} = \frac{60 \cdot 90 \cdot 1^{1}/_{8}}{x \cdot 18 \cdot 1^{1}/_{8}} = \frac{300}{x} \text{ Konstante.}$$

$$\frac{\text{Konstante}}{\text{Verzug}} = \frac{300}{5,25} = 57^{\mathrm{r}} \text{ Nummer- oder Verzugswechsel.}$$

$$\frac{\text{Konstante}}{\text{Nummerwechsel}} = \frac{300}{57} = 5,25 \text{ facher Verzug.}$$

Wenn der Verzug geändert oder wenn die aufgesteckte Vorgarn-Nr. gewechselt wird, so gibt das natürlich in beiden Fällen eine andere Endnummer auf der Spulbank. Eine solche Nummernänderung bedingt auch eine Änderung des übrigen Getriebes, entsprechend dem Durchmesser oder der Dicke des neuen Flyerfadens. Das bedingt die Benutzung von Quadrat und Quadratwurzel, angewandt auf die Flächen der Kreisdurchmesser. Alle Wechselräder, die in den Getrieben, von denen die Spulenaufwindung der veränderten Vorgarnnummer erfolgt, mitwirken, müssen im Verhältnis zur Quadratwurzel der Nummer geändert werden:

$$\text{Neuer Drahtwechsel } B = \sqrt{\frac{\text{Alter Zwirnwechsel}^2 \cdot \text{alte Nr.}}{\text{neue Nr.}}}.$$

$$\text{Neuer Wagenwechsel } D = \sqrt{\frac{\text{Alter Wagenwechsel}^2 \cdot \text{alte Nr.}}{\text{neue Nr.}}}.$$

$$\text{Neues Schaltrad } \quad C = \sqrt{\frac{\text{Altes Schaltrad}^2 \cdot \text{neue Nr.}}{\text{alte Nr.}}}.$$

NB. Es sei darauf hingewiesen, daß der D r a h t - o d e r Z w i r n w e c h s e l sich also im u m g e k e h r t e n Verhältnis zur Quadratwurzel aus der Garn-Nr. ändert, aus dem einfachen Grund, daß je feiner die Nr. ist, desto mehr Drehungen muß normalerweise das Gespinst erhalten. Die Drehungen stehen aber im u m g e k e h r t e n Verhältnis zur Zähnezahl des Drahtwechsels, denn je g r ö ß e r der Drahtwechsel, desto größer die Lieferung des Vorderzylinders und desto w e n i g e r Drehung pro Zoll. Ebenso ist es mit dem W a g e n - w e c h s e l D: je f e i n e r die Garn-Nr., desto größer die Windungszahl und desto k l e i n e r die Wagengeschwindigkeit und der Wagenwechsel als treibendes Rad. Dagegen steht das S c h a l t r a d in d i r e k t e m Verhältnis zur Quadratwurzel aus der G a r n n u m m e r, denn je höher die Nummer und je größer die Zähnezahl des Schaltrades, desto kleiner die Schaltungen.

Die folgenden Beispiele mögen zum besseren Verständnis dienen:

Beispiel am D r a h t w e c h s e l: Berechne den Drahtwechsel für Nr. 0,6; wenn ein 40^r Wechsel für Nr. 0,4 verwendet wird:

$$\text{Neuer Drahtwechsel} = \sqrt{\frac{40^2 \cdot 0,4}{0,6}} = \sqrt{1066} = 32,6$$

oder

$$\sqrt{0,4} = 0,632, \quad \sqrt{0,6} = 0,774.$$

Wenn die Wurzel 0,632 ein 40^r Wechselrad verlangt, dann die Wurzel 1 $\quad 40 \cdot 0,632$

und für die Wurzel 0,774 $\quad \dfrac{40 \cdot 0,632}{0,774},$

und $\quad \dfrac{40 \cdot 0,632}{0,774} = 32,6.$

Die kleinere Garn-Nr. 0,4 hat also den größeren Drahtwechsel 40 u. die größere » » 0,6 » » » kleineren » 33.

Die zweite Berechnungsart zeigt sodann, daß der neue Drahtwechsel gefunden wird, indem man den alten Drahtwechsel mit der Wurzel der alten Nr. multipliziert und dies durch die Wurzel der neuen Nr. dividiert oder in einer Formel ausgedrückt:

$$\text{Neuer Drahtwechsel} = \frac{\text{alter Drahtwechsel} \cdot \sqrt{\text{alter Nr.}}}{\sqrt{\text{neuer Nr.}}}.$$

Auf den ersten Blick scheint diese Formel mit der ersten Formel nicht übereinzustimmen, aber wer Gleichungen versteht, kann diese Umänderung leicht vornehmen. Man quadriert z. B. die letzte Formel:

$$\text{Neuer Drahtwechsel}^2 = \left(\frac{\text{alter Drahtwechsel} \cdot \sqrt{\text{alter Nr.}}}{\sqrt{\text{neuer Nr.}}}\right)^2,$$

also
$$\text{Neuer Drahtwechsel}^2 = \left(\frac{40 \cdot \sqrt{0,4}}{\sqrt{0,6}}\right)^2,$$

$$\text{Neuer Drahtwechsel}^2 = \frac{40^2 \cdot 0,4}{0,6}.$$

Durch Ausziehen der Quadratwurzel erhalten wir wieder:

$$\text{Neuer Drahtwechsel} = \sqrt{\frac{40^2 \cdot 0,4}{0,6}} = 32,6 \text{ Drahtwechsel.}$$

Die Umwandlung der vorigen in diese Formel geschieht, um nur einmal (von der Gesamtsumme) die Wurzel ausziehen zu müssen und nicht von jeder Nummer.

Die Fig. 59 stellt eine Maschine mit dem alten »Planeten«-Differentialwerk vor. Die nicht wechselbaren Räder sind mit den entsprechenden Zahlen versehen, so daß für Rechnungsbeispiele nur die Zahlen für die Wechselräder auszufüllen sind.

Die Produktion wird gefunden durch die Berechnung der Lieferung des Vorderzylinders, abzüglich des Zeitverlustes durch Abziehen, Fadenbruch etc. Es ist aber interessant, die Produktion auch in folgender Weise zu berechnen.

Beispiel: Die Produktion eines Grobflyer für »good Egyptian« zu berechnen, bei Nr. 1,2 der Grobflyerspulen.

Zeitverlust pro Abzug, für Auswechseln der Spulen, Fadenbruch etc. = 14 Minuten.

Gewicht der Baumwolle auf der vollen Spule = 26 Unzen.

Drehung pro Zoll engl. = 0,766.

Spindeltouren = 400 in der Minute.

Garnlänge in Zoll auf der Spule = Baumwollgewicht in Pfund
   engl. pro Spule· Nr. engl.· 840· 36 Zoll.

Gesamtdrehungen auf der Spule = Garnlänge pro Spule mal
   Drehung pro Zoll.

$$\frac{\text{Gesamtdrehung pro Spule}}{\text{minutliche Spindeltouren}} = \text{Minuten pro Spule.}$$

Alle obigen Regeln hierin zusammengefaßt:

$$\frac{804 \cdot 36 \cdot \text{Nr. engl.} \cdot \text{Drehung pro Zoll} \cdot \text{Pfund pro Spule}}{\text{minutliche Spindeltouren}} = \text{Zeit in Min. pro Spule.}$$

Wenn wir so die Zeit für einen Abzug haben, so können
wir nun die Anzahl Abzüge in z. B. 10 Stunden finden.

$$\frac{10 \cdot 60 \text{ Minuten}}{\text{Minuten pro Abzug} + \text{Zeitverlust}} = \text{Anzahl Abzüge in 10 Stunden.}$$

Pfund pro Tag v. 10 Std. = Anzahl Abzüge in 10 Std.· Pfd. pro Abzug.

Schneller » » » 10 » = Pfund pro Tag · Garn-Nr.

Beispiel:

$$\frac{840 \cdot 36 \cdot 0{,}766 \cdot 1{,}2 \cdot 26 \text{ Unzen}}{400 \cdot 16 \text{ Unzen}} = 112{,}92 \text{ Minuten pro Abzug.}$$

$$\frac{600 \text{ Minuten}}{112{,}92 + 14 \text{ Min.}} = 4{,}72 \text{ Abzüge in 10 Stunden.}$$

$$\frac{4{,}72 \cdot 26}{16} = 7{,}67 \text{ Pfd. pro Spindel in 10 Stunden.}$$

$$7{,}67 \cdot 1{,}2 = 9{,}2 \text{ Schneller pro Spindel in 10 Stunden.}$$

Konstante oder Koeffizient α für Drehung pro Zoll engl.

Baumwolle	Grobflyer	Mittelflyer	Feinflyer	Extrafeinflyer
Indische u. geringe Amerikaner . .	$1{,}3 \cdot \sqrt{\text{Nr.}}$	$1{,}2 \cdot \sqrt{\text{Nr.}}$	$1{,}5 \cdot \sqrt{\text{Nr.}}$	
Amerikaner u. geringe ägyptische	$1{,}16 \cdot \sqrt{\text{Nr.}}$	$1{,}05 \cdot \sqrt{\text{Nr.}}$	$1{,}1 \cdot \sqrt{\text{Nr.}}$	$0{,}9 \cdot \sqrt{\text{Nr.}}$
Ägyptische u. Sea Island	$0{,}7 \cdot \sqrt{\text{Nr.}}$	$0{,}78 \cdot \sqrt{\text{Nr.}}$	$1{,}1 \cdot \sqrt{\text{Nr.}}$	$0{,}9 \cdot \sqrt{\text{Nr.}}$

Diese Angaben sollen nur ein Beispiel sein, sie haben die Grundlage gebildet für eine Produktionstabelle, da ihre Änderung auch eine Produktionsänderung gibt. Die Tabelle ist nicht durchaus logisch aufgebaut, aber das trifft auch in der Praxis der Spinnereien nicht zu.

Die Flyer von Platt Bros. Fig. 60 u. 61.

		Grob-flyer	Mittel-flyer	Fein-flyer	Extra-fein-flyer
	Drehungsgetriebe.				
A	Drahtwechsel	—	—	—	—
B	Oberes Konusrad	30	30	40	55
C	Äußeres Rad d. oberen Konuswelle	51	42	35	30
D	Vorderzylinderrad	130	130	130	140
K	Spindeltriebrad	39	39	33	35
L	Spindelwellenrad	39	39	33	35
m	Spindelantriebswirtel	48	56	60	47
n	Spindelwirtel	24	24	21	21
	Verzugsgetriebe.				
E	Vorderzylinderkolben	24 od. 28	24 od. 28	24 od. 28	24 od. 28
F	Bockrad	90	90	90	90 o. 100
G	Verzugswechsel	—	—	—	—
H	Hinterzylinderrad	48 od. 56	48 od. 56	48 od. 56	48 od. 56
I	Hinterzylinderkolben	—	—	—	—
J	Mittelzylinderkolben	—	—	—	—
	Spulengetriebe.				
M	Oberer Konus (konkav = Biegung nach innen)	—	—	—	—
N	Unterer Konus (konvex = Wölbung nach außen)	—	—	—	—
O	Triebrad der kleinen Konuswelle	45	45	45	45
P	Transportrad	50	50	50	50
Q	Windungswechselrad	—	—	—	—
R	Differentialbüchsenrad	106	106	106	80
S	Differentialbüchsenkolben . . .	30	30	30	30
T	Differentialtransporträderpaar {	25	25	25	25
U		24	24	17	16
V	Differentialtransportrad	24	24	30	32
W	Differentialtransportrad	14	14	14	14

	Grob-flyer	Mittel-flyer	Fein-flyer	Extra-fein-flyer
X Differentialhohlrad	90	90	90	90
Y Differentialspulentriebrad	58	58	47	52
Z Spulenwellenrad	47	47	42	35
p Spulenantriebswirtel	48	56	60	47
q Spulenwirtel	24	24	21	21
Wagengetriebe.				
a Kolben auf d. kleinen Konuswelle	13	13	13	13
b Großes Horizontalkegelrad . . .	50	50	50	60
c Kleines Horizontalkegelrad . . .	14	12	10	8
d Kehr- oder Wenderäder	100	100	100	100
e Wagenhubwechsel	18	16	13	13
f	40	40	50	50
g } Transportträderpaar. . . . . . {	28	18	17	14
h Wagenwellenrad	90	90	90	90
k Zahnstangenkolben zum Wagen .	22	22	22	20
o Zahnstangenkolben.	60	60	60	60
r Unteres Konusrad	—	15	—	—
s Kolben der kleinen Konuswelle .	—	25	—	—

Vorderzylindertouren, Mittelflyer:

Touren der Flyerwelle $\dfrac{A \cdot C}{B \cdot D}$ = Vorderzylindertouren.

Beispiel:

$$\frac{320 \cdot 35 \cdot 42}{30 \cdot 130} = 120,6 \text{ t/m.}$$

Lieferung des Vorderzylinders, Vorderzylindertouren· Umfang:

$$\frac{\text{Touren der Flyerwelle} \cdot A \cdot C \cdot \text{Zylinderdurchmesser} \cdot \pi}{B \cdot D}.$$

Beispiel:

$$\frac{320 \cdot 35 \cdot 42 \cdot 1\frac{1}{4} \cdot 22}{30 \cdot 130 \cdot 7} = \frac{320 \cdot 35 \cdot 42 \cdot 5 \cdot 22}{30 \cdot 130 \cdot 4 \cdot 7} = 473,6 \text{ Zoll.}$$

Spindeltouren:

$$\frac{\text{Touren der Flyerwelle} \cdot K \cdot m}{L \cdot n}.$$

Beispiel:

$$\frac{320 \cdot 39 \cdot 56}{39 \cdot 24} = 746,6 \text{ t/m.}$$

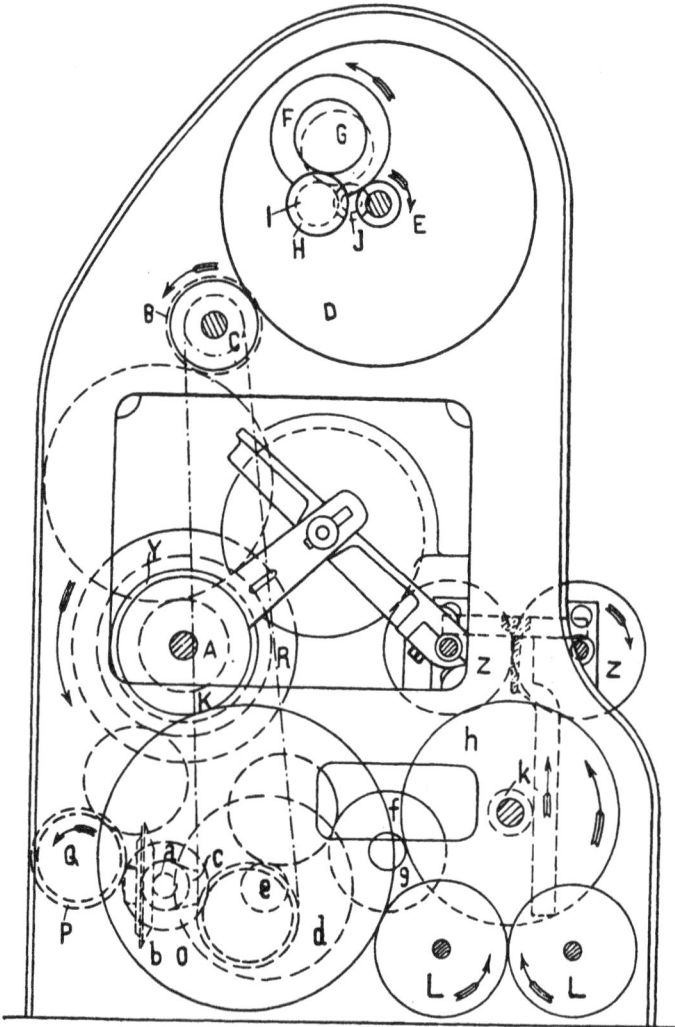

Fig. 60. Flyer von Platt Bros. Kopfansicht.

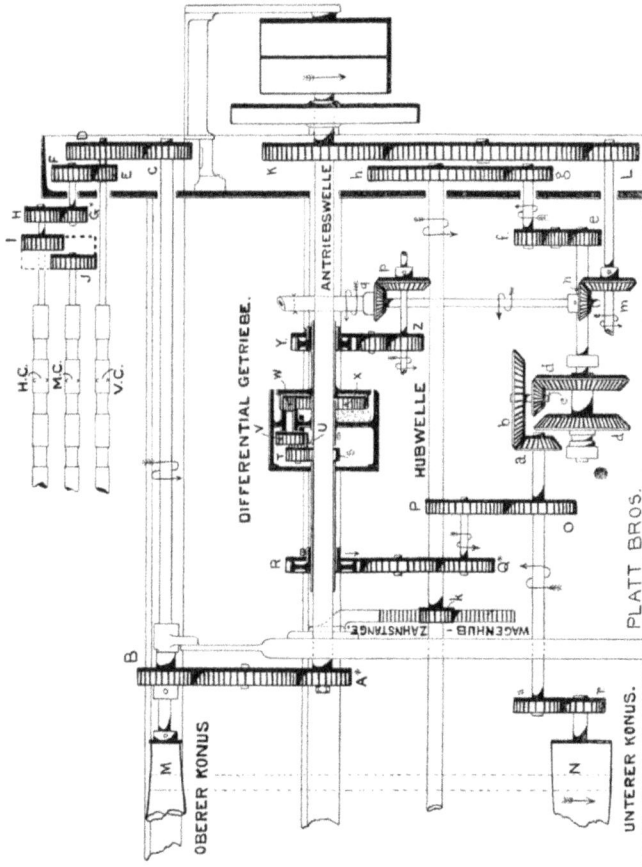

Fig. 61.

Spindeltouren auf eine Umdrehung des Vorderzylinders:

$$\frac{D \cdot B \cdot K \cdot m}{C \cdot A \cdot L \cdot n} = \frac{130 \cdot 30 \cdot 39 \cdot 56}{42 \cdot 35 \cdot 39 \cdot 24} = 6{,}19.$$

Draht oder Drehung pro Zoll:

$$= \frac{\text{Spindeltouren auf 1 Vorderzylindertour}}{\text{Zylinderumfang in Zoll}}.$$

Beispiel:

$$\frac{6{,}19}{3{,}927} = 1{,}57 \text{ Drehung pro Zoll,}$$

oder

$$\frac{\text{Spindeltouren pro Minute}}{\text{Vorderzylinderlieferung in Zoll pro Minute}} = \text{Drehung pro Zoll.}$$

Beispiel:

$$\frac{746,6}{473,6} = 1,57 \text{ Drehung pro Zoll,}$$

oder in die letzte Formel das Getriebe eingesetzt:

$$\frac{K \cdot m}{L \cdot n} \text{ dividiert durch } \frac{A \cdot C \cdot \text{Zyl.-Durchm.} \cdot 3,1416}{B \cdot D} = \text{Drehung pr. Zoll}$$

$$= \frac{K \cdot m \cdot B \cdot D}{L \cdot n \cdot A \cdot C \cdot \text{Zylinderdurchmesser} \cdot 3,1416} = \text{Drehung pro Zoll.}$$

Drehungskonstante. In der letzten Formel ist A der Drahtwechsel, dann ist

$$\frac{39 \cdot 56 \cdot 30 \cdot 130}{39 \cdot 24 \cdot A \cdot 42 \cdot 3,927} = \frac{55}{A} \text{ Hilfszahl für Drehung pro Zoll,}$$

$$\frac{\text{Hilfszahl}}{\text{Drehung pro Zoll}} = \text{Drahtwechsel } A;$$

$$\text{Beispiel: } \frac{55}{1,57} = 35^{\text{r}} \text{ Drahtwechsel.}$$

$$\frac{\text{Hilfszahl}}{\text{Drahtwechsel } A} = \text{Drehung pro Zoll;}$$

$$\text{Beispiel: } \frac{55}{35} = 1,57 \text{ Drehung pro Zoll.}$$

Verzug am M i t t e l f l y e r :

$$\frac{\text{Durchm. Vorderzyl.} \cdot H \cdot F}{\text{Durchm. Hinterzyl.} \cdot G \cdot E} = \frac{1\frac{1}{4} \text{ Zoll} \cdot 48 \cdot 90}{1\frac{1}{4} \text{ Zoll} \cdot 40 \cdot 24} = 4,5 \text{ facher Verzug.}$$

oder

$$\frac{\text{Produzierte Schneller}}{\text{Zugeführte Schneller}} = \text{Verzug}$$

oder

$$\frac{\text{alte Garn-Nr.} \cdot \text{alten Verzugswechsel}}{\text{neue Garn-Nr.}} = \text{neuer Verzugswechsel } G.$$

Verzugskonstante mit G als Verzugswechsel:

$$\frac{\text{Durchm. des Vorderzyl.} \cdot H \cdot F}{\text{Durchm. des Hinterzyl.} \cdot G \cdot E} = \frac{1\frac{1}{4} \cdot 48 \cdot 90}{1\frac{1}{4} \cdot G \cdot 24} = \frac{180}{G} \text{ Hilfszahl für}$$
$$\text{Verzug.}$$

$$\frac{\text{Hilfszahl}}{\text{Verzug}} = \text{Verzugswechsel } G; \quad \text{Beispiel: } \frac{180}{4,5} = 40^{\text{r}} \text{ Wechselrad.}$$

$$\frac{\text{Hilfszahl}}{\text{Verzugswechsel}} = \text{Verzug}; \quad \text{Beispiel: } \frac{180}{40} = 4,5 \text{ facher Verzug.}$$

Die Garnwindungen pro Zoll Wagenhub auf den Flyer-spulen zu berechnen, haben wir zuerst die Lieferungslänge des Vorderzylinders festzustellen, für dieselbe Zeit, während der die Wagenzahnstange um einen Zoll oder auch die Wagen-hubwelle um eine Umdrehung bewegt wird. Dann ist fest-zustellen, wieviel Touren die Spulen machen müssen, um diese Lieferung des Vorderzylinders aufzuwinden. Wenn als Basis der eine Zoll Hub der Wagenzahnstange genommen wird, so wird das Resultat die Garnwindungen pro Zoll aus-drücken. Ist aber die eine Umdrehung der Wagenwelle ange-wandt, dann muß das Ergebnis dividiert werden durch die entsprechende Bewegungslänge der Zahnstange, um die Windungen pro Zoll zu erhalten. Das Verhältnis des Vorder-zylinders zur Spule stellt sich dar, wie das von zwei Zylindern, mit verschiedenen Durchmessern, zwischen denen aber kein Verzug stattfindet.

Die Bewegung der Wagenzahnstange ist 6,9 Zoll für eine Umdrehung des Wagenkolbens k. Wir rechnen nun von einer Umdrehung der Wagenwelle auf die Zylinderlieferung und die hierfür nötigen Spulentouren oder, da wir schließlich mit 6,9 dividieren, so rechnen wir von 1 Zoll Hub auf die entsprechenden Spulentouren oder Windungen:

$$\frac{1 \cdot h \cdot f \cdot d \cdot b \cdot s \cdot N \cdot C \cdot \text{Durchm. des Vorderzyl.}}{6,9 \cdot g \cdot e \cdot c \cdot a \cdot r \cdot M \cdot D \cdot \text{Durchm. der Spulen}} = \begin{array}{l}\text{Garnwindungen}\\ \text{pro Zoll Hub.}\end{array}$$

Beispiel:

$$\frac{1 \cdot 90 \cdot 40 \cdot 100 \cdot 50 \cdot 25 \cdot 3\frac{1}{2}\,\text{Zoll} \cdot 42 \cdot 1\frac{1}{4}\,\text{Zoll}}{6,9 \cdot 18 \cdot 16 \cdot 12 \cdot 13 \cdot 15 \cdot 7\,\text{Zoll} \cdot 130 \cdot 1\frac{1}{2}\,\text{Zoll}} = \begin{array}{l}\text{13 Windungen}\\ \text{pro Zoll.}\end{array}$$

Wird die Garn-Nr. geändert, so müssen die Garnwin-dungen für höhere Nummern, das sind dünnere Garne, zu-nehmen und für niedere Nummern oder dickeres Vorgarn abnehmen. Da die Garne sich in ihrer Stärke im umgekehrten Verhältnis zur Quadratwurzel ihrer Nr. verändern, so stehen die Garnwindungen pro Zoll in direkter Proportion zu den Quadratwurzeln der aufgewundenen Nr. Wenn 2^0 Vorgarn 13 Garnwindungen auf der Spule pro Zoll Hub ergibt und dann 3^0, also eine höhere Nr., gesponnen wird, so muß dafür pro Zoll Hub eine größere Windungszahl aufgewunden werden,

Bauer-Taggart, Berechnungen. 10

und diese erhöhte Anzahl Garnwindungen steht in geradem Verhältnis wie die $\sqrt{3}$ zur $\sqrt{2}$. Die Rechnungsformel ist also:

$$\frac{\text{alte Garnwindungszahl pro Zoll} \cdot \sqrt{\text{neuer Nr.}}}{\sqrt{\text{alter Nr.}}} = \text{neue Windungszahl.}$$

Beispiel:

$$\frac{13 \cdot \sqrt{3}}{\sqrt{2}} = 15{,}9 \text{ Garnwindungen pro Zoll für Nr. } 3^0.$$

Auch in dieser Gleichung können wir wieder die Wurzel umsetzen:

$$\sqrt{\frac{13^2 \cdot 3}{2}} = \sqrt{\frac{169 \cdot 3}{2}} = \sqrt{253} = 15{,}9 \text{ Garnwindungen pr. Zoll f. Nr. } 3^0.$$

Diese Berechnung hat zur Grundlage, daß ein 2^r Vorgarn 13 Windungen pro Zoll aufweist, und dann hat eine 3^r Spule 15,9 Windungen.

Wagenhubwechsel. Wenn uns die Windungen pro Zoll bekannt sind, so können wir mit einer einfachen Verhältnisrechnung das entsprechende Wagenwechselrad feststellen:

$$\frac{\text{alte Windungszahl} \cdot \text{alter Wagenwechsel}}{\text{neue Windungszahl}} = \text{neuer Wagenwechsel.}$$

Beispiel:

$$\frac{13 \cdot 16}{15} = 14^r \text{ Wagenwechsel für 15 Windungen.}$$

Wenn die Vorgarn-Nr. gewechselt wird, so muß der Wagenwechsel geändert werden, entsprechend der Dicke des neuen Vorgarnes. Wir haben schon gesehen, daß je höher die Nr., desto größer die Windungszahl, wir haben also ein gerades Verhältnis; aber um mehr Windungen pro Zoll zu haben, muß der Wagen langsamer gehen, und dementsprechend muß der Wagenwechsel e, als treibendes Rad, kleiner werden, wenn die Garn-Nr. höher wird. Daraus ergibt sich die Regel

$$\frac{\text{alter Wagenwechsel} \cdot \sqrt{\text{alter Vorgarn-Nr.}}}{\sqrt{\text{neuer Vorgarn-Nr.}}} = \text{neuer Wagenwechsel}$$

oder

$$\sqrt{\frac{\text{alter Wagenwechsel}^2 \cdot \text{alte Nr.}}{\text{neue Nr.}}} = \text{neuer Wagenwechsel.}$$

Schaltrad. Die Größe des Schaltrades reguliert die Riemenverschiebung auf den Konoiden. Je höher die Garn-Nr., desto kleiner sind die Riemenverschiebungen auf den Konoiden und dementsprechend je höher die Nummer, desto größer die Zähnezahl des Schaltrades in direktem Verhältnis zur Quadratwurzel aus der Nr. Jede Riemenschaltung bedeutet eine neue Windungsschicht auf der Spule, feineres Garn bedingt zahlreichere Schichten pro Spule und deshalb zahlreichere Schaltungen für eine Umdrehung des Schaltrades, das sind zahlreichere Zähne des Schaltrades für feinere Nummern.

$$\frac{\text{Altes Schaltrad} \cdot \sqrt{\text{neuer Nr.}}}{\sqrt{\text{alter Nr.}}} = \text{neues Schaltrad}$$

oder

$$\sqrt{\frac{\text{altes Schaltrad}^2 \cdot \text{neue Nr.}}{\text{alte Nr.}}} = \text{neues Schaltrad.}$$

Produktion. Die folgende Regel ist einfach, und wenn der entsprechende Abzug für Zeitverlust aus Abziehen, Fadenbruch etc. gemacht wird, so ist sie praktisch gut.

$$\frac{\text{Minutl. Touren der Spindeln} \cdot 60 \cdot 10 \text{ Std.}}{\text{Drehung pro Zoll} \cdot 36 \text{ Zoll} \cdot 840 \text{ Yard}} = \text{Schneller in 10 Std.}$$

Beispiel:

$$\frac{1100 \cdot 60 \cdot 10}{2,3 \cdot 36 \cdot 840} = 9,48 \text{ Schneller, und bei 11 v. H. Verlust}$$

$$\frac{9,48 \cdot 89}{100} = 8,44 \text{ Schneller}$$

oder

$$\frac{\text{Vorderzyl.-Lieferung in Zoll pro Minute} \cdot 60 \cdot 10}{36 \cdot 840} = \text{Schneller in 10 Std.}$$

Beispiel:

$$\frac{480 \cdot 60 \cdot 10}{36 \cdot 840} = 9,52 \text{ Schneller, und bei 11 v. H. Verlust}$$

$$\frac{9,52 \cdot 89}{100} = 8,47 \text{ Schneller.}$$

Hilfszahlen für Drehung pro Zoll engl.

Baumwolle	Grobflyer	Mittelflyer	Feinflyer	Extrafeinflyer
Amerikaner . .	$0,95 \cdot \sqrt{\text{Nr.}}$	$1,05 \cdot \sqrt{\text{Nr.}}$	$1,15 \cdot \sqrt{\text{Nr.}}$	
Ägyptische . . .	$0,64 \cdot \sqrt{\text{Nr.}}$	$0,76 \cdot \sqrt{\text{Nr.}}$	$1,15 \cdot \sqrt{\text{Nr.}}$	$1,15 \cdot \sqrt{\text{Nr.}}$

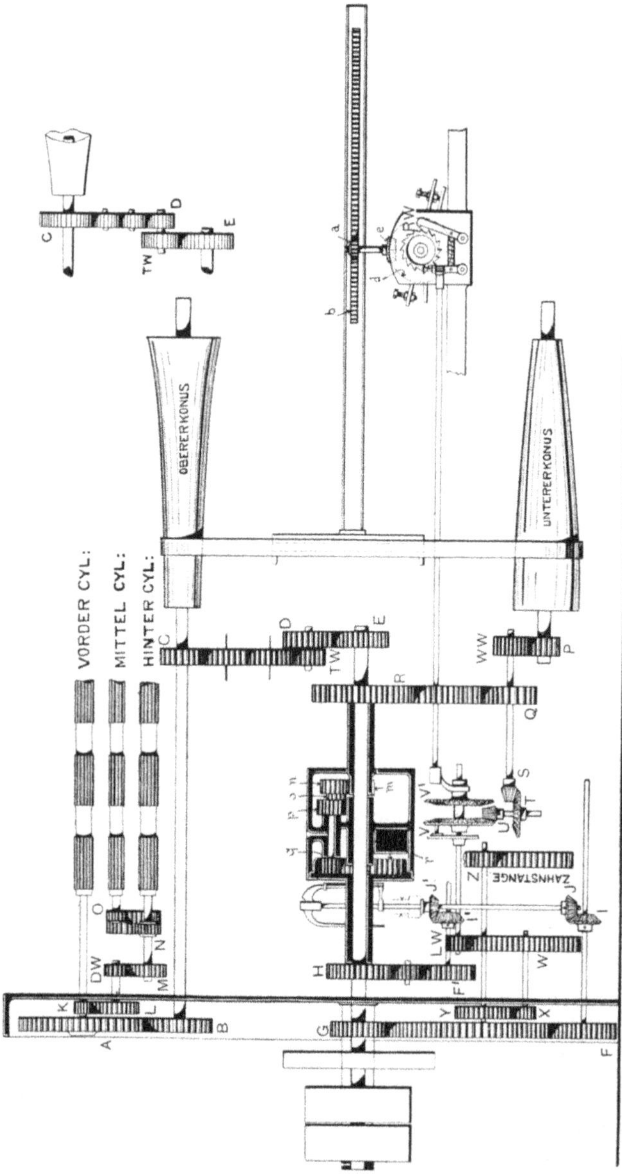

Fig. 62. Flyer von Asa Lees & Co. Ltd.

Asa Lees' Flyer. Fig. 62.

	Grob-flyer	Mittel-flyer	Fein-flyer
A Vorderzylinderrad	135	144	150
B Äußeres Rad des oberen Konus .	67	58	50
C Oberes Konusrad	42	34	34
D Transportrad mit Draht-wechsel *TW* . . . . }Roßkopf	50	50	42
E Antriebsrad des Zwirn-wechsels	50	50	42
F Spindelwellenrad	48	48	42
F' Spulenwellenrad	48	48	42
G Spindeltriebrad	48	57	55
H Spulentriebrad	59	70	62
I u. *I'* Spindel- und Spulenantriebswirtel	55	55	55
J u. *J'* Spindel- und Spulenwirtel	30	30	22
K Kleines Vorderzylinderrad	20	20	20
L Bockrad	80	80	80 u. 110
M Hinterzylinderantriebsrad	40, 45, 50 und 56		
N Hinterzylinderkolben	22 } oder {		24
O Mittelzylinderkolben	14		16
P Unterer Konuswechsel	25	23	18
Q Transportrad z.Differentialgetriebe	50	50	50
R Differentialtriebrad	110	110	75
S Kleiner Kolben zum Wendegetriebe	14	14	14
T Kegelrad des Wendegetriebes . .	52	60	60
U Antriebskolben der Kehrräder . .	22	15	15 od.11
V u. *V'* Kehrräder	100	100	100
W Wagentriebrad	72	72	72
X Wagentriebkolben	16	16	15
Y Wagenwellenrad	75	75	85
Z Wagenkolben	17	17	17
ɐ Triebrad der Konusstange . . .	27	27	27
b Konuszahnstange, 23 Zähne auf 6 Zoll	—	—	—
d Konisch. Rad z. Konusstangentrieb	48	48	48
e Konisch. Rad z. Konusstangentrieb	28	28	28
k Wagenzahnstange, 20 Zähne auf 6 Zoll	—	—	—
TC Oberer Konus, Durchm. 4—8 Zoll	—	—	—
BC Unterer Konus, Durchm. 8—4 Zoll	—	—	—

	Grob-flyer	Mittel-flyer	Fein-flyer
TW Drahtwechsel	22—70	22—70	20—52
LW Wagenwechsel	13—34	13—34	13—30
DW Verzugswechsel	26—80	26—80	20—72
WW Windungswechsel	13—34	13—34	13—34
RW Schaltrad	10—80	10—80	10—80
m Differentialbüchsenkolben	30	30	30
n} Zusammenges. Transporträder . {	25	25	25
o}	24	24	17
p Transportrad	24	24	30
q Transportrad	14	14	14
r Differentialhohlrad	90	90	90

Verzug:

$$\frac{\text{Durchm. Vorderzylinder} \cdot M \cdot L}{\text{Durchm. Hinterzylinder} \cdot DW \cdot K}$$

Beispiel:
$$\frac{1^3/_8 \cdot 45 \cdot 80}{1^3/_8 \cdot 50 \cdot 20} = 3,6 \text{ facher Verzug.}$$

Verzugskonstante. Bockrad $L = 80$; Hinterzylinderrad $M = 50$, Zylinderdurchmesser $1\frac{1}{4}$ Zoll.

$$\frac{1\frac{1}{4} \cdot 50 \cdot 80}{1\frac{1}{4} \cdot DW \cdot 20} = 200 \text{ Konstante.}$$

Für den Fall, daß das Bockrad L und das Hinterzylinderrad M geändert werden, gibt die folgende Tabelle die entsprechende Hilfszahl. Diese Konstanten können zugleich als Übungsbeispiele nachgerechnet werden.

Verzugskonstanten.

Bockrad L	80				110			
Hinterzylinderrad M .	40	45	50	56	40	45	50	56
Hilfszahl	160	180	200	224	220	247,5	275	308

$\dfrac{\text{Hilfszahl}}{\text{Verzug}} = \text{Verzugswechsel}$; Beispiel: $\dfrac{200}{5} = 40^\text{r}$ Wechsel

$\dfrac{\text{Hilfszahl}}{\text{Verzugswechsel}} = \text{Verzug}$; Beispiel: $\dfrac{200}{40} = 5$ fach. Verzug

$\text{Verzugswechsel} \cdot \text{Verzug} = \text{Hilfszahl}$; Beispiel: $40 \cdot 5 = 200$

$\dfrac{\text{Hilfszahl}}{\text{Verzugswechsel} \cdot \text{Verzug}} = 1$; Beispiel: $\dfrac{200}{40 \cdot 5} = 1$.

Vorderzylindertouren. Flyerwelle $= 340$ t/m.

$$\frac{\text{Touren der Flyerwelle} \cdot E \cdot TW \cdot B}{D \cdot C \cdot A} = \frac{340 \cdot 50 \cdot 48 \cdot 58}{50 \cdot 34 \cdot 144} = 193,3 \text{ t/m.}$$

L i e f e r u n g s l ä n g e des Vorderzylinders:

$$193,3 \cdot 1\frac{1}{4} \cdot 3,1416 = \frac{193,3 \cdot 5 \cdot 3,1416}{4} = 760 \text{ Zoll.}$$

Spindeltouren:

$$= \frac{\text{Touren der Flyerwelle} \cdot G \cdot I}{F \cdot J}.$$

Beispiel: $\dfrac{340 \cdot 57 \cdot 55}{48 \cdot 30} = 740$ t/m.

S p i n d e l t o u r e n a u f e i n e U m d r e h u n g d e s
V o r d e r z y l i n d e r s:

$$\frac{\text{t/m der Spindeln}}{\text{t/m des Vorderzylinders}} = \frac{740}{193,3} = 3,82.$$

oder

$$\frac{A \cdot C \cdot D \cdot G \cdot I}{B \cdot TW \cdot E \cdot F \cdot J} = \text{Spindeltouren auf 1 Vorderzylindertour.}$$

$$\frac{144 \cdot 34 \cdot 50 \cdot 57 \cdot 55}{58 \cdot 48 \cdot 50 \cdot 48 \cdot 30} = 3,82.$$

Drehung pro Zoll:

$$\frac{\text{Spindeltouren auf 1 Drehung des Vorderzyl.}}{\text{Umfang des Vorderzylinders in Zoll}} = \text{Drehung pro Zoll}$$

oder

$$\frac{\text{minutl. Spindeltouren}}{\text{minutl. Lieferung des Vorderzylinders in Zoll}} = \text{Drehung pro Zoll.}$$

Beispiel: $\dfrac{740}{760} = 0,973$ Drehung pro Zoll

oder

$$\frac{A \cdot C \cdot D \cdot G \cdot I}{B \cdot TW \cdot E \cdot F \cdot J \cdot \text{Umfang des Vorderzylinders}} = \text{Drehung pro Zoll.}$$

$$\frac{144 \cdot 34 \cdot 50 \cdot 57 \cdot 55}{58 \cdot 48 \cdot 50 \cdot 48 \cdot 30 \cdot 1\frac{1}{4} \cdot 3,1416} = 0,973 \text{ Drehungen pro Zoll.}$$

Wie schon immer gesagt, hängt der Drahtwechsel bei Nummernänderungen von der Quadratwurzel der alten und neuen Nr. ab.

$$\text{Neuer Drahtwechsel} = \frac{\text{alter Drahtwechsel} \cdot \sqrt{\text{alter Nr.}}}{\sqrt{\text{neuer Nr.}}}$$

oder

$$\text{neuer Drahtwechsel} = \sqrt{\frac{\text{altem Drahtwechsel}^2 \cdot \text{alter Nr.}}{\text{neue Nr.}}}.$$

NB. In dem obigen Rechnungsansatz ist der Drahtwechsel TW ein treibendes Rad, das bedeutet, daß zur Vermehrung der Drehung ein kleinerer Drahtwechsel nötig ist.

Wenn nun aber als Drahtwechsel ein getriebenes Rad dient (immer von der Hauptwelle zum Zylinder gedacht), so wird dessen Vergrößerung eine geringere Zylindergeschwindigkeit und damit eine stärkere Drehung geben. In der obigen Formel würde ein solcher Drahtwechsel als Zähler über dem Bruchstrich stehen, wodurch auch da ersichtlich ist, daß seine Vergrößerung die Drehungszahl vergrößert. Asa Lees haben eine solche patentierte Anordnung des Drahtwechsels, die in einer Nebenskizze in Fig. 62 ersichtlich ist. Diese Anordnung ist vorwiegend für Extrafeinflyer geeignet, wo eine größere Genauigkeit in den Zähnezahlen und der Drehung pro Zoll erzielt wird.

Wagenwechsel. Entsprechend den schon angeführten Regeln:

$$\text{Neuer Wagenwechsel} = \sqrt{\frac{\text{altem Wagenwechsel}^2 \cdot \text{alter Nr.}}{\text{neue Nr.}}} \, .$$

Windungen pro Zoll. Die Wagenzahnstange hat 20 Zähne auf 6 Zoll und der Wagenkolben $Z = 17$ Zähne.

$$\frac{6 \, \text{Zoll} \cdot 17}{20} = 5,1 \, \text{Zoll Hub für 1 Umdrehung von } Z.$$

$$\frac{1 \cdot Y \cdot W \cdot V \cdot T \cdot WW \cdot BC \cdot B \cdot \text{Durchm. Vorderzylinder}}{5,1 \cdot X \cdot LW \cdot U \cdot S \cdot P \cdot TC \cdot A \cdot \text{Durchm. der leeren Spule}}$$
$$= \text{Windungszahl auf 1 Zoll Hub.}$$

Beispiel: Vorderzylinder $1\frac{1}{4}$ und Spule $1\frac{3}{8}$ Zoll Durchm.

$$\frac{1 \cdot 75 \cdot 72 \cdot 100 \cdot 60 \cdot 22 \cdot 4 \, \text{Zoll} \cdot 58 \cdot 5 \cdot 8}{5,1 \cdot 16 \cdot 20 \cdot 15 \cdot 14 \cdot 23 \cdot 8 \, \text{Zoll} \cdot 144 \cdot 4 \cdot 11} = 16,5 \, \text{Windungen p. Zoll.}$$

Wenn wir in diesem Rechnungsansatz den Wagenwechsel LW mit 20 Zähnen weglassen, dann erhalten wir $\frac{330}{LW}$ als Konstante für die Windungen. Diese Berechnungen setzen natürlich genauen Gang der Konoiden, ohne Riemengleiten etc., voraus.

Der Zahlenwert der D i f f e r e n t i a l r ä d e r ist

$$\frac{m \cdot o \cdot q}{n \cdot p \cdot r} = \frac{30 \cdot 24 \cdot 14}{25 \cdot 24 \cdot 90} = \frac{1}{5,36} \, \text{für Grob- und Mittelflyer.}$$

$$\frac{m \cdot o \cdot q}{n \cdot p \cdot r} = \frac{30 \cdot 17 \cdot 14}{25 \cdot 30 \cdot 90} = \frac{1}{9,45} \, \text{für Feinflyer.}$$

Kalkulations-Konstanten von Asa Lees.

	Grobflyer	Mittelflyer	Feinflyer
Spindeltouren	$\frac{48}{48} \cdot \frac{55}{30} = 1{,}833 \cdot t/m$ d. Flyerwelle	$\frac{57}{48} \cdot \frac{55}{30} = 2{,}177 \cdot t/m$ d. Flyerwelle	$\frac{55}{42} \cdot \frac{55}{22} = 3{,}273 \cdot t/m$ d. Flyerwelle
Spindeltouren auf 1 Tour des Vorderzyl.	$\dfrac{155{,}1}{\text{Drahtwechsel}}$	$\dfrac{183{,}7}{\text{Drahtwechsel}}$	$\dfrac{333{,}9}{\text{Drahtwechsel}}$
Draht per Zoll	$\dfrac{49{,}4}{\text{Drahtwechsel} \cdot \text{Vorderzyl.-Durchm.}}$	$\dfrac{58{,}5}{\text{Drahtwechsel} \cdot \text{Vorderzyl.-Durchm.}}$	$\dfrac{106{,}3}{\text{Drahtwechsel} \cdot \text{Vorderzyl.-Durchm.}}$
Windungen pro Zoll	$\dfrac{136{,}6}{\text{Wagenwechsel}}$	$\dfrac{328}{\text{Wagenwechsel}}$	$\dfrac{481}{\text{Wagenwechsel}}$ od. $\left\{\dfrac{\text{Extra-Feinfl. } 656}{\text{Wagenwechsel}}\right.$
Differential-räder-übersetzung	$\dfrac{1}{5{,}36}$	$\dfrac{1}{5{,}36}$	$\dfrac{1}{9{,}45}$

Eine Durchrechnung dieser Konstanten wird eine gute Übung sein.

Praktische Spindeltouren.

Grobflyer　　．．．．　500—600 t/m
Mittelflyer　．．．．　700—800　»
Feinflyer　　．．．．　1000—1100 »
Extrafeinflyer　．．　1200—1300 »

Flyer von Brooks & Doxey. Fig. 63.

	Grob-flyer	Mittel-flyer	Fein-flyer	Extra-fein-flyer
B Drahtwechsel	30—62	30—62	28—57	28—57
V Oberes Konusrad	33	44	46	55
W Äußeres oberes Konusrad	65	65	68	62
X Großes Vorderzylinderrad	130	130	136	160
H Spindeltriebrad	60	60	60	60
K Spindelwellenrad	52	52	42	42
L Spindelwellenwirtel	50	50	50	50
M Spindelwirtel	24	24	20	20
G Spulentriebrad	74	70	66	64
N Spulenwellenrad	52	52	42	42
P Spulenwellenwirtel	50	50	50	50
Q Spulenwirtel	24	24	20	20
J Äußeres Differentialtriebrad . . .	43	43	48	40
E Aufwindwellenrad	37	37	40	48
T Aufwindwellenrad	40	35	33	33
S Aufwindbockrad	20	25	27	27
R Windungswechsel	30—44	30—44	30—38	30—38
F Unteres Konusrad	30	30	30	30
m Doppelgängige Schnecke, links Ge-winde für Rechtsantrieb und umgekehrt	2	2	2	2
n Schneckenrad	20	20	20	20
D Wagenhubtriebrad	27	27	27	20
U Kehrräder	76	76	76	76
a Kehrwellenrad	30	25	20	20
b Wagentriebrad 1	50	55	60	60
d Wagentriebrad 2	30	25	20	20
f Wagentriebrad 3	30	35	40	40
g Wagenwechsel	17—40	17—40	17—40	17—40
h Wagenwellenrad	60	60	60	60

	Grob-flyer	Mittel-flyer	Fein-flyer	Extra-fein-flyer
k Wagenkolben, 6,675 Zoll Umfang	17	17	17	17
Y Kleines Vorderzylinderrad . . .	16	16	16	16
Z Bockrad	90	90	90	90
A Verzugs- oder Nummerwechsel .		30—65		
C Hinterzylinderrad	50	50	50	55
p Kleines Hinterzylinderrad	26	28	28	28
q Mittelzylinderrad		16—20		
Schaltrad		10—48		
Vorderzylinder, Durchmesser . .		1—$1^1/_4$ Zoll		$1^1/_4$ Z.
Hinterzylinder, Durchmesser . .		1—$1^1/_4$ Zoll		$1^1/_4$ Z.
Kleinster Konoidendurchmesser .	$3^1/_2$	$3^3/_4$	$3^3/_4$	$3^3/_4$ Z.
Größter Konoidendurchmesser . .	7	$6^3/_4$	7	7 Zoll
Durchmesser der leeren Spule . .	$1^5/_8$	$1^5/_8$	$1^1/_2$	$1^1/_2$ Z.

Verzug:

$$\frac{C \cdot Z \cdot \text{Vorderzylinder-Durchm.}}{A \cdot Y \cdot \text{Hinterzylinder-Durchm.}} = \text{Gesamtverzug.}$$

Beispiel:

$$\frac{50 \cdot 90 \cdot 1\frac{1}{4}}{A \cdot 16 \cdot 1\frac{1}{4}} = \frac{281,25}{A} = \text{Hilfszahl,}$$

wenn $A = 56$, ist der Verzug $\frac{281,25}{56} = 5$ facher Verzug

und zur Kontrolle:

$$\frac{\text{Hilfszahl}}{\text{Verzug}} = \frac{281,25}{5} = 56^r \text{ Verzugs- oder Nr.-Wechsel.}$$

NB. Der Verzug zwischen Hinter- und Mittelzylinder ist etwa 1,22 und dieser Verzug wird durch die Änderung des Drahtwechsels nicht beeinflußt.

Drahtwechsel:

$$\frac{X \cdot V \cdot H \cdot L}{W \cdot B \cdot K \cdot M \cdot \text{Durchm. Vorderzylinder}} = \text{Draht pro Zoll.}$$

Beispiel:

$$\frac{136 \cdot 33 \cdot 68 \cdot 50}{65 \cdot B \cdot 52 \cdot 24 \cdot 1\frac{1}{4} \cdot 3,1416} = \frac{47,8}{B} \text{ Drahtkonstante.}$$

$$\frac{47,8}{\text{Drahtwechsel } B} = \text{Draht pro Zoll;} \quad \frac{47,8}{\text{Draht pro Zoll}} = \text{Drahtwechsel.}$$

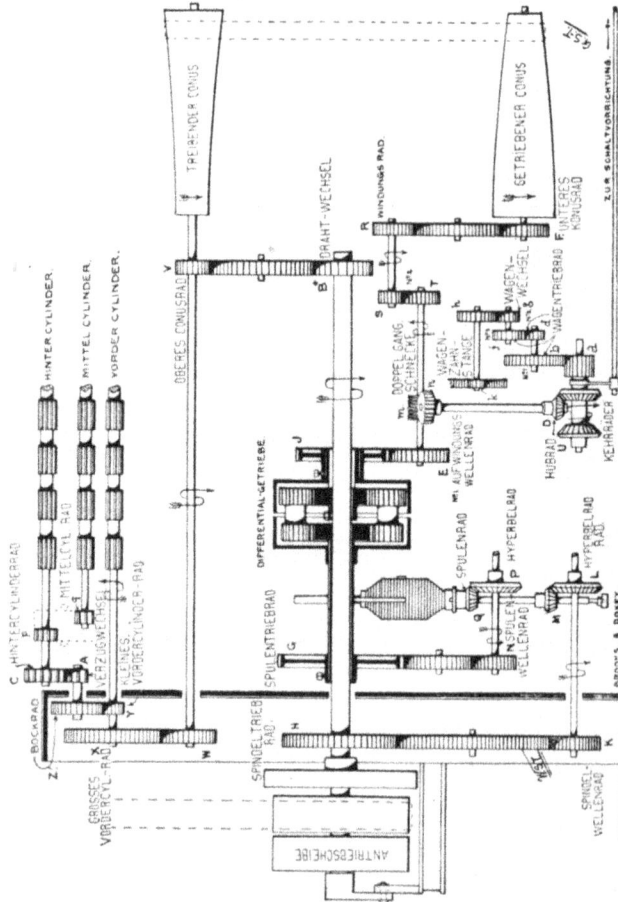

Fig. 63. Spulbank von Brooks & Doxey.

Oder multipliziere den vorhandenen Drahtwechsel mit
der Quadratwurzel aus der bisher gesponnenen Garnnummer
und dividiere mit der Quadratwurzel der verlangten Nr.,
so ist das Resultat die Zähnezahl des neuen Drahtwechsels.

Wagenwechsel. Für die Windungszahl pro 1 Zoll Hub.

$$\frac{\text{Durchm. d. V.-Zyl.} \cdot W \cdot 3\frac{1}{2} \cdot R \cdot T \cdot n \cdot U \cdot b \cdot f \cdot h}{\text{Durchm. d. Spule} \cdot X \cdot 7 \cdot F \cdot S \cdot m \cdot D \cdot a \cdot d \cdot g \cdot 6{,}675 \text{ Zoll Umf. von } k}$$

Beispiel:

$$\frac{1\frac{1}{4}\cdot 68\ \cdot 3\frac{1}{2}\cdot 37\cdot 40\cdot 20\cdot 76\cdot 50\cdot 30\cdot 60}{1^{5}/_{8}\cdot 136\cdot 7\ \cdot 30\cdot 20\cdot\ 2\cdot 27\cdot 30\cdot 30\cdot 20\cdot 6{,}675} = 10\ \text{Windungen pr. Zoll.}$$

Grobflyer.

Verzug.

Beispiel:
$$\frac{50\cdot 90\cdot 1\frac{1}{4}}{56\cdot 16\cdot 1\frac{1}{4}} = 5{,}01.$$

Drehung pro Zoll bei 40^r Drahtwechsel.

Beispiel:

$$\frac{130\cdot 33\cdot 60\cdot 50}{65\cdot 40\cdot 52\cdot 24\cdot 1\frac{1}{4}\cdot\pi} = \frac{130\cdot 33\cdot 60\cdot 50\cdot 4\cdot\ 7}{65\cdot 40\cdot 52\cdot 24\cdot 5\cdot 22} = 1{,}009\ \text{Drehung pr. Zoll.}$$

Drehungskonstante. Durch Ausschalten des Drahtwechsels 40.

$$\frac{130\cdot 33\cdot 60\cdot 50}{65\cdot B\cdot 52\cdot 24\cdot 1\frac{1}{4}\cdot 3{,}1416} = 40{,}36\ \text{Hilfszahl für den Draht.}$$

$$\frac{\text{Hilfszahl}}{\text{Drehung pr. Zoll}} = \text{Drahtwechsel; Beispiel:}\ \frac{40{,}36}{1{,}009} = 40^r\ \text{Drahtwechsel.}$$

$$\frac{\text{Hilfszahl}}{\text{Drahtwechsel}} = \text{Verzug;}\qquad \text{Beispiel:}\ \frac{40{,}36}{40} = 1{,}009\ \text{Drehung pro Zoll.}$$

Spindeltouren. Minutl. Touren der Flyerhauptwelle $= 313$.

$$\frac{313\cdot 60\cdot 50}{52\cdot 24} = 752{,}4\ \text{t/m.}$$

Wagenwechsel und Windung pro Zoll.

Eine Drehung der Wagenwelle mit dem Wagenkolben gibt der Wagenzahnstange einen Hub von 6,675 Zoll.

Für die Berechnung folgen wir dem Getriebe von dem Wagenwellenrad h bis zum Vorderzylinder in Fig. 63, um die Tourenzahl des Vorderzylinders auf eine Tour des Wagen-kolbens ($= 6{,}675$ Zoll Hub) zu berechnen. Der Wagen-wechsel g ist mit 20 Zähnen und das Windungsrad R mit 40 Zähnen eingesetzt.

$$\frac{60\cdot 30\cdot 50\cdot 76\cdot 20\cdot 40\cdot 40\cdot 3\frac{1}{2}\cdot\ 65\cdot 1\frac{1}{4}\ \text{Zoll}}{6{,}675\cdot 20\cdot 30\cdot 30\cdot 27\cdot\ 2\cdot 20\cdot 30\cdot\ 7\ \cdot 130\cdot 1^{5}/_{8}\ \text{Zoll}} = 10{,}85\ \text{Windungen pro Zoll Hub.}$$

Eine Änderung der Windungszahl für dieselbe Garn-Nr. berechnet sich am einfachsten durch eine Proportion, wobei man sich klar sein muß, daß der Wagenwechsel g ein treibendes

Rad ist und ein größerer Wagenwechsel größere Wagengeschwindigkeit und also geringere Windungszahl pro Zoll
bringt. Oder im vorhergehenden Rechnungsansatz, wo, von
der Wagenwelle zum Vorderzylinder gerechnet, der 20^r Wagenwechsel g als ein getriebenes Rad im Nenner erscheint und
ohne weiteres zeigt, daß ein größerer Wagenwechsel weniger
Windungen gibt. Wenn wir dann die Vorderzylindertouren
als unverändert und mit einer festen Lieferungslänge annehmen und dabei auf 1 Zoll Hub mit einem 20^r Wagenwechsel 10,85 Windungen erzielt werden, dann wird bei
einem größeren Wagenwechsel die Wagenzahnstange eine
größere Bewegung machen als wie 1 Zoll für dieselbe Lieferungslänge des Vorderzylinders. Ein größerer Wagenwechsel
entspricht weniger Garnwindungen pro Zoll, oder

$$\frac{\text{vorhand. Windungszahl} \cdot \text{vorhand. Wagenwechsel}}{\text{neuen Wagenwechsel}} = \text{neue Windungszahl.}$$

Die größere Windungszahl entspricht einer höheren
Garn-Nr., so erfolgt auch wieder die Änderung des Wagen-
wechsels im umgekehrten Verhältnis zur Quadratwurzel
aus der Garn-Nr.

$$\frac{\text{Vorhand. Wagenwechsel} \cdot \sqrt{\text{vorhand. Garn-Nr.}}}{\sqrt{\text{neuer Garn-Nr.}}} = \text{neuer Wagenwechsel}$$

oder

$$\sqrt{\frac{\text{vorhand. Wagenwechsel}^2 \cdot \text{vorhand. Garn-Nr.}}{\text{neue Garn-Nr.}}} = \text{neuer Wagenwechsel.}$$

Das Schaltrad verändert sich im direkten Verhältnis zur
Quadratwurzel aus der Nr., und wiederholen wir noch einmal
die Formel

$$\frac{\text{vorhandenes Schaltrad} \cdot \sqrt{\text{neuer Nr.}}}{\sqrt{\text{vorhandener Nr.}}} = \text{neues Schaltrad}$$

oder

$$\sqrt{\frac{\text{vorhandenes Schaltrad}^2 \cdot \text{neue Nr.}}{\text{vorhandene Nr.}}} = \text{neues Schaltrad.}$$

Wenn ein neuer Flyer aufgestellt wird, so ist es nötig,
den Wagenwechsel praktisch auszuproben, denn wir haben es
nicht mit einer kreisförmigen Aufwindung, sondern mit einer

Spirale zu tun, und die für eine Spirale nötige Fläche hängt sehr vom Material, der Drehung etc. ab. Brooks u. Doxey geben die folgende Tabelle als Grundlage für die Anfangsschalträder bei Inbetriebsetzung eines neuen Flyers.

Grob- und Mittelflyer		Feinflyer	
Garn Nr.	Schaltrad	Garn Nr.	Schaltrad
0,3—0,5	17 Zähne	3,0—3,3	20
0,6—0,7	18 »	3,4—3,7	21
0,8—1,0	19 »	3,8—4,0	22
1,0—1,4	20 • »	4,1—4,4	23
1,5—1,9	21 »	4,5—4,8	24
2,0—2,2	22 »	4,9—5,2	25
2,3—2,5	23 »	5,3—5,6	26
2,6—2,9	24 »	5,7—6,0	27

Drehungskoeffizient a für Drehung auf 1 Zoll engl.

	Grobflyer	Mittelflyer	Feinflyer
Indische	$1,2 \cdot \sqrt{Nr.}$	$1,3 \cdot \sqrt{Nr.}$	$1,35 \cdot \sqrt{Nr.}$
Amerikaner . .	$1,0 \cdot \sqrt{Nr.}$	$1,1 \cdot \sqrt{Nr.}$	$1,2 \cdot \sqrt{Nr.}$
Ägyptische . .	$0,8 \cdot \sqrt{Nr.}$	$0,9 \cdot \sqrt{Nr.}$	$1,0 \cdot \sqrt{Nr.}$

Praktische Vorgarn-Nrn. für bestimmte Garnsortimente sind in folgender Tabelle von Brooks & Doxey zusammengestellt, die für ostindische und Amerikaner auf Ringspinnmaschinen als Grundlage dienen können:

Garn Nr.		Vorgarn-Nummern		
		Grobflyer	Mittelflyer	Feinflyer
Nr. 12—20. Durchschnitt Nr. 16 .		0,6	1,2	2,75
» 16—24. » » 20 .		0,6	1,5	3,5
» 24—32. » » 28 .		0,7	1,75	4,5
» 36—40. » » 38 .		0,8	2,0	5,0—6,0

Auf Selfaktoren ist ein etwas größerer Verzug üblich, so daß dafür ein etwas gröberes Vorgarn zulässig ist für dieselben Garnnummern.

Für ägyptische, wenn doppelte Aufsteckung, ist ratsam:

Garn Nr.	Vorgarn Nr.		
	Grobflyer	Mittelflyer	Feinflyer
50	1,0	2,5	10
60	1,2	3,0	12
70	1,25	3,5	14
80	1,325	4,0	16

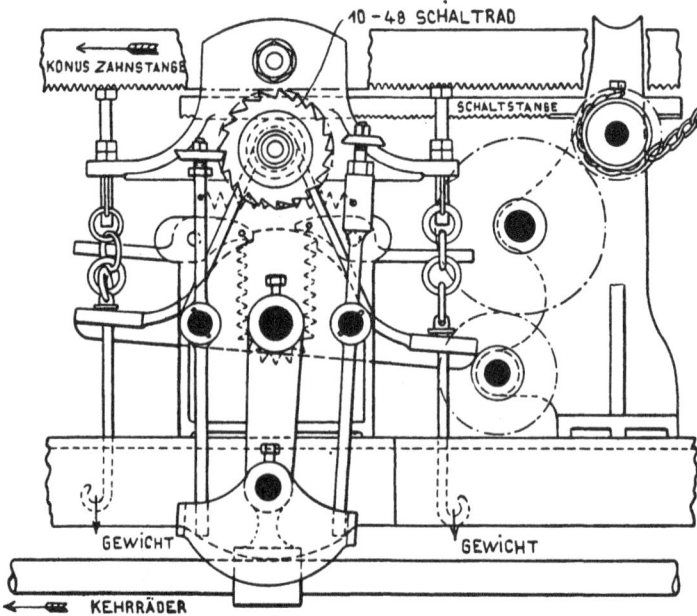

Fig. 64.

In Fig. 64 ist das Schaltwerk genau dargestellt. Die Funktion des Schaltrades ist dabei deutlich zu sehen, und es ist klar, daß ein größeres Schaltrad, von z. B. doppelt so viel Zähnen, auf jeden einzelnen Zahn nur eine halb so große Schaltung des Konusriemens gestattet.

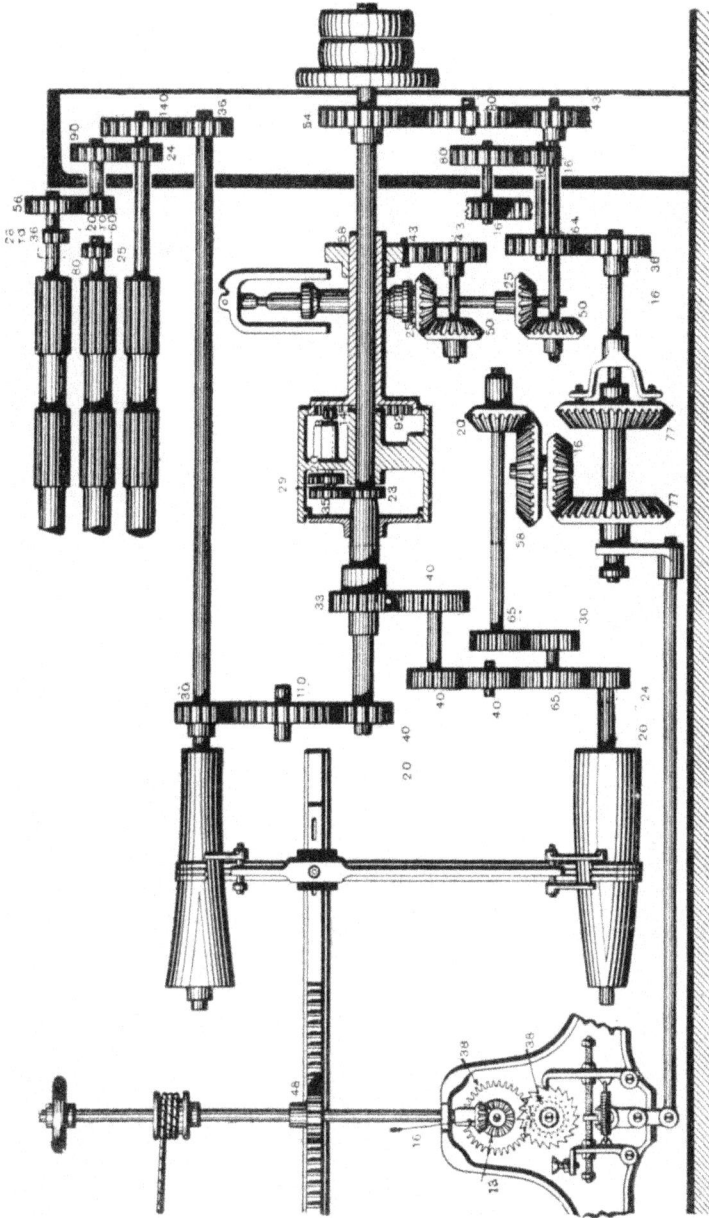

Fig. 65. Grobbank von J. Hetherington & Sons.

Spulbänke von John Hetherington & Sons.
Fig. 65, 66, 67 u. 68.

Die vier Zeichnungen geben das Getriebe für Grobflyer, Mittelflyer, Fein- und Extrafeinflyer, und sie enthalten die Getriebe mit den Zahlen für die Flyer in normaler Bauart (Standardmaschinen). Die Berechnung soll für eine Feinbank durchgeführt werden (Fig. 66).

Verzug und Verzugswechsel. Es gibt verschieden große Vorder- und Hinterzylinder, die bei den Berechnungen in der Spinnerei wohl beachtet werden müssen. Vorder- und Hinterzylinder werden mit $1\frac{1}{4}$ Zoll gerechnet.

Beispiel:
$$\frac{56 \cdot 90 \cdot 1\frac{1}{4}}{36 \cdot 24 \cdot 1\frac{1}{4}} = 5,8 \text{ facher Verzug}$$

oder

$$\frac{\text{alter Nummernwechsel} \cdot \text{alte Nr.}}{\text{neue Nr.}} = \frac{36 \cdot 4}{3} = 48^r \text{ Wechsel.}$$

Verzugskonstante ergibt sich durch Ausschalten des 36^r Wechsels.

Beispiel:
$$\frac{56 \cdot 90 \cdot 1\frac{1}{4}}{x \cdot 24 \cdot 1\frac{1}{4}} = 210 \text{ Hilfszahl für Verzug oder Nummer.}$$

$$\frac{\text{Hilfszahl}}{\text{Verzugswechsel}} = \text{Verzug}; \qquad \text{Beispiel:} \frac{210}{30} = 7,$$

$$\frac{\text{Hilfszahl}}{\text{Verzug}} = \text{Verzugswechsel}; \quad \text{Beispiel:} \frac{210}{6} = 35^r \text{ Wechsel.}$$

Die Tabelle auf S. 164 gibt die Hilfszahlen für eine ganze Reihe von Änderungen für den Verzug wie Zylinderdurchmesser und Zahnräder der Vorder- und Hinterzylinder.

Vorderzylindertouren:

$$\frac{\text{t/m der Hauptwelle} \cdot 30 \cdot 36}{30 \cdot 140} = \frac{400 \cdot 30 \cdot 36}{30 \cdot 140} = 103 \text{ t/m.}$$

Die Lieferung des Vorderzylinders bei $1\frac{1}{4}$ Zoll Durchmesser ist:

$$103 \cdot 1\frac{1}{4} \text{ Zoll} \cdot 3,1416 = 404 \text{ Zoll engl.}$$

Spindeltouren:

$$\frac{\text{t/m der Hauptwelle} \cdot 54 \cdot 50}{43 \cdot 25} = \frac{400 \cdot 54 \cdot 50}{43 \cdot 25} = 1004 \text{ t/m.}$$

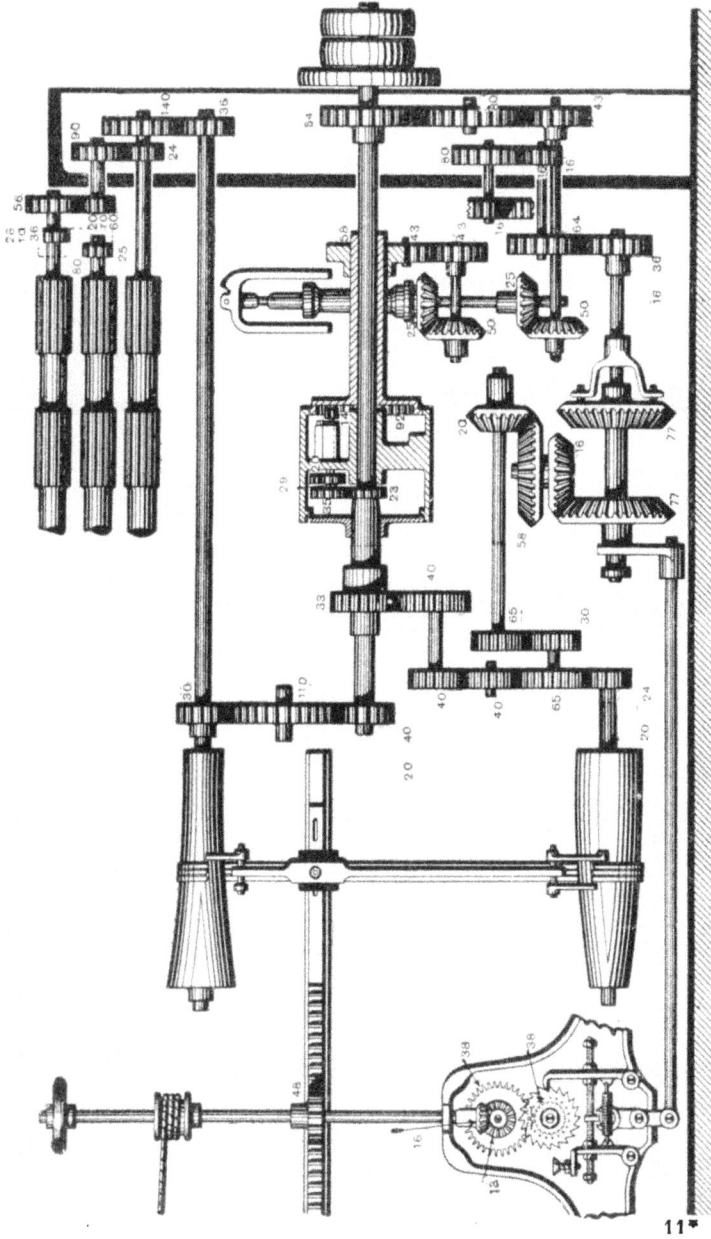

Fig. 66. Feinbank von J. Hetherington_& Sons.

Verzugskonstanten.

Zylinder-Durchmesser		Vorder- und Hinterzylinder-Räder					
Vorder-zylinder	Hinter-zylinder	Gewöhnlich	Änderungen				
		Vorder-zylinder 24 Hinter-zylinder 56	24 50	28 50	28 56	24 60	28 Zähne 60 Zähne
Zoll engl.	Zoll engl.						
$^7/_8$	1	184	164	141	157,5	196,8	168,7
$^{15}/_{16}$	1	197	175	151	168,6	210,8	180,6
1	1	210	187,5	160,8	180	225	192,8
$1^1/_{16}$	1	223	199	171	191	239	205
$1^1/_{16}$	$1^1/_{16}$	210	187,5	160,8	180	225	192,8
$1^1/_8$	1	236	211	181	202,5	253	217
$1^1/_8$	$1^1/_8$	210	187,5	160,8	180	225	192,8
$1^1/_4$	1	262,5	234,5	201	225	281	241
$1^1/_4$	$1^1/_8$	233	208	179	200	250	214
$1^1/_4$	$1^1/_4$	210	187,5	160,8	180	225	192,8
$1^3/_8$	$1^1/_8$	257	229	196	220	275	236
$1^3/_8$	$1^1/_4$	231	206	177	198	247,5	212
$1^3/_8$	$1^3/_8$	210	187,5	160,8	180	225	192,8
$1^1/_2$	$1^1/_4$	252	225	193	216	270	231,5
$1^1/_2$	$1^3/_8$	229	204,5	175,5	196,5	245,5	210,5
$1^1/_2$	$1^1/_4$	210	187,5	160,8	180	225	192,8

Drehung pro Zoll engl.:

$$\frac{t/m \text{ der Spindeln}}{\text{Lieferung in Zoll}} = \frac{1004}{404} = 2,48 \text{ Drehungen pro Zoll}$$

oder

$$\frac{140 \cdot 30 \cdot 54 \cdot 50 \cdot 4 \cdot 7}{36 \cdot 30 \cdot 43 \cdot 25 \cdot 5 \cdot 22} = 2,48 \text{ Drehungen pro Zoll.}$$

NB. Berechnet auf $1^1/_4 \cdot 3,1416 = \frac{4 \cdot 7}{5 \cdot 22}$ Zoll Zylinderumfang.

Drehungskonstante durch Ausschaltung des 30^r Draht-wechsels:

$$\frac{140 \cdot 30 \cdot 54 \cdot 50 \cdot 4 \cdot 7}{x \cdot 30 \cdot 43 \cdot 25 \cdot 5 \cdot 22} = 74,4 \text{ Hilfszahl für die Drehung pro Zoll.}$$

$$\frac{\text{Hilfszahl}}{\text{Drehung pro Zoll}} = \text{Drahtwechsel}; \quad \text{Beispiel:} \ \frac{74,4}{2,48} = 30^r \text{ Wechsel,}$$

$$\frac{\text{Hilfszahl}}{\text{Drahtwechsel}} = \text{Drehg. pro Zoll}; \quad \text{Beispiel:} \ \frac{74,4}{30} = 2,48 \text{ Drehungen pro Zoll.}$$

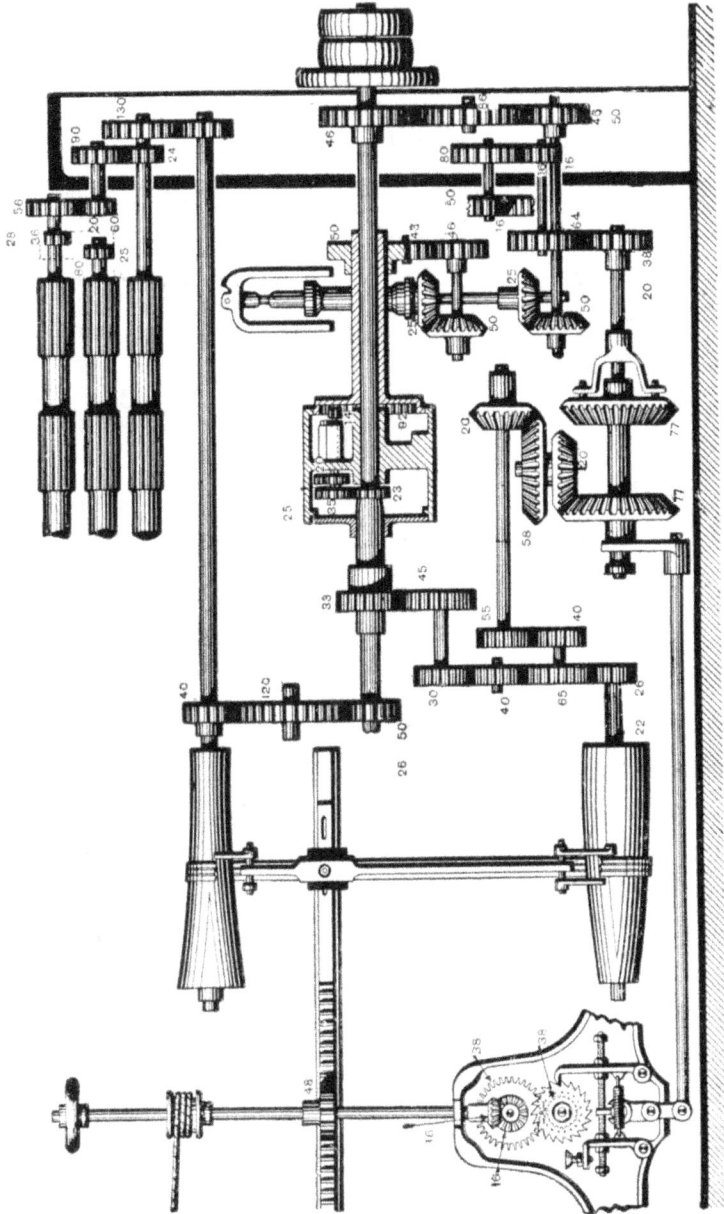

Fig. 67. Mittelfeinbank von J. Hetherington & Sons.

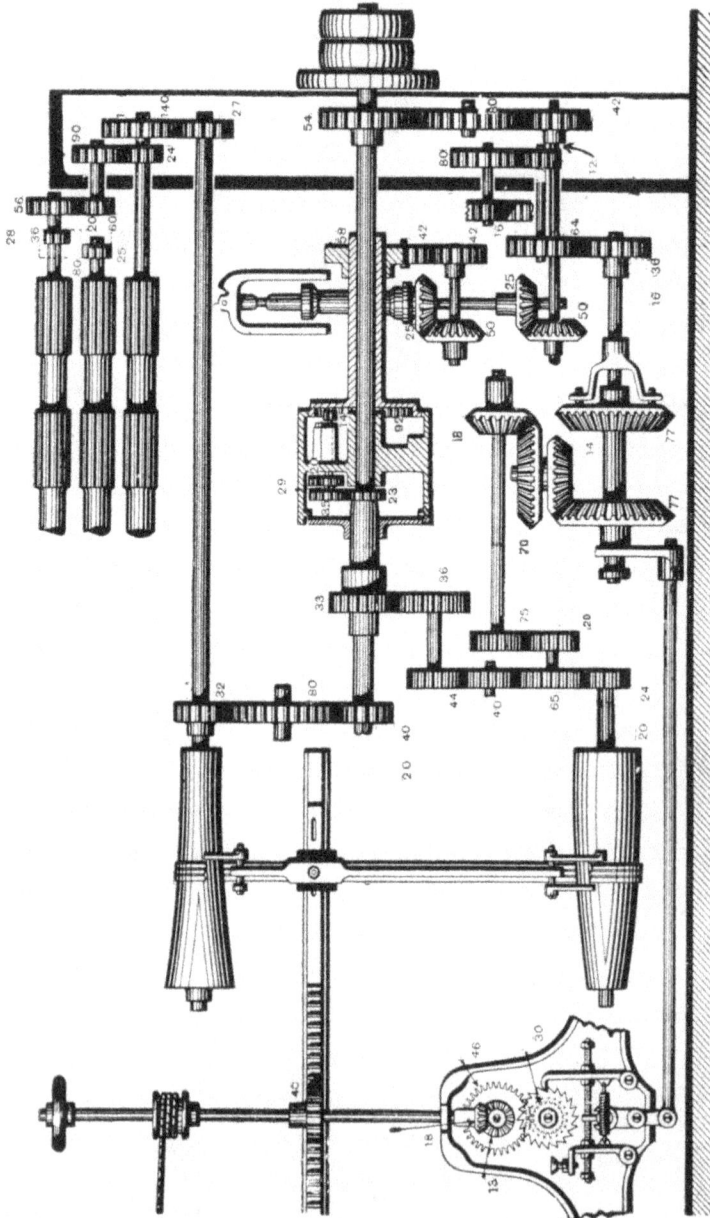

Fig. 68. Extrafeinbank von J. Hetherington & Sons.

Die nachfolgende Tabelle gibt die Hilfszahlen für Drehung und Drahtwechsel sowie die Drehungskoeffizienten α für die verschiedenen Garnnummern.

Konstante für Drehung und Drahtwechsel.

Grobflyer.

Durch-messer des Vorder-zylinders	Gewöhn-lich 19,20 u. 20¹/₂ Zoll	17 u. 18 Zoll	16 Zoll	20 Zoll f. 12 Zoll Spulen-hub	Spindelteilung
Zoll engl.	46	48	50	52	Spindelwellen-Triebrad
	35	35	35	35	Oberes Konusrad
1	41,8	40,05	38,45	37,7	Koeffizient für
1¹/₈	37,15	35,6	34,18	33,5	Drehung pro Zoll:
1¹/₄	33,45	32,03	30,76	30,15	Sea Island 0,7 · $\sqrt{\text{Nr.}}$
1³/₈	30,4	29,12	27,97	27,4	Ägyptische 1,0 · $\sqrt{\text{Nr.}}$
1¹/₂	27,88	26,7	25,62	25,12	Amerikaner 1,1 · $\sqrt{\text{Nr.}}$
					Ostindische 1,3 · $\sqrt{\text{Nr.}}$

Mittelflyer.

Durch-messer des Vorder-zylinders	18 u. 23 Zoll	19 u. 25¹/₂ Zoll	Gewöhn-lich 19³/₄ u. 26¹/₂ Zoll	21 Zoll	Spindelteilung
Zoll engl.	44	46	48	50	Spindelwellen-Triebrad
	40	40	40	40	Oberes Konusrad
1	64,18	61,85	58,6	56,45	Koeffizient für
1¹/₈	57,15	54,55	52,1	50,2	Drehung pro Zoll:
1¹/₄	51,4	49,1	46,9	45,15	Sea Island 0,8 · $\sqrt{\text{Nr.}}$
1³/₈	46,75	44,6	42,6	41,0	Ägyptische 1,1 · $\sqrt{\text{Nr.}}$
1¹/₂	42,85	40,9	39,08	37,6	Amerikaner 1,15 · $\sqrt{\text{Nr.}}$
					Ostindische 1,2 · $\sqrt{\text{Nr.}}$

Feinflyer.

Durchm. des Vorderzylinders	$17^3/_{16}$ u. 18 Zoll	$18^1/_2$, 20 u. 21 Zoll	Spindelteilung
zylinders	42	43	Spindelwellen-Triebrad
Zoll engl.	30	30	Oberes Konusrad

$^7/_8$	109,3	106,75	**Koeffizient für Drehung**
1	**95,6**	**93,4**	**pro Zoll:**
$1^1/_8$	85	83	Sea Island 1 $\cdot \sqrt{\text{Nr.}}$
$1^1/_4$	76,5	74,7	Ägyptische 1,2 $\cdot \sqrt{\text{Nr.}}$
$1^1/_2$	63,7	62,3	Amerikaner 1,25 $\cdot \sqrt{\text{Nr.}}$
			Ostindische 1,35 $\cdot \sqrt{\text{Nr.}}$

Extrafeinflyer.

Durchm. des Vorderzylinders	$17^3/_{16}$, 18 u. 24 Zoll	Spindelteilung	
zylinders	42	Spindelwellen-Triebrad	Mit 27^r äußer. ob. Konusrad
Zoll engl.	45	Oberes Konusrad	u. 140^r großes Vorderzyl.-Rad

1	191,3	**Koeffizient für Drehung pro Zoll:**
$1^1/_8$	170	Sea Island 0,95 $\cdot \sqrt{\text{Nr.}}$
$1^1/_4$	153	Ägyptische 1,0 $\cdot \sqrt{\text{Nr.}}$
$1^3/_8$	139	Amerikaner 1,1 $\cdot \sqrt{\text{Nr.}}$
$1^1/_2$	127,5	

Spindeltouren auf 1 Umdrehung des Vorderzylinders:

$$\frac{140 \cdot 30 \cdot 54 \cdot 50}{36 \cdot 30 \cdot 43 \cdot 25} = 9,76.$$

Wechselräder für Änderung der Nummer:

$$\text{Drahtwechsel} = \sqrt{\frac{\text{alter Drahtwechsel}^2 \cdot \text{alte Nummer}}{\text{neue Nummer}}},$$

$$\text{Wagenwechsel} = \sqrt{\frac{\text{alter Wechsel}^2 \cdot \text{alte Nummer}}{\text{neue Nummer}}},$$

$$\text{Schaltrad} = \sqrt{\frac{\text{altes Schaltrad}^2 \cdot \text{neue Nummer}}{\text{alte Nummer}}}.$$

Differentialgetriebe für Feinflyer ist

$$\frac{23}{35} \frac{20}{29} \frac{14}{92} = \frac{1}{14,5}.$$

Howard & Bulloughs Flyer. Fig. 69 u. 70.

	Grob-flyer	Mittel-flyer	Fein-flyer	Extrafein-flyer
A Flyerscheibe von 9—12 Zoll engl. Durchm.	—	—	—	—
B Spindelantriebsrad	40	40	40	40
C Großes Transportrad	75	75	70	70
D Spindelwellenantriebsrad, hintere Reihe	42	42	37	37
E Spindelwellenantriebsrad, vordere Reihe	42	42	37	37
F Spindelantriebswirtel	55	55	55	55
G Spindelwirtel	30	30	22	22
H Drahtwechsel	20—70			
I Transportrad	128, 120, 112, 96, 88, 80, 72,			nächste Tabelle
J Oberes Konusrad	32, 40, 48 u. 56			
K Äußeres oberes Konusrad . .	48	48	44	44 u. 36
L Großes Vorderzylinderrad . .	130	130	130	130 u. 138
T Kleines Vorderzylinderrad . .	20	20	20	20 (od. 18)
U Bockrad	80	80·	80	80
V Verzugs- oder Nummerwechsel	30—56			
W Hinterzylinderrad	50—60			
Q Kleines Hinterzylinderrad . .	27 f. 1¹/₂ Zoll H.-Zyl.	24	30 f. 1¹/₄ Zoll H.-Zyl.	
R Doppeltes Zylindertransportrad	70	70	70	
S Mittelzylinderrad	20 f. 1 Zoll M.-Zyl.	20	20 f. 1 Zoll M.-Zyl.	
P Differentialgehäuserad	50	50	50	50
X Spulengehängerad	37	37	42	42
Y Spulenwellenantriebsrad . . .	42	42	37	37
Z Spulenwellenantriebsrad . . .	42	42	37	37
a' Unteres Konusrad	14—36			
b Transportrad	68	68	68	68
y Transportrad	44	44	30	30
d Transportrad	56	56	56	56
e Transportkolben zum Wendegetriebe	22	22	22	15
f Transportkolben zum Wendegetriebe	22	22	22	30
g Kehrräderkolben	20	20	15	12
h Kehrrad	70	70	70	70
i Kehrrad	70	70	70	70

	Grob-flyer	Mittel-flyer	Fein-flyer	Extrafein-flyer
j Wagenwechsel		12—30		
k Transportrad zum Wagen . .	80	80	80	96
l Transportrad zum Wagen . .	13	13	13	13
m Wagenwellentriebrad	57	57	73	73
n Transportrad zum Differential-getriebe	44	44	36	36
o Differentialantriebsrad	34	34	34	34
p Großer Differentialkolben . .	18	18	18	18
q Kleines Differentialscheibenrad	30	30	30	30
r Kleiner Differentialkolben . .	16	16	16	16
s Großes Differentialscheibenrad	48	48	48	48
t Spulenantriebswirtel	55	55	55	55
u Spulenwirtel	30	30	22	22
1 Transportrad . . . ⎫ Neues	36	36	36	—
2 Neuer Wagenwechsel ⎬ Getriebe		12—36		
3 Transportrad . . . ⎪ »1897«	44	44	44	—
d 3faches Transportrad ⎭	50	50	50	—
a Vorderzylinder von 1—1½ Zoll Durchmesser	—	—	—	—
c Hinterzylinder von 1—1½ Zoll Durchmesser	—	—	—	—

Zylinderumfänge von

1 Zoll Durchm. = 3,1416		1¹/₁₆ Zoll Durchm. = 3,3377		
1¹/₈ » » = 3,5343		1³/₁₆ » » = 3,359		
1¼ » » = 3,927		1³/₈ » » = 4,3197.		

Die Fig. 69 enthält das Howard & Bulloughsche alte
Getriebe, wie es bis zum Jahre 1897 üblich war, von da ab
datiert die Einführung des neuen Getriebes, Fig. 70, das
drei neue Räder 1, 2 und 3 enthält, darunter einen weiteren
Wagenwechsel 2, der ebenfalls als treibendes Rad dieselbe
Wirkung hat wie der alte Wagenwechsel j; nur ist der neue
Wagenwechsel und auch das Wendegetriebe zugänglicher
und besser gelagert. Das Rad d in Fig. 70 ist in Wirklichkeit
nicht so breit, es soll dadurch nur veranschaulicht werden,
daß drei Räder 1, y und n in dieses Rad d eingreifen.

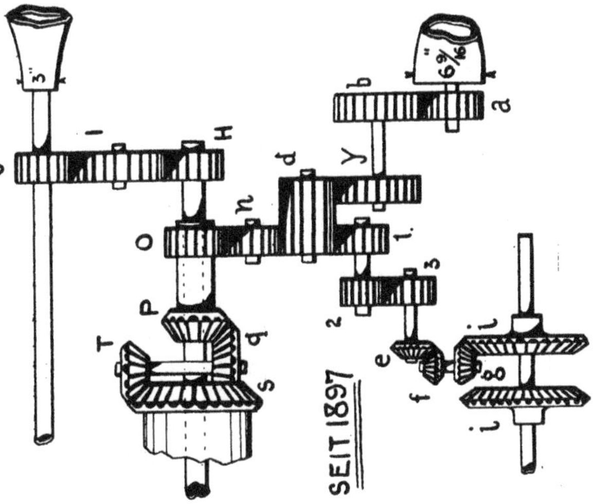

Fig. 70.

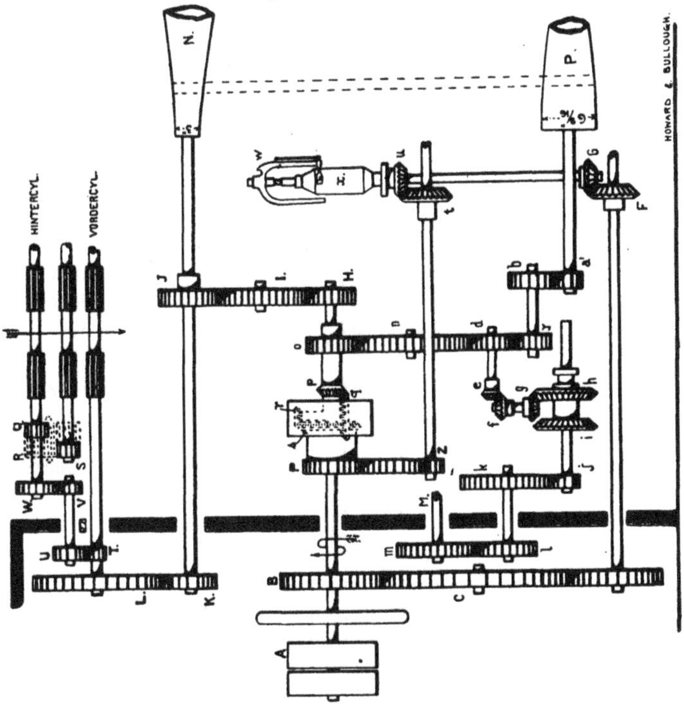

SEIT 1897

Fig. 69. Howard & Bullough's Spulbank.

Drehungstabelle

für verschiedene Drahtwechsel, Transport- und obere Konusräder
(7 bis 12 Zoll Hub).

Hub Zoll engl.	Ober. Konus- rad J	Trans- port- rad I	Zu- sam- men	Draht- wechsel	Spindel- touren auf 1 Umdrehg. des Vorder- zylinders	Durch- messer des Vorder- zylinders	Drehung pro Zoll engl.
					[1]		
7	40	80	120	30 bis 65	10,64 bis 4,91	1^1/$_8$ Zoll	3,01 bis 1,39
7	48	80	128	20 » 65	19,14 » 5,90	»	5,41 » 1,66
7	56	72	128	25 » 65	17,80 » 6,87	»	5,03 » 1,94
7	56	76	132	18 » 64	24,84 » 6,98	»	7,02 » 1,97
7	56	80	136	12 » 64	37,26 » 6,98	»	10,54 » 1,97
8	40	96	136	20 » 70	15,97 » 4,56	»	4,51 » 1,28
8	56	88	144	20 » 70	22,35 » 6,52	»	6,32 » 1,84
8	56	80	136	32 » 70	13,97 » 6,52	»	3,95 » 1,84
8	32	96	128	26 » 70	9,82 » 3,65	»	2,77 » 1,03
8	32	104	136	20 » 52	12,57 » 4,91	»	3,55 » 1,38
9	48	104	152	24 » 70	9,45 » 3,24	1^1/$_4$ Zoll	2,40 » 0,82
9	40	112	152	20 » 64	9,45 » 2,95	»	2,40 » 0,75
9	56	96	152	32 » 70	8,27 » 3,78	»	2,10 » 0,96
10	32	120	152	32 » 70	4,72 » 2,76	»	1,20 » 0,70
10	40	112	152	36 » 70	5,25 » 2,70	»	1,33 » 0,69
10	48	112	160	26 » 70	8,72 » 3,24	»	2,22 » 0,82
10	40	120	160	20 » 70	9,45 » 2,70	»	2,40 » 0,69
10	56	104	160	32 » 70	8,27 » 3,78	»	2,10 » 0,96
10	56	112	168	20 » 70	13,23 » 3,78	»	3,36 » 0,96
11 u. 12	40	128	168	32 » 68	5,91 » 2,78	»	1,50 » 0,70
11 u. 12	32	128	160	42 » 70	3,60 » 2,16	»	0,91 » 0,55
11 u. 12	48	120	168	40 » 70	5,67 » 3,24	»	1,44 » 0,82

[1]) Dividiere diese Zahlen durch den Umfang des Vorderzylinders = Drehung pro Zoll engl.

Kalkulationen am Mittelflyer.

Hauptflyerwelle = 450 t/m.

Mittelspulen-Nr. engl. 1,9; Drehung pro Zoll engl. = 1,65;

Durchmesser Vorderzylinder = 1¼ Zoll.

Vorderzylindertouren.

$$\frac{\text{Flyerwelle} \cdot H \cdot K}{J \cdot L} = \text{t/m des Vorderzylinders,}$$

Beispiel:

$$\frac{450 \cdot 30 \cdot 48}{40 \cdot 130} = 124,6 \text{ t/m.}$$

Lieferungslänge des Vorderzylinders:

t/m des Vorderzylinders · Umfang in Zoll = Lieferung in Zoll.

Beispiel:

$$\frac{124,6 \cdot 5 \cdot 22}{4 \cdot 7} = 489,5 \text{ Zoll engl.}$$

Oder

$$\frac{\text{Flyerwelle t/m} \cdot H \cdot K \cdot \text{Durchm. Vorderzyl.} \cdot \pi}{J \cdot L} = \text{Lieferung des Vorderzyl.}$$

Beispiel:

$$\frac{450 \cdot 30 \cdot 48 \cdot 5 \cdot 22}{40 \cdot 130 \cdot 4 \cdot 7} = 489,5 \text{ Zoll engl.}$$

Verzug:

$$\frac{\text{Durchm. Vorderzylinder} \cdot W \cdot U}{\text{Durchm. Hinterzylinder} \cdot V \cdot T} = \text{Verzug.}$$

Beispiel:

$$\frac{1\frac{1}{4} \cdot 50 \cdot 80}{1\frac{1}{4} \cdot 40 \cdot 20} = 5.$$

Spindeltouren:

$$\frac{\text{Touren der Flyerwelle} \cdot B \cdot F}{E \cdot G} =$$

Beispiel:

$$\frac{450 \cdot 40 \cdot 55}{42 \cdot 30} = 786 \text{ t/m.}$$

Spindeltouren auf 1 Umdrehung des Vorderzylinders:

$$\frac{L \cdot J \cdot B \cdot F}{K \cdot H \cdot E \cdot G} = \text{Spindeltouren auf 1 Drehung des Vorderzyl.}$$

Beispiel:

$$\frac{130 \cdot 40 \cdot 40 \cdot 55}{48 \cdot 30 \cdot 42 \cdot 30} = 6,3.$$

Drehung pro Zoll engl.:

$$\frac{\text{Spindeltouren auf 1 Drehung des Vorderzyl.}}{\text{Umfang in Zoll des Vorderzyl.}} = \text{Drehung pro Zoll.}$$

Beispiel:

$$\frac{6,3}{1\,\tfrac{1}{4}\cdot\dfrac{22}{7}} = \frac{6,3\cdot 4\cdot 7}{5\cdot 22} = 1,6 \text{ Drehung pro Zoll.}$$

Oder

$$\frac{L\cdot J\cdot B\cdot F}{K\cdot H\cdot E\cdot G\cdot \text{Durchm. Vorderzyl.}\cdot \pi} = \text{Drehung pro Zoll.}$$

Beispiel:

$$\frac{130\cdot 40\cdot 40\cdot 55}{48\cdot 30\cdot 42\cdot 30\cdot 1\,\tfrac{1}{4}\cdot\dfrac{22}{7}} = \frac{130\cdot 40\cdot 40\cdot 55\cdot 4\cdot 7}{48\cdot 30\cdot 42\cdot 30\cdot 5\cdot 22} = 1,6 \text{ Drehung pro Zoll.}$$

Oder

$$\frac{\text{Spindeltouren}}{\text{Lieferung in Zoll des Vorderzyl.}} = \text{Drehung pro Zoll.}$$

Beispiel: $\dfrac{786}{489,5} = 1,6$ Drehung pro Zoll.

Drahtwechsel durch Austausch der Drehungszahl mit dem Drahtwechsel:

$$\frac{L\cdot J\cdot B\cdot F}{K\cdot \text{Drehg.}\cdot E\cdot G\cdot \text{Zyl.-Umfg.}} = \frac{130\cdot 40\cdot 40\cdot 55\cdot 4\cdot 7}{48\cdot 1,6\cdot 42\cdot 30\cdot 5\cdot 22} = 30^r \text{ Wechsel.}$$

Drahtkonstante durch Ausschalten der Drehung oder des Drahtwechsels:

$$\frac{L\cdot J\cdot B\cdot F}{K\cdot x\cdot E\cdot G\cdot \text{Zyl.-Umfg.}} = \frac{130\cdot 40\cdot 40\cdot 55\cdot 4\cdot 7}{48\cdot x\cdot 42\cdot 30\cdot 5\cdot 22} = 48 \text{ Hilfszahl.}$$

$\dfrac{\text{Hilfszahl}}{\text{Draht pro Zoll}} = $ Drahtwechsel; Beispiel: $\dfrac{48}{1,6} = 30^r$ Drahtwechsel.

$\dfrac{\text{Hilfszahl}}{\text{Drahtwechsel}} = $ Draht pro Zoll; Beispiel: $\dfrac{48}{30} = 1,6$ Draht pro Zoll.

Hilfszahl $=$ Drahtwechsel $\cdot$ Draht pro Zoll; Beispiel: $48 = 30\cdot 1,6$.

$\dfrac{\text{Hilfszahl}}{\text{Drahtwechsel}\cdot \text{Draht pro Zoll}} = 1$; Beispiel: $\dfrac{48}{30\cdot 1,6} = 1$.

Spulenwindungen pro Zoll. E i n e D r e h u n g der Wagenwelle M (mit den Wagenkolben) gibt einen Hub von 6,33 Zoll engl.

$$\frac{1 \cdot \text{Durchm. Vorderzyl.} \cdot m \cdot k \cdot i \cdot f \cdot d \cdot b \cdot C'' \cdot K}{6,33 \cdot \text{Durchm. der Spule} \cdot l \cdot j \cdot g \cdot c \cdot y \cdot a \cdot C' \cdot L} = \text{Windungen pro Zoll.}$$

Beispiel:

$$\frac{1 \cdot 1\frac{1}{4} \cdot 57 \cdot 80 \cdot 70 \cdot 22 \cdot 56 \cdot 68 \cdot 3\frac{1}{4} \cdot 48}{6,33 \cdot 1\frac{1}{2} \cdot 13 \cdot 14 \cdot 20 \cdot 22 \cdot 44 \cdot 19 \cdot 6\frac{3}{4} \cdot 130} = \infty 10 \text{ Windungen.}$$

Für eine einfache Änderung der Windungen verändert sich der Wagenwechsel im umgekehrten Verhältnis zu den Windungen. Je mehr Windungen pro Zoll, desto langsamer der Hub und desto kleiner der Wagenwechsel als treibendes Rad.

$$\text{Neuer Wagenwechsel} = \frac{\text{alter Wagenwechsel} \cdot \text{vorhand. Windungszahl}}{\text{neue Windungszahl}}$$

Ebenso für die Änderung der Nr., weil höhere Windungszahl = höhere Nr:

$$\text{neuer Wagenwechsel} = \sqrt{\frac{\text{vorhandener Wechsel}^2 \cdot \text{vorhandene Nr.}}{\text{neue Nr.}}}.$$

Weiter ist:

$$\text{Schaltrad} = \sqrt{\frac{\text{vorhandenes Schaltrad}^2 \cdot \text{verlangte Nr.}}{\text{vorhandene Nr.}}}.$$

$$\text{Drahtwechsel} = \sqrt{\frac{\text{vorhandener Wechsel}^2 \cdot \text{vorhandene Nr.}}{\text{verlangte Nr.}}}.$$

Feinflyer der Elsäss. Maschinenbau-Ges. Mülhausen.
Fig. 71.

Das Getriebe ist aus der Fig. 71 genau ersichtlich, die Kalkulationen werden an einigen Beispielen durchgeführt.

Verzug:

$$\frac{27\,\text{mm} \cdot 60 \cdot 105}{27\,\text{mm} \cdot W_V \cdot 40} = \frac{345}{W_V \cdot 2} = \frac{172}{W_V} = \text{Verzugskonstante.}$$

Verzugswechsel sei 43, dann ist der Verzug $\frac{172}{43} = 4$ fach.

Für z. B. Feinspulen Nr. engl. 12.⁰ aus Mittelflyerspulen Nr. engl. 4.⁰ mit doppeltem Vorgarn gibt

$$\text{Verzug} = \frac{12 \cdot 2}{4} = 6 \text{ fach,}$$

$$\text{Verzugswechsel } W_V = \frac{172}{6} = \infty 29.$$

Spindeltouren lt. Fig. 71:

$$375 \cdot \frac{33 \cdot 60}{33 \cdot 21} = 1070 \text{ t/m.}$$

Drahtkonstante für Drehung pro Zoll engl.:

$$\frac{135 \cdot \ 35 \ \cdot 33 \cdot 60 \cdot 16}{40 \cdot WD \cdot 33 \cdot 21 \cdot 17 \cdot 3,1416} = \frac{100}{WD}.$$

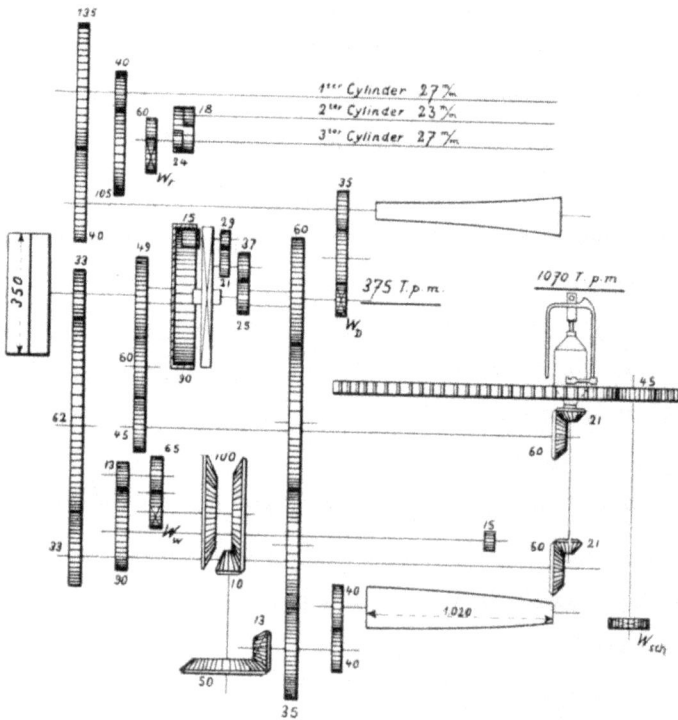

Fig. 71.

Für Nr. 8.⁰ engl. und Drehungskoeffizient $= 1,1 \sqrt{\text{Nr.}}$

Drehung pro Zoll engl. $= 1,1 \sqrt{8} = 3,11$ pro Zoll engl.

$$\text{Drahtwechsel} = \frac{100}{3,1} = 32^r \text{ Wechsel.}$$

Lieferung für N r. e n g l. 8.⁰ und 32ʳ D r a h t w e c h s e l
theoretisch:

in 10 Stunden: $\dfrac{375 \cdot 32 \cdot\ 40 \cdot 17 \cdot 3,1416 \cdot 60 \cdot 10}{35 \cdot 135 \cdot 16 \cdot 36 \cdot 840} = 6,8$ Schneller.

und zur Kontrolle aus 1070 Spindeltouren und 3,11 Drehungen
pro Zoll engl.

$$\frac{1070 \cdot 60 \cdot\ 10}{3,11\ \cdot 36 \cdot 840} = 6,8 \text{ Schneller.}$$

G e w i c h t in Pfund engl.:

$$= \frac{6,8}{\text{Nr. engl.}} = \frac{6,8}{8} = 0,85 \text{ Pfd. engl.}$$

$$0,85 \cdot 0,453 = 0,385 \text{ kg pro Spindel in 10 Std.}$$

Rechnen wir nun einen Nutzeffekt von 88%, also 12%
Verlust für Abziehen etc., so ist die p r a k t i s c h e Lieferung

$$= \frac{0,385 \cdot 88}{100} = 0,34 \text{ kg pro Spindel in 10 Std.}$$

Feinbank Nr. 2¹/₈ der A.-G. vorm. J. J. Rieter & Co.
Fig. 72.

Die Rietersche Skizze Fig. 72 gibt eine eingehende Darstellung dieser Maschine, deren wichtigste Berechnungen
durch einige Beispiele gezeigt werden sollen.

Die Nummern, mit denen die Firma Rieter ihre Flyer
bezeichnet, beziehen sich auf die Teilung und geben an, wieviel Spindeln auf eine Länge von 300 mm (1 Zoll schweizer.)
kommen, aber nur auf eine Spindelreihe bezogen. Nr. 1
würde also bedeuten, daß auf 300 mm eine Spindel kommt,
oder in andern Worten, die Entfernung von Spindel zu Spindel
in jeder Spindelreihe sei 300 mm. Nr. 1¼ ist ein Grobflyer
von 240 mm Teilung, denn $\dfrac{300}{240} = 1\frac{1}{4}$. Der Feinflyer Nr. 2¹/₈
hat 140 mm Spindelentfernung, denn $\dfrac{300}{140} = 2\frac{1}{8}$.

Verzug. Vorder- und Hinterzylinder haben 32 mm
Durchm. = 100,5 mm Umfang oder 1 dm, entsprechend

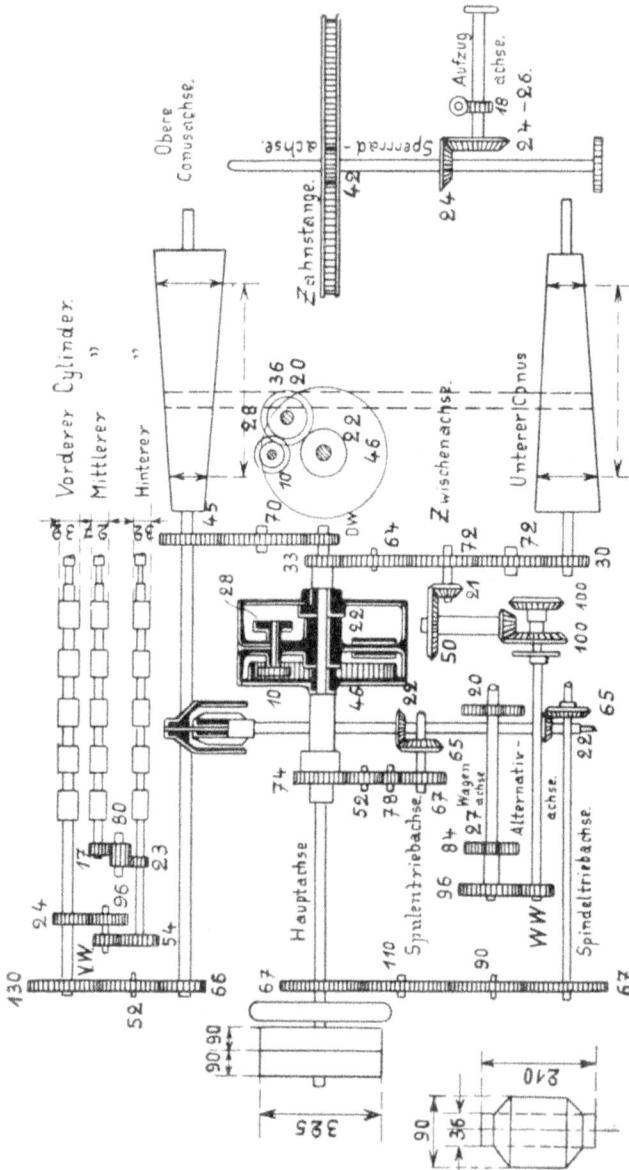

Fig. 72. Feinbank Nr. 2¹/₈ der A.-G. J. J. Rieter & Co.

1¼ Zoll engl. Durchm. = 3,927 Zoll engl. Umfang = 99,7 mm Umfang.

$$\text{Verzug} = \frac{32}{32} \frac{54}{VW} \frac{96}{24} = \frac{216}{VW} = \text{Verzugskonstante.}$$

Für Verzugswechsel $VW = 43$, Verzug $= \frac{216}{43} = 5\,\text{facher}$ Verzug.

Für Mittelspulen N r. e n g l. 2.⁴ als Vorgarn, doppelt aufgesteckt, erhalten wir dann

$$\frac{2{,}4 \cdot 5}{2} = \text{Nr. engl. 6.}^0$$

oder wenn das Vorgarn auf N r. e n g l. 2.⁰ geändert wird, dann ist der Verzug:

$$\frac{6.^0 \cdot 2}{2.^0} = 6\,\text{facher Verzug}$$

und der Verzugswechsel

$$VW = \frac{216}{6} = 36^r \text{ Wechsel,}$$

während bei Vorgarn N r. 2,4 und 36ʳ Wechsel, also bei

$$\text{Verzug} = \frac{216}{36} = 6\,\text{fach}$$

ist die erhaltene Nr.

$$= \frac{2{,}4 \cdot 6}{2} = 7{,}^2 \text{ Nr. engl.}$$

Demgemäß können wir den Verzugswechsel auch aus den Nummern berechnen; je größer der Drahtwechsel, desto kleiner der Verzug, desto kleiner die erzielte Nr., und demgemäß erhalten wir im umgekehrten Verhältnis:

$$\text{neuer Verzugswechsel} = \frac{\text{alter Wechsel} \cdot \text{alte Nr.}}{\text{neue Nr.}}$$

und übereinstimmend mit obigen Berechnungen

$$\frac{43 \cdot 6}{7{,}2} = 36^r \text{ Wechsel oder } \frac{36 \cdot 7{,}2}{6} = 43^r \text{ Wechsel.}$$

Drahtkonstante für D r e h u n g pro D e z i m e t e r (100 mm):

$$\frac{130 \cdot 45 \cdot 67 \cdot 65}{66 \cdot DW \cdot 67 \cdot 22 \cdot 0{,}32 \cdot 3{,}1416} = \frac{262}{DW} = \text{Hilfszahl.}$$

Die Drehung, die wir hier berechnen, entspricht also der Drehung auf 1 Umdrehung des Vorderzylinders, weil dieser

12*

1 dm = 100 mm Umfang hat. Diese Berechnung ist, besonders für Vorgarn, in der Praxis öfters gebräuchlich und gibt für diesen Zylinder von 100 mm Umfang eine einfachere Rechnung.

Nehmen wir einen 23^r Drahtwechsel, so erhalten wir:

$$\frac{262}{23} = 11,3 \text{ Drehungen pro Dezimeter,}$$

das sind

$$\frac{11,3 \cdot 25,4}{100} = 2,9 \text{ Drehungen pro engl. Zoll.}$$

Ist das nun die e n g l. G a r n - N r. 6.^{0}, so ist nach der Formel: Drehung = Koeffizient $a \cdot \sqrt{\text{Nr.}}$ der

Koeffizient a für

e n g l. N r. und Drehung pro Zoll engl. $a = \dfrac{2,9}{\sqrt{N}} = \dfrac{2,9}{2,45} = 1,18,$

e n g l. N r. und Drehung pro Dezimeter $a = \dfrac{11,3}{\sqrt{N}} = \dfrac{11,3}{2,45} = 4,6,$

oder, da Nr. engl. 6.^{0} = N r. f r a n z. 5,08, so ist für

f r a n z. N r. und Drehung pro Zoll engl. $a = \dfrac{2,9}{\sqrt{N}} = \dfrac{2,9}{2,25} = 1,28,$

f r a n z. N r. und Drehung pro Dezimeter $a = \dfrac{11,3}{\sqrt{N}} = \dfrac{11,3}{2,25} = 5.$

Lieferung bei 23^r Drahtwechsel und engl. Nr. 6.^{0} = franz. Nr. 5.^{08}. Haupttouren = 385 (Spindeltouren = 1130).

$$\text{Vorderzylindertouren} = \frac{385 \cdot 23 \cdot 66}{45 \cdot 130} = 100 \text{ t/m,}$$

aus engl. Nr. 6.^{0} $\dfrac{100 \cdot 0,1 \cdot 60,10}{768} = 7,8$ Schneller engl.

$$\frac{7,8}{6} = 1,3 \text{ Pfd. engl.; } 1,3 \cdot 0,453 = 0,59 \text{ kg.}$$

aus franz. Nr. 5,08. $\dfrac{100 \cdot 0,1 \cdot 60 \cdot 10}{1000} = 6$ Schneller franz.

$$\frac{6}{5,08} = 1,18 \text{ Zollpfund (à 500 g)} = 0,59 \text{ kg.}$$

VI. Abschnitt.

Konoiden und Differentialwerke.

Die Konusgetriebe der Öffner und Schlagmaschinen.

Diese Konoiden haben den Zweck, eine gleichmäßige Speisung des Schlägers und damit einen gleichmäßigen Wickel zu erzielen, und sie erreichen das durch eine Veränderung der Zuführgeschwindigkeit des Speisezylinders derart, daß, wenn die zugeführte Watte zu dünn ist, die Speisezylinder beschleunigt werden, während eine zu dicke Watte eine geringere Geschwindigkeit des Speisezylinders veranlaßt. Konische (kegelförmige) Riemscheiben können die Geschwindigkeit des Speisezylinders leicht ändern, aber es handelt sich hier um ganz genaue Geschwindigkeitsänderungen, entsprechend der Dicke der zugeführten Baumwollwatte, und dafür ist die Konusfläche in einer genauen Kurve ausgeführt.

Fig. 73.

In Fig. 73 sehen wir, wie die Baumwolle zwischen dem Zylinder und den Pedalen Unregelmäßigkeiten aufweist, zeitweise werden die dicken Stellen vorwiegen, dann wird die Speisung zu groß und muß verringert werden, und umgekehrt bei dünnen Stellen muß die Materialzuführung vergrößert werden. An Hand der Fig. 74 nehmen wir an, daß die normale Watte von z. B. $1/8$ Zoll Dicke der skizzierten Watte $A\,1$ entspricht, und diese Watte werde mit einer sekundlichen Geschwindigkeit von 6 Zoll, entsprechend der Länge $A\,B$, durch den Regulierzylinder hindurchgeführt. Wenn nun bei C sich die Watte auf $1/4$ Zoll $= A\,2$ verdoppelt, so muß die sekundliche Lie-

ferungsgeschwindigkeit von 6 Zoll auf 3 Zoll $= AC$ vermindert werden, wenn die Baumwollmenge dieselbe bleiben
soll. Für die zunehmende Dicke bei C muß also umgekehrt
die Zylindergeschwindigkeit abnehmen, damit nur die Länge
AC (3 Zoll) zugeführt wird. Wenn nun aber bei D die Wattendicke sich nochmals um $^1/_8$ auf $^3/_8$ Zoll der Watte A 3 erhöht,
so muß die Geschwindigkeit des Speisezylinders in demselben Verhältnis, das ist $^1/_3$ der ersten Geschwindigkeit von
6 Zoll Zuführung, auf 2 Zoll vermindert werden. Ebenso wird

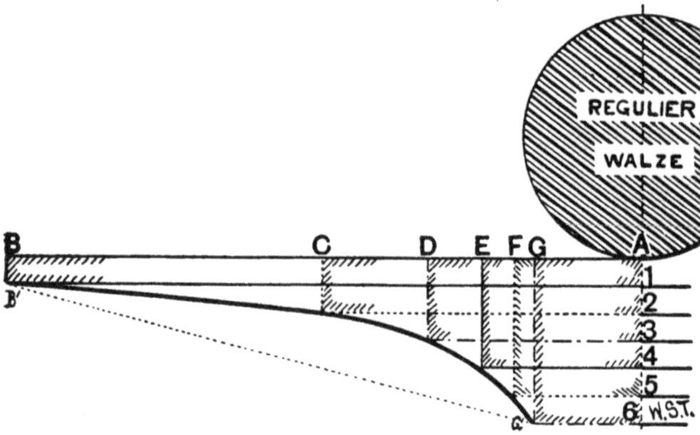

Fig. 74.

die Wattenverdickung bei E, F und G eine Verminderung der
Tourenzahl des Speisezylinders in demselben umgekehrten
Verhältnis nötig machen. Wenn wir nun die Wattendicke A 1
mit der Zahl 1 bezeichnen (sei es $^1/_8$ Zoll, 1 cm oder sonst
ein Maß) und die dafür nötige Geschwindigkeit des Speisezylinders ebenfalls mit 1, so ist,

wenn eine Dicke **1** zugeführt wird, die Tourenzahl des Speisezyl. 1

»	»	»	2	»	»	»	»	»	»	$^1/_2$
»	»	»	3	»	»	»	»	»	»	$^1/_3$
»	»	»	4	»	»	»	»	»	»	$^1/_4$
»	»	»	5	»	»	»	»	»	»	$^1/_5$
»	»	»	6	»	»	»	»	»	»	$^1/_6$

Wir können also an Hand der Fig. 74 sagen, daß die
Zunahme der Wattendicke B auf G oder $A\,1$ auf $A\,6$ u m -
g e k e h r t im gleichen Verhältnis eine Abnahme der Zylindertouren, entsprechend der Kurve $B'\,G'$, bedingt, und es
wird leicht verständlich, daß wir diese Änderung der veränderlichen Zylindertouren einem Maschinenelement übertragen, das selbst aus einer solchen Kurve besteht. Es soll
das nun an einem praktischen Beispiel gezeigt werden, und
zwar für eine Schwankung der Wattendicke von $\frac{1}{4}$—1 Zoll.
Weiter nehmen wir für den unteren Konus (der Einfachheit
wegen) 100 minutliche Touren an, dann können wir ein Paar
Konoiden zeichnen, die die Geschwindigkeit des Speisezylinders in den entsprechenden Grenzen ändern. Der untere
Konus läuft also mit unveränderter Tourenzahl, während
der obere mit veränderter Geschwindigkeit durch Zahnräder-
übersetzung den Speisezylinder antreibt, und zwar mit einer
veränderten Geschwindigkeit, die der jeweiligen durchschnitt-
lichen Wattendicke entspricht. Wir stellen uns dazu folgende
Tabelle auf (n = minutliche Tourenzahl):

Wattendicke		t/m des oberen Konus
Wenn Dicke unter der Regulierwalze = $\frac{1}{4}$ Zoll		$n = 200$
» die doppelte Wattendicke = $\frac{1}{2}$ Zoll		$\dfrac{n}{2} = 100$
» » 3 fache » = $\frac{3}{4}$ Zoll		$\dfrac{n}{3} = 66\frac{2}{3}$
» » 4 fache » = 1 Zoll		$\dfrac{n}{4} = 50.$

Die Änderung der Tourenzahl des oberen Konus ist also
200 zu 50 oder wie 4 zu 1, und daraus können wir die äußersten
Durchmesser der beiden Konoiden bestimmen. Wenn wir
nun, wie in Fig. 75, auf der einen Seite 8 Zoll und auf der
andern Seite 4 Zoll nehmen, so sind die zwei äußersten Geschwindigkeiten

$$\frac{100 \cdot 8}{4} = 200 \text{ t/m} \quad \text{und} \quad \frac{100 \cdot 4}{8} = 50 \text{ t/m}.$$

Dementsprechend ergeben sich die Zwischenstellen den
Konoiden entlang, vorausgesetzt, daß der Riemen genau ar-

beitet, also genau paßt längs der Konoiden. Dafür muß die Summe der Durchmesser der gegenüberliegenden Konoiden gleich sein, also (8 + 4) 12 Zoll. Wenn dann also der obere

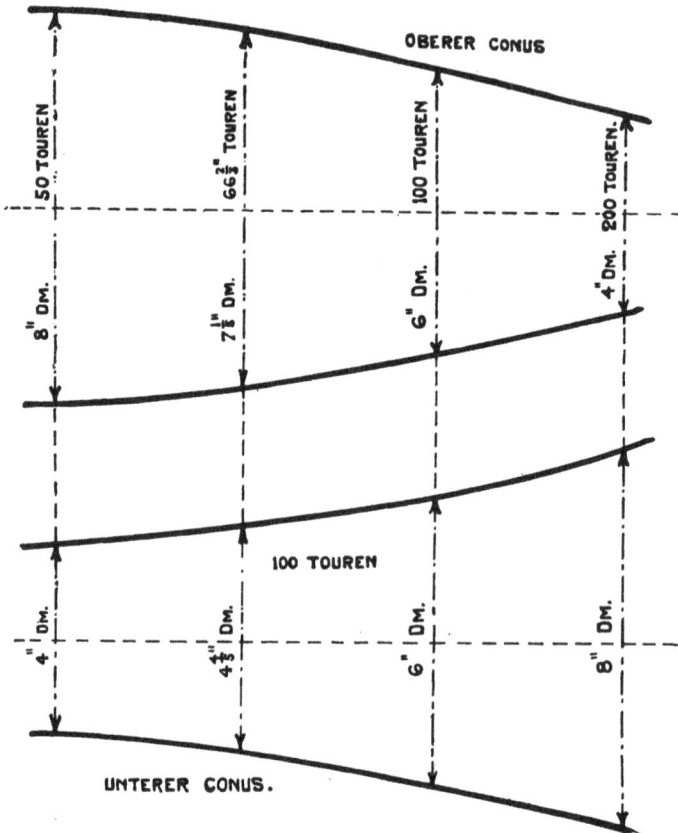

Fig. 75.

Konus, wie in Fig. 75, bei 4 Zoll Durchm. 200 t/m macht und bei 8 Zoll Durchm. 50 t/m, so erhalten wir in demselben Verhältnis, unterer Konus = 100 t/m:

$$\frac{(8+4) \cdot 100}{100 + 66\,\tfrac{2}{3}} = 4{,}8 \quad \text{und} \quad \frac{(8+4) \cdot 66\,\tfrac{2}{3}}{100 + 66\,\tfrac{2}{3}} = 7{,}2,$$

$$4{,}8 + 7{,}2 = 12 \text{ Zoll} \quad \text{und} \quad \frac{100 \cdot 4{,}8}{7{,}2} = 66{,}66 \text{ t/m des oberen Konus.}$$

Die Konoiden für die Spulbänke.

Die Flyer bedürfen bei der Aufwindung für den zunehmenden Spulendurchmesser eine veränderliche Geschwindigkeit, weil die Lieferungslänge des Flyerfadens vom Vorderzylinder sowohl bei leerer als bei voller Spule unverändert ist. Da auch die Spindeltouren unveränderlich sind, so müssen zunächst die Spulen direkt von der Hauptwelle eine den Spindeltouren entsprechende Tourenzahl erhalten, dann aber zu dieser Haupttourenzahl eine mittels der Konoiden veränderliche Geschwindigkeit für jede Fadenschicht der Spule. Beide Geschwindigkeiten werden im Differentialgetriebe vereinigt.

Für die Zusammensetzung dieser beiden Geschwindigkeiten kommen nun aber zwei verschiedene Methoden zur Spulenaufwindung in Betracht:

1. Die **voreilende Spindel,** wobei die Differenz zwischen voreilender Spindel und nacheilender Spule die Aufwindung gibt, und diese Differenz muß mit zunehmendem Spulendurchmesser durch E r h ö h u n g d e r S p u l e n t o u r e n verringert werden.

2. Die **voreilende Spule,** deren Voreilen über die Spindel den Faden aufwindet, so daß hierbei für zunehmenden Spulendurchmesser ein A b n e h m e n d e r S p u l e n t o u r e n notwendig wird. Ausführlichere Behandlung dieses Gegenstandes findet sich in Band II der »Baumwollspinnerei« des Verfassers; hier kann nicht weiter darauf eingegangen werden, es sei nur noch darauf hingewiesen, daß »voreilende Spule« bevorzugt wird, weil diese Methode vor allem ein sorgfältigeres Anziehen des Fadens mit sich bringt.

Die folgenden Ausführungen werden es klar machen, daß die Spulen zunächst ihre Haupttourenzahl erhalten

müssen, ehe die Aufwindungstouren zur Geltung kommen.
Angenommen, die Spindel mache mit dem Flügel 800 t/m,
während die Spule feststeht, dann würde für jede Flügel-
umdrehung eine Windung, also minutlich 800 Windungen
auf der Spule entstehen, wovon jede einzelne dem Umfang
der Spule entspricht. Wenn nun aber die Spule in derselben
Richtung wie die Spindel, aber langsamer angetrieben wird
und ihre Tourenzahl allmählich zunimmt, so werden die von
dem Flügel auf die Spule gelegten Garnwindungen abnehmen.
Zum Schluß wird die zunehmende Spulengeschwindigkeit
so weit gesteigert sein, daß sie mit derselben Tourenzahl
wie die Spindel läuft, dann wird natürlich überhaupt kein
Garn mehr auf die Spule gewunden. Wenn nun also beide,
Spindel und Spule, mit 800 t/m laufen und damit keine Aufwindung mehr auf die Spule erfolgt, so können wir uns nun
die Spulentourenzahl weiter zunehmend denken, so daß die
Spule die Spindel überholt und ihr vorauseilt. Dann wird die
Spule ihrerseits den Flyerfaden dem Spindelflügel voraus-
ziehen und um sich selbst herumwinden. Wenn der Durchmesser der Spule bekannt ist und ebenso die minutliche Lieferungslänge des Vorderzylinders, so ergibt sich daraus die
Tourenzahl, um die die Spule der Spindel vorauseilen muß,
damit diese Länge aufgewunden wird.

Die Konoiden mit ihrer veränderlichen Tourenzahl sind
nun dazu bestimmt, diese Aufwindungstourenzahl der Spulen
genau zu regulieren, und zwar entsprechend dem zunehmenden
Durchmesser der Flyerspule. Wir müssen deshalb diesen
Aufbau der Spule und die entsprechenden Spulentouren betrachten, um daraus die Tourenzahl und die Form der Konoiden zu bestimmen. Um den Gegenstand zunächst ganz allgemein zu behandeln, wollen wir eine leere Spule von 1 Zoll
Durchm. annehmen, und wenn diese Spule der Spindel eine
Tour, z. B. in der Sekunde, vorauseilt, dann wird sie dabei
$1 \cdot 3{,}1416 = 3{,}1416$ Zoll in der Sekunde aufwinden. Hat die
Spule auf 2 Zoll Durchm. zugenommen, so wird diese eine
voreilende Spulenumdrehung $2 \cdot 3{,}1416 = 6{,}2832$ Zoll sekundlich aufwinden. Wenn also die Spulentourenzahl unverändert
bleibt und der Vorderzylinder selbstverständlich immer die-

selbe Lieferungslänge von z. B. 3,1416 Zoll zuführt, so würde
der Flyerfaden abgerissen, und wir müssen deshalb die Tourenzahl der Spule bei 2 Zoll Durchm. = 6,2832 Zoll Umfang auf
die Hälfte verringern, so daß sie nur 3,1416 Zoll sekundlich
aufwindet. Die voreilende Tourenzahl der Spule von 2 Zoll
Durchm. müßte in der Sekunde sein:

$$\frac{\text{Lieferung}}{\text{Spulenumfang}} = \frac{3,1416}{6,2832} = \frac{1}{2} \text{ Umdrehung oder 30 in der Minute.}$$

Wird nun der Spulendurchmesser 3 Zoll sein, dann wird
eine Umdrehung $3 \cdot 3,1416 = 9,4248$ aufwinden, da aber
immer nur 3,1416 Zoll sekundlich geliefert werden, so müssen
die Spulen nur $\frac{3,1416}{9,4248} = \frac{1}{3}$ Umdrehung sekundlich oder
20 Touren in der Minute voreilen. In andern Worten, wenn
der Durchmesser auf das 3 fache vergrößert ist, so müssen
die zwecks Aufwindung der Spindel voreilenden Spulentouren auf $\frac{1}{3}$ verringert werden. Wir haben hier eine umgekehrte Proportion: Entsprechend der Zunahme des Spulendurchmessers muß umgekehrt in demselben Verhältnis die
vorauseilende Tourenzahl der Spule verringert werden.

Wenn wir also die Geschwindigkeit für einen bestimmten
Spulendurchmesser wissen, so läßt sich daraus leicht die voreilende Aufwindungsgeschwindigkeit für einen kleineren oder
größeren Durchmesser berechnen.

Wenn 1 Zoll Spulendurchmesser eine Zusatzgeschwindigkeit
von 40 t/m bedingt, so bedingt ein Durchmesser

von 2 Zoll eine Zusatzgeschwindigkeit von $\frac{40}{2} = 20$ t/m

»   3   »   »   »   » $\frac{40}{3} = 13\frac{1}{3}$ »

»   4   »   »   »   » $\frac{40}{4} = 10$ »

»   5   »   »   »   » $\frac{40}{5} = 8$ »

»   6   »   »   »   » $\frac{40}{6} = 6\frac{2}{3}$ »

Wir sehen also, daß der Durchmesser der Spule die Grundlage ist für die zur Aufwindung erforderliche Zusatzgeschwin-

digkeit, und da der Konustrieb den Spulen diese Zusatzgeschwindigkeit bringt, so folgt daraus, daß der zunehmende
Spulendurchmesser auch die Grundlage ist für die Tourenzahl,
die der obere Konus über das Differentialgetriebe den Spulen
bringt. Wenn wir diese veränderlichen Touren des oberen
Konus kennen, so finden wir leicht den nötigen Durchmesser
der beiden Konoiden, da der untere Konus eine unveränderliche Tourenzahl hat.

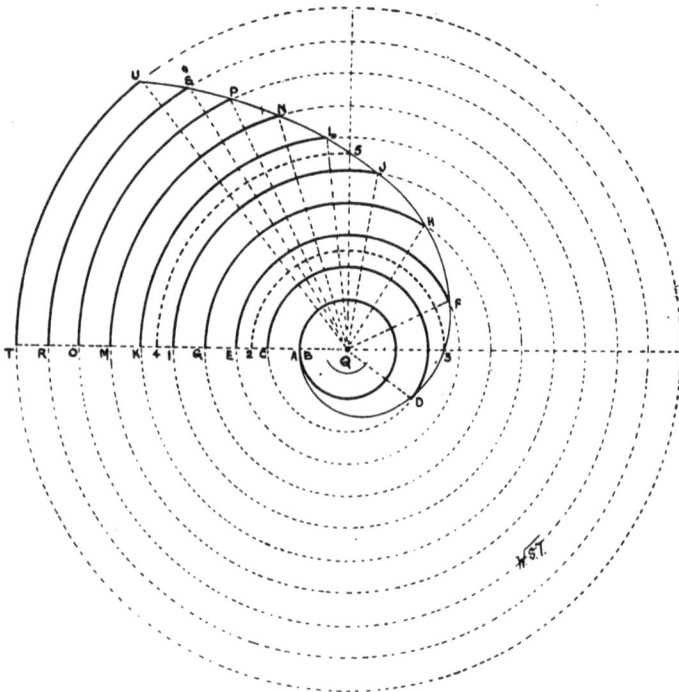

Fig. 76.

Fig. 76 gibt uns eine bildliche Darstellung, daß eine
bestimmte Länge bei zunehmendem Durchmesser einen
immer kleiner werdenden Teil des Umfanges verlangt, d. h.
wie der Kreisumfang A—B schließlich in TU nur noch einen
Bruchteil des Umfanges einnimmt.

In Fig. 77 haben wir eine noch klarere Darstellung
durch eine Kurve, die die Veränderung der Spulengeschwindigkeit für die Vergrößerung des Spulendurchmessers von
½ Zoll bis 12 Zoll aufzeichnet. Die Durchmesser der Spule
sind auf der Horizontallinie (½ Zoll bis 13 Zoll) aufgezeichnet,
die Spulentouren (0—200) auf der Senkrechten. Wir nehmen
dafür an, daß 1 Zoll Spulendurchmesser 100 Touren verlangt,

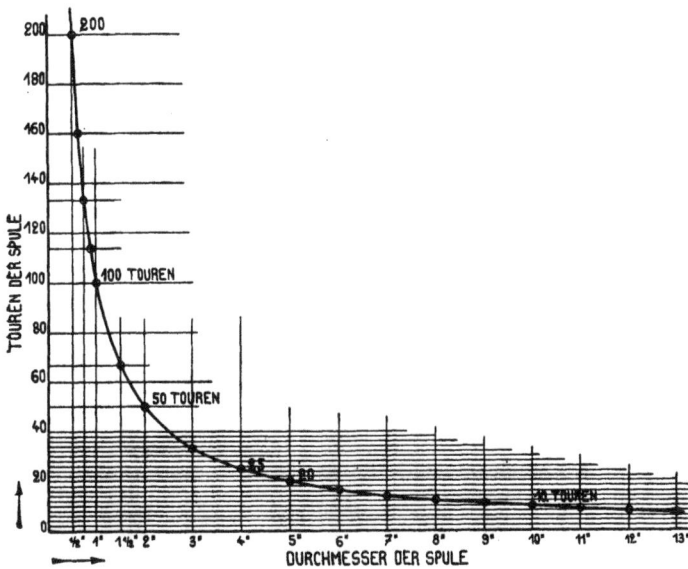

Fig. 77.

um das vom Vorderzylinder gelieferte Garn aufzuwinden,
und sehen dann, je größer der Spulendurchmesser, desto
niedriger die Tourenzahl und umgekehrt.

Wenn 1 Zoll Durchmesser 100 Touren verlangt, so verlangen

$$2 \text{ » } \text{ » } \frac{100}{2} = 50 \text{ Touren}$$

$$3 \text{ » } \text{ » } \frac{100}{3} = 33,33 \text{ »}$$

$$4 \text{ » } \text{ » } \frac{100}{4} = 25 \text{ »}$$

$$5 \text{ Zoll Durchmesser } \frac{100}{5} = 20 \text{ Touren}$$

$$6 \text{ » } \text{ » } \frac{100}{6} = 16{,}6 \text{ »}$$

$$7 \text{ » } \text{ » } \frac{100}{7} = 14{,}3 \text{ »}$$

$$8 \text{ » } \text{ » } \frac{100}{8} = 12\tfrac{1}{2} \text{ »}$$

$$9 \text{ » } \text{ » } \frac{100}{9} = 11{,}1 \text{ »}$$

$$10 \text{ » } \text{ » } \frac{100}{10} = 10 \text{ »}$$

$$11 \text{ » } \text{ » } \frac{100}{11} = 9{,}09 \text{ »}$$

$$12 \text{ » } \text{ » } \frac{100}{12} = 8{,}33 \text{ »}$$

$$\tfrac{1}{2} \text{ » } \text{ » } 100 \cdot 2 = 200 \text{ »}$$

$$\tfrac{1}{8} \text{ » } \text{ » } 100 \cdot 8 = 800 \text{ »}$$

Wenn auf den verschiedenen Spulendurchmessern Senkrechte errichtet werden und von den Tourenzahlen aus Horizontallinien die entsprechenden Senkrechten der Durchmesser schneiden, so entsteht eine Reihe von Punkten, die miteinander verbunden, eine Kurvenlinie ergeben, die das Fallen der Tourenzahlen für die größeren Durchmesser bildlich darstellt. Wir können an jeder beliebigen Stelle der Kurve durch eine wagrechte und eine senkrechte Linie die Tourenzahl für den entsprechenden Durchmesser feststellen. Diese Kurve stellt also genau die Tourenzahl vor für den Aufbau einer Spule, und wir können die Zahlen beliebig annehmen, z. B. für 1 Zoll Durchm. 2000 t/m, so wird sich die Form der Kurve (die sog. Hyperbel), auf andere beliebige Durchmesser berechnet, ebenso gestalten. Die Bedeutung dieser Darstellung liegt darin, zu zeigen, daß der Geschwindigkeitsabfall von ½ Zoll bis 1 Zoll Durchm. außerordentlich groß ist (von 200 bis 100 Touren), während jeder weitere Zoll im Spulendurchmesser eine immer geringere Geschwindigkeitsabnahme aufweist, so daß der Abfall für ½ bis 1 Zoll Durchm. größer ist als der von 1 bis 13 Zoll. Es handelt sich dabei immer um die Zusatztouren für die Spulenaufwindung, und auf ein praktisches Verhältnis angewandt, sehen wir, daß, wenn für eine

leere Spule von 1 Zoll Durchm. 100 Aufwindungstouren nötig
sind, die volle Spule von 4 Zoll Durchm. nur 25 Touren nötig
hat, so daß also die Zusatzgeschwindigkeit des oberen Konus
auf ¼ reduziert wird. Daraus geht hervor, daß der Durchmesser der Konoiden so gebaut sein muß, daß von einem
Ende der Konoiden zum andern Ende eine 4 fache Änderung
der Tourenzahl vorhanden ist. Die zumeist übliche Konstruk-
tion ist 3½ Zoll für den kleinsten und 7 Zoll für den größten
Durchmesser und für die leere Spule eine Übersetzung vom
oberen zum unteren Konus von $\dfrac{7}{3\frac{1}{2}}$ und für die volle Spule $\dfrac{3\frac{1}{2}}{7}$.
Für jede neue Spulenwindung wird der Konusriemen vom
breiten Ende des oberen Konus gleichmäßig verschoben, bis
am schmalen Ende die Spule voll aufgewunden ist.

Die Konstruktion der Konoiden.

Fig. 78 und 79 dienen zur weiteren Erklärung. Um die
Aufgabe auf ihre einfachste Form zu bringen, stellen wir die
Geschwindigkeit fest für die leere, die halbvolle und die
volle Spule, die in Fig. 78 durch A, B und C bezeichnet sind.

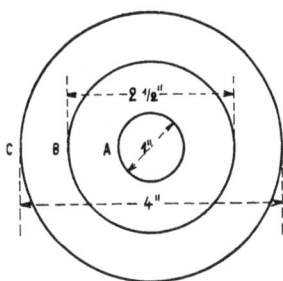

Fig. 78.

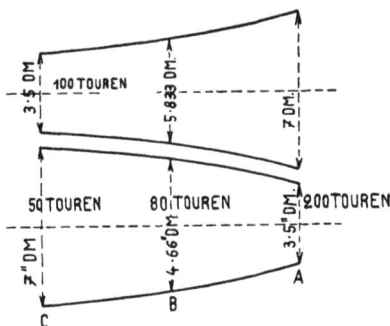

Fig. 79.

Der Einfachheit wegen nehmen wir für den oberen Konus
100 t/m an und die äußersten Durchmesser von 3½ Zoll
und 7 Zoll, treiben vom oberen Konus also den unteren Konus
mit $100 \cdot \dfrac{7}{3\frac{1}{2}} = 200$ t/m und mit $100 \cdot \dfrac{3\frac{1}{2}}{7} = 50$ t/m. Der

Durchmesser der Spule sei mit $A = 1$ Zoll, $B = 2\frac{1}{2}$ Zoll und $C = 4$ Zoll angenommen. Die mittlere Geschwindigkeit ist dann sofort gefunden, denn der Durchmesser von $2\frac{1}{2}$ Zoll ist $2\frac{1}{2}$ mal größer als die 1 zöllige leere Spule, und die Tourenzahl muß umgekehrt $\dfrac{1}{2\frac{1}{2}}$ sein, oder in anderer Form, die Tourenzahl muß sich umgekehrt zur Durchmesserzunahme verhalten $2\frac{1}{2} = \dfrac{5}{2}$ Zoll, umgekehrt $\dfrac{2}{5}$ und $\frac{2}{5}$ von 200 (Touren für die leere Spule) $= 80$ Touren des unteren Konus bei der Mittelstellung des Riemens. Ein wichtiger Punkt ist die große Geschwindigkeitsabnahme von der leeren Spule bis zur halbvollen Spule und demgegenüber die kleine Abnahme von der Mitte bis zur vollen Spule. Aber das ist es, was wir oben bei der Hyperbelkurve (Fig. 77) gelernt haben, wo die ersten Windungen ein rasches Fallen der Touren bringen, während die vollere Spule ein immer langsameres Abnehmen der Touren aufweist. Es ist nun nur noch Sache einer Verhältnisrechnung, um die für die weiteren Tourenzahlen entsprechenden Durchmesser zu finden, wobei nur in Betracht zu ziehen ist, daß die beiden einander gegenüberliegenden Durchmesser zusammengenommen immer dieselbe Summe ergeben müssen, im obigen Fall $10\frac{1}{2}$ Zoll, und dann erhalten wir

$$\frac{10\frac{1}{2} \cdot 100}{100 + 80} = 5,83 \text{ Zoll und } \frac{10\frac{1}{2} \cdot 80}{180} = 4,66 \text{ Zoll.}$$

Wenn die den verschiedenen Windungen oder deren Tourenzahl entsprechenden Durchmesser eingezeichnet werden, so erhalten wir die so charakteristischen Konuskurven: Der obere Konus erhält die hohl einwärts gebogene (konkave) Form, der untere Konus dagegen genau die umgekehrte, nach auswärts gebogene (konvexe) Form. Die bisherigen einfachen Erklärungen werden das Verständnis für das kommende vollständigere Beispiel erleichtern.

Die Spule wird, wie vorher, mit 1 Zoll Durchm. für leere und mit 4 Zoll Durchm. für volle Spule angenommen. Um für die genaue Konuskurve eine genügende Zahl von Punkten zu erhalten, so suchen wir für jeden Viertelzoll Spulendurchmesser den nötigen Konusdurchmesser. Die Konuslänge ist

mindestens 30 Zoll und der Riemen wird von dem einen
Ende zum andern für jede neue Fadenlage durch den Schalt-
apparat weitergerückt. Zu diesem Beispiel ist jeder Konus
so eingeteilt, daß die korrespondierenden Konusdurchmesser
der Riemenmitte entsprechen. Diese Einteilung gibt 13 Riemen-
stellungen, wofür die Durchmesser zu berechnen sind, da aber
die beiden Endmaße 3½ und 7 Zoll schon bekannt sind, so
haben wir nur noch 11 zu suchen. Wie im vorhergehenden
Beispiel werden für den oberen treibenden Konus 100 t/m angenommen, so daß für die äußeren Stellungen ebenfalls 200
und 50 t/m für den unteren Konus gelten, entsprechend
leerer und voller Spule.

Die folgende Tabelle zeigt in gedrängter Form die Grundlagen und Berechnungen für

Tourenzahl und Durchmesser.

A	B	C	D	E	F	G	H
Zoll	Zoll	Zoll		t/m	Zoll	Zoll	Zoll
1	1	1	$1 \cdot 200 = 200$	100	3,5	7,0	$10\frac{1}{2}$
$1\frac{1}{4}$	$\frac{5}{4}$	$\frac{4}{5}$	$\frac{4}{5} \cdot 200 = 160$	100	4,038	6,462	$10\frac{1}{2}$
$1\frac{1}{2}$	$\frac{3}{2}$	$\frac{2}{3}$	$\frac{2}{3} \cdot 200 = 133,3$	100	4,5	6,0	$10\frac{1}{2}$
$1\frac{3}{4}$	$\frac{7}{4}$	$\frac{4}{7}$	$\frac{4}{7} \cdot 200 = 114,28$	100	4,9	5,6	$10\frac{1}{2}$
2	$\frac{2}{1}$	$\frac{1}{2}$	$\frac{1}{2} \cdot 200 = 100$	100	5,25	5,25	$10\frac{1}{2}$
$2\frac{1}{4}$	$\frac{9}{4}$	$\frac{4}{9}$	$\frac{4}{9} \cdot 200 = 88,88$	100	5,5	5,0	$10\frac{1}{2}$
$2\frac{1}{2}$	$\frac{5}{2}$	$\frac{2}{5}$	$\frac{2}{5} \cdot 200 = 80$	100	5,83	4,67	$10\frac{1}{2}$
$2\frac{3}{4}$	$\frac{11}{4}$	$\frac{4}{11}$	$\frac{4}{11} \cdot 200 = 72,72$	100	6,078	4,42	$10\frac{1}{2}$
3	$\frac{3}{1}$	$\frac{1}{3}$	$\frac{1}{3} \cdot 200 = 66,66$	100	6,3	4,2	$10\frac{1}{2}$
$3\frac{1}{4}$	$\frac{13}{4}$	$\frac{4}{13}$	$\frac{4}{13} \cdot 200 = 61,5$	100	6,5	4,0	$10\frac{1}{2}$
$3\frac{1}{2}$	$\frac{7}{2}$	$\frac{2}{7}$	$\frac{2}{7} \cdot 200 = 57,14$	100	6,68	3,82	$10\frac{1}{2}$
$3\frac{3}{4}$	$\frac{15}{4}$	$\frac{4}{15}$	$\frac{4}{15} \cdot 200 = 53,33$	100	6,84	3,66	$10\frac{1}{2}$
4	$\frac{4}{1}$	$\frac{1}{4}$	$\frac{1}{4} \cdot 200 = 50$	100	7,0	3,5	$10\frac{1}{2}$

A sind die jeweiligen Durchmesser der Spule in Zoll,
B dasselbe, in Brüchen ausgedrückt.

C sind die umgekehrten Durchmesser B und stellen also
die Werte der Tourenzahlen dar, »im umgekehrten Verhältnis
zum Durchmesser«.

Die Spalte D enthält die verschiedenen Tourenzahlen
des unteren Konus, entsprechend den verschiedenen Spulen-

Bauer-Taggart, Berechnungen. 13

durchmessern und berechnet mit den umgekehrten Brüchen dieser Spulendurchmesser.

E enthält demgegenüber die unveränderliche Tourenzahl des oberen Konus.

F gibt den berechneten Durchmesser des unteren Konus auf Grund der einfachen Proportion mit den uns bekannten Werten: Oberer Durchm. + unterer Durchm. ($= 10\frac{1}{2}$), t/m des oberen Konus ($E = 100$) und t/m des unteren Konus (D).

$$\frac{\text{Ober. Durchm.} + \text{unt. Durchm.} (= 10\frac{1}{2})}{\text{untere Tourenzahl} + \text{obere Tourenzahl}} = \frac{\text{unt. Durchm.}}{\text{obere Tourenzahl}}$$

$$\text{oder} = \frac{\text{ober. Durchm.}}{\text{unt. Tourenzahl}}.$$

Dann ist

$$\frac{(\text{ober. Dchm.} + \text{unt. Dchm.}) \cdot \text{obere Tourenzahl}}{\text{untere Tourenzahl} + \text{obere Tourenzahl}} = \text{Durchmesser des unteren Konus}$$

und

$$\frac{(\text{ober. Dchm.} + \text{unt. Dchm.}) \cdot \text{unt. Tourenzahl}}{\text{untere Tourenzahl} + \text{obere Tourenzahl}} = \text{Durchmesser des oberen Konus.}$$

(1 Zoll Spulendurchmesser)

$$\frac{10\frac{1}{2} \cdot 100}{200 + 100} = 3,5 \text{ Zoll Durchm.} \qquad \frac{10\frac{1}{2} \cdot 200}{200 + 100} = 7,00 \text{ Zoll Durchm.}$$
d. unt. Konus　　　　　　　　　　　　　d. ob. Konus,

(2 Zoll Spulendurchmesser)

$$\frac{10\frac{1}{2} \cdot 100}{100 + 100} = 5,25 \text{ Zoll Durchm.} \qquad \frac{10\frac{1}{2} \cdot 100}{100 + 100} = 5,25 \text{ Zoll Durchm.}$$
d. unt. Konus　　　　　　　　　　　　　d. ob. Konus,

(3 Zoll Spulendurchmesser)

$$\frac{10\frac{1}{2} \cdot 100}{66,6 + 100} = 6,3 \text{ Zoll Durchm.} \qquad \frac{10\frac{1}{2} \cdot 66,6}{66,6 + 100} = 4,2 \text{ Zoll Durchm.}$$
d. unt. Konus　　　　　　　　　　　　　d. ob. Konus,

(4 Zoll Spulendurchmesser)

$$\frac{10\frac{1}{2} \cdot 100}{50 + 100} = 7,00 \text{ Zoll Durchm.} \qquad \frac{10\frac{1}{2} \cdot 50}{50 + 100} = 3,5 \text{ Zoll Durchm.}$$
d. unt. Konus　　　　　　　　　　　　　d. ob. Konus.

G enthält den oben gleichzeitig berechneten Durchmesser des oberen Konus, der auch durch Subtraktion ($10\frac{1}{2}$ — Dchm. des unt. Konus) gefunden werden kann.

H ist die Summe der beiden Durchmesser, die immer gleich sein muß, in unserem Fall $10\frac{1}{2}$, da sonst der Riemen nicht arbeiten könnte.

Fig. 80 und 81 sind eine Darstellung der obigen Tabelle, die Riemenstellung bei *A* würde der leeren Spule entsprechen, und für jede Zunahme des Spulendurchmessers um ¼ Zoll muß der Riemen bis zur nächsten Stelle verschoben sein, bis er bei einer Zunahme von 1 auf 4 Zoll bei *B* anlangt. Dieser Aufbau der Flyerkonoiden ist im Grunde genommen so ein- fach, daß es überraschend ist, wieviel Schwierigkeiten deren Er- klärung erfordert, der ganze Vor- gang kann in wenige Worte zu- sammengefaßt werden: Die ver- schiedenen Spulendurchmesser werden in Bruchzahlen ausge- drückt, solche Bruchzahlen u m - g e k e h r t und mit der Touren- zahl für die leere Spule multi-

Fig. 80.

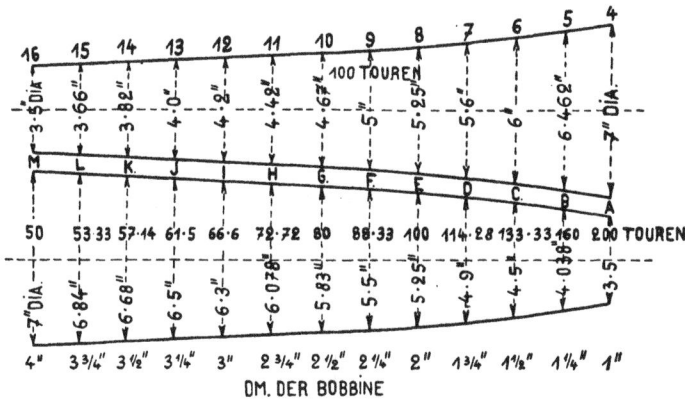

Fig. 81.

pliziert, geben als Resultat die ganze Reihe der nötigen Tourenzahlen von der leeren bis zur vollen Spule. Wenn so die Tourenzahlen für die verschiedenen Spulendurchmesser berechnet sind, so bedarf es nur einfacher Verhältnisrech- nungen, um jeden Konusdurchmesser für diese einzelnen

13*

Tourenzahlen zu erhalten, und damit ergibt sich die Konus-form mit ihrer charakteristischen hyperbolischen Kurve.

Trotz der Wertschätzung dieser Methode wollen wir den Leser noch mit anderen Methoden bekannt machen, die auf verschiedenen Wegen zu demselben Ziele kommen.

Wir nehmen wieder, wie vorher, einen Spulendurchmesser von 1 bis 4 Zoll und dafür als äußerste Durchmesser der Konoiden ebenfalls 7 Zoll und 3½ Zoll, für die Veranschau-lichung diene Fig. 81. Nun wird die Konuslänge in eine Anzahl Teile geteilt, und zwar so, daß, wenn sie numeriert werden, die letzte Zahl 4 mal so groß ist wie die erste. Der Grund dafür ist, daß 4 das Verhältnis der äußersten Tourenzahlen ist. In obiger Zeichnung sind die Teilstriche mit 4 bis 16 numeriert, ihre Anzahl ist also 13, und für jeden dieser 13 Punkte ist also der Durchmesser anzugeben, da die beiden äußersten schon bekannt sind, so sind nur noch 11 Durchmesser zu berechnen. Nehmen wir die Tourenzahl des oberen Konus auch wieder mit 100 t/m an, dann erhalten wir die weiteren zur Berech-nung der Touren und der Durchmesser gehörigen Größen in folgender Tabelle:

V Tourenzahl des treibenden oberen Konus . . . . = 100

D Durchmesser des getriebenen Konus . . .   ist zu berechnen

M Größte Tourenzahl des getriebenen Konus . . . = 200

P Tourenzahl des getriebenen Konus . . . . .   ist zu berechnen

R Verhältniszahl der beiden äußersten Touren am
     getriebenen Konus . . . . = 4

E Nummer der Konuseinteilung für leere Spule . . = 4

G Nummern für die verschiedenen Spulendurchmesser = 4—16

S Summa der beiden korrespond. Konusdurchmesser = 10½ Zoll.

Die Touren des unteren Konus ergeben sich durch um-gekehrte Proportionen; ist z. B. der Riemen bei 4 und der untere Konus hat dabei 200 t/m, welche Tourenzahl ergibt sich in 5? Das umgekehrte Verhältnis gibt $\dfrac{200 \cdot 4}{5} = 160$ t/m. Ebenso bei 6 erhalten wir $\dfrac{200 \cdot 4}{6} = 133,33$ Touren usw. die ganzen Nummern von 4 bis 16. Der Hauptpunkt ist immer die umgekehrte Proportion des zunehmenden Spulendurch-messers und der abnehmenden Tourenzahl, deren Grund

schon genügend klargelegt ist, um weitere Erklärungen überflüssig zu machen.

Die Resultate einer derartigen Berechnung sind in der
nachstehenden Tabelle zusammengestellt, sowohl die Touren,
als die entsprechenden Durchmesser des getriebenen unteren
Konus. Die Rechnungsformel dafür ist:

$$\frac{M \cdot E}{G} = P \text{ (Touren).} \qquad \frac{S \cdot V}{P + V} = D \text{ (Durchmesser).}$$

G	P Touren	D Durchmesser	G	P Touren	D Durchmesser
4	200	3,5	11	72,2	6,078
5	160	4,038	12	66,66	6,3
6	133,33	4,5	13	61,5	6,5
7	114,28	4,9	14	57,14	6,68
8	100	5,25	15	53,33	6,85
9	88,88	5,5	16	50	7,—
10	80	5,83			

Eine andere Methode. Wie beim letzten Beispiel wird auch
hierzu Fig. 81 benutzt und die Konoiden in 13 Punkte eingeteilt mit den Nummern 4 bis 16. An Stelle der verschiedenen
Tourenzahlen für die jeweilige Riemenstellung suchen wir
das Verhältnis, das zwischen den einander gegenüberliegenden
Konusdurchmessern besteht. Die äußeren Konusdurchmesser
sind uns bekannt, und wir erhalten daraus die einfache Proportion

$$\frac{3,5}{7} = 0,5 \text{ für die eine und } \frac{7}{3,5} = 2 \text{ für die andere Seite.}$$

Die dazwischenliegenden Proportionen können so nicht
gefunden werden, weil ja die Durchmesser noch zu berechnen
sind, deshalb benutzen wir dazu die Nummern 4 bis 16, die
diese Durchmesser repräsentieren. Es ist zu beachten, daß
diese Nummern ein festes Verhältnis darstellen, wie die Proportionen der Durchmesser, denn $\frac{1}{8}$ von $4 = 0,5$ und $\frac{1}{8}$
von $16 = 2$, und dementsprechend gibt stets $\frac{1}{8}$ der Nummern
von 4 bis 16 die Proportionen dieser Punkte. Die Formel
ist also

$$\text{Verhältniszahl der Durchmesser} = \frac{B \cdot G}{A \cdot E}.$$

Die entsprechenden Größen sind folgende:

A Größter Konusdurchmesser . . . . 7 Zoll
B Kleinster Konusdurchmesser . . . . 3½ Zoll
C Gesuchter Durchmesser des treibenden Konus . . . $S — D$
D Gesuchter Durchmesser des getriebenen Konus . . $S — C$
E Nummer des Konuspunktes für leere Spule . . . 4
F Nummer des Konuspunktes für volle Spule 16
G Nummern der Punkte für die verschied. Spulendurchm. 4—16

R Verhältnis für die verschied. Konusdurchmesser $= \dfrac{B \cdot G}{A \cdot E}$

S Summe der gegenüberliegenden Konusdurchmesser . 10½ Zoll.

Die Verhältniszahlen der Durchmesser ergeben sich wie folgt:

$$R = \frac{B \cdot G}{A \cdot E} = \frac{3{,}5 \cdot G}{7 \cdot 4} = 0{,}125 \cdot G.$$

Wenn dies für jede Teilung von Nr. 4 bis 16 berechnet ist, so haben wir die Rubrik R in der folgenden Tabelle. Es wäre nun leicht, die Tourenzahl damit zu berechnen, aber ich will es uns ersparen und das Weitere in folgender Formel zum Ausdruck bringen.

Der Durchmesser des unteren Konus $= \dfrac{S \cdot R}{R + 1}.$

Aus dieser Gleichung stammen die Werte für D in der folgenden Tabelle, die mit den früheren übereinstimmen:

G	$R = \frac{1}{8} G$	$D = \frac{S \cdot R}{R + 1}$
4	0,5	3,5
5	0,625	4,038
6	0,75	4,5
7	0,875	4,9
8	1,0	5,25
9	1,125	5,56
10	1,250	5,83
11	1,375	6,078
12	1,500	6,3
13	1,625	6,5
14	1,750	6,68
15	1,875	6,84
16	2,000	7,0

Die Grundlage der obigen Methode beruht auf der Tatsache, daß das Verhältnis der einander gegenüberliegenden Konusdurchmesser in genau derselben Proportion wie der Durchmesser zunimmt. Da die Spulengeschwindigkeiten im umgekehrten Verhältnis zu ihren Durchmessern stehen und die Geschwindigkeiten der Spulen von den Touren des Konus abhängen, so müssen sich die Touren des Konus umgekehrt wie die Spulendurchmesser ändern. Aber das Verhältnis der Durchmesser der Konoiden zueinander verhält sich verkehrt wie die Geschwindigkeit, z. B. bei 100 Touren und 7 Zoll Durchmesser des oberen Konus hat der untere Konus 200 Touren und 3½ Zoll Durchmesser.

Eine weitere Berechnungsart. Eine Abweichung von der obigen Methode ergibt das Verhältnis der Konusdurchmesser zum Spulendurchmesser, aber durch Einverleibung der Summen der Durchmesser in die Berechnung wird die Beschaffung der Verhältniszahlen unnötig, trotzdem bietet aber gerade diese Proportion die Grundlage dieser Methode.

Die verschiedenen Werte bezeichnen wir wieder mit

A = Größter Konusdurchmesser . . . . 7 Zoll
B = Kleinster Konusdurchmesser . . . . 3½ »
X = Jeder andere Durchmesser des treibenden Konus
x = Jeder andere Durchmesser des getriebenen Konus
D = Durchmesser der leeren Spule . . . . 1 »
d = Jeder andere Durchmesser bis zur vollen Spule bis 4 »
S = Summe der korrespondierenden Konusdurchm. . 10½ »

Wir kalkulieren damit wie folgt:

So wie das Anfangsverhältnis der Konusdurchmesser zur leeren Spule ist, so wird auch das Verhältnis aller anderen zusammenarbeitenden Konusdurchmesser zu dem korrespondierenden Spulendurchmesser sein. Rechnerisch ausgedrückt:

1. $\dfrac{B}{A} : D$ wie $\dfrac{x}{X} : d$.

Dann ist

2. $\dfrac{B}{A} \cdot d = \dfrac{x}{X} \cdot D$ oder $\dfrac{B\,d}{A} = \dfrac{x \cdot D}{X}$;

3. $X = \dfrac{x\,D\,A}{B\,d}$

und

4.
$$x = \frac{X\,B\,d}{D\,A}.$$

Da aber $X + x = S$, so ist $X = S - x$ und $x = S - X$, und wenn wir in 3. diesen Wert von X einsetzen, so erhalten wir

5.
$$S - x = \frac{x\,D\,A}{B\,D} \text{ und } B\,d\,(S - x) = x\,D\,A,$$

daraus weiter

$$B\,d\,S - B\,d\,x = x\,D\,A \text{ und } B\,d\,S = x\,D\,A + B\,d\,x..$$

Beide Seiten durch x dividiert:

$$\frac{B\,d\,S}{x} = \frac{x\,D\,A + B\,d\,x}{x},$$

$$\frac{B\,d\,S}{x} = D\,A + d\,B.$$

Durch Umkehrung:

$$\frac{1}{x} = \frac{D\,A + d\,B}{B\,d\,S},$$

6.
$$x = \frac{B\,d\,S}{D\,A + d\,B}.$$

In derselben Weise kann aus 4. durch Ersetzen von x die Formel abgeleitet werden:

$$X = \frac{A\,D\,S}{D\,A + d\,B}.$$

Durch Einsetzen der Zahlenwerte in die obige Formel erhalten wir ohne weiteres die Konusdurchmesser, die zu jedem beliebigen Spulendurchmesser verlangt werden. Z. B. für den Spulendurchmesser von 2 Zoll:

$$x = \frac{3\frac{1}{2} \cdot 2 \cdot 10\frac{1}{2}}{7 \cdot 1 + 3\frac{1}{2} \cdot 2} = 5{,}25 \text{ Zoll},$$

$$X = 10\frac{1}{2} - 5{,}25 \quad = 5{,}25 \text{ Zoll}$$

und weiter für einen Spulendurchmesser von 3 Zoll

$$x = \frac{3\frac{1}{2} \cdot 3 \cdot 10\frac{1}{2}}{7 \cdot 1 + 3\frac{1}{2} \cdot 3} = 6{,}3 \text{ Zoll},$$

$$X = 10\frac{1}{2} - 6{,}3 \quad = 4{,}2 \text{ Zoll}.$$

Diese Ergebnisse sind in Übereinstimmung mit Fig. 81.

Es wurden schon viele Versuche gemacht, den bisherigen Antrieb des unteren Konus zu verbessern, bisher jedoch ohne Erfolg. Diese Abänderungen waren hauptsächlich darauf

gerichtet, den Riemen zu ersetzen durch eine Friktionsvor-
richtung, die direkt oder durch ein Zwischenglied arbeitet.
Zahllose mechanische Vorrichtungen wurden für diesen Zweck
ersonnen, aber sie hatten keinen praktischen Erfolg. Wenn
nachher das Thema des Differentialgetriebes behandelt wird,
so wird man sehen, daß ein Bedürfnis zur Verbesserung des
Konoidentriebes wohl vorliegt, aber es ist ebenso richtig,
daß die wirklichen Schwierigkeiten auch auf das Differentialgetriebe zurückgeführt werden können, und deshalb haben,
während die einen nach einem neuen Konustrieb suchten,
andere an der Verbesserung des Differentialwerkes gearbeitet.
Die letzteren haben auch tatsächlich Erfolge erzielt, und die
Schwierigkeiten, über die man früher zu klagen hatte, sind
ziemlich eingeschränkt.

Die Grundlagen epizyklischer Getriebe.

Unter einem epizyklischen Rädergetriebe versteht man
die Abrollung des einen Rades in einer Kreisbewegung um
das andere. Ehe wir zu einzelnen Beispielen der verschiedenen
Differentialwerke übergehen, soll zunächst das Grundprinzip
solcher Getriebe behandelt werden.

In Fig. 82 haben wir die Darstellung eines epizyklischen
Rädergetriebes in seiner einfachsten Form, das aus zwei
ineinandergreifenden Rädern besteht, die der Einfachheit
wegen die gleichen Zähnezahlen besitzen. Das Rad B muß
man sich auf einer festgelagerten Achse A denken, während C
in dem um A drehbaren Arm J gelagert ist. Unter gewöhn-
lichen Verhältnissen würden beide Räder B und C festgelagerte
Achsen haben und dadurch bei gleicher Zähnezahl gleiche
Touren haben, wenn nun aber das eine auf einer frei beweg-
lichen Welle sitzt, so entstehen für die Bewegung der Räder
neue Verhältnisse, mit denen wir uns beschäftigen wollen.

Nehmen wir einmal an, das Rad B sei so auf der Welle A
befestigt, daß es sich nicht drehen kann; wenn dann der
Arm J eine ganze Drehung um seinen Drehpunkt A erhält,
so wird er das Rad C mitnehmen, und da die Verzahnung
von C sich dabei auf dem festsitzenden Rad B abrollt, so

wird sich C auch um seine eigene Achse drehen. Wir haben
also für C zwei Bewegungen: Der Arm J und das Rad C
machen beide eine große Kreisbewegung um die Achse A,
außerdem macht aber dabei C, infolge seiner Verzahnung,
für sich eine Drehung um seine eigene Achse und erhält damit
zwei Drehungen.

Zum richtigen Verständnis ist es nötig, die etwas unge-
wohnte erste Bewegung, die durch die Kreisbewegung von J
verursacht wird, in ihrer Wirkung auf C zu beobachten.

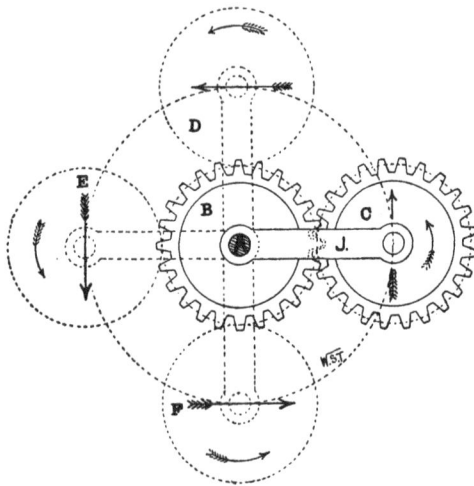

Fig. 82.

In Fig. 83 ist das Rad B entfernt, und C wird allein durch
die Kreisbewegung vom Arm J mitgenommen. An den zwei
Pfeilen können wir genau beobachten, welche Wirkung diese
Kreisbewegung auf das Rad C ausübt. Wir sehen in Fig. 83,
daß, wenn das Rad nach D, also um ein Viertel der Kreisbewegung, heraufgerückt ist, der vorher senkrechte Pfeil
wagrecht liegt und also die Stellung des Rades um ein Viertel
vorgedreht wurde. Bei E ist die Drehung noch weiter vor-
geschritten, so daß der Pfeil nach abwärts gerichtet ist und
damit gegenüber der ursprünglichen Stellung eine halbe

Drehung des Rades anzeigt, und das entspricht zweifellos
einer halben Drehung des Rades um seine Achse. Von E
geht die Bewegung weiter über F nach C, bis dort hat der Pfeil
seine Drehung fortgesetzt, er nimmt seine erste Stellung
wieder ein, und damit hat das Rad eine volle Drehung um
seine Achse vollendet. Diese Drehung, die das Rad C ohne
Eingriff in ein Getriebe erhalten hat, muß demselben ange-
rechnet werden, unabhängig von anderen Umdrehungen, die
es von anderwärts durch Zahnräder oder durch seine eigene

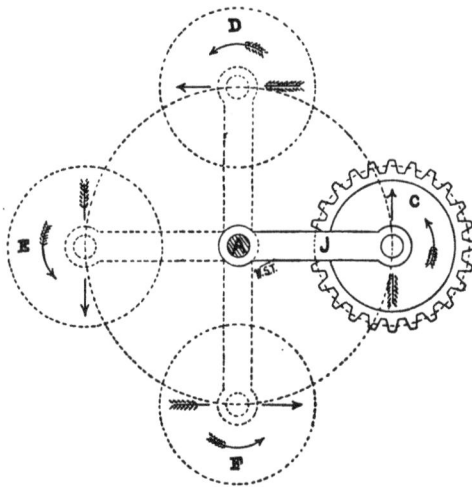

Fig. 83.

Welle erhält. Es kann die Richtigkeit dieser Tatsache noch
an einem weiteren Beispiel in Fig. 84 gezeigt werden, wo
wir uns das Rad B vollständig lose auf der Achse A denken
wollen; wenn dann der Arm J mit C seine Kreisbewegung
macht, dann wird das Rad C, trotzdem es auf J festsitzt,
eine Drehung um seine Achse machen und dabei B mitnehmen,
so daß durch eine Umdrehung von J auch B eine Umdrehung
erhält.

Ein weiteres Beispiel zur Erklärung der zwei Umdrehungen von C in Fig. 82 für eine Umdrehung von J kann

an Hand der Fig. 85 und 86 gegeben werden. In Fig. 85 haben wir eine Seitenansicht der Räder, wobei O auf der Welle A festsitzt, so daß es sich nicht drehen kann; B und D sind zusammen drehbar im Arm J gelagert, der seinerseits um

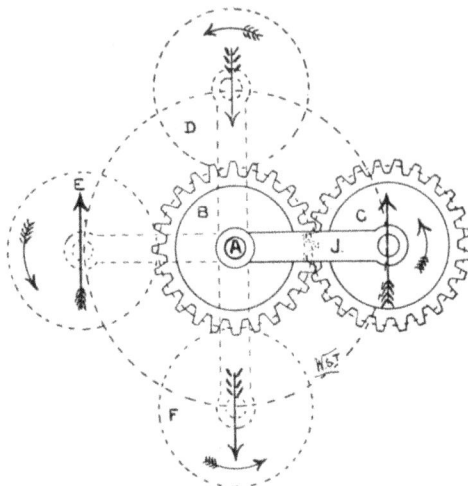

Fig. 84.

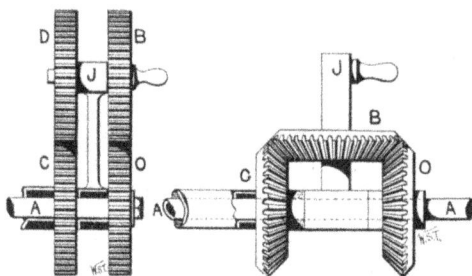

Fig. 85.   Fig. 86.

die Welle A drehbar ist, wobei B in das unbewegliche Rad O eingreift, während D mit einem Rad C, das lose auf der Welle A sitzt, in Eingriff steht. Wenn nun der Arm J die eine volle Kreisbewegung macht, so wird er B und D mitnehmen, B wird, wie wir gesagt haben, zwei Umdrehungen machen — eine durch die Mitnahme in der Kreisbewegung (Fig. 83) und eine durch Abrollung auf O —, und da B und D auf einem gemeinsamen drehbaren Zapfen befestigt sind, so wird D die zwei Drehungen ebenfalls mitmachen, und es ist zweifellos, daß D diese zwei Drehungen an C überträgt. Es wird also durch die eine Kreisbewegung von J mit B und D und infolge der gleichzeitigen Abrollung von B auf dem festsitzenden O das Rad C zwei Umdrehungen erhalten. Diese Getriebe werden deshalb mannigfach verwendet, so bei dem in der Spinnerei gebräuchlichen Sortierhaspel; nur ist bei diesem an Stelle der beiden Stirnräder B und D (Fig. 85) ein einziges Kegelrad B an J gelagert (Fig. 86). In diesem Falle sitzt O auch wieder fest, und B greift gleichzeitig in O und C ein. B sitzt lose auf J und J lose auf A. Wenn nun B mittels des Armes J um die Achse A gedreht wird, so wird B seine zwei Umdrehungen — die eine von der Mitnahme durch J, die andere von der Abrollung auf dem festsitzenden O herrührend — an C weitergeben, und so erhalten wir in Fig. 86 durch eine Umdrehung der Kurbel J zwei Umdrehungen des Rades C.

Bisher haben wir uns darauf beschränkt, für diese Räder gleiche Zähnezahl anzunehmen, aber sie können selbstverständlich auch ungleich sein, ohne die Grundzüge dieser Getriebe zu ändern. Nehmen wir z. B. an, in Fig. 82 habe B 65 Zähne und C 24 Zähne, dann wird durch die eine Kreisbewegung von J das Rad C eine Umdrehung durch die Mitnahme erhalten und $\frac{65}{24}$ Umdrehungen durch die Abrollung auf B, und so erhalten wir

$$1 + \frac{65}{24} = 1\frac{65}{24} \text{ Umdrehungen}$$

usw., je nach den verwendeten Rädern. Ebenso können an dem Arm J eine Anzahl Räder zu einem Getriebe vereinigt werden, die hier als Übersetzung genau so wirken wie in jedem andern Getriebe. Es ist aber hier besonders darauf zu achten, daß, wenn zwischen zwei zusammenarbeitende Räder ein drittes Rad eingeschaltet wird, sich die Drehrichtung ändert,

oder in andern Worten, die erzielte Drehrichtung durch ein
Getriebe mit einer ungeraden Anzahl Räder wie 3, 5, 7 etc.
ist der Drehrichtung entgegengesetzt, die wir durch eine
Übersetzung mit einer geraden Anzahl Räder wie 2, 4, 6 etc.
erhalten. Ein weiterer wichtiger Punkt in dieser Sache, der
richtig verstanden sein muß, ist die sog. »relative« Bewegung,
das ist die Geschwindigkeit irgendeines Teils des epizyklischen
Getriebes gegenüber einem andern mit ihm zusammenarbeitenden Getriebsteil. Z. B.: das Rad B in Fig. 82, das festsitzt, kann deshalb nicht eine für sich bestehende (»absolute«)
Bewegung haben, man kann sich jedoch durch eine Gegen-
überstellung mit dem in Bewegung befindlichen Arm J eine
hierauf bezügliche (»relative«) Bewegung denken in entgegengesetzter Richtung von J. Man kann das vergleichen mit
dem Eindruck, den eine Person in einem fahrenden Zug hat,
gegenüber den Häusern, Bäumen und sonstigen feststehenden
Gegenständen, die den Eindruck hervorrufen, als ob sie nach
entgegengesetzter Richtung bewegt würden; in Wirklichkeit
stehen sie fest, aber gegenüber dem Zug kann man von einer
relativen Bewegung sprechen. Der Betrag dieser relativen
Geschwindigkeit ist gleich der Zuggeschwindigkeit, wenn die
Gegenstände feststehen; wenn die Gegenstände, z. B. ein
Wagen, in derselben Richtung fahren, so ist die Differenz,
wenn in entgegengesetzter Richtung, die Summe der Geschwindigkeiten die relative Bewegung. Diese Erläuterung
dient vielleicht zum besseren Verständnis der Vorgänge am
Differentialgetriebe.

Für diese Getriebe lassen sich diese Vorgänge am besten
rechnerisch ausdrücken (nach Fig. 82):

Während der Arm J a Touren macht,
erhält das erste Rad B m »
und das zweite Rad C n »

Die Größe der Räderübersetzung sei mit e bezeichnet,
und sie wird durch Division der letzten Geschwindigkeit durch
die des ersten Rades erhalten.

Wir erhalten dann im Einklang mit den obigen Erläuterungen

die relative Tourenzahl von $B = m - a$ und
die relative Tourenzahl von $C = n - a$
und die Größe der Übersetzung

$$e = \frac{n - a}{m - a}.$$

Aus dieser Gleichung kann irgendeiner der darin enthaltenen Werte gefunden werden, falls die anderen Größen
bekannt sind, und soll dies in folgendem auf dreierlei Art
gezeigt werden.

1. Das Rad B soll festgehalten sein, so daß es keine
absolute Bewegung erhält, dann ist $m = 0$ und

$$e = \frac{n - a}{0 - a},$$

$$- a e = n - a$$

dann ist

$$e = -\frac{n}{a} + 1$$

und

$$e - 1 = -\frac{n}{a},$$

$$\frac{n}{a} = 1 - e$$

und demnach

$$n = a\,(1 - e)$$

und

$$a = \frac{n}{1 - e}.$$

2. Wenn das Rad C fest ist und also $n = 0$, dann ist

$$e = \frac{0 - a}{m - a},$$

$$e\,(m - a) = - a,$$

$$m - a = -\frac{a}{e},$$

$$m = a - \frac{a}{e}$$

dann ist

$$m = a\left(1 - \frac{1}{e}\right)$$

und

$$a = \frac{m}{1 - \frac{1}{e}}$$

und

$$a = \frac{m\,e}{e - 1}.$$

3. Oder wenn der Arm und die Räder beweglich sind,
dann ist

$$e = \frac{n-a}{m-a},$$
$$e\,(m-a) = n-a,$$
$$e\,m - e\,a = n-a,$$
$$e\,m - e\,a + a = n,$$
$$e\,m - a\,(e-1) = n$$

also
$$n = e\,m + a\,(1-e).$$

Der letztere Fall verlangt besonderes Interesse, da er die wirklichen Bedingungen des Differentialgetriebes wiedergibt und zeigt, daß der Antrieb der Räder oder des Armes unabhängig voneinander erfolgen kann. In den folgenden Zahlenbeispielen ist sehr zu beachten, daß der Wert von e positiv ist, wenn das Getriebe aus einer ungeraden Anzahl Räder besteht, und negativ, wenn aus einer geraden Anzahl. Als Beispiel dient Fig. 82: Angenommen, $B = 65$ Zähne und $C = 24$ Zähne und der Arm J macht 12 t/m, wieviel Touren wird C machen? Im ersten Fall hatten wir

$$n = a\,(1-e)$$

und
$$e = -\frac{65}{24} \left\} \begin{array}{l}\text{negativ mit dem Minus-} \\ \text{zeichen, weil zwei Räder,}\end{array}\right.$$

dann ist
$$n = 12 \left(1 + \frac{65}{24}\right) = 44\tfrac{1}{2}\ \text{t/m.}$$

Als Beispiel sei nun Fig. 86 genommen, hier sind O und C gleich und die Größe von B ist ohne Einfluß. Der Wert des Getriebes ist also $e = 1$, und da sich C entgegengesetzt zu O dreht (entsprechend der Wirkung einer geraden Anzahl Antriebsräder), ist der Wert hiervon $= -1$.

und bei
$$n = a\,(1-e)$$
$$e = 1$$

ist
$$n = a\,(1+1),$$
$$n = 2\,a.$$

C hat also die zweifache Geschwindigkeit von J. Dieses Resultat kann auch noch auf eine andere Weise erzielt werden, die für unsere Zwecke passender ist:

$$e = \frac{n-a}{m-a},$$

wenn nun in Fig. 86

$$e = -1$$

also

$$\frac{n-a}{m-a} = -1 \text{ oder } n - a = m + a$$

und

$$n - a = a - m,$$
$$n + m = 2a.$$

Also für C dasselbe Resultat: doppelte Tourenzahl von J.

Wir wollen nun die Vorteile in Betracht ziehen, die uns die Anwendung dieser bisherigen Grundsätze auf die Differentialgetriebe der Flyer bietet. Es ist dies ein Gegenstand, der, um genau verstanden zu werden, ein gründliches Studium erfordert, und soll er deshalb in einer leichtverständlichen Weise dargestellt werden.

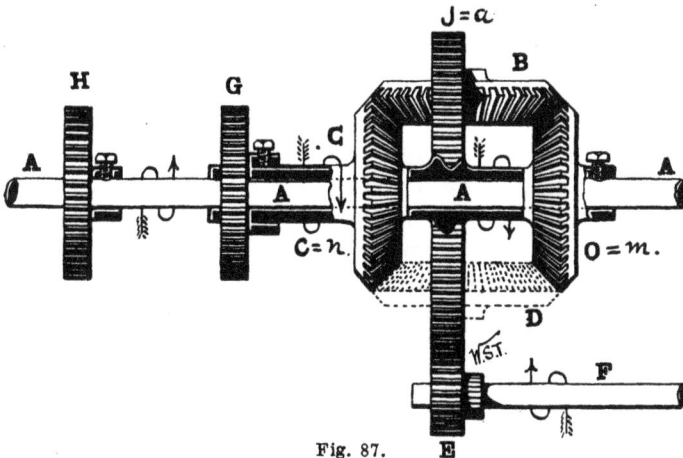

Fig. 87.

In Fig. 87 ist eine vergrößerte Darstellung des Differentialgetriebes aus Fig. 59 gegeben, dem die nötigen Antriebsräder hinzugefügt sind. Das Wichtigste ist im Vergleich zu Fig. 86 die Art der Lagerung des Rades B, da hier der Arm J durch das Antriebsrad J ersetzt ist und B in diesem Rad J drehbar gelagert ist und gleichzeitig in der Kreisbewegung mitgenommen wird. A ist die Flyerwelle, auf der das Differentialantriebsrad O befestigt ist, während H auf der entgegengesetzten Seite das Spindelantriebsrad ist, womit die Spindeln von der Flyerwelle aus angetrieben werden. Das Rad O treibt mit B das Rad C, das, lose auf der Flyerwelle sitzend, mit dem Spulentriebrad G die Spulen antreibt. Die Spulen werden also zunächst direkt von der Flyerwelle vermittelst dieser Räder getrieben, und die weitere Bewegung, die für die veränderliche Spulenaufwindung vom Konus auf J übertragen wird, ist gering im Verhältnis zu dem direkten Antrieb von der Flyerwelle. Durch die Anbringung des Rades B im Rad J (entsprechend dem Arm J in Fig. 82—86) wird die vom Konus abhängige Geschwindigkeit mittels J durch Mitnahme des Rades B in der Kreisbewegung auf B übertragen und so eine Vereinigung der unveränderlichen Tourenzahl der Flyerwelle mit den veränderlichen Konustouren erzielt zum Antrieb der Spulen. Die weiteren diesbezüglichen Getriebe sind in Fig. 59 zu sehen, wie sie an die Welle F und das Spulentriebrad G anschließen.

Wir können nun das Differentialwerk Fig. 87 weiter behandeln: Das Rad C würde dieselbe Tourenzahl wie O machen, wenn das Rad J stillsteht, nur hat C eine der Flyerwelle entgegengesetzte Drehrichtung. Wenn nun aber das Rad B von J um die Flyerwelle A bewegt wird, so erhalten wir für C die für das Spulengetriebe notwendige veränderliche Tourenzahl. Je nach der Drehrichtung von J werden die Touren von C vergrößert oder verkleinert, und diese Drehrichtung ist deshalb der Hauptpunkt, den wir eingehend behandeln müssen, indem wir zunächst als Beispiel annehmen, daß J dieselbe Drehrichtung habe wie O und die Flyerwelle.

1. Angenommen, J habe dieselbe Tourenzahl wie O und in derselben Drehrichtung, so ist es leicht verständlich, daß B mitgenommen wird, mit seinen Zähnen im Eingriff in O und ebenso in C, wobei B keine besondere Drehung abgibt, sondern C nur in derselben Geschwindigkeit, die O und J haben, mitnimmt; O, J und C haben also dieselbe Geschwindigkeit in gleicher Richtung. Dies wird bestätigt durch die Formel $n + m = 2\,a$; denn wenn $a = m$, so haben wir aus

$$n + m = 2\,a,$$
$$n = m,$$

das sagt, daß C und O in diesem Fall gleiche Touren machen.

2. Man denke sich J festgehalten, dann erhält C dieselbe Tourenzahl wie O, aber in entgegengesetzter Richtung, oder bei Anwendung der Formel und $a = 0$ ($m = 1$ in allen diesen Fällen)

$$n + m = 2\,a,$$
$$n = 2\,a - m,$$
$$n = 0 - 1,$$
$$n = -1.$$

C hat also dieselbe Tourenzahl wie O, aber in entgegengesetzter Richtung, die durch das Minuszeichen zum Ausdruck kommt. Das ist ein Ausnahmefall, wenn J feststeht. Wir wollen nun die Änderung beobachten, für den Fall, daß J in derselben Richtung wie O bewegt wird.

3. Angenommen, J erhalte $1/4$ der Touren von O, dann ist

$$n = 2\,a - m,$$
$$n = 2 \cdot 1/4 - 1,$$
$$n = 1/2 - 1,$$
$$n = -1/2,$$

somit hat C die halbe Tourenzahl von O in entgegengesetzter Richtung.

4. Angenommen, J erhalte $1/2$ der Touren von O, dann ist

$$n = 2\,a - m,$$
$$n = 2 \cdot 1/2 - 1,$$
$$n = 1 - 1,$$
$$n = 0,$$

so daß die Tourenzahl von C gleich Null ist, wenn J die Hälfte der Touren von O erhält. Dieses Resultat ist ein anderer Grenzpunkt, der als Nullpunkt bezeichnet werden kann; denn, wie wir sehen werden, bringt nun eine weitere Geschwindigkeitszunahme von J eine Zunahme der Tourenzahl von C. Z. B.:

5. Angenommen, J habe $3/4$ der Touren von O, dann ist

$$n = 2\,a - m,$$
$$n = 2 \cdot 3/4 - 1,$$
$$n = 1\,1/2 - 1,$$
$$n = 1/2,$$

so daß C nunmehr mit der halben Tourenzahl von O läuft und in derselben Richtung.

6. Angenommen, J wird mit denselben Touren wie O gedreht, dann ist

$$n = 2\,a - m,$$
$$n = 2 - 1,$$
$$n = 1.$$

Damit sind wir wieder bei 1., wo C und O dieselben Touren machen.

Aus den zwei letzten Fällen geht hervor, daß jede Erhöhung der Touren von J über die halbe Tourenzahl von O hinaus eine Erhöhung der Geschwindigkeit von C verursacht und C dabei dieselbe Drehrichtung wie O, d. h. wie die Flyerwelle erhält; es ist aber zu beachten, daß J eine hohe Geschwindigkeit verlangt, und obgleich es einigermaßen einen Ausgleich erhält, wenn C in derselben Richtung wie die Flyerwelle A läuft, wodurch natürlich die Reibung aufs Geringste ermäßigt wird, so führten doch diese hohe Geschwindigkeit und die Tatsache, daß bei vorlaufender Spindel diese Geschwindigkeit mit der Zunahme des Spulendurchmessers noch erhöht werden muß, zur Anwendung der jetzigen Methode, J die »entgegengesetzte« Richtung von O zu erteilen. In entsprechender Weise soll der Einfluß dieser Tätigkeit auf die Tourenzahl von C gezeigt werden. Wenn J feststehend ist, so haben wir wieder den Fall 2, dann

7. nehmen wir J mit $\frac{1}{4}$ Touren von O entgegengesetzt

$$n = -\,2\,a - m,$$
$$n = -\,\tfrac{1}{2} - 1,$$
$$n = -\,1\tfrac{1}{2},$$

und somit hat C die $1\tfrac{1}{2}$ fache Tourenzahl von O, aber in entgegengesetzter Richtung. Es muß wohl verstanden werden, daß die Geschwindigkeit von J zu einer negativen Größe wird, wenn es sich in entgegengesetzter Richtung von O bewegt, und deshalb haben wir vor $2\,a$ ein Minuszeichen.

8. Für J die Hälfte der Tourenzahlen von O, entgegengesetzt:

$$n = -\,2\,a - m,$$
$$n = -\,1 - 1,$$
$$n = -\,2.$$

C hat hierbei doppelte Geschwindigkeit von O, aber in entgegengesetzter Richtung.

9. J erhält dieselben Touren wie O (entgegengesetzt):

$$n = -2\,a - m,$$
$$n = -2 - 1,$$
$$n = -3.$$

Das ergibt eine weitere Steigerung der Geschwindigkeit von C in entgegengesetzter Richtung von O.

Diese drei Beispiele zeigen die Vorteile dieser entgegengesetzten Antriebsrichtung von J. Es ergibt sich, daß jede Geschwindigkeitszunahme von J, vom Nullpunkt aufwärts, auch eine Geschwindigkeitszunahme von C zur Folge hat, außerdem aber kann eine hohe Geschwindigkeit von C durch eine verhältnismäßig geringe Tourenzahl von J erreicht werden (Beispiel 3 und 7). Diese langsame Tourenzahl bei voreilender Spule wird noch vermindert mit der Zunahme des Spulendurchmessers. Ein großer Nachteil liegt aber darin, daß die Drehrichtung von C entgegengesetzt von der der Flyerwelle ist, auf der C selbst gelagert ist. Es entstehen so zwischen diesen beiden Teilen große Gleitverluste, und es entsteht so eine größere Spannung in dem Räder- und dem Konusriemengetriebe und dadurch auch größere Abnutzung. Das ganze Getriebe bedingt deshalb eine sorgfältige Wartung; aber trotz dieser praktischen Schwierigkeiten blieb diese Art von Differentialwerken, mit nur geringer Abweichung des Systems Houldsworth, bis in die letzten Jahre und auch heute noch in Anwendung. Indessen sind aber vorteilhafte Verbesserungen aufgekommen, die die Nachteile des Planetengetriebes, also insbesondere jede der Flyerwelle entgegengesetzte Drehrichtung, vermeiden. Dies geschieht durch Anwendung einer entsprechenden Räderzahl, denn, wie schon früher gesagt, wird durch Anwendung einer geraden Anzahl Räder eine andere Drehrichtung erzielt, als bei einer ungeraden Anzahl.

Es sei noch darauf hingewiesen, daß das Rad D (Fig. 87) dieselbe Wirkung hat wie B und eigentlich überflüssig ist; es dient also nur zur Ausbalancierung von B und kann auch durch ein gewöhnliches Eisengewicht ersetzt werden.

Dobson & Barlows Differentialwerk, H o w a r t h & F a l l o w s P a t e n t.

Eine der interessantesten Abänderungen des alten Planetengetriebes ist das Differentialwerk Fig. 88 der Firma
Dobson & Barlow: Auf der Flyerwelle *A* sehen wir außer dem
Spindeltriebrad *H* ein Rad *B* innerhalb des Differential-
gehäuses befestigt, alles andere (Büchse *D* und *E*) ist lose
aufgeschoben. Auf der Büchse *D* sitzt fest das Rad *S* und
das Spulentriebrad *G*, so daß also von hier aus die Spulen
ihren Antrieb erhalten. Die Übertragung der Geschwindigkeit vom Rade *B* auf *S* erfolgt durch das Rad *C*, das, auf
dem kugelförmigen Ende der Büchse *D* lose sitzend, mit
seiner einen Seite in *B* und mit der andern in *S* eingreift
und so diese beiden Räder verbindet. Es handelt sich hier

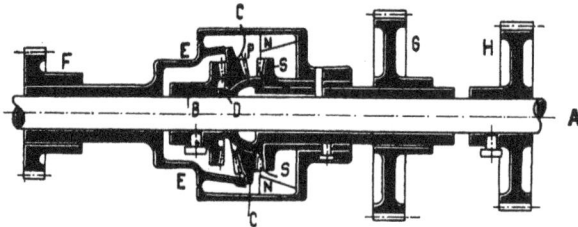

Fig. 88.

also um eine Art Kupplungsräder, weil das Rad *C* gleichzeitig in *B* und *S* eingreift, so daß also, wenn die Flyerwelle
in Betrieb ist, die Räder *B*, *C*, *S* und *G* in derselben Richtung
und mit derselben Tourenzahl bewegt werden. Diese Verhältnisse bestehen tatsächlich zu Anfang bei leerer Spule,
wobei also keinerlei Gleitungen vorkommen. Das wirkt
natürlich auch günstig auf die Konusriemen, die sehr wenig
beansprucht werden.

Nun kommt aber erst der wichtigste Punkt dieses Getriebes. Um das Rad *C* gleichzeitig mit *B* und *S* in Eingriff
zu erhalten, dient ein Exzentersegment (ein schräg geschnit-
tenes Zylindergehäuse) *E* als Führung für das Rad *C*. Dieses
schräge Gehäuse erhält für den Anfang bei leerer Spule dieselbe Tourenzahl wie die anderen Teile, jedoch durch das
Differentialtriebrad *F* vom unteren Konus, so daß also *E* das-

jenige Element ist, das die veränderlichen Touren des unteren
Konus an das Differentialgetriebe übermittelt, und zwar
in folgender Weise: Da die Geschwindigkeit des Gehäuses E
allmählich durch das Konusgetriebe verzögert wird, so veranlaßt es das Rad C, sich um seine kugelförmige Lagerung
zu drehen und sich gleichzeitig auf dem Rade B abzurollen.
Diese Abrollung der Räder bringt natürlich neue Zähne in
Eingriff, d. h. der Eingriffspunkt der Räder wird geändert.
Dies würde nun aber nichts ändern, wenn nicht das Rad C
$1/9$ größer wäre, dadurch wird der Eingriffspunkt bei der
Abrollung zurückverlegt. Diese Rückwärtsbewegung veranlaßt einen direkten Verlust in der Tourenzahl von C. Das
läßt sich noch wie folgt erklären: Man nehme zwei Kegelräder von ungleicher Größe, wobei man das größere auf dem
kleineren abrollt, und wenn dann das größere mit dem kleineren in Eingriff stand, so bleiben an dem größeren Rade
noch einige Zähne übrig. Es hat also das größere Rad keine
ganze Umdrehung vollzogen, ja wir können sagen, daß es
gegenüber dem kleineren einen Geschwindigkeitsverlust aufweist. Denselben Vorgang haben wir bei diesem Differentialgetriebe, denn sobald die Geschwindigkeit des Exzenters E
geändert wird, kommen frische Zähne miteinander in Eingriff,
und das entspricht einer Änderung der Geschwindigkeit des
Rades G, das durch C über S getrieben wird. Eine kleine Ge-
schwindigkeitsdifferenz zwischen B und C wird also erst durch
eine Anzahl Umdrehungen des Exzentergehäuses E erreicht.

Die Wirkungsweise der Zähne P auf das Rad S ist leicht
verständlich. Sie dienen dazu, die Bewegungen von C zu
vermitteln, während nur B und C als Triebräder anzusehen
sind, und deren Geschwindigkeitsunterschied ist so gering,
daß dieser ganze Mechanismus sich beinahe in Ruhe befindet.
Es kann also nur geringe Reibung entstehen, denn bei Beginn
der Aufwindung läuft das ganze Differentialwerk in derselben Richtung und mit der gleichen Tourenzahl wie die
Flyerwelle A, und die Drehrichtung bleibt dieselbe, bis die
Spulen voll sind. Die größere Tourenzahl für die Spulen
wird dadurch erzielt, daß das Spulentriebrad G etwas größer
ist als das Spindeltriebrad H.

Die mit diesem Getriebe in Verbindung stehenden Berechnungen sind sehr einfach. Das Rad C hat 36 und B 32 Zähne, wenn das Gehäuse E das Rad C zur Abrollung auf B veranlaßt, so wird C an Geschwindigkeit den Betrag der Differenz zwischen $36 - 32 = 4$ Zähne gewinnen oder verlieren, oder in andern Zahlen, C wird $\frac{1}{9}$ seiner Geschwindigkeit gewinnen oder verlieren. Um die Tourenzahl des Spulentriebrades G zu berechnen, müssen wir die Tourenzahl des Rades F von der Tourenzahl der Flyerwelle A abziehen, den Rest durch 9 dividieren und das Ergebnis wieder von der Tourenzahl der Flyerwelle A abziehen.

$$\text{t/m von } A - \frac{\text{t/m von } A - \text{t/m von } E}{9} = \text{t/m von } G$$

oder

$$G = A - \frac{1}{9}\,(A - E),$$

wobei unter G, A und E immer die entsprechenden Tourenzahlen zu verstehen sind. E und F haben natürlich die gleiche Tourenzahl, die vom Konusgetriebe herrührt.

Die Ölung, die in Fig. 88 veranschaulicht wird, ist eine durchaus vollkommene, sie erfolgt durch die Öffnungen T und U; das Öl wird durch die Schleuderkraft und mittels der Ansätze N auf die Räder verteilt. Das Äußere dieses Differentialgetriebes macht den Eindruck einer Kupplung, und das Werk macht kein Geräusch.

Differentialwerk, Patent Curtis & Rhodes, von Platt Bros., Hetherington, Asa Lees, Rieter etc.

Fig. 89 ist das Differentialwerk nach Curtis & Rhodes, das die Nachteile der alten Planetengetriebe etc. verringert und von fast allen Maschinenfabriken geliefert wird. Das epizyklische Prinzip, d. h. die Abrollung des einen Rades durch Mitnahme in einer Kreisbewegung um ein anderes, ist beibehalten, dabei besteht das Getriebe in einfacher Weise aus kleinen Stirnrädern. Die Anzahl dieser Räder könnte vielleicht zunächst den Eindruck erwecken, als ob der Vorteil dieses Differentialwerkes erreicht sei auf Kosten größerer Reibung, größeren Geräusches und durch ein verwickeltes Getriebe, was aber nicht zutrifft.

In Fig. 89 ist auf der Flyerwelle *A* zunächst das Spindeltriebrad *G* für unveränderliche Spindeltouren. Dann ist
ebenfalls auf der Flyerwelle *A* das Differentialgehäuse *H* befestigt, das also mit der Flyerwelle rotiert, und in der Scheibe
dieses Gehäuses befinden sich zwei Lagerbüchsen, die eine
für den Zapfen des Räderpaares *L* und *D*, die andere für den
Zapfen von *N* und *C*. Durch diese vier Räder wird der Kolben *K*
und das innen verzahnte Rad *E* miteinander verbunden und
damit das Spulentriebrad *F* mit dem vom unteren Konus
aus getriebenen Differentialtriebrad *J*. Die Räder *J* und *K*
sitzen auf einer gemeinsamen Büchse, die lose auf der Flyerwelle *A* sitzt, ebenso *E* und *F*.

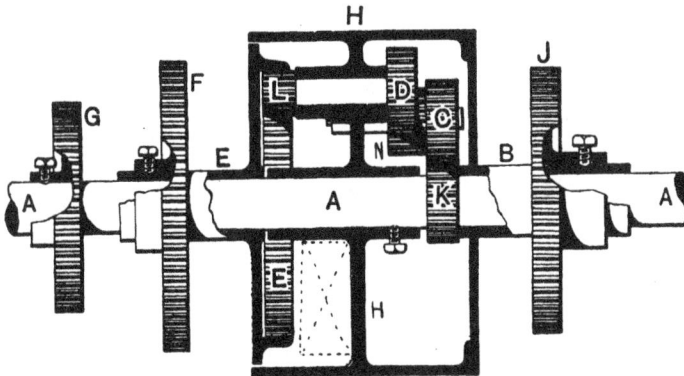

Fig. 89.

Nehmen wir nun an, das Gehäuse *H* sei lose auf der
Flyerwelle *A*, dann wird zweifellos von *J* aus das Rad *F*
getrieben, mittels der Differentialräder *K*, *C*, *N*, *D*, *L* und *E*,
und wenn wir die Räder genau verfolgen, so finden wir, daß
J und *F* dieselbe Drehrichtung haben, und da *J* die Drehrichtung der Flyerwelle hat, so haben *A*, *J* und *F* gleiche
Drehrichtung. Die Geschwindigkeit dieser Räder ist überdies
ziemlich gering, so daß die Bedingungen für wenig Abnutzung
gegeben sind. Zudem wird *C* durch *H* in der Drehrichtung
von *K* mitgenommen, und bei leerer Spule haben *C* und *K*

zumeist gleiche Geschwindigkeit, aber auch während der
Spulenzunahme, wenn J und K langsamer laufen, ist die
Änderung nicht so bedeutend. Das Getriebe ist ausbalanciert
durch ein den Rädern L, D etc. gegenüberliegendes Gewicht,
so daß irgendwelche Schwierigkeiten in dieser Richtung
ebenfalls ausgeglichen sind.

Die Spulengeschwindigkeit kann einfach berechnet werden:
Sie beruht auf der Zusatzgeschwindigkeit, die dem innen-
verzahnten Rad E erteilt wird, und diese Zusatzgeschwindigkeit ergibt sich durch den Abzug der Tourenzahl von C, soweit diese von der Mitnahme durch H herrührt, von der
Tourenzahl von K und deren Übertragung durch das Getriebe auf E und F. Z. B.:

$$\text{t/m von } J - \text{t/m von } A \cdot \frac{K \cdot N \cdot L}{C \cdot D \cdot E} = \text{Zusatztouren für } E.$$

Nun hat E dieselbe Tourenzahl wie H und die Flyerwelle A,
und zuzüglich dieser Zusatzgeschwindigkeit ergibt sich für
E und F

$$F = \text{t/m von } J - \text{t/m von } A \cdot \frac{K \cdot N \cdot L}{C \cdot D \cdot E} + \text{t/m von } A.$$

Die Ziffern für diese Getriebe finden sich in den Ge-
triebsskizzen der verschiedenen Flyer, bei denen dieses Differentialwerk verwendet ist.

Die Ölung dieser Getriebe ist eine vollständige vermittelst
sorgfältiger Vorrichtungen, die in das Gehäuse H einge-
baut sind.

Differentialwerk T w e e d a l e s' P a t e n t, von Tweedales & Smalley und Howard & Bullough.

Dieses in Fig. 90 dargestellte Getriebe ist ebenfalls eine
hervorragende Verbesserung des alten Planetengetriebes. In
der Zeichnung ist A wieder die Flyerwelle, B das vom Konusgetriebe betätigte Differentialtriebrad, C das Spulentriebrad
und K das Spindeltriebrad. Die Drehrichtungen sind mit
Pfeilen eingezeichnet. Das Differentialtriebrad B ist ebenfalls
wieder mittels seiner Büchse mit einem Kolben E verbunden,
und deren Büchse ist lose auf der Flyerwelle A; E greift in

das Rad F, das seinerseits durch einen Wellenzapfen durch die Flyerwelle A hindurch mit dem Kolben H verbunden ist, der nun das Rad D antreibt und damit auch C, da D und C auf dem gemeinsamen Gehäuse befestigt sind. D und C sind mit ihrem Gehäuse lose auf der Flyerwelle.

Wenn die Flyerwelle A in Bewegung ist, so nimmt sie den Arm G und damit auch die Räder H und F mit sich, wodurch D ebenfalls mitgenommen wird. D erhält aber dazu noch seine besondere Bewegung, weil das Konusgetriebe durch B noch seine veränderliche Drehung bringt, wodurch

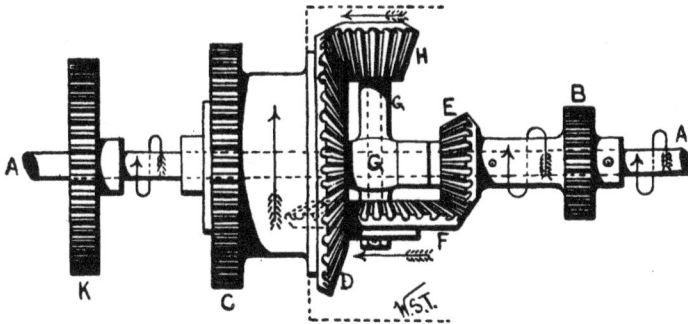

Fig. 90.

F und H noch um ihre Achse gedreht werden. Die Vereinigung dieser beiden Geschwindigkeiten gibt dem Spulentriebrad C die nötige Tourenzahl, und zwar in derselben Richtung wie die Flyerwelle. Diese kurzen Angaben sind für die Erklärung der Bewegungsgrundlagen nicht ausreichend, und sollen deshalb die noch vorhandenen Punkte von Bedeutung näher behandelt werden, um das Ergebnis des Getriebes genauer zu verstehen.

C ist das Rad zum Antrieb der Spulen, deren Antrieb für C und D der Überwindung eines Widerstandes gleichkommt. Nun nimmt die Flyerwelle A den Arm G mit sich, mit der Geschwindigkeit von z. B. 400 t/m, eine Bewegung, die an und für sich keine Wirkung auf D ausübt, wenn H sich drehen und auf D abrollen kann, indem es seine Drehung auf F, E etc. weitergibt. Da aber durch die Drehung von G das Rad F auf E ebenfalls abgerollt wird, so wird damit die Drehung von H und F zum Teil wieder aufgehoben, so daß B nur eine geringe Tourenzahl erhalten würde.

Was nun in Wirklichkeit verlangt wird, ist, das Rad B vom Konus aus mit einer solchen Tourenzahl zu treiben, um das Rad H in entgegengesetzter Richtung zu drehen, als der ihm durch die Mitnahme von der Flyerwelle A und Arm G erteilten Richtung, und zwar so weit in entgegengesetzter Richtung, daß die von der Flyerwelle herrührende Drehung aufgehoben wird. Damit kommen wir zu dem Moment, wo H stillsteht und nur als Kupplung D mitnimmt, dann wird jede geringe weitere Vergrößerung der Tourenzahl von B eine Zusatzgeschwindigkeit für D bedeuten und eine Verringerung der Touren von B ein Zurückbleiben von D, womit die Veränderung der Spulengeschwindigkeit ermöglicht wird. Wir erhalten demgemäß als Tourenzahl von C

$$\text{t/m von } A - (\text{t/m von } A - \text{t/m von } B) \cdot \frac{E \cdot H}{F \cdot D} = \text{t/m von } C$$

und

$$\frac{E \cdot H}{F \cdot D} \text{ ist in der Regel} = \frac{18 \cdot 30}{16 \cdot 48} = \frac{7}{10}.$$

Wenn wir dies auf eine kürzere Formel bringen wollen, so bezeichnen wir die Tourenzahl von $A = m$, von $B = a$, von $C = n$ und die Übersetzung $\dfrac{E \cdot H}{F \cdot D}$ mit r und erhalten

$$n = m - (m - a) \cdot r.$$

Damit erhalten wir also die Tourenzahl von D oder C, und damit können wir weiter an Hand der Fig. 69 die Spulentouren feststellen.

Auch hier ist das Räderwerk mit einem Gehäuse bedeckt, das in Fig. 90 durch gestrichelte Linien angedeutet ist; ebenso sind gut angeordnete Schmiervorrichtungen vorhanden, und das Ganze ist gut ausbalanciert, so daß die Reibungen aufs äußerste beschränkt sind.

Differentialwerk von Brooks & Doxey (Brooks & Shaw).

Die Hauptbestandteile sind in Fig. 91. Auf der Flyerwelle A sitzt fest, wie gewohnt, das Spindeltriebrad H, außerdem aber noch das Rad B, das also die Haupttouren der Flyerwelle an die Räder E überträgt. E und F sind fest miteinander
verbunden und bilden so zwei Räderpaare, die im Gehäuse
gelagert sind. Die Räder F treiben D, das durch eine lose
Büchse fest mit dem Spulentriebrad G verbunden ist und

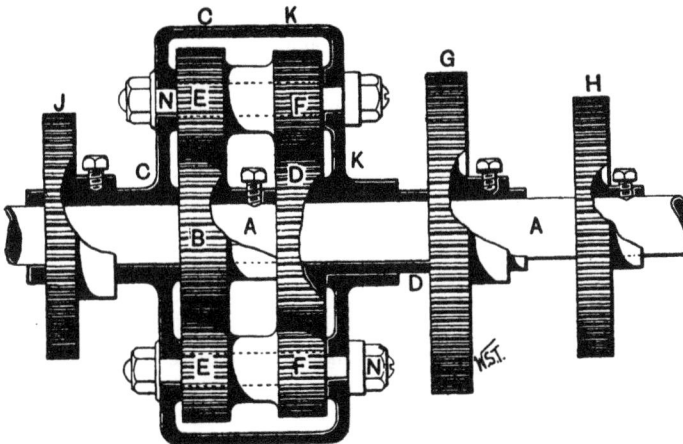

Fig. 91.

so die kombinierten Geschwindigkeiten des Differentialwerkes
weitergibt. Demgemäß wird zunächst G von der Flyerwelle A
aus getrieben, und zwar, wenn wir die Räder verfolgen, in
derselben Richtung, wodurch die Hauptforderung geringer
Reibung erfüllt ist. Das Differentialgehäuse erhält seinen
Antrieb vom Konusgetriebe durch das Differentialtriebrad J,
und zwar ebenfalls in der Drehrichtung der Flyerwelle A.
Die beiden Räderpaare EF werden dadurch um die Flyerwelle mitgenommen und beeinflussen damit die Touren von
D und G.

Das ganze Getriebe ist durch seine Einfachheit leicht verständlich. Wenn $B = 30$, E und $F = 18$ und $D = 33$ Zähne, so ist die Übersetzung

$$\frac{30 \cdot 18}{18 \cdot 33} = \frac{10}{11}.$$

Wenn nun das Gehäuse C mit derselben Tourenzahl wie B getrieben wird, so findet keine Abrollung von $E\,F$ statt, und D erhält ebenfalls die Geschwindigkeit von B. Wird die Tourenzahl von C verringert, so werden die Touren von D um einen Betrag abnehmen, entsprechend dem Verhältnis wie B kleiner ist als D, das ist $^{1}/_{11}$; wenn also C um 11 Touren abnimmt, so wird D eine Tour weniger haben als A, und in demselben Verhältnis wird eine Erhöhung der Tourenzahl von C über B die Geschwindigkeit von D erhöhen, was aber nicht verlangt wird.

Die Berechnungsformel ist demgemäß für

$$\text{t/m von } G = \text{t/m von } A \cdot \frac{10}{11} + \text{t/m von } C - \text{t/m von } C \cdot \frac{10}{11}$$

$$= {}^{10}/_{11} \text{ t/m von } A + {}^{1}/_{11} \text{ t/m von C.}$$

Das Getriebe ist vollständig in dem Gehäuse $C\,K$ eingeschlossen, und die Ölung erfolgt in sorgfältiger Weise durch den Hohlzapfen N. Die Abnutzung ist sehr gering, ebenso das Geräusch der Räder E, F.

Die Aufgabe der behandelten Differentialwerke ist eine regelmäßigere Spulenaufwindung zu erzielen. Die frühere größere Kraftbeanspruchung hat auch größere Gleitung des Konusriemens zur Folge gehabt, aber seitdem die Reibung im Differentialgetriebe so bedeutend verringert wurde und die Übersetzungen so günstig gestaltet sind, so sind die Unregelmäßigkeiten bei der Aufwindung ziemlich verschwunden, und für Spulen und Spindeln kann man auf ein gleichzeitiges Anlaufen rechnen.

VII. Abschnitt.

Die Selbstspinner oder Selfaktoren.

Dobson & Barlows Selfaktor. Fig. 92—96.

A Verzugs- od. Nummerwechsel,
B Drahtzähler
C Draht- oder Zwirnwechsel, Gang- oder Marschrad,
D Zwirnscheibe,
E Wagenzugrad,
F Schaltrad,
G 16 zöllige Festscheiben (mit Bremskonus),
H 16 zöllige Losscheiben,
J Zylindertriebrad der Hauptachse, 19 Zähne.
K 72^r } Zwillingstransporträder,
L
M 15^r Kegelrad } f. Wagennachzug
N 55^r Kegelrad m. Klinke
O Transport- u. Klinkenrad
P Wagenzugrädchen,
Q Wagenauszugrad, 68 Zähne,
R 28^r Kegelrad z. Zylindertrieb,
S 28^r } Zylinderräder
T mit Klauenmuffe,
U 20^r Antriebsrad
V 40^r Rad } Zylindernachlieferung für Nachdraht,
W Schnecke
X Schneckenrad
Y 24^r Fangrad
Z 24^r Zylinderrad

a 18″ Seilscheibe f. Wageneinzug,
c 12^r Abschlagszahnrad,
d 87^r Rad an d. Abschlagsbremse,
e 17^r Einzugkolben,
f 26^r Kegelrad der Einzugwelle,
g Kegelrad der Einzugwelle,
h 43^r Kegelrad der Schneckenwelle,
i Triebrad an der Wagenwelle } Zylindernachlieferung,
j 40^r Klinkenrad am Zylinder
k Vorderzylinderräder,
l Bockrad,
m Hinterzylinderrad,
n kleines Hinterzylinderrad,
p Mittelzylinderrad,
q Vorderzylinder,
r Mittelzylinder,
s Hinterzylinder,
t Trommelscheibe,
u 6 zöllige Spindeltrommel,
v Spindelwirtel,
x Aufwinderad der Trommel,
y Zählerschnecke,
z Rad der Aufwindetrommel,
2 Einzugschnecke z. Wagenwelle,
3—5 Einzugschnecken zum Wagen.

Wechselräder.

A Verzugs- oder Nummerwechsel	30—70	Zähne
B Drahtzähler	25—120	»
C Draht- oder Zwirnwechsel, Marsch- oder Gangrad	60—120	»
D Zwirnscheibe	9—21	Zoll
E Wagenzugrad	69—78	Zähne
P Wagenzugrad	16—20	»
F Schaltrad	12—80	»

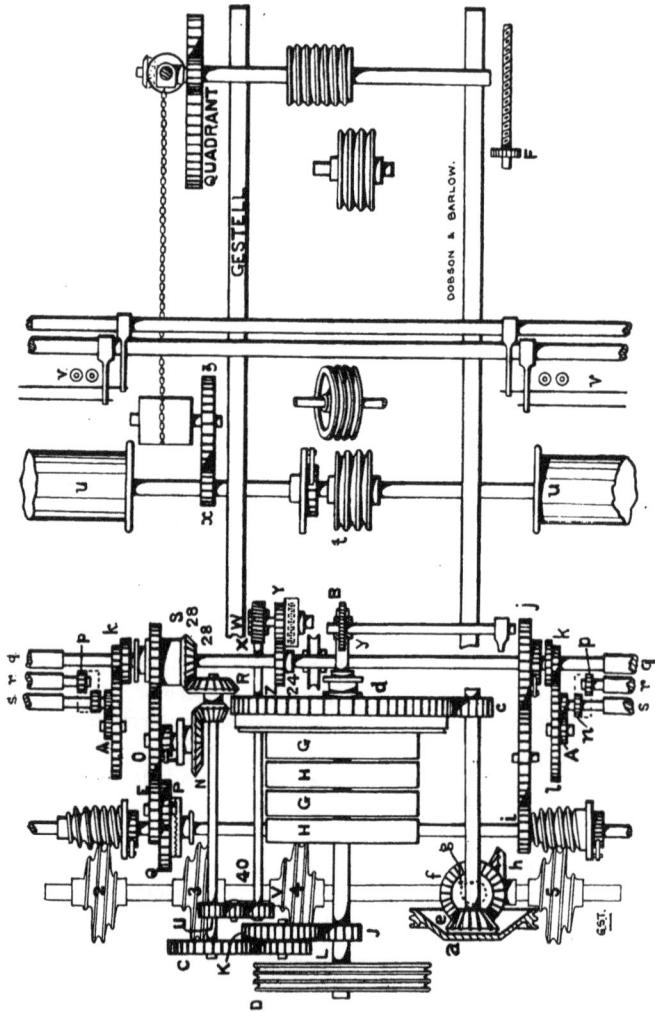

Fig. 92. Dobson & Barlow's Selfaktor.

Es wird vorausgesetzt, daß der Leser die notwendigen Kenntnisse des Selfaktors besitzt, um dem Selfaktorgetriebe folgen zu können und die Erläuterungen zu den verschiedenen Bewegungen zu verstehen, die zu den Berechnungen nötig sind. Die vorhandenen Zeichnungen sind so deutlich, daß eine nähere Beschreibung überflüssig ist.

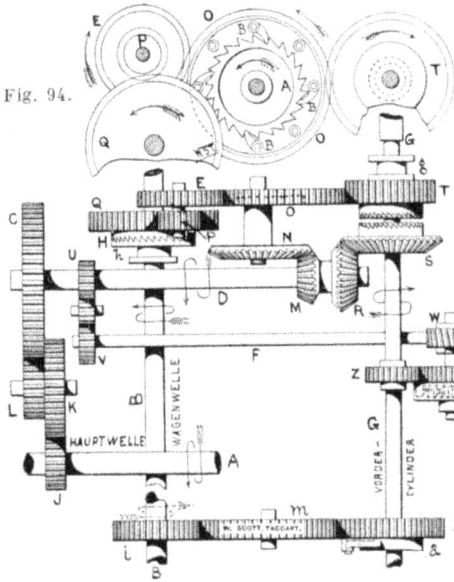

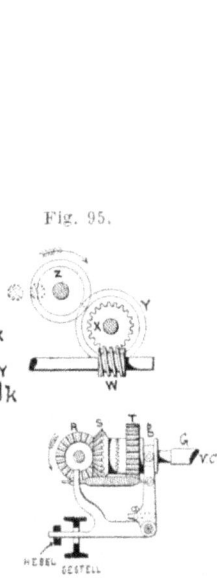

Fig. 93.

Fig. 96.

In der vorstehenden Getriebsliste zu Fig. 92 sind einige Räder ohne Zahlen; derartige Räder sind wechselbar, sie können erst angegeben werden, wenn die Bedingungen bekannt, unter denen der Selfaktor arbeiten soll. Die ausgearbeiteten Beispiele werden sich deshalb nicht damit befassen, aber die Formeln lassen sich leicht aus dem Gegebenen ableiten.

Es sei auch darauf hingewiesen, daß für Spindel- und Wellentouren die Berechnung allein nicht genügt, da die Gleitverluste sehr verschieden sind. Man prüft deshalb diese

Geschwindigkeiten mit dem T a c h o m e t e r , einem In-strument, das die Touren pro Minute sofort anzeigt, ohne daß noch eine Uhr nötig ist. Das Instrument wird auf eine Spindel gehalten, wenn der Wagen schon halb ausgefahren ist und die Spindeln also ihre vollen Touren haben.

Touren der Hauptwelle.

t/m der Transmission mal

$$\frac{\text{Antriebscheibe a. d. Transmission} \cdot \text{Antriebscheibe a. d. Vorgelege}}{\text{getriebene Vorgelegescheibe} \cdot \text{Selfaktorscheibe}}.$$

     Beispiel:

$$\frac{250 \cdot 760 \cdot 600}{380 \cdot 400} \doteq 750 \text{ t/m der Hauptwelle.}$$

Spindeltouren. Die Zwirnscheibe D (14—19 Zoll) auf der Hauptwelle treibt die Trommelscheibe t von verschiedenem Durchmesser (angenommen 10 Zoll). Die Spindeltrommeln u (6 Zoll Durchm.) treiben die Spindelwirteln v von $^3/_4$ oder $^7/_8$ Zoll (angenommen $^3/_4$ Zoll). Für die Spindelschnur ist deren halber Durchmesser, also etwa $^1/_{16}$ Zoll, zum Durchmesser des Spindel-wirtels und der Trommel zuzuschlagen, so daß aus $^3/_4$ Zoll $+ \; ^1/_{16} = {}^{13}/_{16}$ Zoll und aus 6 Zoll $= 6^1/_{16}$ Zoll wird. Für Gleitverlust kann man 6% abziehen.

$$\text{t/m der Hauptwelle} \cdot \frac{D \cdot u}{t \cdot v} = \text{t/m der Spindeln.}$$

     Beispiel:

$$\frac{750 \cdot 18 \cdot 6^1/_{16}}{10 \cdot {}^{13}/_{16}} = \frac{750 \cdot 18 \cdot 97}{10 \cdot 13} = 10\,073 \text{ Spindeltouren.}$$

S p i n d e l t o u r e n   a u f   e i n e   T o u r   d e r   H a u p t w e l l e :

$$\frac{\text{t/m der Spindeln}}{\text{t/m der Hauptwelle}} = \frac{10\,073}{750} = 13{,}43 \text{ Touren.}$$

Abzüglich 6% Gleitverlust: $\dfrac{13{,}43 \cdot 94}{100} = 12{,}62.$

Vorderzylindertouren:

$$\text{t/m der Hauptwelle} \cdot \frac{J \cdot L \cdot R}{K \cdot C \cdot S} = \text{t/m des Vorderzylinders.}$$

L i e f e r u n g   d e s   V o r d e r z y l i n d e r s .   Touren des Vorderzylinders· Umfang desselben.

$$\frac{\text{t/m der Hauptwelle} \cdot J \cdot L \cdot R \cdot \text{Umfang d. Vorderzyl.}}{K \cdot C \cdot S} = \text{Lieferungs-länge.}$$

Drehung pro Zoll mittels Zählerrad. Die Drehungen pro Zoll für das Selfaktorgarn werden berechnet, indem man die Lieferung in Zoll pro Wagenauszug oder pro Sekunde dividiert in die Spindeltouren pro Auszug oder Sekunde. Jeder, der mit dem Selfaktor vertraut ist, wird sofort erkennen, daß diese Berechnung praktisch fast undurchführbar ist, wenn auch der Grundsatz richtig ist. Wenn es möglich wäre, genau die Anzahl Spindeltouren oder Touren der Hauptwelle während eines Wagenauszugs festzustellen, so wäre die Berechnung leicht, da wir die Lieferungslänge kennen, aber die Gesamttouren für eine Ausfahrt festzustellen ist kaum angängig. Beim Zähler wissen wir indessen, daß das Zählerrad die Umschaltung von der Festscheibe auf die Losscheibe veranlaßt, die Spindeln damit zum Stillstand bringt und so die Drehung bestimmt. Wir wissen auch die Spindeltouren auf die Hauptwellentouren bezogen, und daß dieses Verhältnis unverändert bleibt für jede beliebige Antriebscheibe der Hauptwelle. An Hand von Fig. 92 sehen wir, daß das Zählerrad *B* von der Hauptwelle getrieben wird durch die Schnecke *y*; die Zähnezahl von *B* gibt uns die Touren der Hauptwelle, und diese Tourenzahl multipliziert mit den Spindeltouren für eine Umdrehung der Hauptwelle (= Übersetzung) gibt uns die gesamten Spindeltouren für die Zeit, während der das Zählerrad eine oder zwei Umdrehungen macht.

Die Drehungen pro Zoll sind demnach:

$$\frac{\text{Spindeltouren für 1 Drehung d. Hauptwelle} \cdot \text{Zählerrad } B}{\text{Lieferung in Zoll pro Wagenauszug}} = \begin{array}{c}\text{Drehung}\\\text{pro Zoll.}\end{array}$$

Wenn der Mechanismus auf zwei Zählertouren eingestellt ist, so ändert sich die Formel wie folgt:

$$\frac{\text{Spindeltouren für 1 Hauptwellentour} \cdot 2 \text{ Zähler } B}{\text{Zoll pro Auszug}} = \begin{array}{c}\text{Drehung pro}\\\text{Zoll.}\end{array}$$

Aus dieser Formel erhalten wir eine Hilfszahl (für jeden beliebigen Durchmesser der Selfaktorscheibe), aus der wir die Drehung oder das Zählerrad berechnen können:

$$\frac{\text{Spindeltouren auf 1 Hauptwellentour}}{\text{Zoll pro Auszug}} = \text{Hilfszahl,}$$

15*

Hilfszahl · 2 Zähler = Drehungen pro Zoll,

$$\frac{\text{Drehung pro Zoll}}{2 \cdot \text{Hilfszahl}} = \text{Zähler } B.$$

Beispiel: Angenommen, die Lieferung pro Auszug sei 65 Zoll und die Spindeln haben 14,4 Touren pro Umdrehung der Hauptwelle.

$$\frac{14,4}{65} = 0,2215 \text{ Hilfszahl für Drehung},$$

$$0,2215 \cdot 2 \cdot 50 = 22,15 \text{ Drehungen pro Zoll},$$

$$\frac{22,15}{0,2215 \cdot 2} = 50^r \text{ Zählerwechsel}.$$

Für die verschiedenen Garnnummern berechnet man bekanntlich die Drehung, die für das Garn nötig ist, aus dem Koeffizienten α, entsprechend der Formel: $T = \alpha \sqrt{\text{Nr.}}$

Drehungskoeffizienten:

		pro engl. Zoll für Nr. engl.	pro Dezimeter für Nr. franz.
Warpcops (Kette)	Indische u.	$3,75 \cdot \sqrt{\text{Nr. engl.}}$	$16 \cdot \sqrt{\text{Nr. franz.}}$
Pincops (Schuß)	Amerikaner	$3,25 \cdot \sqrt{\text{Nr. engl.}}$	$14 \cdot \sqrt{\text{Nr. franz.}}$
Warpcops (Kette)	Ägyptische	$3,6 \cdot \sqrt{\text{Nr. engl.}}$	$15,5 \cdot \sqrt{\text{Nr. franz.}}$
Pincops (Schuß)	Baumwolle	$3,18 \cdot \sqrt{\text{Nr. engl.}}$	$13,5 \cdot \sqrt{\text{Nr. franz.}}$

Zählerwechsel $B =$

$$\frac{\text{Zoll pro Auszug} \cdot \text{Drehung pro Zoll}}{\text{Spindeltouren für 1 Drehung der Hauptwelle} \cdot 2}.$$

Beispiel:

$$\frac{65 \cdot x}{14,4 \cdot 2} = 2,257 \; x = \text{Hilfszahl},$$

$$2,257 \cdot 22,15 = 50^r \text{ Zähler},$$

$$\frac{\text{Zähler}}{\text{Hilfszahl}} = \frac{50}{2,257} = 22,15 \text{ Drehungen pro Zoll.}$$

Die obige »Drehungskonstante« scheint mit der letzteren nicht übereinzustimmen, aber man kann leicht ersehen, daß sie doch stimmen, es handelt sich nur um eine Umkehrung des Formelansatzes einschließlich der 2 des Zählers, es ist die letzte Konstante die Hälfte des umgekehrten Wertes der vorigen, also $\frac{1}{0,2215 \cdot 2} = 2,257$. Es ist wichtig, die Regeln so zu verstehen, daß man jede der Formel aufstellen kann, mit einem Auswendiglernen einer Formel ist es nicht getan.

Wir sehen jedenfalls aus der Formel, daß Zähler und Drehung sich in direktem Verhältnis ändern, die Drehung verhält sich, wie früher schon gezeigt, wie die $\sqrt{\text{Nummer}}$, und so erhalten wir die allgemeine Formel:

$$\text{neues Zählerrad} = \frac{\text{altes Zählerrad} \cdot \sqrt{\text{neue Nummer}}}{\sqrt{\text{alte Nummer}}}$$

oder

$$\text{neuer Zähler} = \sqrt{\frac{\text{alter Zähler}^2 \cdot \text{neue Nummer}}{\text{alte Nummer}}}.$$

Wagenverzug oder Wagennachzug. Wenn der Vorderzylinder pro Ausfahrt 63 Zoll liefert, die Länge der Wagenausfahrt aber 64 Zoll beträgt, so haben wir dabei einen Verzug von 1 Zoll, um den der Faden länger und feiner wird. Wagenverzug ist also der Verzug zwischen Vorderzylinder und Wagen. Da der Vorderzylinder den Wagen treibt (Fig. 92), so sind E und P, die Wagenzugräder, als Wechselräder eingerichtet, mit denen der Wagenzug entsprechend geregelt werden kann. Diese Kalkulation beruht auf der Berechnung der vom Vorderzylinder gelieferten Länge pro Wagenausfahrt und der für eine Ausfahrt auf der Schnecke der Wagenwelle aufgewickelten Seillänge.

Wagengeschwindigkeit in Zoll pro Minute:

$$\frac{\text{t/m der Hauptwelle} \cdot J \cdot L \cdot R \cdot T \cdot P \cdot \text{Schneckenumfang}}{K \cdot C \cdot S \cdot E \cdot Q} = \text{Zoll pro Minute.}$$

Oder wenn wir die Vorderzylindertouren pro Auszug festgestellt haben, so können wir daraus die Wagenausfahrt berechnen:

$$\frac{\text{Vorderzylindertouren} \cdot T \cdot P \cdot \text{Schneckenumfang}}{E \cdot Q} = \text{Wagenausfahrt.}$$

Oder da der Wagenverzug der Verzug zwischen Vorderzylinder und Wagen ist und die Wagenausfahrt von der Seillänge abhängt, die von der Wagenschnecke aufgewunden wird, so erhalten wir den Wagenverzug durch Berechnung des Verzuges zwischen Vorderzylinder und dieser Schnecke auf der Wagenwelle, wobei der Durchmesser der Schnecke von Seilmitte zu Seilmitte zu messen ist.

$$\frac{\text{Durchmesser des Vorderzylinders} \cdot T \cdot P}{\text{Durchm. der Schnecke der Wagenwelle} \cdot E \cdot Q} = \text{Wagenverzug.}$$

Dobson & Barlow haben in zusammengedrängter Form folgende für ihren Selfaktor anwendbaren Gleichungen gegeben.

Wagenverzug:

Z = Vorderzylindertouren pro Auszug
55 = Triebrad vom Vorderzyl. f. feine Nr.
51 = Triebrad vom Vorderzyl. f. grobe Nr.
70 = ⎫ Wagenzugrad, das im Mittel mit
76 = ⎭   74 Zähnen genommn wird
68 = Rad der Wagenwelle
*3,5 = Touren d. Wagw. f. 64 Zoll Ausfahrt
†3,28 =   »   »   »   » 60   »   »
‡2,95 =   »   »   »   » 54   »   »
P = Wagenzugkolben (16—20), angen. 18^r
E = Wagenzugrad   (70—78), angen. 74^r

$$68 \cdot 74 \cdot \frac{\left\{\begin{matrix} *3,5 \\ †3,28 \\ \text{oder} \\ ‡2,95 \end{matrix}\right.}{Z \cdot 51 \text{ (oder 55)}} = P$$

$$\frac{Z \cdot 51 \text{ (od. 55)} \cdot P}{68 \cdot \left\{\begin{matrix} *3,5 \\ †3,28 \\ \text{oder} \\ ‡2,95 \end{matrix}\right.} = E$$

Marsch- oder Zwirnrad C. Der Zwirnwechsel C ist in dem Rädergetriebe, das den Vorderzylinder und damit auch den Wagen antreibt. Wird der Wechsel geändert, so ändern sich beide Faktoren, in andern Worten, mit C können wir die Geschwindigkeit des Vorderzylinders und des Wagens und damit die Lieferung vergrößern oder verkleinern, ohne daß die Spindeltouren geändert werden. Das Zwirnrad C hängt also von der Drehung pro Zoll ab und von der vom Vorderzylinder verlangten Lieferungsgeschwindigkeit, es entspricht demgemäß dem Draht- oder Zwirnwechsel des Flyers.

Für ein bestimmtes Garn wissen wir die Spindeltouren, die wir anwenden dürfen (der Produktion wegen möglichst groß), und kennen die entsprechenden Hauptachstouren pro Wagenauszug, wie wir sie oben bei der Berechnung des Zählerrades B festgestellt haben. Für ein bestimmtes Garn oder genauer für eine bestimmte Drehung steht den Spindeltouren und damit den Hauptachstouren pro Auszug ($= 2$ Zähler B) eine bestimmte Vorderzylinderlieferung oder Vorderzylinder-Tourenzahl gegenüber. Stellen wir also die 2 Zähler $B =$

Hauptachstouren pro Auszug und die Vorderzylindertouren pro Auszug fest, so erhalten wir aus der Formel:

$$\frac{2 \text{ Zähler } B \cdot J \cdot L \cdot R}{K \cdot C \cdot S} = \text{Vorderzylindertouren pro Auszug,}$$

wenn $K = L$ und $R = S$, das Marsch- oder Zwirnrad C durch

$$\frac{2 B \cdot J}{\text{Vorderzylindertouren pro Auszug}} = C.$$

Wird dabei C zu groß, so können wir es kleiner nehmen, wenn wir gleichzeitig auch das Transportrad L entsprechend verkleinern.

Wenn der Zylinder abgestellt wird, bevor der Wagen ganz ausgefahren ist (Wagennachzug), so wird der Wagen durch das Klinkenrad O mittels M und N getrieben.

Dem Zylinder kann anderseits eine Nachlieferung gegeben werden, wenn der Wagen ausgelaufen ist, durch das Rädergetriebe $U\,V\,W\,X\,Y\,Z$, sie ist aber unveränderlich, wenn sie überhaupt angewandt wird. Dasselbe läßt sich von den Rädern i und j sagen, die die Zylinderlieferung erteilen während der Wageneinfahrt.

Verzug und Verzugs- oder Nummernwechsel. Die Berechnung ist dieselbe, wie bei den vorhergehenden ähnlichen Streckwerken. A ist der Verzugswechsel.

$$\frac{\text{Durchm. des Vorderzyl.} \cdot m \cdot l}{\text{Durchm. des Hinterzyl.} \cdot A \cdot K} = \text{Verzug,}$$

$$\frac{\text{Durchmesser Vorderzyl.} \cdot m \cdot l}{\text{Durchm. Hinterzyl.} \cdot k} = \text{Verzugskonstante,}$$

$$\frac{\text{Konstante}}{\text{Verzug}} = \text{Nummernwechsel } A; \quad \frac{\text{Konstante}}{\text{Nr.-Wechsel } A} = \text{Verzug,}$$

$$\frac{\text{Vorgarn-Nr.} \cdot \text{Durchm. Vorderzyl.} \cdot m \cdot l}{\text{Garn-Nr.} \cdot \text{Durchm. Hinterzyl.} \cdot k} = \text{Nummernwechsel } A$$

oder

$$\frac{\text{alter Nummernwechsel} \cdot \text{alte Garn-Nr.}}{\text{neue Garn-Nr.}} = \text{neuer Wechsel.}$$

Wenn also für 40^r Garn ein 26^r Wechsel aufgesteckt ist, so ist für 50^r Garn ein kleinerer Wechsel nötig. Weiter ist

$$\frac{\text{alter Wechsel} \cdot \text{alte Garn-Nr.} \cdot \text{neue Vorgarn-Nr.}}{\text{alte Vorgarn-Nr.} \cdot \text{neue Garn-Nr.}} = \text{neuer Wechsel.}$$

Das ist also für Änderung des Vorgarns und der Garnnummer. Es wird sofort verständlich, wenn wir bedenken,
daß Garn-Nr. dividiert durch die Vorgarn-Nr. den Verzug
angibt.

Gesamtverzug:

$$\frac{\text{Durchm. Vorderzyl.} \cdot m \cdot l \cdot \text{Wagenauszugslänge}}{\text{Durchm. Vorderzyl.} \cdot A \cdot k \cdot \text{Lieferungslänge d. Vorderzyl.}} = \text{Gesamtverzug.}$$

Schaltrad des Selfaktors ist direkt proportional zur $\sqrt{\text{Nummer}}$.

$$\text{neues Schaltrad} = \sqrt{\frac{\text{altes Schaltrad}^2 \cdot \text{neue Nr.}}{\text{alte Garn-Nr.}}}.$$

Hetheringtons Selfaktor. Fig. 97.

In der Zeichnung sind an Stelle von Buchstaben die Ziffern
eingetragen, so daß die Berechnungen leicht daraus zu ent-
nehmen sind.

Der Vorderzylinder wird vom vorderen Ende der Hauptachse aus durch das 17—30$^\text{r}$ Stirnrad angetrieben.

Vorderzylindertouren sind demgemäß:

$$\frac{\text{Hauptachstouren} \cdot 17 \text{ bis } 30 \cdot 28 \cdot 20}{40 \text{ bis } 60 \cdot 35 \cdot 38} = \text{Vorderzylindertouren}.$$

Minutl. Vorderzylinder-Lieferung:

$$\frac{\text{Hauptachstouren} \cdot 17 \text{ bis } 30 \cdot 28 \cdot 20 \cdot \text{Durchm. d. Vorderzyl.} \cdot 3{,}1416}{40 \text{ bis } 60 \cdot 35 \cdot 38}.$$

Spindeltouren. Die Zwirnscheibe (veränderlicher Durchmesser) auf der Hauptachse treibt mittels des üblichen Seil-
triebes die Trommelscheibe von 8 bis 14 Zoll Durchm., und
die Trommeln von 6 oder 5 Zoll Durchm. treiben die Spindelwirtel von $^5/_8$ bis 1 Zoll Durchm., so daß

$$\frac{\text{Hauptachstouren} \cdot \text{Zwirnscheibe} \cdot \text{Trommel}}{\text{Trommelscheibe} \cdot \text{Spindelwirtel}} = \text{Spindeltouren}.$$

Beispiel: Zwirnscheibe $= 13$ Zoll, Trommelscheibe $=$
10 Zoll, Trommeln $= 6$ Zoll, Wirtel $= ^3/_4$ Zoll Durchm., zuzüglich $^1/_{16}$ Zoll für Spindelschnurdurchmesser bei Trommeln
und Wirtel.

$$\frac{800 \cdot 13 \cdot 6^1/_{16}}{10 \cdot 13/_{16}} = \frac{800 \cdot 13 \cdot 97}{10 \cdot 13} = 7760 \text{ Spindeltouren}.$$

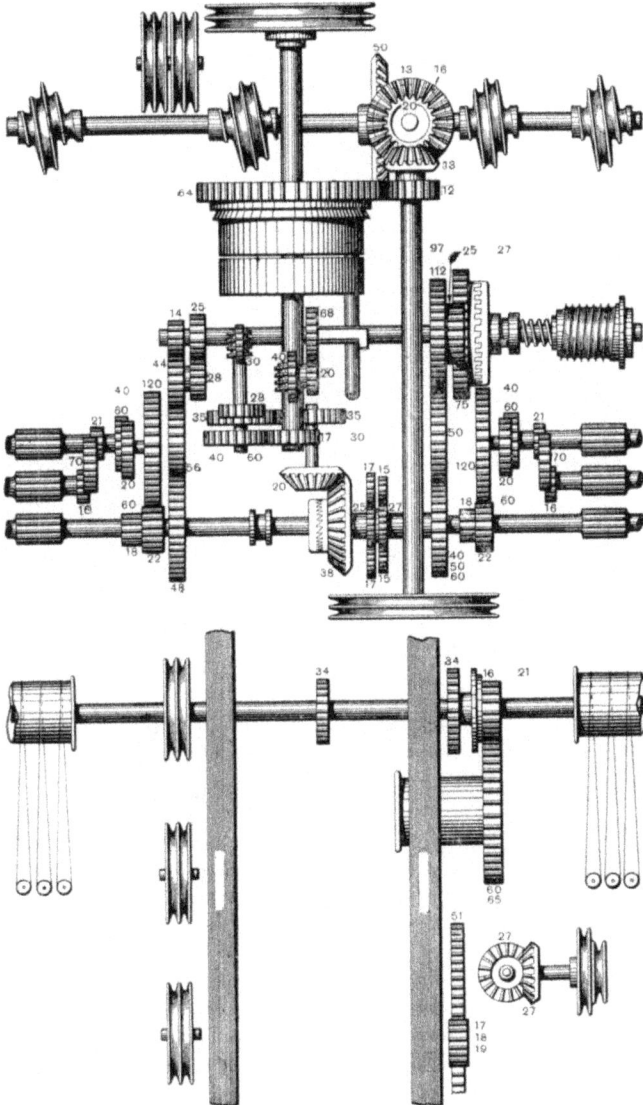

Fig. 97. Selfaktor von J. Hetherington & Sons.

Spindeltouren auf eine Hauptachstour. Genau wie vorstehend, nur die Hauptachstouren mit 1 angesetzt.

$$\frac{13 \cdot 97}{10 \cdot 13} = 9,7 \text{ Spindeltouren auf eine Hauptachstour.}$$

Die Trommelscheibe wird selten geändert, und können wir deshalb eine Hilfszahl ausrechnen, die, mit dem Durchmesser der Zwirnscheibe multipliziert, die Spindeltouren für eine Drehung der Hauptachse gibt.

Beispiel mit einer 12 zölligen Trommelscheibe:

$$\frac{\text{Durchm. der Zwirnscheibe} \cdot 97}{12 \cdot 13} = \text{Durchm. der Zwirnscheibe} \cdot 0,622.$$

Drehung pro Zoll und Draht- oder Zwirnwechsel:

$$\frac{\text{Spindeltouren für eine bestimmte Zeit}}{\text{Lieferung in Zoll für dieselbe Zeit}} = \text{Drehung pro Zoll.}$$

Lieferung des Vorderzylinders in Zoll für eine Drehung der Hauptachse. In Fig. 97 treibt ein 20^r Kolben ein 38^r Vorderzylinderrad, wir wollen dieses Mal einen 17^r Kolben annehmen, wie er oft gebraucht wird. Der Wechsel auf der Hauptachse habe 24 Zähne und treibe einen 51^r Wechsel. Durchmesser des Vorderzylinders $= ^7/_8$ Zoll, dann ist

$$\frac{24 \cdot 28 \cdot 17 \cdot 7 \cdot 22}{51 \cdot 35 \cdot 38 \cdot 8 \cdot 7} = 0,463 \text{ Zoll für 1 Hauptachsdrehung.}$$

Wir kennen auch die Tourenzahl der Spindeln für eine Hauptachstour, also

$$\text{Drehung pro Zoll} = \frac{9,7}{0,463} = 21 \text{ Drehungen.}$$

Oder, wenn wir für eine bestimmte Drehung den entsprechenden Drahtwechsel x suchen sollen, bei einer 16^r Zwirnscheibe und einer 12^r Trommelscheibe:

$$\text{Drehung pro Zoll} = \frac{16 \text{ Zoll} \cdot 97}{12 \text{ Zoll} \cdot 13} : \frac{24 \cdot 28 \cdot 17 \cdot 7 \cdot 22}{x \cdot 35 \cdot 38 \cdot 8 \cdot 7},$$

also

$$\text{Drehung pro Zoll} = \frac{16 \cdot 97 \cdot x \cdot 35 \cdot 38 \cdot 8 \cdot 7}{12 \cdot 13 \cdot 24 \cdot 28 \cdot 17 \cdot 7 \cdot 22},$$

und für 22 Drehungen pro Zoll:

$$\text{Drahtwechsel } x = \frac{22 \cdot 12 \cdot 13 \cdot 24 \cdot 28 \cdot 17 \cdot 7 \cdot 22}{16 \cdot 97 \cdot 35 \cdot 38 \cdot 8 \cdot 7} = 50^r \text{ Wechsel.}$$

Hilfszahl für Drehung und Drahtwechsel. Für die Berechnung der Konstanten für irgendeinen Selfaktor ist es gut, nur einen Wechsel als veränderlich anzunehmen, aber, wenn es nötig ist, auch zwei in einer Reihe.

Wir wollen nun annehmen, daß der 2. Wechsel 58 Zähne habe, und für die Änderungen den Z w i r n w e c h s e l a u f d e r H a u p t a c h s e (17—30^r) verwenden. Die Zwirnscheibe nehmen wir mit 18 Zoll Durchm., die Trommelscheibe mit 12 Zoll, die Trommeln mit 6 Zoll, die Spindelwirtel mit $^3/_4$ Zoll und den Vorderzylinder mit 1 Zoll Durchm.

$$\frac{38 \cdot 35 \cdot 58 \cdot 18 \text{ Zoll} \cdot 6^1/_{16}}{17 \cdot 28 \cdot x \cdot 12 \text{ Zoll} \cdot {}^{13}/_{16} \cdot 1 \cdot 3{,}1416} = \text{Hilfszahl}$$

$$= \frac{38 \cdot 35 \cdot 58 \cdot 18 \cdot 97}{17 \cdot 28 \cdot x \cdot 12 \cdot 13 \cdot 3{,}1416} = \frac{577}{x}.$$

Wenn der 2. Wechsel statt 58 mit 40 Zähnen angenommen ist, so ist die Hilfszahl

$$\frac{38 \cdot 35 \cdot 40 \cdot 18 \cdot 97}{17 \cdot 28 \cdot x \cdot 12 \cdot 13 \cdot 3{,}1416} = \frac{398}{x},$$

$$\frac{\text{Hilfszahl}}{\text{Drahtwechsel}} = \text{Drehung}; \quad \frac{\text{Hilfszahl}}{\text{Drehung}} = \text{Drahtwechsel}.$$

Wagenverzug ist Verzug zwischen Vorderzylinder und Wagen:

Wenn der Wagenauszug 64 Zoll beträgt, und es ist 1 Zoll Wagenverzug vorgesehen, so liefert der Vorderzylinder nur 63 Zoll, so daß dieser Wagenverzug $\frac{64}{63} = 1{,}016$fachen Verzug ergibt. Dieser Verzug ist verhältnismäßig klein, so daß mindestens drei Dezimalstellen verwendet werden sollen.

Beispiel nach Fig. 97. Die Schnecken der Wagenauszugwelle haben 5 Zoll Durchm. und die Seile sind $^5/_8$ Zoll. Vorderzylinderdurchmesser $= 1$ Zoll, Ausfahrt 64 Zoll, Wagenverzug 2 Zoll, wie ist das Wagenzugrad? Der Arbeitsdurchmesser der Schnecke ist $5 + {}^5/_8 = 5^5/_8$ Zoll, das Vorderzylinderrad zum Wagentrieb hat 40 Zähne, das kleine Wagenzugrad 25 Zähne, somit

$$\frac{40 \cdot 25 \cdot 5^5/_8}{x \cdot 75 \cdot 1 \text{ Zoll}} = \frac{64}{62}; \quad \frac{40 \cdot 25 \cdot 45}{x \cdot 75 \cdot 8} = \frac{64}{62},$$

$$x = \frac{40 \cdot 25 \cdot 45 \cdot 62}{75 \cdot 8 \cdot 64} = 72{,}6 = \sim 73 \text{ Zähne d. Wagenzugrades.}$$

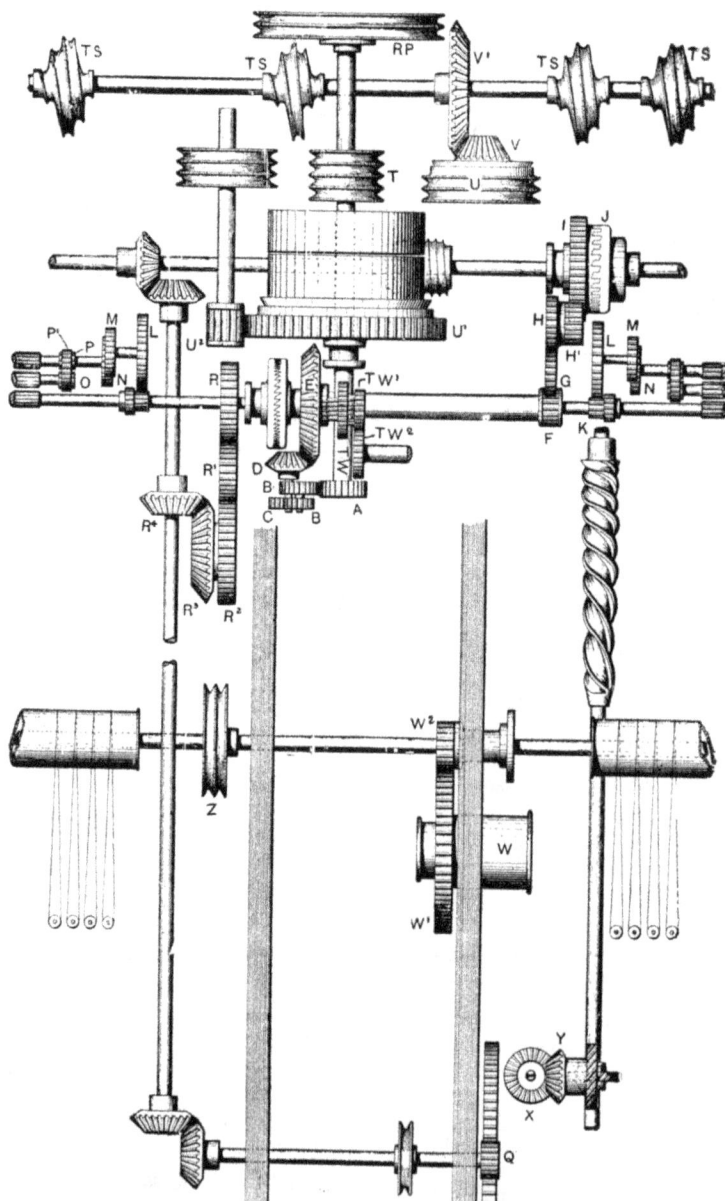

Fig. 98. Alter Curtis-Selfaktor.

Statt $\frac{64}{62}$ konnten wir auch 1,032 Verzug nehmen.

Verzug. Nach der üblichen Weise, z. B. 54^r Hinter-zylinderrad, 22^r Vorderzylinderrad und Zylinderdurchmesser 1 Zoll engl.:

$$\frac{54 \cdot 120 \cdot 1 \text{ Zoll}}{54 \cdot 22 \cdot 1 \text{ Zoll}} = 5{,}45 \text{ facher Verzug.}$$

V e r z u g s k o n s t a n t e hierfür ist:

$$\frac{54 \cdot 120 \cdot 1 \text{ Zoll}}{x \cdot 22 \cdot 1 \text{ Zoll}} = 294{,}5 \text{ Hilfszahl für den Verzug.}$$

Der **Drahtwechsel** ändert sich für die Nummernänderung, entsprechend der Quadratwurzel aus der Nummer, da hier aber zwei Drahtwechsel verwendet werden können, so ist sehr darauf zu achten, ob der treibende oder der getriebene Drahtwechsel geändert wird.

$$\text{Neuer Drahtwechsel} \atop \text{(treibend)} = \sqrt{\frac{\text{alter Drahtwechsel}^2 \cdot \text{alte Garn-Nr.}}{\text{neue Garn-Nr.}}},$$

$$\text{neuer Drahtwechsel} \atop \text{(getrieben)} = \sqrt{\frac{\text{alter Drahtwechsel}^2 \cdot \text{neue Nr.}}{\text{alte Nr.}}},$$

$$\text{Schaltrad} = \sqrt{\frac{\text{altes Schaltrad}^2 \cdot \text{neue Nr.}}{\text{vorhandene Nr.}}}.$$

In Fig. 98 ist das Getriebe eines älteren Modells nach Curtis, wie es von Hetherington gebaut wurde, dargestellt, das u. a. den Schraubenregulator aufweist.

Asa Lees Selfaktor. Fig. 99.

G e t r i e b e :

Zylinderlieferung und Drehung.

A Drahtwechsel, 40—100 Zähne,
B 2. Wechsel, 18—40 »
C 60^r ⎫
D 60^r ⎬ Transporträder,
E 24^r ⎭
F 48^r Vorderzyl.-Antriebsrad,
G Zwirnscheibe, 9—22 Zoll D.,
H Trommelschb., 9—14 » »
J 5- od. 6 zöll. Trommeln,

K ⅝—1½ zöll. Spindelwirteln.

Zylinderverzugsräder.

O Nr.-Wechsel . 30—70 Zähne
P Bockrad . . . 90—150 »
Q Vzyl.-Kolben . 15—40 »
R Hzyl.-Rad . . 50—70 »
S kleines Hzyl.-R. 18—22 »
T Transportrad . 69—79 »
U Mittelzyl.-Rad . 14—16 »

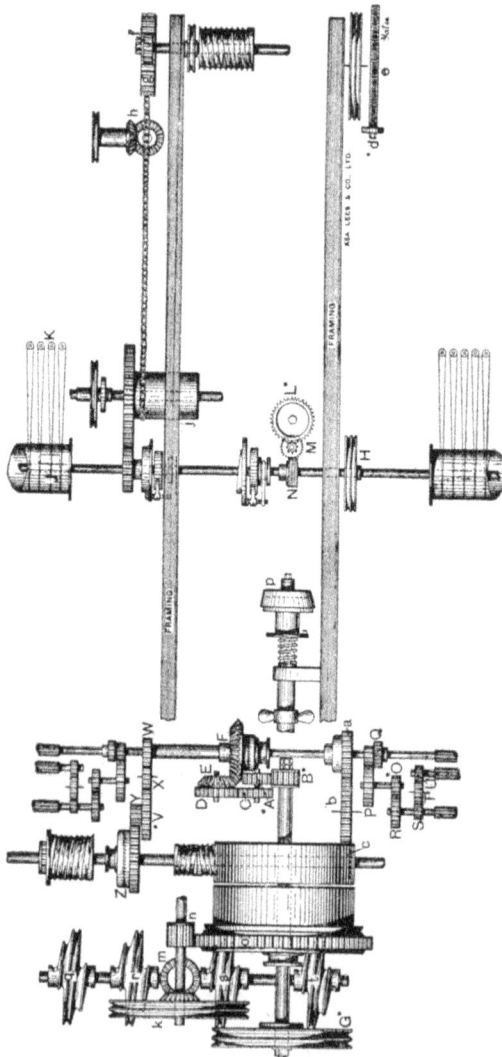

Fig. 99. Selfaktor von Asa Lees & Co.

Zählergetriebe.

L Zählerrad . . 50—100 Zähne,
M Zählerkolben 15—20 »
N 45^r od. 40^r Schneckenrad.

Wagenzug.

V Wagenzugrad 80—120 Zähne,
W 47^r Wagenzugkolben der Zylinderbüchse,
X 45^r Transportrad,
Y Wagenzugkolben, 24 bis 30 Zähne,
Z 72^r Antriebsrad der Wagenwelle.

2. Zylinderantrieb.

a 56^r Zylinderrad,
b 60—70^r Transportrad,
c 18—20^r Kolben der Wagenwelle.

Aufwindung.

d Schaltrad, 10—70 Zähne,
e Schaltschraubenspindel,
f 17—21^r Quadrantenkolben,
h Regulierkolben $\frac{33}{33}$ oder $\frac{33}{48}$,
j 4½—6 zöllige Aufwindetrommel.

Minutl. Vorderzylindertouren:

$$\frac{\text{t/m der Hauptwelle} \cdot B \cdot C \cdot E}{A \cdot D \cdot F} = \text{t/m des Vorderzylinders.}$$

Beispiel:

$$\frac{810 \cdot 20 \cdot 60 \cdot 24}{78 \cdot 60 \cdot 48} = 103{,}84 \text{ t/m.}$$

Vorderzylinder-Lieferung in Zoll pro Minute, das ergibt sich aus den Vorderzylindertouren, multipliziert mit dem Umfang in Zoll:

$$\frac{\text{t/m der Hauptwelle} \cdot B \cdot C \cdot E \cdot \pi d \text{ Zoll}}{A \cdot D \cdot F} = \text{Lieferung in Zoll.}$$

Beispiel:

$$\frac{810 \cdot 20 \cdot 60 \cdot 24 \cdot 3{,}1416 \cdot 1 \text{ Zoll}}{78 \cdot 60 \cdot 48} = 326{,}3 \text{ Zoll pro Minute.}$$

Minutl. Spindeltouren:

$$\frac{\text{t/m der Hauptwelle} \cdot G \cdot J}{H \cdot K} = \text{Spindeltouren.}$$

Beispiel:

$$\frac{810 \cdot 18 \cdot 6^1/_{16}}{12 \cdot {}^{13}/_{16}} = \frac{810 \cdot 18 \cdot 97}{12 \cdot 13} = 9065 \text{ t/m.}$$

Drehung pro Zoll aus minutl. Spindeltouren, dividiert durch die Lieferung in Zoll pro Minute:

$$\frac{9065}{326{,}3} = 27{,}7 \text{ Drehungen pro Zoll.}$$

Die Hilfszahl oder der Koeffizient α für die Drehung von Kettgarn (Warpcops) ist durchschnittlich· 3,75, dann ist die Nr. engl. eines solchen Garnes nach der Formel

$$\text{Drehung} = 3{,}75 \cdot \sqrt{\text{Nummer,}}$$
$$27{,}7 = 3{,}75 \cdot \sqrt{\text{Nummer,}}$$
$$\frac{27{,}7}{3{,}75} = \sqrt{\text{Nummer,}}$$
$$\left(\frac{27{,}7}{3{,}75}\right)^2 = \text{Nummer,}$$
$$\left(\frac{27{,}7}{3{,}75}\right)^2 = 7{,}38^2 = 54{,}5 \text{ Nr. engl.}$$

Diese Drehung entspricht also etwa der Nr. engl. 54½ Warpcops.

Spindeltouren für eine Hauptachstour:

$$\frac{G \cdot J}{H \cdot K} = \frac{18 \cdot 6\frac{1}{16}}{12 \cdot {}^{13}/_{16}} = \frac{18 \cdot 97}{12 \cdot 13} = 11{,}17 \text{ Touren.}$$

Dabei ist wieder der 6 zöll. Trommelscheibe und den ¾ zöll. Wirteln ¹/₁₆ Zoll für die Schnurdicke zugeschlagen.

Vorderzylindertouren für eine Hauptachstour:

$$\frac{B \cdot C \cdot E}{A \cdot D \cdot F} = \frac{20 \cdot 60 \cdot 24}{78 \cdot 60 \cdot 48} = 0{,}128.$$

Lieferung in Zoll des Vorderzylinders auf eine Hauptachstour:

$$\frac{B \cdot C \cdot E \cdot \pi d}{A \cdot D \cdot F} = \frac{20 \cdot 60 \cdot 24 \cdot 22 \cdot 1}{78 \cdot 60 \cdot 48 \cdot 7} = 0{,}402.$$

Drehung pro Zoll: Spindeltouren für eine Hauptachstour, dividiert durch Vorderzylinder-Lieferung in Zoll für eine Hauptachstour

$$\frac{11{,}17}{0{,}402} = 27{,}7 \text{ Drehungen pro Zoll,}$$

oder

$$\frac{G \cdot J}{H \cdot K} \text{ durch } \frac{B \cdot C \cdot E \cdot \pi d}{A \cdot D \cdot F} = \frac{G \cdot J \cdot A \cdot D \cdot F}{H \cdot K \cdot B \cdot C \cdot E \cdot \pi d}$$
$$= \frac{18 \cdot 97 \cdot 78 \cdot 60 \cdot 48 \cdot 7}{12 \cdot 13 \cdot 20 \cdot 60 \cdot 24 \cdot 22 \cdot 1} = 27{,}7 \text{ Drehungen pro Zoll.}$$

Drahtwechsel (Marsch- oder Gangrad). Der Draht- oder Zwirnwechsel wird gefunden, indem in der vorstehenden Formel $A = 78$ herausgenommen und die

Drehung pro Zoll eingesetzt wird. Jede Änderung von A oder B ändert die Zylinder- und Wagengeschwindigkeit, aber nicht die Spindeltouren oder das Zählergetriebe, es wird deshalb durch die Änderung dieser Drahtwechsel A und B die Drehung pro Zoll und die Lieferung beeinflußt. Soll mit dem Drahtwechsel nur die Produktion geändert werden, so muß durch Änderung der Zwirnscheibe die Drehung wieder richtiggestellt werden. Wenn die Drehung pro Zoll

$$\frac{18 \cdot 97 \cdot A \cdot 48 \cdot 7}{12 \cdot 13 \cdot 20 \cdot 24 \cdot 22} = 27{,}8,$$

dann ist der

$$\text{Drahtwechsel } A = \frac{27{,}8 \cdot 12 \cdot 13 \cdot 20 \cdot 24 \cdot 22}{18 \cdot 97 \quad \cdot \ 48 \cdot \ 7} = 78^{\mathrm{r}} \text{ Wechsel } A.$$

D e r Z ä h l e r ist im Wagen angeordnet, und diese Berechnungen beruhen auf den Touren der Spindeltrommeln, der Länge der Ausfahrt und den verlangten Drehungen pro Zoll.

$$\text{Zähler } L = \frac{\text{Ausfahrtslänge} \cdot K \cdot M \cdot \text{Drehung pro Zoll}}{N \cdot J},$$

$$L = \frac{64 \text{ Zoll} \cdot 13 \cdot 16 \cdot 15 \cdot 27{,}8}{16 \cdot 97 \cdot 45} = 79 \text{ Zähne.}$$

NB. Der Buchstabe N in Fig. 99 gilt für das Schneckenrad von 45 oder 40 Zähnen, das mit der eingängigen Schnecke zusammenarbeitet.

$$\text{Drehung pro Zoll} = \frac{L \cdot N \cdot J}{M \cdot K \cdot \text{Ausfahrt in Zoll}} = \frac{79 \cdot 45 \cdot 97}{15 \cdot 13 \cdot 64} = 27{,}8.$$

Verzug und Nr.-Wechsel berechnet sich in üblicher Weise:

$$\frac{R \cdot P \cdot \text{Vorderzylinder}}{O \cdot Q \cdot \text{Hinterzylinder}} = \text{Verzug}.$$

Beispiel:

$$\frac{60 \cdot 100 \cdot 1 \text{ Zoll}}{40 \cdot 30 \cdot 1 \text{ Zoll}} = 5 \text{ facher Verzug,}$$

und wenn wir den 40^{r} Nummerwechsel O gegen den 5 fachen Verzug umwechseln, so ist der

$$\text{Nummerwechsel} = \frac{60 \cdot 100 \cdot 1 \text{ Zoll}}{5 \cdot 30 \cdot 1 \text{ Zoll}} = 40^{\mathrm{r}} \text{ Wechsel } O$$

oder statt des 5 fachen Verzuges Garn-Nr. 55 und Vorgarn-Nr. 11.⁰

$$\text{Nummerwechsel} = \frac{11 \cdot 60 \cdot 100 \cdot 1 \text{ Zoll}}{55 \cdot 30 \cdot 1 \text{ Zoll}} = 40^{\mathrm{r}} \text{ Wechsel } O.$$

Wagenverzug. Das ist wieder Verzug zwischen Vorderzylinder und Wagen, wenn der Wagen mit etwas größerer Geschwindigkeit ausfährt, als wie der Vorderzylinder liefert. Wenn
wir von 64 Zoll Auszug reden, so meinen wir damit die bei
einer Wagenausfahrt durchmessene Entfernung. In Berücksichtigung der Differenz zwischen dem vom Wagen zurück-
gelegten Weg und der für diese Ausfahrtlänge etwas kürzeren
Zylinderlieferungslänge (siehe Fig. 101) nehmen wir für
unsere Berechnung: Wagenausfahrt 64 Zoll, nötige Zylinderlieferung 63 Zoll, Schnecke der Wagenwelle = 5 Zoll Durchm.,
Schneckenseil = $^5/_8$ Zoll, somit wirksamer Durchm. = $5^5/_8$ Zoll.

Wenn wir nun einen Wagenverzug von 3 Zoll geben, so
ist der auf das Gespinst wirksame Verzug

$$\frac{63}{63-3} = \frac{63}{60} = 1{,}05 \text{ facher Verzug.}$$

Das für die Berechnung des Wagenzugrades maßgebende
Verhältnis zwischen Zylinder- und Wagengeschwindigkeit ist
aber in diesem Fall

$$\frac{64}{63-3} = \frac{64}{60} = 1{,}066.$$

Daraus erhalten wir dann das Zugrad durch

$$\frac{\text{Durchm. der Wagenschnecke} \cdot W \cdot Y}{\text{Durchm. des Vorderzylinders} \cdot V \cdot Z} = 1{,}066.$$

$$\frac{5^5/_8 \cdot 47 \cdot 25}{1 \cdot 86 \cdot 72} = 1{,}066.$$

Das Wagenzugrad V wäre also 86. Für die Änderung
des Wagenverzugs läßt sich das Verzugsrad V aber einfacher
durch eine Proportion berechnen unter Berücksichtigung,
daß, wie obige Formel zeigt, ein größeres V einen kleineren Verzug mit sich bringt und umgekehrt.

Der 2. Zylinderantrieb bringt während der Wageneinfahrt
eine Nachlieferung von z. B. $3\frac{1}{2}$ Zoll durch die Drehung der
Wagenwelle und vermittelst der Räder a, b, c. Um diese
Lieferung zu berechnen, müssen wir die Tourenzahl der
Wagenwelle kennen. Wenn die Ausfahrt (oder Einfahrt)
= 64 Zoll und der wirksame Durchmesser der Schnecke $5^5/_8$
ist, so sind das

$$\frac{64}{5^5/_8 \cdot \frac{22}{7}} = \frac{8 \cdot 64 \cdot 7}{45 \cdot 22} = 3,62 \text{ Touren pro Wagenweg.}$$

$$\frac{3,62 \cdot 18 \cdot 1 \text{ Zoll} \cdot 3,1416}{56} = 3,65 \text{ Zoll Zylindernachlieferung pro Wagenspiel.}$$

Selfaktor von Platt Brothers. Fig. 100.

A Hauptschaft-Riemscheibe, von 14 Zoll aufwärts, gewöhnl. 15 Zoll,
B Hauptschaftkolben, *21 Zähne aufwärts (wenn Hauptwelle in der Wagenrichtung, *B* = Drahtwechsel),
C Drahtwechsel, Gang- oder Marschrad,
D Kolben der Zylindertriebwelle, 15 Zähne,
E Vorderzylinderrad mit Kupplung,
F Vorderzylinderkolben, einfach oder doppelt,

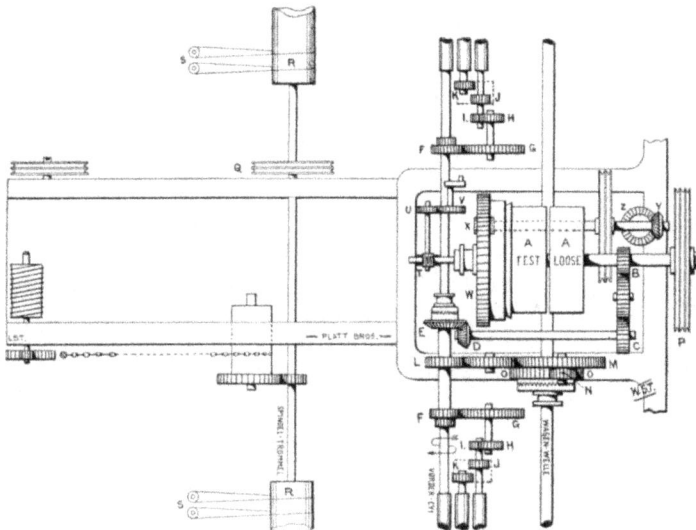

Fig. 100.

G Zylinderbockrad, 120 Zähne (sonst 80—150),
H Verzugs- oder Nummerwechsel, 20—75 Zähne,
I Hinterzylinderrad, etwa 50 Zähne,
J kleines Hinterzylinderrad,
K Mittelzylinderrad,

16*

L Wagentriebrad, 26—30 Zähne, wenn
die Hauptachse, wie in Fig. 100, in der
Headstockrichtung,

M Wagenzugrad,

N kleines Wagenzugrad,

} von 32—100 Zähnen, je
nach Durchmesser des
Vorderzylinders,

O Kupplungsrad der Wagenwelle, 60 Zähne,
P Zwirnscheibe, von 9 Zoll aufwärts,
Q Trommelscheibe, 9—13 Zoll Durchm.,
R Spindeltrommeln, 5, 5½ oder 6 Zoll,
S Spindelwirtel, ⁵/₈—1 Zoll.

Drahtzähler für Hauptachse:

	In der Headstockrichtung	In der Wagenrichtung
V Zählerrad	20—105	22—56
U Kolben	15, 16 od. 20	25
T Schneckenrad	40, 44 od. 45	—
V¹ Schneckenrad	—	25

Verzug und Verzugswechsel:

$$\frac{I \cdot G \cdot \text{Durchm. Vorderzylinder}}{H \cdot F \cdot \text{Durchm. Hinterzylinder}} = \text{Zylinderverzug}$$

oder

$$\frac{\text{Garn-Nr.}}{\text{Vorgarn-Nr.}} = \text{Gesamtverzug}$$

oder

$$\frac{\text{Garn-Nr.} \cdot \text{Zylinderlieferung pro Ausfahrt}}{\text{Vorgarn-Nr.} \cdot \text{Länge des Wagenauszugs}} = \text{Zylinderverzug.}$$

$$\frac{\text{Durchm. Vorderzylinder} \cdot I \cdot G}{\text{Durchm. Hinterzylinder} \cdot F \cdot \text{Verzug}} = \text{Verzugs- oder Nr.-Wechsel } H.$$

V e r z u g s k o n s t a n t e :

$$\frac{\text{Durchm. Vorderzylinder} \cdot I \cdot G}{\text{Durchm. Hinterzylinder} \cdot x \cdot F} = \frac{\text{Hilfszahl}}{x},$$

$$\frac{\text{Hilfszahl}}{\text{Verzug}} = \text{Nr.-Wechsel } H; \quad \frac{\text{Hilfszahl}}{\text{Nr.-Wechsel}} = \text{Verzug;}$$

$$\text{Verzug} \cdot \text{Wechsel} = \text{Hilfszahl.}$$

Vorderzylindertouren. Der Vorderzylinder wird von der
Hauptachse durch B, C, D und E getrieben, C ist der Draht-
oder Zwirnwechsel (Marsch- oder Gangrad):

$$\frac{\text{t/m der Hauptachse} \cdot B \cdot D}{C \cdot E} = \text{t/m des Vorderzylinders,}$$

$$\frac{\text{t/m der Hauptachse} \cdot B \cdot D \cdot \text{Durchm. Vorderzyl.} \cdot \pi}{C \cdot E} = \text{minutl. Zylinder-} \atop \text{lieferung.}$$

$$\frac{B \cdot D}{C \cdot E} = \text{Vorderzylindertouren auf 1 Hauptachstour,}$$

$$\frac{B \cdot D \cdot \text{Durchm. Vorderzyl.} \cdot \pi}{C \cdot E} = \text{Lieferung des Vorderzylinders auf 1 Hauptachstour.}$$

Spindeltouren:

$$\frac{\text{t/m der Hauptachse} \cdot P \cdot R}{Q \cdot S} = \text{minutl. Spindeltouren.}$$

Dem Durchmesser von R und S ist immer die Dicke der Spindelschnur ($1/16$ Zoll) zuzuzählen.

S p i n d e l t o u r e n   a u f   1   H a u p t a c h s t o u r:

$$\frac{P \cdot R}{Q \cdot S} \doteq \text{Spindeltouren auf 1 Hauptachstour.}$$

Drehung pro Zoll und Drahtwechsel. Die früheren Berechnungen haben schon gezeigt, daß die Drehung von drei Wechselstellen beeinflußt wird: der Zwirnscheibe, dem Drahtwechsel (Marsch- oder Gangrad) und dem Drahtzähler. Der Drahtzähler wird von Platt Bros. in zwei Ausführungen geliefert, sowohl für Antrieb von der Hauptachse als auch von der Trommelachse aus.

$$\frac{\text{Minutl. Spindeltouren}}{\text{Minutl. Lieferung in Zoll}} = \text{Drehung pro Zoll}$$

oder

$$\frac{\text{Spindeltouren pro Auszug}}{\text{Lieferung in Zoll pro Auszug}} = \text{Drehung pro Zoll}$$

oder

$$\frac{\text{Spindeltouren für 1 Hauptachstour}}{\text{Lieferung in Zoll für 1 Hauptachstour}} = \text{Drehung pro Zoll.}$$

Oder vom Vorderzylinder ausgehend, mit einer Tour über den Hauptschaft nach den Spindeln, erhalten wir:

$$\frac{E \cdot C \cdot P \cdot R}{D \cdot B \cdot Q \cdot S \cdot \text{Durchm. Vorderzyl.} \cdot \pi} = \text{Drehung pro Zoll}$$

oder

$$\frac{E \cdot C \cdot P \cdot R}{D \cdot B \cdot Q \cdot S \cdot d\,\pi \text{ (Zoll)}} = C \cdot \text{Hilfszahl} = \text{Drehung pro Zoll,}$$

$$\frac{\text{Drehung pro Zoll}}{\text{Hilfszahl}} = \text{Drahtwechsel } C.$$

Oder wenn die Zwirnscheibe gewechselt werden soll, so wird P herausgenommen, und wir erhalten:

$$\frac{E \cdot C \cdot P \cdot R}{D \cdot B \cdot Q \cdot S \cdot \pi\, d\ \text{Zoll}} = P \cdot \text{Hilfszahl} = \text{Drehung pro Zoll.}$$

$$\frac{\text{Drehung pro Zoll}}{\text{Hilfszahl}} = \text{Zwirnscheibe } P.$$

D r a h t z ä h l e r. Siehe Zählergetriebe der Fig. 100.
Die nötigen Drehungen pro Zoll sind immer als bekannt anzunehmen, und damit können wir das entsprechende Zählerrad
berechnen.

$$\frac{\text{Auszug in Zoll} \cdot \text{Drehung pro Zoll} \cdot S \cdot Q \cdot U}{R \cdot P \cdot T} = \text{Zählerwechsel } V.$$

Bei Z y l i n d e r n a c h l i e f e r u n g darf natürlich nicht
übersehen werden, die Nachlieferung dem »Auszug« zuzuzählen, der die Lieferungslänge pro Auszug angeben soll.
Wenn die Zählervorrichtung auf der Trommelwelle angebracht
ist, so fällt in der Formel Q und P weg.

Minutliche Auszüge. In der Praxis lassen sie sich leicht
mit der Uhr feststellen, indem man die Zeit für mehrere Auszüge zusammennimmt und den Durchschnitt feststellt. Sie
können aber auch wie folgt berechnet werden:

1. Spindeltouren für einen Auszug feststellen, das ist gleich

   Auszug in Zoll · Drehung pro Zoll.

2. Zeit in Sekunden, die für das Zwirnen nötig ist, feststellen, das sind gleich

   $$\frac{\text{Spindeltouren pro Auszug} \cdot 60 \text{ Sekunden}}{\text{minutliche Spindeltouren}}.$$

3. Nötige Zeit für einen Auszug feststellen:

   Zeit für Zwirnen $+$ Zeit für Abschlagen etc.

4. Auszüge pro Minute:

   $$\frac{60}{\text{Gesamtzeit in Sekunden für 1 Auszug}}.$$

Schaltrad:

$$\text{neues Schaltrad} = \frac{\text{vorhandenes Schaltrad} \cdot \sqrt{\text{neue Nr.}}}{\sqrt{\text{alte Nr.}}}$$

oder

$$\text{neues Schaltrad} = \sqrt{\frac{\text{vorhandenes Schaltrad}^2 \cdot \text{neue Nr.}}{\text{vorhandene Nr.}}}.$$

Wagenverzug. Dieser Verzug wird festgestellt durch Abziehen der vom Vorderzylinder pro Auszug gelieferten Länge
von der Wagenauszuglänge. Dabei ist aber zu beachten, daß
von einem Wagenauszug von etwa 64 Zoll ein Zoll Verlust
entsteht durch die Veränderung der Stellung des kleinen
Fadenendes zwischen der Spindelspitze und dem Vorderzylinder zu Beginn und am Ende der Ausfahrt. In Fig. 101
ist es klar, daß die Fadenlänge B—A (64 Zoll) zuzüglich der
Länge A—D größer ist als die Länge B—D; wenn wir auf der
Länge B—D die 64 Zoll der Länge B—A abtragen, so reicht
dies bis zum Punkt F, das Fadenstück D—A auf $D B$ abge-
tragen, reicht aber bis E, so daß $B D$ um das Stück E—F
kleiner ist. Es ist das etwa 1 Zoll, so daß für eine Ausfahrt
von 64 Zoll der Vorderzylinder nur 63 Zoll zu liefern hat.

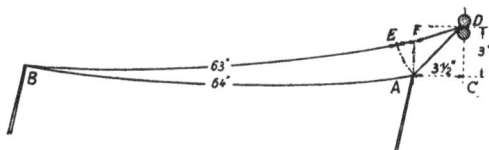

Fig. 101.

Die Schnecke auf der Wagenwelle des Platt-Selfaktors
hat $5^3/_4$ Zoll Durchm., bis zur Seilmitte gemessen. Angenommen
sei ein Wagenverzug von 2 Zoll für 64 Zoll Wagenausfahrt,
dann ist der von der Wagenschnecke zu erzeugende

$$\text{Verzug} = \frac{64}{63-2} = \frac{64}{61} = 1,049.$$

$$\frac{\text{Durchm. der Wagenschnecke} \cdot L \cdot N}{\text{Durchm. des Vorderzylinders} \cdot M \cdot O} = 1,049.$$

$$\frac{5^3/_4 \text{ Zoll} \cdot 26 \cdot 36}{1 \text{ Zoll} \cdot 85 \cdot 60} = \frac{23 \cdot 26 \cdot 36}{4 \cdot 85 \cdot 60} = 1,05.$$

Eine Änderung von N oder M läßt sich durch eine einfache Verhältnisrechnung feststellen, dabei ist aber zu beachten, daß eine Vergrößerung von M den Verzug verkleinert,
weil M für den Wagenantrieb ein getriebenes Rad ist.

Taylor Langs Selfaktor. Fig. 102.

In der Figur sind Transmission und Vorgelege zu sehen.

$$\text{t/m der Selfaktorwelle} = \frac{\substack{\text{t/m der Transm.-Welle} \cdot \text{Transm.-Riem-}\\ \text{scheibe} \cdot \text{Antriebscheibe auf d.Vorgelege}}}{\substack{\text{getriebene Vorgelegescheibe} \cdot \text{Selfaktor-}\\ \text{scheibe}}},$$

$$\text{t/m des Vorderzylinders} = \frac{\text{t/m der Selfaktorwelle} \cdot A \cdot C \cdot E}{B \cdot D \cdot F},$$

Minutl. Lieferung in Zoll des Vorderzylinders:

$$= \frac{\text{t/m der Selfaktorwelle} \cdot A \cdot C \cdot E \cdot \text{Durchm. Vorderzyl.} \cdot 3{,}1416}{B \cdot D \cdot F}.$$

Zylinderlieferung in Zoll auf 1 Hauptachstour:

$$= \frac{A \cdot C \cdot E \cdot \text{Durchm. des Vorderzylinders} \cdot 3{,}1416}{B \cdot D \cdot F}.$$

Minutl. Spindeltouren:

$$= \frac{\text{t/m der Hauptachse} \cdot G \cdot J}{H \cdot K}.$$

Für Trommel- und Wirteldurchmesser ist $\frac{1}{16}$ Zoll zuzuschlagen.

$$\text{Spindeltouren für 1 Hauptachstour} = \frac{G \cdot J}{H \cdot K}.$$

1. Drehung pro Zoll $= \dfrac{\text{Spindeltouren in bestimmter Zeit}}{\text{Zylinderlieferung in Zoll in derselben Zeit}}$

oder

2. Drehung pro Zoll $= \dfrac{\text{Spindeltouren für 1 Hauptachstour}}{\text{Zylinderlieferung in Zoll f. 1 Hauptachstour}}$

oder

3. Drehung pro Zoll $= \dfrac{\text{Gesamtspindeltouren pro Auszug}}{\text{Gesamtzylinderlieferung in Zoll pro Auszug}}.$

Beispiel nach 2:

$$\text{Drehung pro Zoll} = \frac{G \cdot J}{H \cdot K} \quad \text{durch} \quad \frac{A \cdot C \cdot E \cdot \pi d \text{ Zoll}}{B \cdot D \cdot F},$$

$$= \frac{G \cdot J \cdot B \cdot D \cdot F}{H \cdot K \cdot A \cdot C \cdot E \cdot \pi d \text{ Zoll}}.$$

Damit kann natürlich wieder, wie schon früher gezeigt, jedes beliebige Wechselrad für eine bestimmte Drehungszahl berechnet werden.

Verzug und Verzugswechsel:

$$\text{Verzug} = \frac{U \cdot S \cdot \text{Durchm. Vorderzylinder}}{T \cdot R \cdot \text{Durchm. Hinterzylinder}},$$

$$\text{Nr.-Wechsel } T = \frac{U \cdot S \cdot \text{Durchm. Vorderzylinder}}{\text{Verzug} \cdot R \cdot \text{Durchm. Hinterzylinder}}.$$

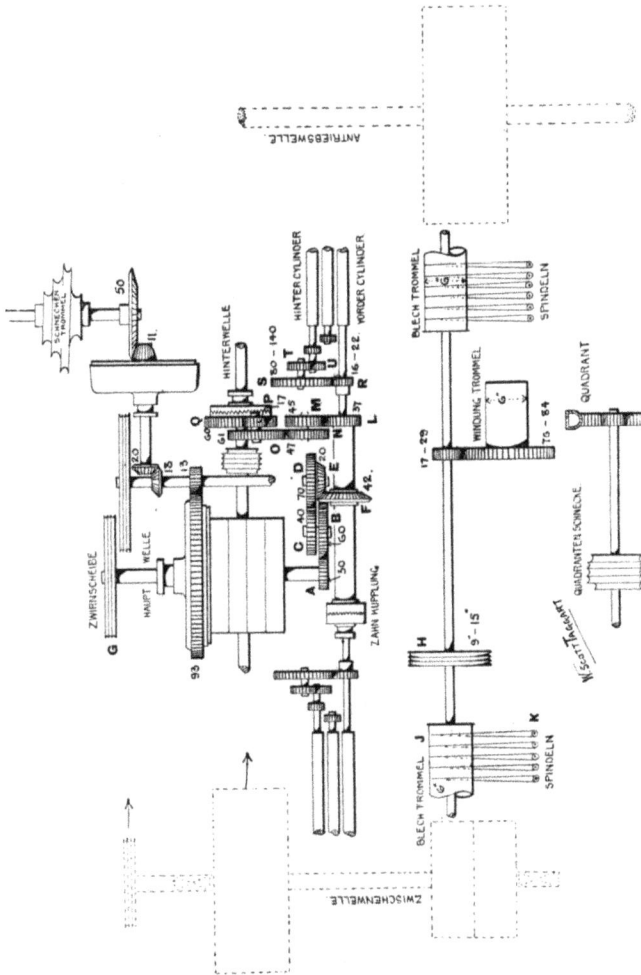

Fig. 102. Selfaktor von Taylor Lang.

Hilfszahl für Verzug und Verzugswechsel:

$$\text{Hilfszahl} = \frac{U \cdot S \cdot \text{Durchm. Vorderzylinder}}{R \cdot \text{Durchm. Hinterzylinder}},$$

$$\frac{\text{Hilfszahl}}{\text{Verzug}} = \text{Verzugswechsel } T; \quad \frac{\text{Hilfszahl}}{\text{Verzugswechsel } T} = \text{Verzug},$$

$$\text{Hilfszahl} = \text{Verzugswechsel } T \cdot \text{Verzug}; \quad \frac{\text{Hilfszahl}}{\text{Verzugswechsel} \cdot \text{Verzug}} = 1.$$

$$\text{Verzug} = \frac{\text{erzeugte Garn-Nr.}}{\text{Vorgarn-Nr.}},$$

$$\text{Garn-Nr.} = \text{Verzug} \cdot \text{Vorgarn-Nr.},$$

$$\text{Vorgarn-Nr.} = \frac{\text{Garn-Nr.}}{\text{Verzug}},$$

$$\text{Garn-Nr.} = \frac{\text{Vorgarn-Nr.} \cdot \text{Zylinderverzug} \cdot \text{Auszuglänge}}{\text{Zylinderlieferung pro Auszug}}.$$

NB. Die Auszuglänge ist die Entfernung, die der Wagen bei der Ausfahrt auszieht, während die Zylinderlieferung pro Auszug die Zeit umfaßt für Ausfahrt und Einfahrt. Die Zylinder können weniger oder mehr Garn liefern als die Auszuglänge beträgt, bei weniger Garnlänge findet positiver Wagenverzug statt.

$$\text{Verzug in den Zylindern} = \frac{\text{Garn-Nr.} \cdot \text{Vorderzylinderlieferung pro Auszug}}{\text{Vorgarn-Nr.} \cdot \text{Auszuglänge}},$$

$$\text{Gesamtverzug} = \text{Zylinderverzug} \cdot \text{Wagenverzug},$$

$$\text{Wagenverzug} = \text{Auszuglänge} - \text{Zylinderlieferung},$$

$$\left.\begin{array}{l}\text{Verzug zwischen Zylind.}\\ \text{und Wagen}\end{array}\right\} = \frac{\text{Ausfahrtlänge in Zoll}}{(\text{Ausfahrtlänge} - 1 \text{ Zoll}) - \text{Wagenverzug in Zoll}}.$$

NB. Ausfahrtlänge — 1 Zoll ergibt, wie schon früher gesagt, den wirksamen Auszug.

Wenn der Wagenverzug nicht in Zoll, sondern im Verzugsverhältnis berechnet werden soll, so ist die Formel

$$\frac{\text{Wirksamer Durchm. der Wagenschnecke} \cdot L \cdot N \cdot P}{\text{Durchmesser des Vorderzylinders} \cdot M \cdot O \cdot Q} = \text{Wagenverzug}.$$

Damit kann auch wieder das Wagenzugrad P berechnet werden, das aber ebenso durch eine einfache Verhältnisrechnung, je größer der Wagenverzug, desto größer P, erhalten wird.

Threlfalls Selfaktor. Fig. 103.

Die allgemeine Anordnung der Threlfall-Selfaktoren ist von den vorhergehenden verschieden, die Berechnungsgrundlagen sind aber dieselben. Fig. 103 ist eine schematische Darstellung, um alle Räder ersichtlich zu machen, Fig. 104 zeigt dagegen die Stellung der Getriebe wie sie in Wirklichkeit ist.

Getriebsliste:

A Zyl.-Triebrad der Hauptachse, 20—60^r,

B Transportrad, 40—82 Zähne,

C Gang- od. Marschrad oder Drahtwechsel, 20—70^r,

D 148^r Rad d. Zyl.- u. Wagtrw.

E Kupplungsrad, 40^r,

F 40^r Vorderzylinderkolben,

G kleine Zwirnscheibe, 10 bis 20 Zoll,

H Spindeltrommelscheibe, 10—14 Zoll,

J Spindeltrommel, 5—6 Zoll.

K Spindelwirtel,

L Zyl.-Rad m. Klinke ⎫ Zyl.-Antrieb
M Zyl.-Antriebsrad ⎭ für Wageneinfahrt,

N Wagenzugrad, 50—72 Zähne,

O Transportrad, 50, 54, 57 u. 60 Zähne,

P 70^r Transportrad,

Q Ausfahrtkupplungsrad, 130 Zähne,

R Ausfahrtkolben, 13 Zähne,

S Ausfahrtrad der Wagenwelle, 35 Zähne,

T 16^r Vorderzylinderrad,

U Bockrad, 100—140 Zähne,

V Verzugs- oder Nr.-Wechsel, 24—60 Zähne,

W 50—60^r Hinterzylinderrad,

X große Zwirnscheibe, 20 bis 25 Zoll,

Y Mittelzylinderkolben, 18—22 Zähne,

Z Hinterzylinderrad, 22 bis 25 Zähne,

a Drahtzählerschnecke,

b 55^r Schneckenrad,

c Zähler, 20—50 Zähne,

d ⎱ Transport-⎰ 20, 24, 25 Zähne,
e ⎰ Räder ⎱ 40, 34, 35 »

f getrieb. Zählerrad, 72 Zähne,

g 15 u. 20^r ⎱ Klinkenräder für die
h 30 u. 34^r ⎰ Kette zur Zylinder-Nachlieferung,

j 40^r Kolben, ⎫ Langsambewegung
k 70^r Transportrad, ⎮ für
m 24—36^r Wechsel, ⎬ Wagenverzug,
n 130^r Kupplungsrad ⎭

p Triebrad z. Abschlagbremsrad 20—30 Zähne,

q Transportrad, 24—32 Zähne,

r Transportrad, 9—14 Zähne,

s—W Einzugsräder,

2 = 16—18zöll. vordere Festscheibe mit Konusbremse,

3 = 16—18zöll. Losscheibe,

4 = 16—18zöll. Antriebscheibe,

5 = Windungs- u. Abschlagscheiben,

6 = 12—14zöll. Einzugscheiben,

7 = 71^r Abschlagbremsrad,

8—11 = Einzugschnecken,

12 = Wagenauszugschnecke.

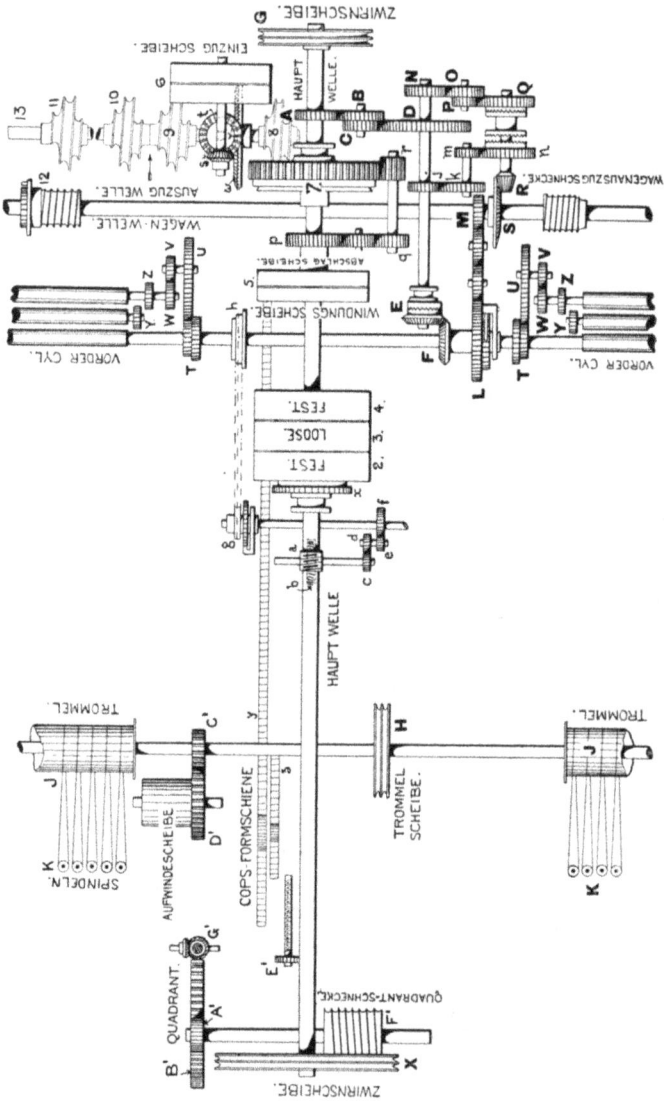

Fig. 103. Threlfalls Feingarnselfaktor.

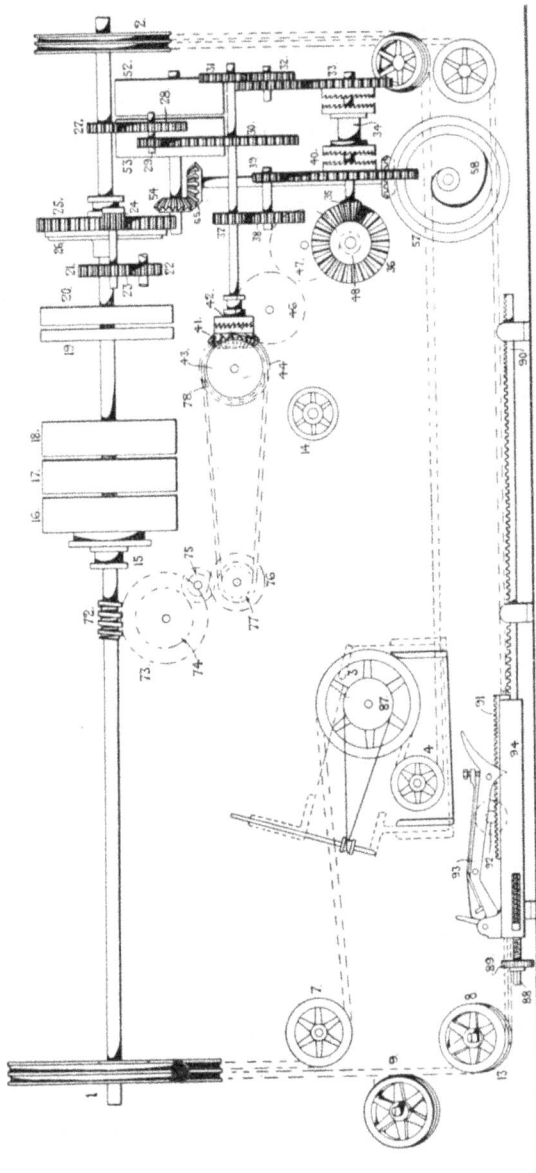

Fig. 104. Threlfalls Feingarnselfaktor. Schnittzeichnung.

Vorderzylindertouren:

$$\frac{\text{Hauptachstouren} \cdot A \cdot C \cdot E}{B \cdot D \cdot F} =$$

$$\frac{\text{Zoll Auszuglänge} - \text{Wagenverzug in Zoll}}{\text{Durchmesser des Vorderzylinders} \cdot 3{,}1416} = \text{Zyl.-Touren p. Auszug.}$$

Spindeltouren:

$$\frac{\text{t/m der Hauptachse} \cdot G \cdot J}{H \cdot K} = \text{minutl. Spindeltouren, 1. Geschwindig-}$$
keit.

$$\frac{\text{t/m der Hauptachse} \cdot X \cdot J}{H \cdot K} = \text{minutl. Spindeltouren, 2. (große) Ge-}$$
schwindigkeit.

Drehung pro Zoll · Zylinderlieferung in Zoll pro Ausfahrt
    = Spindeltouren von G pro Auszug.

Drehung pro Zoll von G + Drehung pro Zoll von X · Zylinder-
    lieferung in Zoll = Spindeltouren pro Auszug bei zwei Ge-
    schwindigkeiten.

S p i n d e l t o u r e n f ü r 1 H a u p t a c h s t o u r :

$$\frac{G \cdot J}{H \cdot K} = \text{Spindeltouren für 1 Hauptachstour, 1. Geschwindigkeit.}$$

$$\frac{X \cdot J}{H \cdot K} = \text{Spindeltouren auf 1 Hauptachstour, 2. Geschwindigkeit.}$$

Verzug und Verzugswechsel:

$$\frac{\text{Durchm. Vorderzyl.} \cdot W \cdot U}{\text{Durchm. Hinterzyl.} \cdot V \cdot T} = \text{Zylinderverzug.}$$

$$\frac{\text{Durchm. Vorderzyl.} \cdot W \cdot U}{\text{Durchm. Hinterzyl.} \cdot T \cdot \text{Verzug}} = \text{Verzugswechsel } V.$$

$$\frac{\text{Durchm. Vorderzyl.} \cdot W \cdot U}{\text{Durchm. Hinterzyl.} \cdot T} = \text{Hilfszahl für Zylinderverzug.}$$

$$\frac{\text{Hilfszahl}}{\text{Verzug}} = \text{Verzugswechsel } V; \quad \frac{\text{Hilfszahl}}{\text{Verzugswechsel } V} = \text{Verzug.}$$

Zylinderverzug · Wagenverzug = Gesamtverzug.

$$\frac{\text{Garn-Nr.} \cdot \text{Zyl.-Lieferung in Zoll pro Auszug}}{\text{Vorgarn-Nr.} \cdot \text{Wagenauszug in Zoll}} = \text{Zylinderverzug.}$$

$$\text{Garn-Nr.} = \frac{\text{Zylinderverzug} \cdot \text{Vorgarn-Nr.} \cdot \text{Auszug in Zoll}}{\text{Zylinderlieferung in Zoll pro Auszug}}.$$

Wagenverzug und Wagenzugrad. Schnecke der Wagenwelle $= 5\frac{1}{2}$ Zoll einschließlich Seildicke.

$$\frac{\text{Ausfahrt in Zoll}}{5\frac{1}{2} \cdot 3{,}1416} = \text{Touren der Wagenwelle pro Auszug.}$$

Für 64 Zoll, 60 Zoll und 54 Zoll Ausfahrt sind es

3,7   3,4   3,1 Touren der Wagenwelle pro Ausz.

$$\frac{S \cdot Q \cdot O \cdot E \cdot \text{Durchm. Vorderzyl.} \cdot \text{Ausfahrt in Zoll}}{R \cdot P \cdot N \cdot F \cdot \text{Durchm. Wagenschnecke}} = \text{Zoll-Lieferung}$$

des Vorderzyl. pro Auszug.

Gesamtauszug in Zoll — Zyl.-Liefg. in Zoll = Wagenverz. i. Zoll.

$$\frac{\text{Gesamtausfahrt} - 1\ \text{Zoll}}{\text{Lieferung des Vorderzyl.}} = \text{Verzug zwischen Wagen- und Zylinder}$$

oder zwischen Schnecke und Zylinder.

$$\frac{\text{Durchmesser der Wagenschnecke} \cdot R \cdot P \cdot N \cdot F}{\text{Durchmesser der Vorderzylinder} \cdot S \cdot Q \cdot O \cdot E} = \text{Wagenverzug.}$$

N ist das Wechselrad, mit dem der Verzug geändert werden kann.

$$N = \frac{\text{Wagenverzug} \cdot \text{Durchm. Vorderzyl.} \cdot S \cdot Q \cdot O \cdot E}{\text{Durchmesser Wagenschnecke} \cdot R \cdot P \cdot F}$$

oder

$$N = \frac{\text{Wagenwellentouren pro Auszug} \cdot S \cdot Q \cdot O \cdot E}{\text{Vorderzylindertouren pro Auszug} \cdot R \cdot P \cdot F}.$$

Drahtwechsel (M a r s c h - o d e r G a n g r a d), in Fig. 103 mit C bezeichnet:

$$\frac{\text{Hauptachstouren pro Auszug} \cdot A \cdot C \cdot E}{B \cdot D \cdot F} = \text{Vorderzylindertouren}$$

pro Auszug.

$$\frac{\text{Vorderzylindertouren pro Auszug} \cdot B \cdot D \cdot F}{\text{Hauptachstouren pro Auszug} \cdot A \cdot E} = C.$$

Selfaktor der Elsäss. Maschinenbau-Ges. Mülhausen.
Fig. 105.

Die Berechnungen sollen für P i n c o p s Nr. 80 e n g l. durchgeführt werden.

Schlußdrehung $= 3,4 \cdot \sqrt{80} = 30\frac{1}{2}$ Drehungen pro Zoll

$$= \frac{30,5 \cdot 100}{25,4} = 120 \text{ Drehungen pro Dezimeter.}$$

Vorgarn Nr. 12.⁰ engl., 2 fach aufgesteckt.

Verzugs- und Nr.-Wechsel:

$$\text{Verzug} = \frac{45 \cdot 152}{Nw \cdot 22} = \frac{80 \cdot 2}{12} = 13,3 \text{ fach.}$$

$$\text{Nummerwechsel} = \frac{45 \cdot 152}{\text{Verzug} \cdot 22} = \frac{45 \cdot 152}{13,3 \cdot 22} = 23^r \text{ Nummerwechsel.}$$

Draht und Drahtwechsel. Durch den Drahtwechsel sollen
$^4/_5$ der Drehung erteilt werden und das weitere $^1/_5$ als Nachdraht durch den Zähler, demgemäß haben wir von den
120 Drehungen

$$\frac{120 \cdot 4}{5} = 96 \text{ Drehungen pro Dezimeter}$$

als Grunddrehung durch den Drahtwechsel festzulegen.

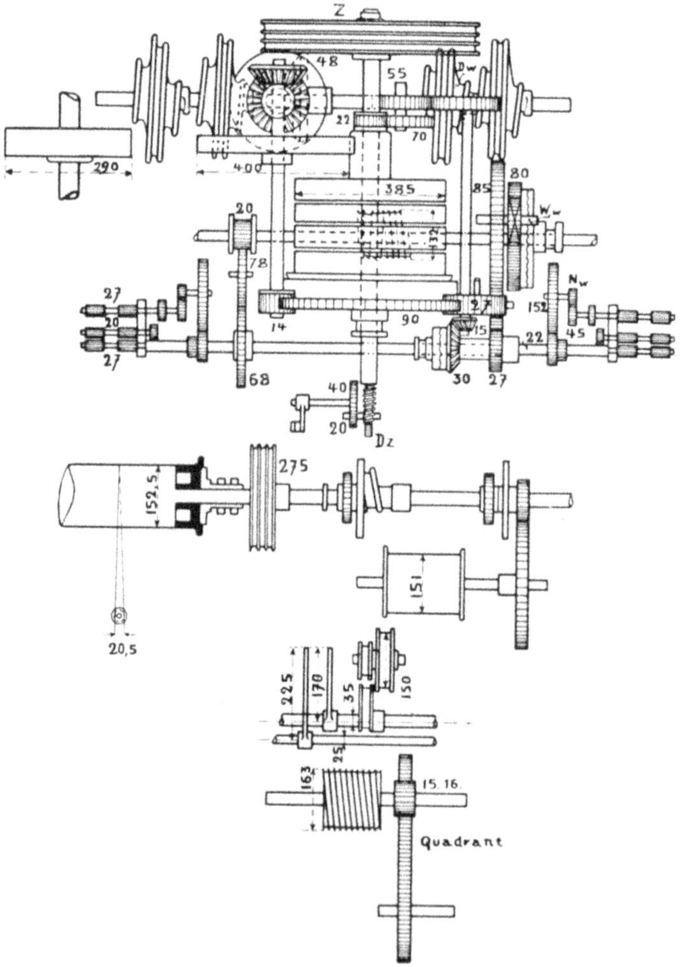

Fig. 105. Selfaktor der Elsäss. Maschinenbau-Ges.

Grunddrehung = Spindeltouren auf 1 dm Zylinderlieferung

$$= \frac{30 \cdot Dw \cdot 70 \cdot 400 \cdot 154 \cdot 100}{15 \cdot 55 \cdot 22 \cdot 275 \cdot 22 \cdot 27 \cdot 3,1416} = 96$$

$$\text{Drahtwechsel } Dw = \frac{96 \cdot 15 \cdot 55 \cdot 22 \cdot 275 \cdot 22 \cdot 84,8}{30 \cdot 70 \cdot 400 \cdot 154 \cdot 100} = 69.$$

Wir lassen also den Selfaktor mit einem 69^r Marsch-oder Gangrad und einer 400^r Zwirnscheibe laufen. Die Gesamtdrehung geben wir durch einen Nachdraht mittels des Drahtzählers Dz. Der wirksame Wagenauszug ist 1600 mm (63 Zoll) bei einer Ausfahrtlänge von 1625 mm (64 Zoll), wie bei den vorhergehenden Selfaktoren und für 120 Gesamt-drehungen pro Dezimeter sind die Gesamtdrehungen pro Auszug 16 · 120 = 1920 Drehungen.

Für eine Umdrehung des Drahtzählers Dz sind also 1920 Drehungen = 1920 Spindeltouren nötig, das ist in einer Formel ausgedrückt

$$\frac{45 \cdot Dz \cdot 400 \cdot 154}{15 \cdot 1 \cdot 275 \cdot 22} = 1920$$

und

$$\text{Drahtzähler } Dz = \frac{1920 \cdot 15 \cdot 275 \cdot 22}{45 \cdot 400 \cdot 154} = 63^r \text{ Zähler.}$$

Für eine Umänderung von diesem 80^r auf P i n c o p s Nr. 100 e n g l. wollen wir die bekannten Formeln anwenden:

$$\text{neuer Drahtwechsel} = \sqrt{\frac{\text{alter Drahtwechsel}^2 \cdot \text{neue Nr.}}{\text{alte Nr.}}},$$

dann wäre

$$\text{Drahtwechsel für } 100^r = \sqrt{\frac{69^2 \cdot 100}{80}} = \sqrt{\frac{4761 \cdot 100}{80}} = \sqrt{5951}$$

$$= 77^r \text{ Drahtwechsel}$$

und

$$\text{neuer Zähler} = \sqrt{\frac{\text{alter Zähler}^2 \cdot \text{neue Nr.}}{\text{alte Nr.}}}$$

$$\text{Zähler für } 100^r = \sqrt{\frac{63^2 \cdot 100}{80}} = \sqrt{\frac{3969 \cdot 100}{80}} = \sqrt{4961}$$

$$= 70^r \text{ Zähler.}$$

Das 70^r Zählerrad und der 77^r Drahtwechsel treffen jedoch nur dann zu, wenn das 100^r Garn mit derselben Drehungs-hilfszahl 3,4 wie Nr. 80 gesponnen wird, also Drehung für 100^r = 3,4 $\sqrt{100}$ = 34 Drehungen pro Zoll. Das trifft aber nur dann zu, wen für das 100^r bessere Baumwolle genommen wird, als für das 80^r verwendet war.

Für gleiche Verhältnisse im Material, d. h. für dieselbe Baumwolle und für ein dem 80^r gleichartiges Webgarn, ist auch die Drehungshilfszahl (Koeffizient) 3,4 etwas zu erhöhen, wie die Praxis lehrt. Wenn wir z. B. 3,75 annehmen, dann erhalten wir

$$\text{Drehungen für } 100^r = 3{,}75 \cdot \sqrt{100} = 37\tfrac{1}{2} \text{ Drehungen pro Zoll}$$
$$= \frac{37{,}5 \cdot 100}{25{,}4} = 148 \text{ Drehungen pro Dezimeter.}$$

Wir müssen also den Drahtwechsel und den Zähler noch 10% größer machen; falls uns dabei der Drahtwechsel zu groß wird, können wir einen kleineren aufstecken, wenn wir gleichzeitig das 55^r Transportrad entsprechend verkleinern. Die E. M. G. liefert gewöhnlich hierfür ein 45^r Wechselrad, dann ist z. B. $\dfrac{55}{77} = \dfrac{45}{63}$ und also statt einem 77^r ein 63^r Drahtwechsel zu verwenden.

Wenn der Zähler zu groß wird, können wir ihn halb so groß nehmen, falls wir ihn pro Auszug zwei Touren machen lassen, wie es bei den vorhergehenden Selfaktoren gezeigt wurde.

Es ist jedenfalls für die Praxis notwendig, für Änderungen nicht allein die Garn-Nr., sondern die tatsächlichen Drehungen zu berücksichtigen.

Wagenzugrad. Wenn der Wagenzug und die Zylinderlieferung praktisch gleich sein sollen, so benötigen wir unter der Berücksichtigung, daß 1625 mm (64 Zoll) Wagenausfahrt nur einen wirksamen Auszug von 1600 mm (63 Zoll) ergibt, einen

$$\text{Verzug von } \frac{1625}{1600} = 1{,}015 \text{ fach}$$

zwischen Zylinder und Wagenschnecke. Bei 27 mm Zylinder-Durchmesser und 132 mm wirksamen Durchmesser der Auszugschnecke erhalten wir

$$\frac{27 \cdot Ww \cdot 132}{85 \cdot 80 \cdot 27} = 1{,}015 \text{ facher Verzug,}$$

daraus ist das

$$\text{Wagenzugrad } Ww = \frac{1{,}015 \cdot 85 \cdot 80 \cdot 27}{27 \cdot 132} = 52^r \text{ Wagenwechsel.}$$

Größerer positiver Verzug bedingt ein größeres Zugrad, negativer Verzug ein kleineres Wechselrad.

Zylinder-Nachlieferung wird zunächst durch die mit der Drehung zusammenhängende Fadenverkürzung aufgehoben, ist sie größer, so ist auch die Drehung zu vergrößern.

Selfaktor der A.-G. vorm. J. J. Rieter & Co. Fig. 106.

Spindeltouren.

Zwirn-scheiben mm	800 t/m der Hauptachse		
	Wirtel 19 mm Trommel-scheibe 260 mm	Wirtel 20¹/₂ mm Trommel-scheibe 260 mm	Wirtel 23 mm Trommel-scheibe 300 mm
300	7 350	6 800	5 250
320	7 840	7 250	5 600
360	8 820	8 160	6 300
400	9 800	9 065	7 000
420	10 280	9 520	7 350
450	11 025	10 200	7 875
480	11 760	10 875	8 400
500	12 250	11 330	8 750

Die Tabelle ergibt sich aus

$$\frac{800 \cdot 300 \cdot 151}{260 \cdot 19} = 7350 \text{ t/m der Spindeln etc.}$$

Drehung pro Zoll. Wenn wir die Zeit für eine Ausfahrt des Wagens in Sekunden mit s bezeichnen und der wirksame Wagenauszug $= 63$ Zoll, so ist die

$$\text{Drehung pro Zoll} = \frac{\text{minutl. Spindeltouren} \cdot s}{63 \cdot 60},$$

und wenn Spindeltouren $= 8400$, $s = 8$ Sekunden, so ist die

$$\text{Drehung pro Zoll} = \frac{8400 \cdot 8}{63 \cdot 60} = 18.$$

Für Nachlieferung müssen wir die nachgelieferte Länge, z. B. 3 Zoll, hinzurechnen, wir hätten dann 66 Zoll pro Auszug und z. B.

$$\text{Drehung pro Zoll} = \frac{8400 \cdot 8}{66 \cdot 60} = 17.$$

Wir können aus den beiden Formeln folgende Hilfszahl ableiten:

$$\text{für 63 Zoll: Drehung pro Zoll} = \frac{\text{Spindeltouren} \cdot s}{3780}$$

$$\text{für 66 Zoll: Drehung pro Zoll} = \frac{\text{Spindeltouren} \cdot s}{3960}.$$

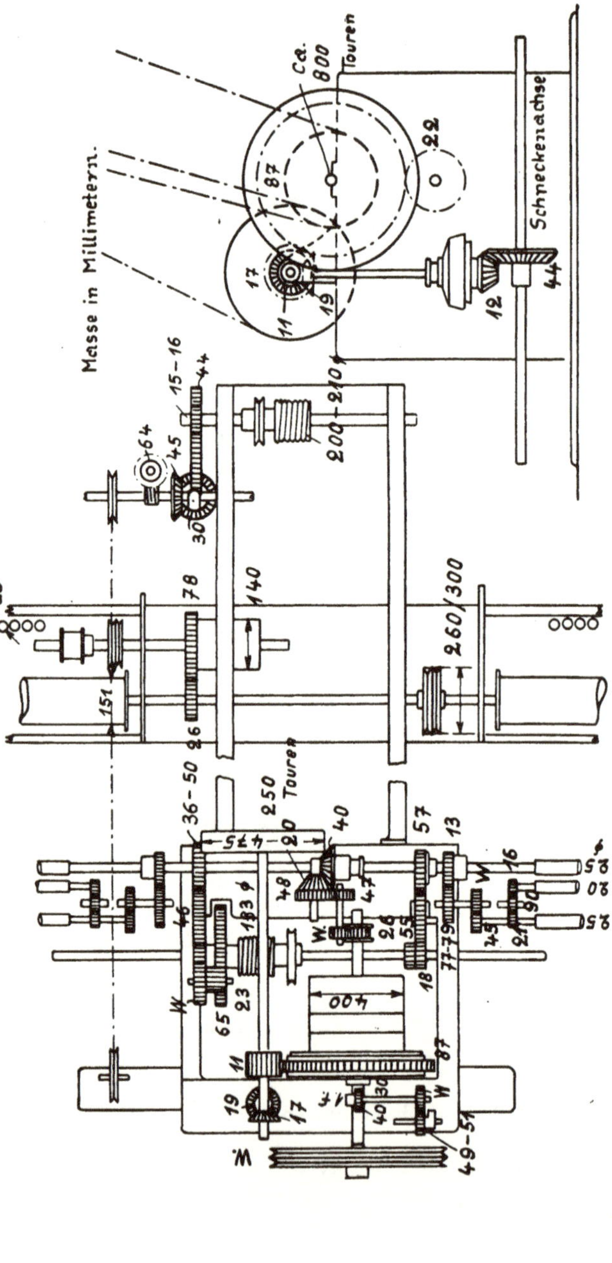

Fig. 106. Rieter-Selfaktor.

Produktion. Die tägliche Lieferung eines Selfaktors berechnet sich am einfachsten aus der Lieferung pro Auszug, worunter die wirksame Auszuglänge zu verstehen ist, gegebenenfalls einschließlich etwaiger Nachlieferung. Die Zeit in Sekunden pro Auszug (Aus- und Einfahrt) wird mit S bezeichnet.

Lieferung in Schneller in 10 Stunden:

$$\frac{\text{Lieferungslänge pro Auszug} \cdot 60 \text{ Sek.} \cdot 60 \text{ Min.} \cdot 10 \text{ Std.}}{S \cdot 36 \text{ Zoll} \cdot 840}.$$

Für 63 Zoll pro Auszug $= \dfrac{63 \cdot 60 \cdot 60 \cdot 10}{S \cdot 36 \cdot 840} = \dfrac{75}{S}$ Schneller (engl.)

Für 1,6 m pro Auszug $= \dfrac{1,6 \cdot 60 \cdot 60 \cdot 10}{S \cdot 768} = \dfrac{75}{S}$ Schneller (engl.)

Für 1,6 m pro Auszug $= \dfrac{1,6 \cdot 60 \cdot 60 \cdot 10}{S \cdot 1000} = \dfrac{57,6}{S}$ Schneller metr. mtr. Schneller (franz.) (franz.).

Das gibt z. B. für 10 Sekunden und 20 Sekunden pro Auszug als äußerste Grenze eine

höchste Produktion $= \dfrac{75}{10} = 7,5$ engl. Schneller täglich,

niedrigste Produktion $= \dfrac{75}{20} = 3,75$ engl. Schneller täglich.

Da $\dfrac{\text{Schneller}}{\text{Pfd. engl.}} = $ Nr. engl. und demgemäß Pfd. engl. $= \dfrac{\text{Schneller}}{\text{Nr. engl.}}$, so erhalten wir für 10 Sekunden Ausfahrtszeit folgende höchste tägliche Lieferungen:

Nr. engl.	10	12	14	16
pro Spindel Pfd. engl. =	$\dfrac{7,5}{10} = 0,75$	$\dfrac{7,5}{12} = 0,62$	$\dfrac{7,5}{14} = 0,53$	$\dfrac{7,5}{16} = 0,46$
pro Selfaktor von 1000 Spindeln	750	620	530	460
Nr. engl.	18	20	22	24
pro Spindel Pfd. engl. =	$\dfrac{7,5}{18} = 0,41$	$\dfrac{7,5}{20} = 0,37$	$\dfrac{7,5}{22} = 0,34$	$\dfrac{7,5}{24} = 0,31$
pro Selfaktor von 1000 Spindeln	410	370	340	310

Diese Zahlen sind aber in der Praxis kaum erreichbar, weil zunächst 10 Sekunden für diese Nummern sehr niedrig gegriffen sind oder vielmehr die höchstmögliche Wagengeschwindigkeit bedingt. Dazu kommt der Zeitverlust für das Abziehen etc., wofür etwa 5 bis 10% Verlust entstehen. Die Zeit für Abziehen ist bei einem 1000 spindligen Selfaktor mindestens 4 bis 5 Minuten, die Zahl der Abzüge ist aber für grobe Garne bedeutend größer und demnach auch der Zeitverlust als für feinere Nr.

Nehmen wir Pincops an mit z. B. 0,05 Pfd. pro Kötzer, so erhalten wir täglich für

$$\text{Nr. 10 engl.:} \ \frac{0,75}{0,05} = 15 \text{ Abzüge} = 15 \cdot 5 = 75 \text{ Minuten.}$$

$$\text{Nr. 24 engl.:} \ \frac{0,31}{0,05} = \ 6 \text{ Abzüge} = \ 6 \cdot 5 = 30 \text{ Minuten.}$$

Wir müßten also, um die berechnete Produktion zu erreichen, für 10^r Garn $11\frac{1}{4}$ Std. tägliche Arbeitszeit haben und für 24^r $10\frac{1}{2}$ Std. Oder umgekehrt, die Produktion für 10 Std. ist entsprechend kleiner:

$$\frac{0,75 \cdot 10}{11,25} = 0,66 \text{ Pfd. engl. für } 10^r; \ \frac{0,31 \cdot 10}{10,5} = 0,295 \text{ Pfd. engl. f. } 24^r.$$

Die Gewichtsbelastung der Selfaktor-Zylinder.

Die Zylinderbelastung ist ein wichtiger Punkt, es kommen dafür zwei Hauptarten in Anwendung, um den notwendigen Zylinderdruck zu erhalten, die direkte Gewichtsbelastung und die mit Hebelübertragung. Fig. 107 und 108 zeigen die zumeist übliche Hebelbelastung. Der Hebel E verteilt die Belastung auf den vorderen Druckzylinder A und auf den kleinen Hebel D (Drucksattel). Der letztere wieder verteilt den auf ihn entfallenden Druck auf den mittleren und hinteren Druckzylinder (B und C). Der Hebel E erhält seinerseits die Gewichtsbelastung durch den Sattelhaken $K L$ von dem Gewichtshebel M, der an seinem langen Ende durch das Gewicht W belastet ist.

In Fig. 108 ist die Gewichtsverteilung genau dargestellt, die der Berechnung als Grundlage dienen wird.

Beispiel: Das Gewicht sei 4 Pfd. und die Entfernungen:

$$C - E = 13 \text{ mm}, \quad C - B = 38 \text{ mm}, \quad E - B = 25 \text{ mm},$$
$$E - D = 35 \text{ mm}, \quad W - F = 190 \text{ mm}, \quad P - F = 19 \text{ mm},$$
$$A - D = 15 \text{ mm und } A - E = 50 \text{ mm}.$$

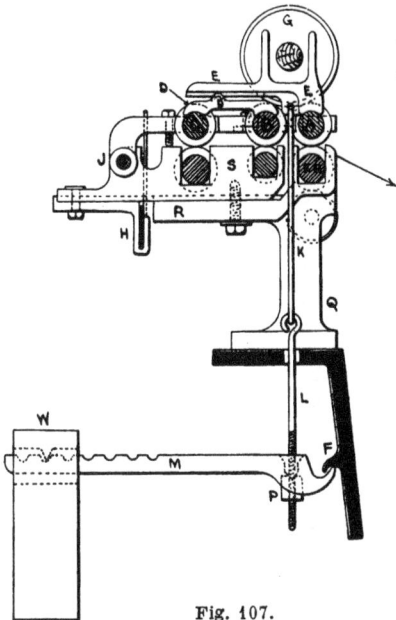

Der Gewichtszug, den W auf D und damit auf den Hebel E (Fig. 108) ausübt, ist:

$$\frac{\text{Gewicht} \cdot WF}{PF} = \frac{4 \cdot 190}{19} = 40 \text{ Pfd.}$$

Diese 40 Pfd. werden verteilt auf den Punkt A und E.

Die Belastung bei A ist:

$$\frac{40 \cdot ED}{AE} = \frac{40 \cdot 35}{50} = 28 \text{ Pfd.}$$

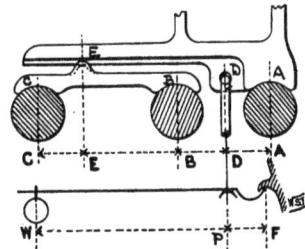

Fig. 107.   Fig. 108.

Der Druck auf E ist gleich $40 - 28 = 12$ Pfd. oder

$$\frac{40 \cdot AD}{AE} = \frac{40 \cdot 15}{50} = 12 \text{ Pfd.}$$

Damit ist der Druck bei B

$$\frac{12 \cdot CE}{CB} = \frac{12 \cdot 13}{38} = 4 \text{ Pfd.}$$

und der Druck bei C ist ohne weiteres $12 - 4 = 8$ Pfd. oder

$$\frac{12 \cdot EB}{CB} = \frac{12 \cdot 25}{38} = 8 \text{ Pfd.}$$

Bei direkter Gewichtsbelastung wird auf den Druckzylinder ein Haken gehängt, an dem das Gewicht direkt angebracht ist.

VIII. Abschnitt.

Ringspinnmaschinen.

Ringspinnmaschinen von Platt Bros. Fig. 109.

A	Haupttriebrad a. der Trommelachse		Veränderlich v.	
		25 u. 30 Zähne	18—40 Zähnen	
B	Transportrad am Drahtwechsel	110 »	60—120 »	
C	Draht- oder Zwirnwechsel		18—80 »	
D	Transporträder für Zylindertrieb	114 »		
E	Vorderzylindertriebrad	62 »		
F	Vorderzylinderkolben . . . . . 20 u. 25	»		
G	Zylinderbockrad . . . 100, 105 od. 120	»		
H	Verzugs- oder Nummerwechsel		20—50 Zähnen	
I	Hinterzylinderrad	56 »	30—56 »	
J	Hinterzylinderkolben . . 18, 20 od. 25	»		
K	Doppeltes Transportrad	66 »		
L	Mittelzylinderkolben 14, 15, 16	»		
M	Spindeltrommeln . . . . . . 10 Zoll Durchm.			
N	Spindelwirtel, ¾, ⅞ oder 1 Zoll			
O	Vorderzylinder, $^{13}/_{16}$, ⅞, $^{15}/_{16}$, 1 oder $1^{1}/_{16}$ Zoll			
R	Schaltrad oder Steigrad.			

Minutl. Spindeltouren:

$$\frac{\text{Minutl. Trommeltouren} \cdot M}{N} = \text{t/m der Spindeln.}$$

Beispiel. Trommeldurchmesser $10 + \frac{1}{16}$ Zoll,

Wirtel $\frac{7}{8} + \frac{1}{16}$ Zoll:

$$\frac{770 \cdot 10^{1}/_{16}}{^{15}/_{16}} = \frac{770 \cdot 161}{15} = 8264 \text{ t/m.}$$

Minutl. Vorderzylindertouren:

$$\frac{\text{t/m der Trommelachse} \cdot A \cdot C}{B \cdot E} = \text{t/m des Vorderzylinders.}$$

Beispiel:

$$\frac{770 \cdot 25 \cdot 50}{100 \cdot 62} = 155 \text{ t/m des Vorderzylinders.}$$

$$\frac{\text{t/m der Trommelachse} \cdot A \cdot C \cdot \pi \cdot d \text{ Vorderzylinder}}{B \cdot E} = \text{Lieferung des Vorderzylinders.}$$

Beispiel:

$$\frac{770 \cdot 25 \cdot 50 \cdot 22 \cdot 1 \text{ Zoll}}{100 \cdot 62 \cdot 7} = 488 \text{ Zoll minutlich.}$$

$$\frac{\text{Minutl. Spindeltouren}}{\text{Minutl. Vorderzylindertouren}} = \text{Spindeltouren auf 1 Drehung des}$$
$$\text{Vorderzylinders.}$$

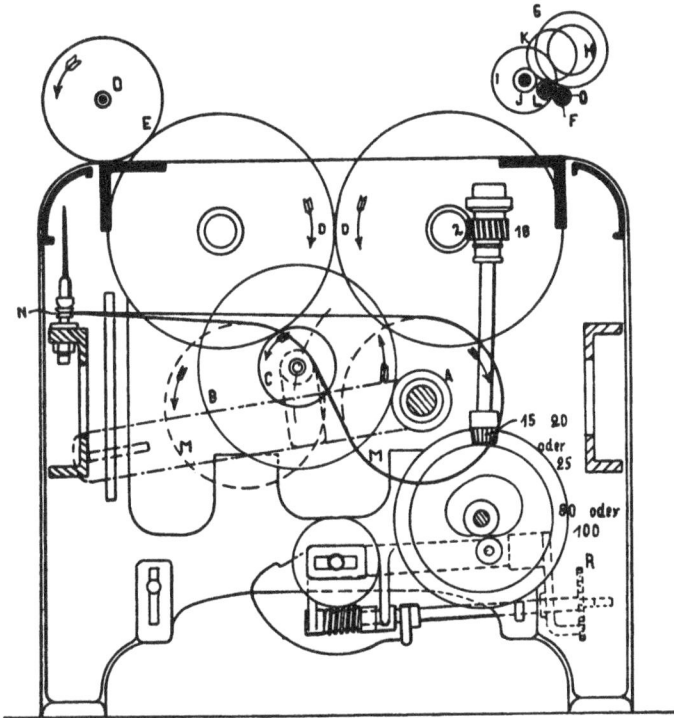

Fig. 109.

Beispiel:

$$\frac{8264}{155} = 53,3 \text{ Spindeltouren auf 1 Vorderzyl.-Umdrehung.}$$

Oder direkt aus dem Getriebe vom Vorderzylinder auf die Spindeln durchgerechnet:

$$\frac{E \cdot B \cdot M}{C \cdot A \cdot N} = \text{Spindeltouren auf 1 Tour des Vorderzylinders.}$$

Beispiel:

$$\frac{62 \cdot 100 \cdot 10^{1}/_{16}}{50 \cdot 25 \cdot {}^{15}/_{16}} = \frac{62 \cdot 100 \cdot 161 \cdot 16}{50 \cdot 25 \cdot 16 \cdot 15} = 53,3 \text{ Touren.}$$

NB. Für Spindelschnur ist auf Trommel- und Wirtel-durchmesser $^{1}/_{16}$ Zoll zugeschlagen. Die Räder D beeinflussen die Geschwindigkeit nicht, sie dienen nur als Transporträder und ändern die Drehrichtung.

Drehung pro Zoll und Zwirnwechsel. Das Rad C ist der Draht- oder Zwirnwechsel, der die Tourenzahl des Vorder-zylinders ändert, und weil die Spindeltouren dabei nicht geändert werden, so ändert er die Drehung pro Zoll.

$$\frac{\text{Minutl. Spindeltouren}}{\text{Minutl. Lieferung des Vorderzyl. in Zoll}} = \text{Drehung pro Zoll.}$$

Beispiel:

$$\frac{8264}{488} = 16,93 \text{ Drehungen pro Zoll.}$$

Oder direkt aus dem Getriebe:

$$\frac{M}{N} \text{ durch } \frac{A \cdot C \cdot \pi d \text{ Zoll des Vorderzyl.}}{B \cdot E}$$

$$= \frac{M \cdot B \cdot E}{N \cdot C \cdot A \cdot \pi d \text{ Zoll des Vorderzyl.}} = \text{Drehung pro Zoll.}$$

Beispiel:

$$\frac{161 \cdot 16 \cdot 62 \cdot 100 \cdot 7}{16 \cdot 15 \cdot 50 \cdot 25 \cdot 22 \cdot 1 \text{ Zoll}} = 16,93 \text{ Drehungen pro Zoll.}$$

Durch Austausch des 50^{r} Drahtwechsels C mit der Drehung:

$$\frac{M \cdot B \cdot E}{N \cdot A \cdot \text{Drehung pro Zoll} \cdot \pi d \text{ Zoll}} = \text{Drahtwechsel } C.$$

Beispiel:

$$\frac{161 \cdot 62 \cdot 100 \cdot 7}{15 \cdot 25 \cdot 16,93 \cdot 22 \cdot 1} = 50^{r} \text{ Drahtwechsel } C.$$

Hilfszahl für Drehung und Zwirnwechsel. Wenn wir aus der vorherigen Formel den Drahtwechsel und die Drehung auslassen, erhalten wir

$$\frac{M \cdot B \cdot E}{N \cdot A \cdot \pi d \text{ des Vorderzyl.}} = \frac{161 \cdot 62 \cdot 100 \cdot 7}{15 \cdot 25 \cdot 1 \cdot 22} = 846,5 \text{ Hilfszahl.}$$

$$\frac{\text{Hilfszahl}}{\text{Drehung}} = \text{Drahtwechsel } C; \text{ Beispiel: } \frac{846,5}{16,93} = 50^r \text{ Wechsel } C.$$

$$\frac{\text{Hilfszahl}}{\text{Drahtwechsel}} = \text{Drehung;} \qquad \text{Beispiel: } \frac{846,5}{50} = 16,93 \text{ Drehung}$$
pro Zoll.

Verzug und Nummerwechsel:

$$\frac{\text{Garn-Nr.}}{\text{Vorgarn-Nr.}} = \text{Verzug; Beispiel: } \frac{40}{8} = 5 \text{ facher Verzug.}$$

Aus dem Zylindergetriebe:

$$\frac{I \cdot G \cdot \text{Durchmesser des Vorderzylinders}}{H \cdot F \cdot \text{Durchmesser des Hinterzylinders}} = \text{Verzug.}$$

Beispiel:

$$\frac{56 \cdot 100 \cdot 1 \text{ Zoll}}{42 \cdot 25 \cdot 1 \text{ Zoll}} = 5,33 \text{ facher Verzug.}$$

$$\frac{I \cdot G \cdot \text{Durchm. des Vorderzyl.}}{\text{Verzug} \cdot F \cdot \text{Durchm. des Hinterzyl.}} = \text{Nummerwechsel } H.$$

Beispiel:

$$\frac{56 \cdot 100 \cdot 1}{5,33 \cdot 25 \cdot 1} = 42^r \text{ Nummerwechsel } H.$$

Verzugskonstante und Nummerwechsel:

$$\frac{I \cdot G \cdot \text{Durchm. Vorderzyl.}}{F \cdot \text{Durchm. Hinterzyl.}} = \text{Hilfszahl} = \frac{56 \cdot 100 \cdot 1}{25 \cdot 1} = 224 \text{ Hilfszahl.}$$

$$\frac{\text{Hilfszahl}}{\text{Verzug}} = \text{Nr.-Wechsel; Beispiel: } \frac{224}{5,33} = 42^r \text{ Wechsel } H.$$

$$\frac{\text{Hilfszahl}}{\text{Nr.-Wechsel}} = \text{Verzug;} \qquad \text{Beispiel: } \frac{224}{42} = 5,33 \text{ fach. Verzug.}$$

$$\frac{\text{Durchm. des Mittelzyl.} \cdot J}{\text{Durchm. des Hinterzyl.} \cdot L} = \text{Verzug zwischen Mittel- u. Hinterzyl.}$$

Genaue Drehung. Wenn z. B. die Spindeltouren 9000 pro Minute und die Lieferung des Vorderzylinders 300 Zoll minutl. betragen, so sollten wir nach der bisherigen Berechnung

$$\frac{9000}{300} = 30 \text{ Drehungen pro Zoll}$$

erhalten. Nun arbeitet aber die Ringspinnmaschine ununterbrochen, und so werden die 300 Zoll in derselben Zeit aufgewunden, als wie sie die 9000 Drehungen erhalten. Es ergibt sich also auf jede Windung eine Drehung weniger. Wieviel Spulentouren sind nun nötig, um diese 300 Zoll aufzuwinden. Nehmen wir an, der mittlere Spulendurchmesser zwischen

leerer und voller Spule sei 1 Zoll, dann ist der mittlere Spulen-
umfang $1 \cdot 3{,}1416 = 3{,}1416$ Zoll, und wir erhalten

$$\frac{300}{3{,}1416} = 95{,}5 \text{ Umgänge der Spule.}$$

Demnach sind

$$9000 - 95{,}5 = \frac{8904{,}5}{300} = 29{,}68 \text{ Drehungen pro Zoll vorhanden.}$$

Anderseits ist infolge der Fadenverkürzung die Garnlänge kleiner als 300 Zoll, die Drehung pro Zoll also wieder
größer. Außerdem werden die Drehungen in ähnlichem
Maße beeinflußt durch das Abziehen des Fadens seitlich
oder über die Kötzerspitze.

Dobson & Barlows Ringspinner. Fig. 110.

A Zwirn- oder Drahtwechsel, 20—70 Zähne,

B Verzugs- od. Nummerwechsel, 26—60 Zähne,

C Haupttriebrad a. d. Trommelachse,

D Transportrad,

E Vorderzylinderrad,

F 20ʳ Vorderzylinderkolben,

G Zylinderbockrad,

H Hinterzylinderrad,

J kleines Hinterzylinderrad,

K Mittelzylinderrad,

L Hinterzylinder,

M Mittelzylinder,

N Vorderzylinder,

P Spindeltrommel,

Q Spindelwirtel.

$$\text{Spindeltouren} = \frac{\text{t/m von } P \cdot \text{Durchm. } P}{\text{Durchm. } Q}.$$

$$\text{Vorderzylindertouren} = \frac{\text{t/m der Trommelwelle} \cdot C \cdot A}{D \cdot E}.$$

$$\text{Spindeltouren auf 1 Vorderzylindertour} = \frac{E \cdot D \cdot P}{A \cdot C \cdot Q}.$$

$$\text{Drehung pro Zoll} = \frac{E \cdot D \cdot P}{A \cdot C \cdot Q \cdot \pi \cdot d \text{ Vorderzyl.}}.$$

$$\text{Drahtwechsel } A = \frac{E \cdot D \cdot P}{\text{Drehung} \cdot C \cdot Q \cdot 3{,}14 \cdot \text{Durchm. Vorderzyl.}}.$$

$$\text{Hilfszahl für die Drehung} = \frac{E \cdot D \cdot P}{C \cdot Q \cdot 3{,}14 \cdot N}.$$

$$\text{Drahtwechsel } A = \frac{\text{Hilfszahl}}{\text{Drehung pro Zoll}}.$$

$$\text{Drehung pro Zoll} = \frac{\text{Hilfszahl}}{\text{Drahtwechsel } A}.$$

$$\text{Drehung pro Zoll} = \text{Drehungskoeffizient } \alpha \cdot \sqrt{N}.$$

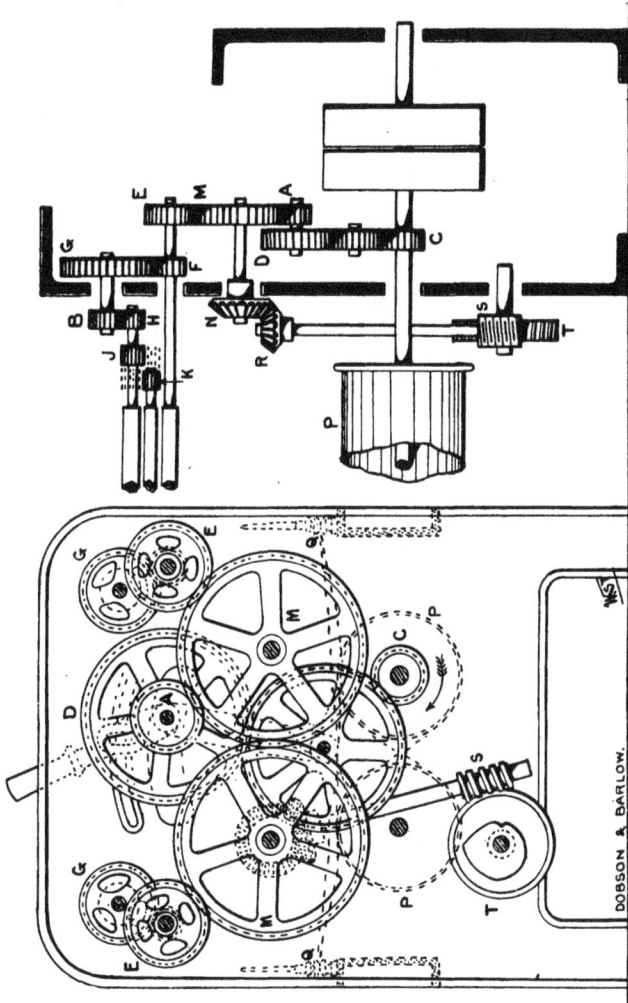

Fig. 110. Dobson & Barlow's Ringspinner.

$$\text{Neuer Drahtwechsel} = \frac{\text{vorhandener Drahtwechsel} \cdot \sqrt{\text{vorhandenerNr.}}}{\sqrt{\text{neuer Nr.}}}$$

oder

$$\text{neuer Drahtwechsel} = \sqrt{\frac{\text{vorhandener Drahtwechsel}^2 \cdot \text{vorhand. Nr.}}{\text{neue Nr.}}}.$$

$$\text{V e r z u g} = \frac{H \cdot G \cdot \text{Durchmesser Vorderzylinder}}{B \cdot F \cdot \text{Durchmesser Hinterzylinder}};$$

$$\text{Nr.-Wechsel } B = \frac{H \cdot G \cdot \text{Durchmesser Vorderzylinder}}{\text{Verzug} \cdot F \cdot \text{Durchmesser Hinterzylinder}}.$$

$$\text{S t e i g - o d e r S c h a l t r a d} = \frac{\text{vorhandenes Schaltrad} \cdot \text{neue Nr.}}{\text{vorhandene Nr.}}$$

Howard & Bulloughs Ringspinner. Fig. 111.

Einzelheiten einer 36 Zoll breiten Maschine mit 10 zöll. Spindeltrommeln.

A Antriebscheibe von 9—15 Zoll Durchm. und 2—4 Zoll Breite,

B Hauptachse: 777 t/m geben mit $7/_8$ Zoll Wirtel und 10 zöll.
    Trommel 8000 Spindeltouren,

C Antriebsrad auf der Trommelachse, 31—71 Zähne,

D Transportrad, 140 Zähne,

E Transportrad am Drahtwechsel, 140 Zähne,

F Drahtwechsel, 30—66 Zähne,

G Transportrad zum Vorderzylinder, 150 Zähne,

H Transportrad zum Vorderzylinder, 150 Zähne,

R Spindeltrommel, 10 Zoll Durchm.,

S Vorderzylindertriebrad, 80 Zähne,

T Vorderzylinderrad, 16 Zähne,

U Zylinderbockrad, 80 Zähne,

V Verzugs- oder Nummerwechsel, 30—50 Zähne,

W Hinterzylinderrad, 50—60 Zähne,

X kleines Hinterzylinderrad, 21 Zähne für 1 zöll. Hinterzylinder,

Y Zylindertransportrad, 28 Zähne,

Z Mittelzylinderrad, 17 Zähne für $7/_8$ zöll. Mittelzylinder,

a Vorderzylinder, meistens 1 Zoll Durchm.,

c Spindelwirtel, meistens $7/_8$ Zoll Durchm.,

b Hinterzylinder, meistens 1 Zoll Durchm.

$$\text{V o r d e r z y l i n d e r t o u r e n} = \frac{\text{t/m der Hauptachse} \cdot C \cdot F}{E \cdot S}.$$

$$\text{Vorderzylinderlieferung in Zoll} = \frac{\text{t/m von } B \cdot C \cdot F \cdot \pi \cdot \text{Durchm.}\ \text{Vorderzylinder}}{E \cdot S}.$$

$$\text{Minutl. Spindeltouren} = \frac{t/m \text{ von } B \cdot \text{Durchm. d. Spindeltrommel} + \frac{1}{16} \text{ Zoll}}{\text{Durchm. der Spindelwirtel} + \frac{1}{16} \text{ Zoll}}.$$

$$\text{Spindeltouren auf eine Vorderzylinderdrehung} = \frac{S \cdot E \cdot P}{F \cdot C \cdot c}.$$

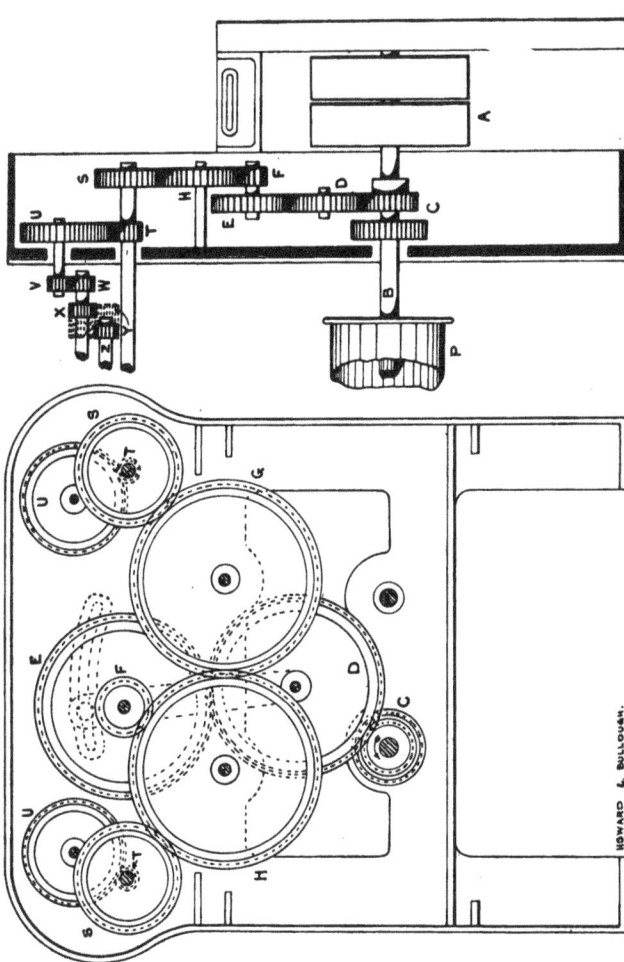

Fig. 111. Howard & Bullough's Ringspinner.

$$\text{Drehung pro Zoll} = \frac{\text{minutl. Spindeltouren}}{\text{Zylinderlieferung in Zoll pro Minute}}$$

oder

$$\text{Drehung pro Zoll} = \frac{P}{c} \text{ durch } \frac{C \cdot F \cdot \pi \cdot \text{Durchm. Vorderzyl.}}{E \cdot S}$$

$$= \frac{P \cdot E \cdot S}{c \cdot C \cdot F \cdot \pi \cdot \text{Durchm. Vorderzyl.}} = \frac{\text{Drehung}}{\text{pro Zoll.}}$$

$$\text{Drahtwechsel } F = \frac{P \cdot E \cdot S}{c \cdot C \cdot \pi \cdot \text{Dchm. Vorderzyl.} \cdot \text{Drehg. pro Zoll}}.$$

$$\text{Hilfszahl f. Drehung} = \frac{P \cdot E \cdot S}{c \cdot C \cdot \pi \cdot \text{Durchm. Vorderzylinder}}.$$

$$\frac{\text{Hilfszahl}}{\text{Drehung}} = \text{Drahtwechsel}; \quad \frac{\text{Hilfszahl}}{\text{Drahtwechsel}} = \text{Drehung pro Zoll.}$$

Verzug und Verzugswechsel:

$$\text{Verzug} = \frac{W \cdot U \cdot \text{Durchm. Vorderzylinder}}{V \cdot T \cdot \text{Durchm. Hinterzylinder}}.$$

$$\text{Nummerwechsel } V = \frac{W \cdot U \cdot \text{Durchm. Vorderzylinder}}{\text{Verzug} \cdot T \cdot \text{Durchm. Hinterzylinder}}.$$

$$\text{Hilfszahl} = \frac{W \cdot U \cdot \text{Durchm. Vorderzylinder}}{T \cdot \text{Durchm. Hinterzylinder}}.$$

$$\frac{\text{Hilfszahl}}{\text{Verzug}} = \text{Nummerwechsel}; \quad \frac{\text{Hilfszahl}}{\text{Nummerwechsel}} = \text{Verzug.}$$

Hetheringtons Ringspinner. Fig. 112.

$$\text{Vorderzylindertouren, minutl.} = \frac{\text{t/m der Hauptachse} \cdot 25 \cdot 40}{75 \cdot 70}$$

$$= \frac{750 \cdot 25 \cdot 40}{75 \cdot 70} = 143 \text{ t/m d. Vorder-}$$
$$\text{zylinders,}$$

$$\left.\begin{array}{c}\text{Zylinderlieferung in Zoll}\\ \text{pro Min.}\end{array}\right\} = \frac{750 \cdot 25 \cdot 40 \cdot 22 \cdot 1 \text{ Zoll}}{75 \cdot 70 \cdot 7} = 449 \text{ Zoll.}$$

$$\text{Minutl. Spindeltouren} = \frac{\text{t/m der Hauptachse} \cdot \frac{\text{Trommel-}}{\text{durchmesser} + \frac{1}{16} \text{ Zoll}}}{\text{Wirteldurchm.} + \frac{1}{16} \text{ Zoll}}$$

$$= \frac{750 \cdot 10\frac{1}{16}}{1\frac{1}{16}} = \frac{750 \cdot 161}{17} = 7103 \text{ t/m.}$$

Draht und Drahtwechsel. Das kleine Rad (20—60) ist der Drahtwechsel.

$$\text{Drehungen pro Zoll} = \frac{\text{minutl. Spindeltouren}}{\text{Zylinderlieferung minutl.}}.$$

Beispiel:

$$\text{Drehung pro Zoll} = \frac{7103}{449} = 15,8 \text{ Drehungen pro Zoll.}$$

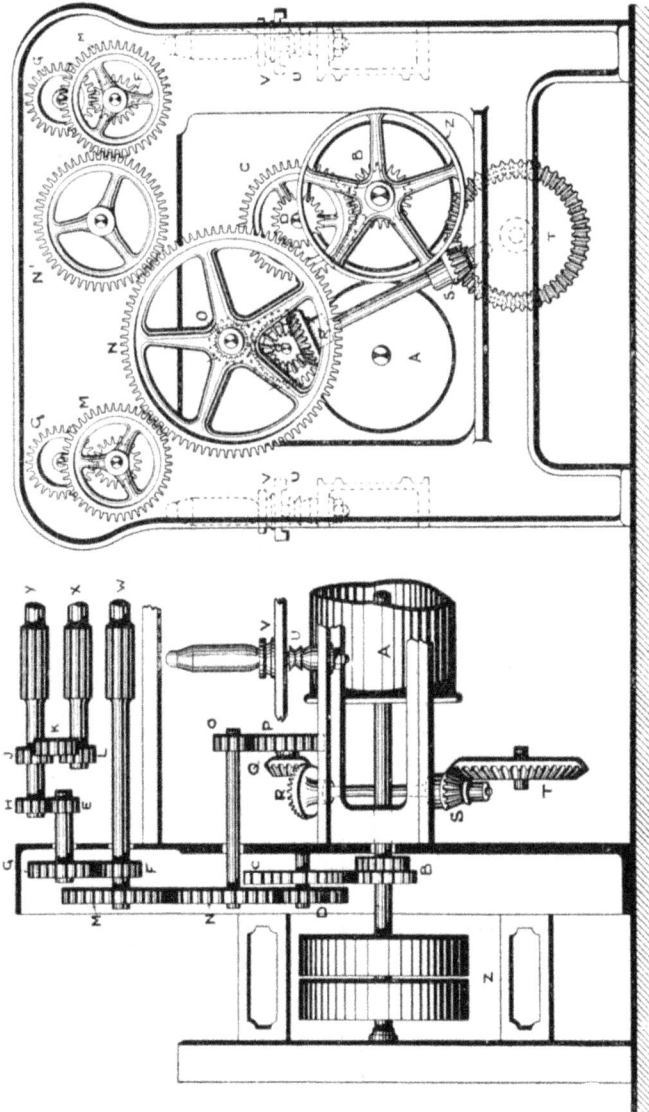

Fig. 112. Hetherington's Ringspinner.

$$\text{Drehung pro Zoll} = \frac{70 \cdot 75 \cdot 10^{1}/_{16} \cdot 7}{43 \cdot 25 \cdot 1^{1}/_{16} \cdot 22 \cdot 1 \text{ Zoll}} = 14,7 \text{ Drehungen.}$$

$$\text{Drahtwechsel} = \frac{70 \cdot 75 \cdot 161 \cdot 7}{14,7 \cdot 25 \cdot 17 \cdot 22 \cdot 1 \text{ Zoll}} = 43^{r} \text{ Wechsel.}$$

$$\text{Drehungskonstante} = \frac{70 \cdot 75 \cdot 161 \cdot 7}{25 \cdot 17 \cdot 22 \cdot 1} = 632 \text{ Hilfszahl.}$$

$$\frac{\text{Hilfszahl}}{\text{Drehung}} = \text{Zwirnwechsel}; \quad \frac{\text{Hilfszahl}}{\text{Zwirnwechsel}} = \text{Drehung.}$$

Praktische Drehungskonstanten
von Hetherington & Sons,
bei denen die Spindelgleitverluste berücksichtigt sind.

Wirtel-Durchmesser in Zoll	Kolben und Kolbenrad	Vorderzylinderdurchmesser					
		$^{13}/_{16}''$	$^{7}/_{8}''$	$^{15}/_{16}''$	$1''$	$1^{1}/_{16}''$	$1^{1}/_{8}''$
$^{3}/_{4}$	25/75	953	884	826	774	728	688
	40/60	476	442	413	387	364	344
$^{7}/_{8}$	25/75	834	775	723	678	638	602
	40/60	417	387	361	339	319	301
1	25/75	741	688	642	602	566	535
	40/60	370	344	321	301	283	267

Verzug und Verzugwechsel:

$$\text{Verzug} = \frac{54 \cdot 100 \cdot \text{Durchm. Vorderzyl.}}{50 \cdot 20 \cdot \text{Durchm. Hinterzyl.}} = \frac{54 \cdot 100 \cdot 1 \text{ Zoll}}{50 \cdot 20 \cdot 1 \text{ Zoll}} = 5,4 \text{ facher Verzug.}$$

$$\text{Nr.-Wechsel} = \frac{54 \cdot 100 \cdot 1 \text{ Zoll}}{\text{Verzug} \cdot 20 \cdot 1 \text{ Zoll}} = \frac{54 \cdot 100 \cdot 1}{5,4 \cdot 20 \cdot 1} = 50^{r} \text{ Wechsel.}$$

$$\text{Verzugskonstante} = \frac{54 \cdot 100 \cdot 1}{20 \cdot 1} = 270 \text{ Hilfszahl.}$$

$$\frac{\text{Hilfszahl}}{\text{Verzug}} = \text{Verzugswechsel}; \quad \frac{\text{Hilfszahl}}{\text{Verzugswechsel}} = \text{Verzug.}$$

Hilfszahlen für verschiedene Zylinderdurchmesser.

	Durchmesser in Zoll engl.											
Vorderzylinder	$^{13}/_{16}$	$^{13}/_{16}$	$^{13}/_{16}$	$^{13}/_{16}$	$^{7}/_{8}$	$^{7}/_{8}$	$^{7}/_{8}$	$^{15}/_{16}$	$^{15}/_{16}$	1	$1^{1}/_{16}$	$1^{1}/_{8}$	$1^{1}/_{8}$
Hinterzylinder	$^{13}/_{16}$	$^{7}/_{8}$	$^{15}/_{16}$	1	$^{7}/_{8}$	$^{15}/_{16}$	1	$^{15}/_{16}$	1	1	1	1	$1^{1}/_{8}$
Hilfszahlen bei 54 Hinterzyl.-Rad	270	251	234	219	270	252	236	270	253	270	287	304	270

Tweedales & Smalley's Ringspinner. Fig. 113.

C 31ʳ od. 71ʳ Triebrad a. d. Trommelachse treibt E 120ʳ Transportrad am Drahtwechsel,

F Draht- od. Zwirnwechsel, 20—66 Zähne, treibt G 80ʳ Vorderzyl.-
Triebrad,

T 16ʳ Vorderzylinderrad greift in U 80ʳ Bockrad,

V Nummerwechsel greift in W 54ʳ Hinterzyl.-
Rad,

X kleines Hinterzylinderrad treibt Z Mittelzyl.-Rad,

F Draht- od. Zwirnwechsel, 20—66 Zähne, greift in H 150ʳ Transportrad,

J Schnecke greift in K 22ʳ oberes
Schneckenrad,

L 22r Kegelrad greift in M 120ʳ Exzenter-
kegelrad,

N Exzenter O Steig- oder
Schaltrad,

P 12ʳ Kettenrollenrad treibt Q 44ʳ Transportrad,

R Transportrad greift in S 44ʳ Triebrad am
Steigrad,

P 10 zöll. Spindeltrommel treibt W Spindelwirtel.
Kettenrolle an P, 2½ Zoll Durchm.

Minutl. Vorderzylindertouren:

$$= \frac{\text{Hauptachstouren} \cdot C \cdot F}{E \cdot G}.$$

Vorderzyl.-Lieferung$\}$
in Zoll minutl. $\int$
$$= \frac{\text{Hauptachstouren} \cdot C \cdot F \cdot \pi \cdot \text{Drchm. Vordzyl.}}{E \cdot G}$$

$$= \text{Vorderzyl.-Touren} \cdot \text{Umfang des Vorderzyl.}$$

$$\text{S p i n d e l t o u r e n} = \frac{\text{t/m der Hauptachse} \cdot P}{W}.$$

$$\text{D r e h u n g pro Zoll} = \frac{P}{W} \text{durch} \frac{C \cdot F \cdot \pi \cdot \text{Durchm. Vorderzyl.}}{E \cdot G}.$$

$$= \frac{P \cdot E \cdot G}{W \cdot C \cdot F \cdot \pi \cdot \text{Durchmesser Vorderzyl.}}$$

$$\text{Drahtwechsel } F = \frac{P \cdot E \cdot G}{W \cdot C \cdot \text{Drehung} \cdot \pi \cdot \text{Durchm. Vorderzyl.}}.$$

$$\text{Drehungs-Hilfszahl} = \frac{P \cdot E \cdot G}{W \cdot C \cdot \pi \cdot \text{Durchmesser Vorderzylinder}}.$$

18*

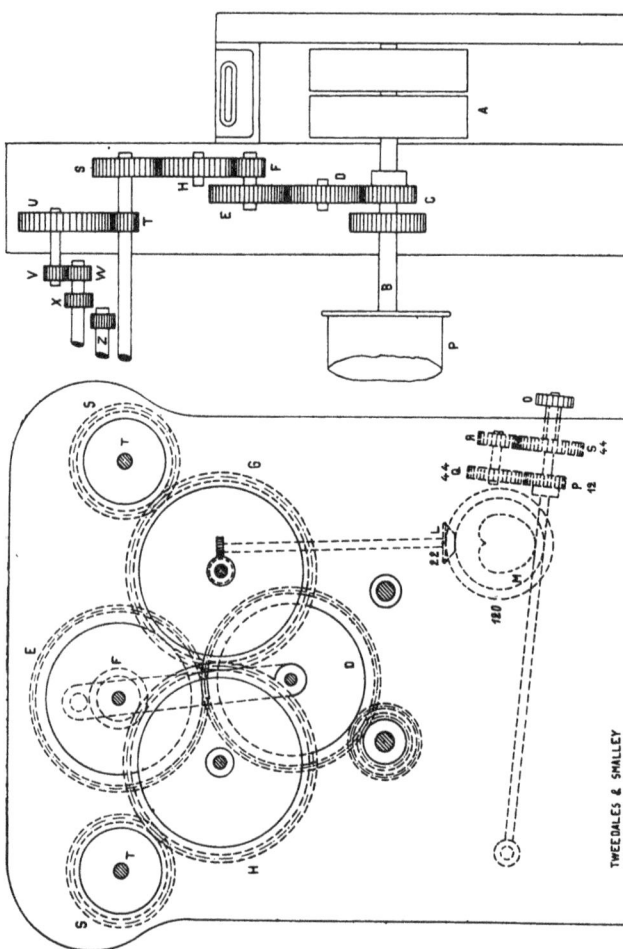

Fig. 113. Ringspinner von Tweedales & Smalley.

Beispiel:

$$\frac{10\ \text{Zoll} \cdot 120 \cdot 80 \cdot 7}{1\ \text{Zoll} \cdot 31 \cdot 22 \cdot 1\ \text{Zoll}} = 986\ \text{Hilfszahl.}$$

Dabei sollte noch die Dicke der Spindelschnur zum Durchmesser der Trommel und des Spindelwirtels zugezählt werden, dadurch wird die Hilfszahl und damit die Drehung um etwa 5% kleiner. Das ist natürlich in der Praxis zu berücksichtigen.

Hilfszahlen für Drehung und Drahtwechsel.

Triebrad C auf der Trommelachse	Vorderzylinder Durchm.	Wirteldurchmesser und entsprechende Hilfszahlen				
		$^3/_4$	$^7/_8$	1	$1^1/_8$	$1^1/_4$
31	$^3/_4$	1752	1502	1314	1168	1051
71	$^3/_4$	765	656	574	510	459
31	$^7/_8$	1502	1287	1127	1001	901
71	$^7/_8$	656	562	492	437	394
31	1	1314	1127	986	876	789
71	1	574	492	430	383	344
31	$1^1/_8$	1168	1001	876	779	701
71	$1^1/_8$	510	437	383	340	306
31	$1^1/_4$	1051	901	789	701	631
71	$1^1/_4$	459	394	344	306	275

$$\frac{\text{Hilfszahl}}{\text{Drehung}} = \text{Drahtwechsel } F; \qquad \frac{\text{Hilfszahl}}{\text{Drahtwechsel}} = \text{Drehung.}$$

Verzug und Nr.-Wechsel:

$$\text{Verzug} = \frac{W \cdot U \cdot \text{Durchmesser Vorderzyl.}}{V \cdot T \cdot \text{Durchmesser Hinterzyl.}}.$$

$$\text{Nr.-Wechsel } V = \frac{W \cdot U \cdot \text{Durchm. Vorderzyl.}}{\text{Verzug} \cdot T \cdot \text{Durchm. Hinterzyl.}}.$$

$$\text{Hilfszahl für Verzug} = \frac{W \cdot U \cdot \text{Durchmesser Vorderzyl.}}{T \cdot \text{Durchmesser Hinterzyl.}}.$$

$$\frac{\text{Hilfszahl}}{\text{Verzug}} = \text{Nr.-Wechsel } V; \qquad \frac{\text{Hilfszahl}}{\text{Nr.-Wechsel}} = \text{Verzug.}$$

$$\text{Schalt- od. Steigrad} = \frac{\text{altes Schaltrad} \cdot \text{neue Nr.}}{\text{alte Nr.}}.$$

Brooks & Doxeys Ringspinner. Fig. 114.

W Antriebscheibe, 10—16 Zoll Durchm.,

A Drahtwechsel, 20—70 Zähne,

B Verzugs- oder Nr.-Wechsel, 30—65 Zähne,

C Triebrad an der Trommel, 20—65 Zähne,

D 120^r Transportrad am Drahtwechsel,

E 80^r Vorderzylinderrad,

F 20^r Vorderzylinderkolben,

G 105^r Zylinderbockrad,

H Hinterzylinderrad, 30—65 Z.,

Z 10—70^r Steig- od. Schaltrad, 60—130 Zähne für feine Nr.

J Hinterzylinderkolben, 18 bis 22 Zähne,

K Mittelzylinderkolben, 15 bis 18 Zähne,

P Spindeltrommeln, 10 Zoll Durchmesser,

Q Spindelwirtel, $^7/_8$ Zoll Drchm.,

R 120^r Transportrad,

S 140^r Transportrad,

T 18^r Kegelrad,

U 25^r Kegelrad,

V 58^r Schneckenrad a. Exzenter,

X 2 gängige Schnecke.

Vorder- und Hinterzylinder: $^{13}/_{16}$—$1^1/_{16}$ Zoll Durchm.

Verzug und Verzugswechsel.

Beispiel:

$$\text{Verzug} = \frac{H \cdot G \cdot \text{Durchm. Vorderzyl.}}{B \cdot F \cdot \text{Durchm. Hinterzyl.}} = \frac{105 \cdot 55 \cdot 1 \text{ Zoll}}{20 \cdot 1 \text{ Zoll}} = 288{,}75 \text{ Hilfszahl.}$$

$$\frac{288{,}75}{\text{Verzug}} = \text{Nr.-Wechsel;} \qquad \frac{288{,}75}{\text{Nr.-Wechsel}} = \text{Verzug.}$$

Drehung:

$$= \frac{E \cdot D \cdot P}{A \cdot C \cdot Q \cdot 3{,}1416 \cdot \text{Durchm. Vorderzyl.}}$$

Beispiel:

$$\frac{E \cdot D \cdot P}{C \cdot Q \cdot 3{,}1416 \cdot \text{Durchm. Vorderzyl.}} = \frac{80 \cdot 120 \cdot 10}{40 \cdot {}^7/_8 \cdot 3{,}1416 \cdot 1 \text{ Zoll}}$$

$$= 873 \text{ Hilfszahl für Drehung pro Zoll.}$$

Der Durchmesser der Spindelschnuren ist noch besonders zu berücksichtigen.

Steig- oder Schaltrad. Es läßt sich dafür keine feste Regel aufstellen, weil das Schaltrad am Ringspinner sehr schwankend ist, je nach der Drehung, der Spannung, der Geschwindigkeit etc. Grundlegend ist jedoch, daß eine höhere Garnnummer (weil kleinere Schaltungen) ein größeres Schaltrad bedingt (und umgekehrt), und zwar etwa im Verhältnis der Garnnummern. Je stärker aber die Drehung ist und je fester die Aufwindung, desto größer wird das Steigrad.

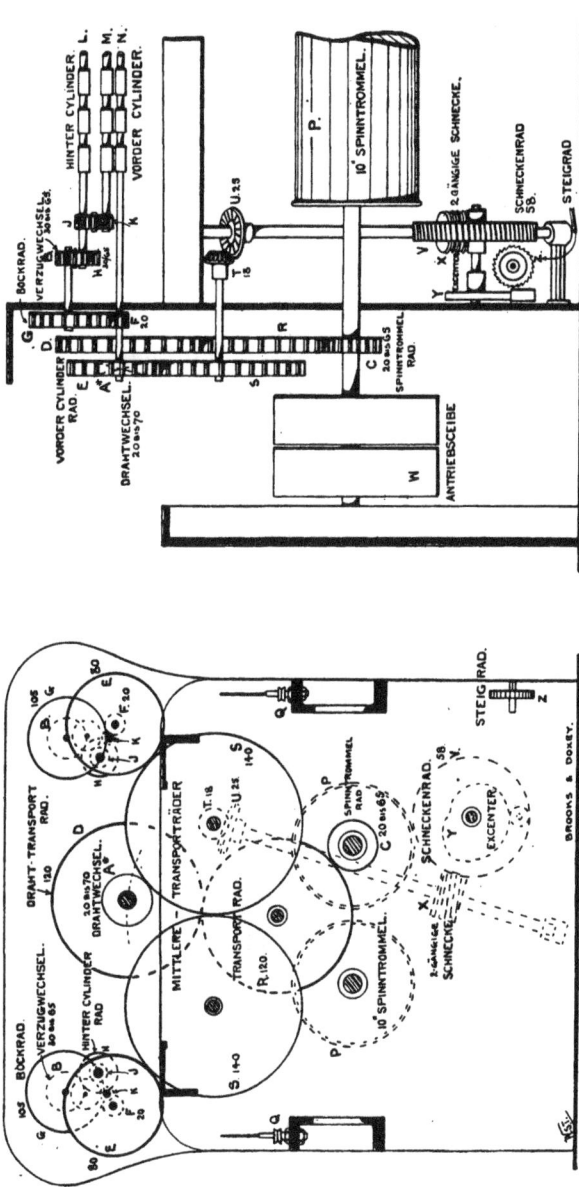

Fig. 114. Ringspinnmaschine von Brooks & Doxey.

Z. B.: Ein 14^r Schaltrad arbeitet für Garn Nr. 16, nun wird auf 24^r Garn geändert, dann wäre das

$$\text{Schaltrad für Garn-Nr. } 24 = \frac{14 \cdot 24}{16} = 21^r \text{ Schaltrad.}$$

In der Praxis wird das Schaltrad eher noch etwas größer nötig sein, besonders wenn fest gewunden wird, aber als Grundlage können wir festhalten:

$$\text{neues Steigrad} = \frac{\text{altes Steigrad} \cdot \text{neue Nr.}}{\text{alte Nr.}} \cdot$$

Ringspinner der Elsäss. Maschinenbau-Ges. Fig. 115.

Verzug:
$$= \frac{63 \cdot 120 \cdot 25 \text{ mm}}{Nw \cdot 24 \cdot 25 \text{ mm}} = \frac{315}{Nw} \cdot$$

$$\text{Nummerwechsel} = \frac{315}{\text{Verzug}} \cdot$$

Vorderzylindertouren bei z. B. 850 Hauptachs- oder Trommeltouren:
$$= \frac{850 \cdot K \cdot Zw \cdot}{100 \cdot 75 \cdot} = \frac{K \cdot Zw}{8,8},$$

und wenn $K = 30$ und $Zw = 32$,

$$\text{t/m des Vorderzylinders} = \frac{30 \cdot 32}{8,8} = 109.$$

Vorderzylinder-Lieferung in engl. Schneller (768 m) in 10 Stunden:

$$= \frac{\text{Vorderzyl.-Touren minutl.} \cdot 25 \text{ mm} \cdot \pi \cdot 600}{1000 \cdot 768}$$

$$= \frac{K \cdot Zw \cdot 25 \cdot 3,1416 \cdot 600}{8,8 \cdot 1000 \cdot 768} = \frac{K \cdot Zw}{143}$$

und für $K = 30$ und $Zw = 32 = \dfrac{30 \cdot 32}{143} = 6,7$ Schneller engl.

Drehung und Zwirnwechsel, vom Vorderzylinder zu den Spindeln durchgerechnet:

$$\frac{75 \cdot 1000 \cdot (255 + 2) \cdot 100}{Zw \cdot K \cdot (22 + 2) \cdot \pi \cdot 25 \text{ mm}} = \text{Drehung pro Dezimeter.}$$

$$\left. \begin{array}{l} \text{Drehungs-Hilfszahl} \\ \text{pro Dezimeter} \end{array} \right\} = \frac{75 \cdot 100 \cdot 257 \cdot 100 \cdot 7}{Zw \cdot K \cdot 24 \cdot 22 \cdot 25} = \frac{102\,250}{Zw \cdot K} \cdot$$

$$\left.\begin{array}{l}\text{Drehung p. Dezimeter} \\ K = 30 \text{ und } Zw = 32\end{array}\right\} = \frac{102\,250}{30 \cdot 32} = 106,5 \text{ Drehg. pro Dezimeter}$$

oder

$$\text{pro Zoll engl.} = \frac{106,5 \cdot 25,4}{100} = 27$$

oder

$$\frac{102\,250}{30 \cdot 106,5} = 32^{r} \text{ Zwirnwechsel}$$

oder

$$\text{neuer Zwirnwechsel} = \sqrt{\frac{\text{vorhand. Zwirnwechsel}^{2} \cdot \text{vorhand. Nr.}}{\text{neue Nr.}}}.$$

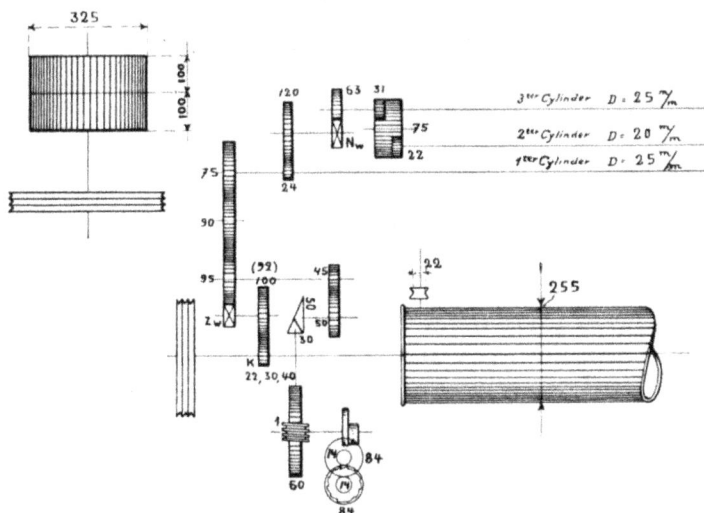

Fig. 115.

Wenn also für Garn Nr. 40 ein 32^{r} Zwirnwechsel angesteckt, so gebrauchen wir

$$\text{für Garn Nr. 48} = \sqrt{\frac{32^{2} \cdot 40}{48}} = \sqrt{853} = 29^{r} \text{ Zwirnwechsel.}$$

Wenn die D r e h u n g p r o D e z i m e t e r für Nr. 40 $= 106,5$ $(17\sqrt{40})$, dann ist die Drehung pro Dezimeter für Nr. 48 $= 17\sqrt{48} = 117,5$ $(= 30 \text{ pro Zoll})$ und aus der obigen Hilfszahl ist der

Zwirnwechsel f. Nr. 48 $= \dfrac{102\,250}{30 \cdot 117,5} = 29^{r}$ Zwirnwechsel.

Ringspinnmaschine von J. J. Rieter & Co. Fig. 116.

Verzug und Nummerwechsel:

$$\text{Verzug} = \frac{48 \cdot 76 \cdot 25 \text{ mm}}{N_w \cdot 15 \cdot 25 \text{ mm}} = \frac{243}{N_w}.$$

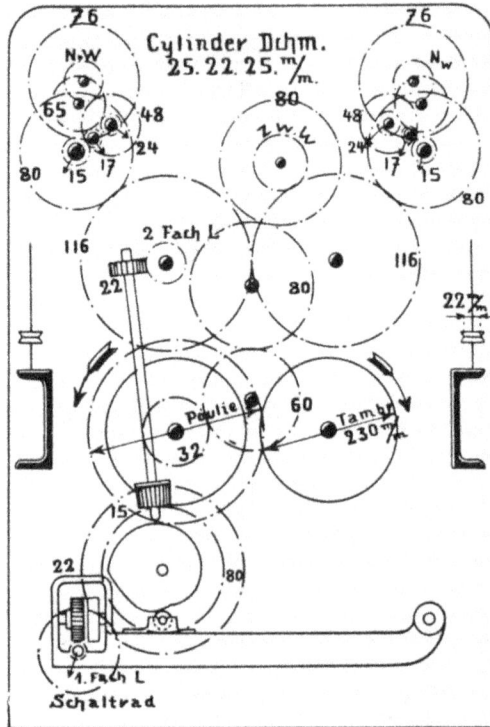

Fig. 116.

$$\text{Nummerwechsel } N_w = \frac{243}{\text{Verzug}} \text{ ; Beispiel: } \frac{243}{6} = 40\tfrac{1}{2} \text{ Nummer-}$$
wechsel.

Drehung und Zwirnwechsel:

$$\text{Drehung pro Dezimeter} = \frac{80 \cdot 80 \cdot 232}{Z_w \cdot 32 \cdot 24 \cdot 0{,}25 \cdot 3{,}1416} = \frac{2462}{Z_w}.$$

Beispiel:

$$20^r \text{ Drahtwechsel} = \frac{2462}{20} = 123 \text{ Drehg. p. dm } (= 31 \text{ Drehg.}$$
pro Zoll engl.)

oder

$$30^r \text{ Drahtwechsel} = \frac{2462}{30} = 82 \text{ Drehg. pro dm } (= 21 \text{ Drehg.}$$
pro Zoll).

$$\left.\begin{array}{l}\text{Vordzyl.-Liefg. i. engl.} \\ \text{Schneller (768 m)}\end{array}\right\} = \frac{\text{t/m der Haupt-}\text{achse} \cdot 32 \cdot Zw \cdot 25 \text{ mm} \cdot 3,1416}{80 \cdot 80 \cdot 1000 \cdot 768} \text{ minutl.}$$

$$= \frac{\text{t/m der Hauptachse} \cdot Zw}{1\,954\,000} = \text{Schneller engl. minutlich.}$$

Für 1000 t/m der Hauptachse und 30^r Zwirnwechsel täglich in 10 Stunden:

$$= \frac{1000 \cdot 30 \cdot 600}{1\,954\,000} = 9,2 \text{ Schneller engl.}$$

Der Zeitverlust für Abnehmen etc. ist ähnlich zu berechnen wie bei Selfaktoren.

Garngewicht der Kötzer von Ringspinnmaschinen.

Ringdurchmesser	Hub	Gewicht
2½ Zoll engl. = 63 mm	7 Zoll engl. = 178 mm	110 g
2¼ » » = 57 »	7 » » = 178 »	94 »
2 » » = 51 »	6 » » = 153 »	79 »
1¾ » » = 45 »	6 » » = 153 »	57 »
1¾ » » = 45 »	5 » » = 127 »	39 »
1⁵⁄₈ » » = 41 »	6 » » = 153 »	42 »
1⁵⁄₈ » » = 41 »	5 » » = 127 »	37 »
1½ » » = 38 »	5 » » = 127 »	35 »

Drehungskoeffizient α für Ringgarn.

	Pro engl. Zoll für Nr. engl.	Pro dm für Nr. franz.
Schußgarn	$3,25\text{--}3,5 \cdot \sqrt{\text{Nr. engl.}}$	$14\text{--}15 \cdot \sqrt{\text{Nr. franz.}}$
Weiches Kettgarn	$3,75 \cdot \sqrt{\text{Nr. engl.}}$	$16 \cdot \sqrt{\text{Nr. franz.}}$
Mittleres Kettgarn (Medio) .	$4 \cdot \sqrt{\text{Nr. engl.}}$	$17 \cdot \sqrt{\text{Nr. franz.}}$
Gewöhnl. Kettgarn (Water)	$4,25 \cdot \sqrt{\text{Nr. engl.}}$	$18 \cdot \sqrt{\text{Nr. franz.}}$
Extra hartes Kettgarn . . .	$6 \cdot \sqrt{\text{Nr. engl.}}$	$25 \cdot \sqrt{\text{Nr. franz.}}$

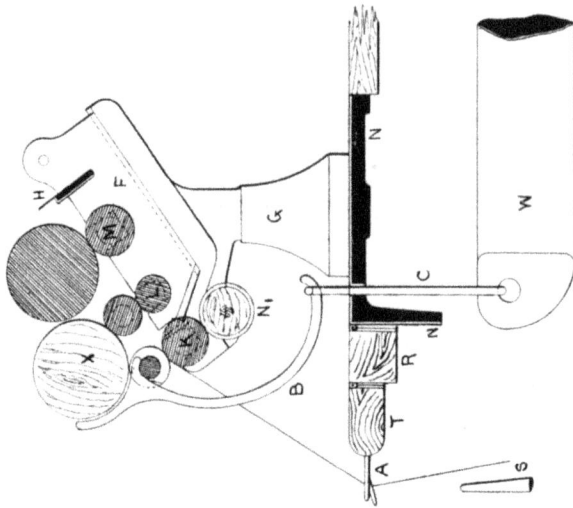

Fig. 118. Direkte Belastung.

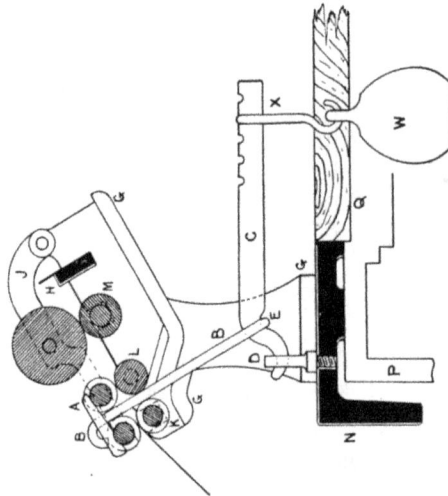

Fig. 117. Hebel-Belastung.

Zylinder der Ringspinnmaschinen,

Gewichtsbelastung der Zylinder an Ringspinn-
maschinen.

Wie in Fig. 117 und 118 gezeigt wird, kommen zwei Hauptbelastungsarten in Anwendung, die Hebelbelastung und die direkte Gewichtsbelastung; aber auch bei der Hebelbelastung ist der hintere (3.) Zylinder ein großer Eisenzylinder, also mit direkter Selbstbelastung. Die Hebelbelastung in Fig. 117 wirkt auf einen Drucksattel, dessen Druckpunkt näher zum Vorderzylinder liegt, so daß dieser stärker belastet wird. Diese Hebelbelastung ist ähnlich wie beim Selfaktor. Bei der direkten Gewichtsbelastung Fig. 118 ist nur der Vorderzylinder durch ein Gewicht belastet, während Mittel- und Hinterzylinder eigene Druckzylinderbelastung besitzen. Die direkte Gewichtsbelastung wirkt durch einen Druckhaken auf den vorderen Druckzylinder, wobei das Gewicht, ein langes Eisenstück, durch die ganze Breite der Maschine reicht und so auf der andern Maschinenseite in derselben Weise auf den Vorderzylinder wirkt, es ist deshalb auch doppelt so schwer. Die Hebelbelastung unterscheidet sich von der des Selfaktors durch die Schräglage des Gewichtshakens, dessen Wirkung aus Fig. 119 zu ersehen ist:

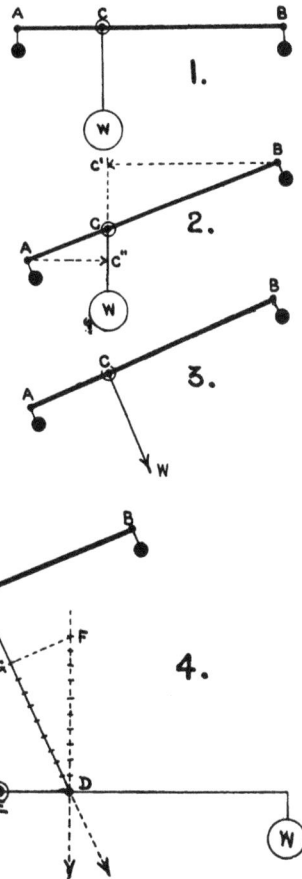

Fig. 119.

1. Wenn der Sattel AB horizontal ist und bei C das Gewicht hängt, so ist die Wirkung wie gewohnt.

2. In der Schräglage haben wir dieselbe Wirkung wie in 1, nur sind die Hebelarme horizontal, also verkürzt zu rechnen, wobei aber das Verhältnis dasselbe bleibt.

3. Erfolgt bei geneigtem Sattel der Gewichtszug im rechten Winkel, so ist die Berechnung ebenfalls unverändert.

4. Das Ziel ist eine Vereinigung beider, wobei der senkrechte Hebel EW schräg auf AB wirkt, der in D wirksame Druck, ein Vielfaches von W, würde in der Richtung F voll wirken, in der Richtung C wirkt er aber nur teilweise, und zwar im Verhältnis der schrägen Linie G zur senkrechten F, das ist etwa $9:10$, oder wenn die Belastung bei D z. B. 10 Pfd. beträgt, so ist der wirksame Druck bei C etwa $\dfrac{10 \cdot 9}{10} = 9$ Pfd.

IX. Abschnitt.

Ringzwirnmaschinen.

Ringzwirnmaschine von Tweedales & Smalley.

1. Getriebe für englisches System. Fig. 120.

a 31^r Triebrad a. d. Hauptachse treibt b 120^r Zwirnwechsel-Transportrad,

x 34—90^r Zwirnwechsel   » c 60 od. 35^r Wechselrad,

d 20, 40 od. 60^r Transportrad   » e 80, 60 od. 40^r Zyl.-Rad,

f Schnecke am Zylinder   » g 22^r Schneckenrad (Welle zum Exzenter),

h untere Schnecke   » i 60^r Schneckenrad (Exzt.)

t Spindeltrommel, 10 Zoll   » w Spindelwirtel,

r = Durchmesser des Zylinders, T = Drehung pro Zoll engl.

$$\text{Zwirnwechsel } x = \frac{e \cdot c \cdot b \cdot t}{d \cdot T \cdot a \cdot w \cdot 3{,}14 \cdot r}.$$

$$\text{Hilfszahl f. Zwirnwechsel } x = \frac{e \cdot c \cdot b \cdot t}{d \cdot a \cdot w \cdot 3{,}14 \cdot r}; \; x = \frac{\text{Hilfszahl}}{T}.$$

Hilfszahl für Wechsel $c = \dfrac{e \cdot b \cdot t}{d \cdot x \cdot a \cdot w \cdot 3{,}14 \cdot r}$.

Drehung $T = \dfrac{c}{\text{Hilfszahl}}$; Wechsel $c = T \cdot \text{Hilfs-zahl}$.

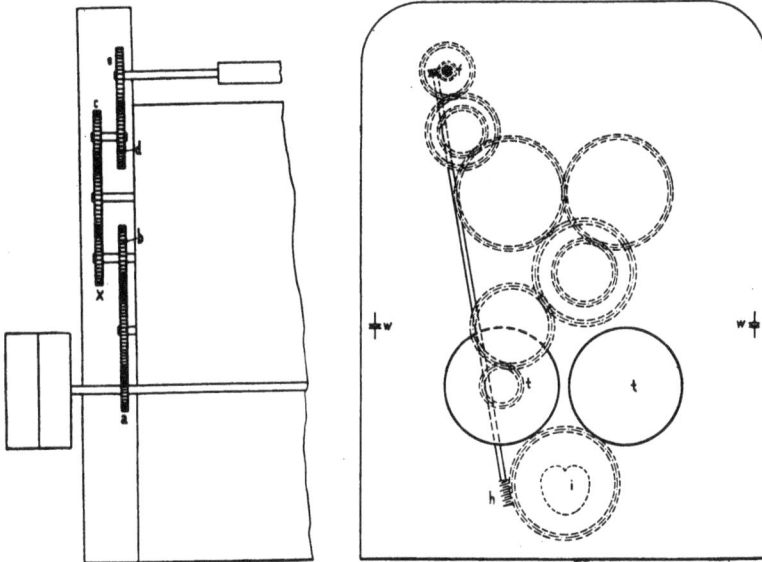

Fig. 120.

2. Getriebe für schottisches System. Fig. 121. Die Anordnung des Zylinders ist eine andere, außerdem hat er hier in der Regel 2½ Zoll Durchmesser, während sonst höchstens 2 Zoll üblich sind.

a 25^r Triebrad a. d. Hauptachse treibt	b 100^r Zwirnwechsel-Transportrad,
x Zwirnwechsel »	c 60^r Transportrad,
d 65^r od. 25^r Wechselrad »	e 100 od. 35^r Oberzyl.-Rad,
f 48^r Rad am Oberzylinder »	g 48^r Rad a. d. Schnecke,
h Schnecke »	i 22^r Schneckenrad,
j untere Schnecke »	k 60^r Exz.-Schneckenrad,
t 10 zöll. Spindeltrommel »	w Spindelwirtel,
$r =$ Durchm. des Zylinders,	$T =$ Drehung pro Zoll engl.

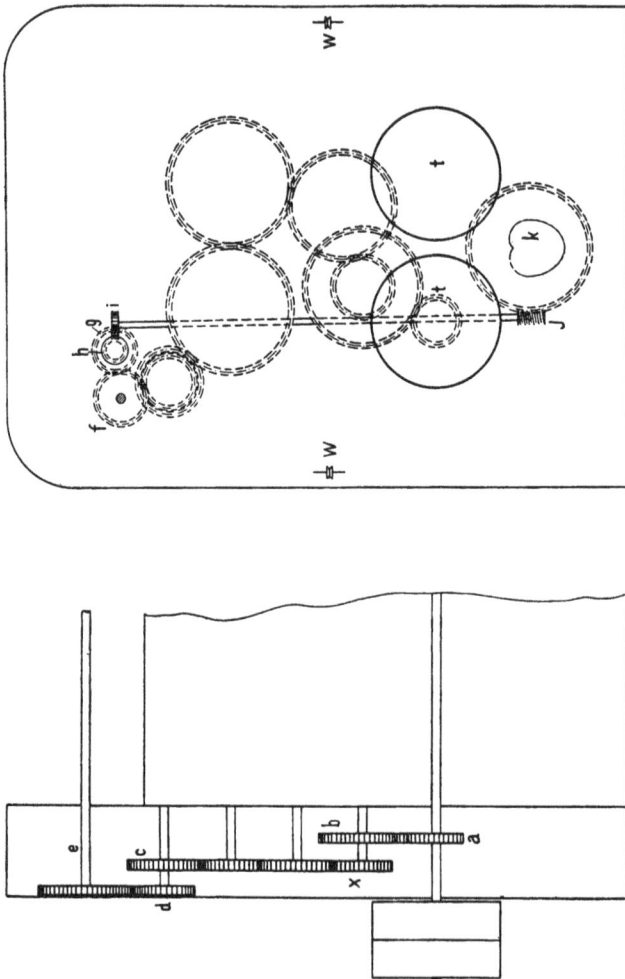

Fig. 121. Schottische Ringzwirnmaschine von Tweedales & Smalley.

$$\text{Z w i r n w e c h s e l } x = \frac{c \cdot e \cdot b \cdot t}{d \cdot T \cdot a \cdot w \cdot \pi \cdot r}.$$

$$\text{W e c h s e l } d = \frac{e \cdot c \cdot b \cdot t}{T \cdot x \cdot a \cdot w \cdot \pi \cdot r}.$$

$$\text{Konstante f. d. Zwirnwechsel } x = \frac{c \cdot e \cdot b \cdot t}{d \cdot a \cdot w \cdot 3{,}14 \cdot r}; \quad x = \frac{\text{Hilfszahl}}{T}.$$

$$\text{Konstante für den Wechsel } d = \frac{e \cdot c \cdot b \cdot t}{x \cdot a \cdot w \cdot 3{,}14 \cdot r}; \quad d = \frac{\text{Hilfszahl}}{T}.$$

$$\text{D r e h u n g p r o Z o l l } T = \frac{\text{Hilfszahl}}{x} \text{ oder } \frac{\text{Hilfszahl}}{d}.$$

Für Copswindung ist der Exzentertrieb derselbe wie bei der Ringspinnmaschine.

Ringzwirnmaschine von Dobson & Barlow.

Fig. 122.

A Zwirnwechsel, 20—80 Zähne,	*B* Wechselrad, 20—60 Zähne,
C Triebrad a. d. Hauptachse,	*D* Transportrad,
E Transportrad a. Zwirnwechsel,	*F* Zylinderrad,
G Spindeltrommel,	*H* Spindelwirtel.

$$J = \text{Zylinderdurchmesser.}$$

$$\text{S p i n d e l t o u r e n} = \frac{\text{t/m von } G \cdot \text{Durchm. } G}{\text{Durchm. } H}.$$

$$\text{Z y l i n d e r t o u r e n} = \frac{\text{t/m von } C \cdot B \cdot A}{D \cdot E \cdot F}.$$

$$\text{Spindeltouren für 1 Zylindertour} = \frac{F \cdot E \cdot D \cdot G}{A \cdot B \cdot C \cdot H}.$$

$$\text{D r e h u n g p r o Z o l l} = \frac{F \cdot E \cdot D \cdot G}{A \cdot B \cdot C \cdot H \cdot J \cdot 3{,}1416}.$$

$$\text{Zwirnwechsel } A = \frac{F \cdot E \cdot D \cdot G}{\text{Drehg.} \cdot B \cdot C \cdot H \cdot J \cdot 3{,}1416}.$$

$$\text{Wechselrad } B = \frac{F \cdot E \cdot D \cdot G}{A \cdot \text{Drehg.} \cdot C \cdot H \cdot J \cdot 3{,}1416}.$$

Numerierung von Zwirn.

2 Faden von der gleichen Garn-Nr. gezwirnt $= \frac{1}{2}$ der Nr. des Garnes.

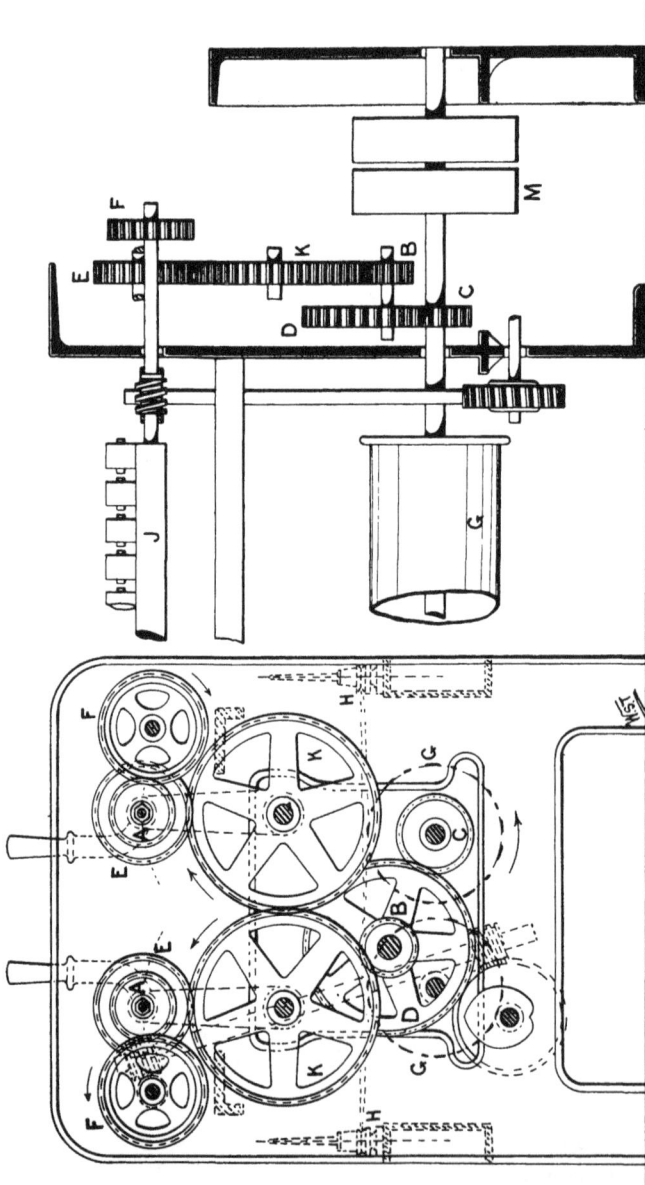

Fig. 122. Dobson & Barlow's Ringzwirnmaschine.

Die Zwirn-Nr. von zwei ungleichen Garn-Nr. A und B ist

$$\frac{A \cdot B}{A+B} = \text{Zwirn-Nr.}$$

$$\frac{A \cdot \text{verlangter Zwirn-Nr.}}{A - \text{verlangter Zwirn-Nr.}} = \text{Garn-Nr. } B.$$

Die Zwirn-Nr. von 3 fach gezwirntem Garn A, B, C ist

$$\frac{A \cdot B \cdot C}{A \cdot B + A \cdot C + B \cdot C}.$$

Ringzwirnmaschine von Brooks & Doxey. Fig. 123.

Antriebscheiben 8—16 Zoll Durchm.; Zylinder 1¾ Zoll Durchm.

T Spindeltrommel, 8 Zoll Dchm.,	S Spindelwirtel, 1⅛—1½ Zoll,
C Triebrad a. d. Trommelachse, 20—60 Zähne,	D Transportrad, 90 Zähne, E Drahtwechsel-Transportrad,
B Wechselrad, 20—70 Zähne,	70 Zähne
A Drahtwechsel, 20—60 Zähne,	F Zylinderrad, 90 Zähne,
G Schnecke	H 15ʳ Schneckenrad,
J 2 gängige Schnecke,	K 70ʳ Exzenter-Schneckenrad.

Drehung und Zwirnwechsel:

$$\text{Drehung pro Zoll} = \frac{F \cdot E \cdot D \cdot T}{A \cdot B \cdot C \cdot S \cdot \text{Zyl.-Durchm. in Zoll} \cdot \pi}.$$

Beispiel:

$$= \frac{90 \cdot 70 \cdot 90 \cdot 10 \cdot}{40 \cdot 30 \cdot 40 \cdot 1\tfrac{1}{8} \cdot 1\tfrac{3}{4} \cdot 3{,}1416},$$

$$= \frac{90 \cdot 70 \cdot 90 \cdot 10 \cdot 8 \cdot 4}{40 \cdot 30 \cdot 40 \cdot 9 \cdot 7 \cdot 3{,}1416} = 19 \text{ Drehungen p. Zoll.}$$

Gewicht des Zwirnes auf den Kötzern.

Ringdurchmesser	Hub	Gewicht
2½ Zoll = 63 mm	5 Zoll = 127 mm	142 g
2½ » = 63 »	4½ » = 115 »	128 »
2¼ » = 57 »	5 » = 127 »	106 »
2 » = 51 »	5 » = 127 »	71 »
2 » = 51 »	4 » = 102 »	64 »
1¾ » = 45 »	5 » = 127 »	57 »
1½ » = 38 »	4½ » = 115 »	43½ g

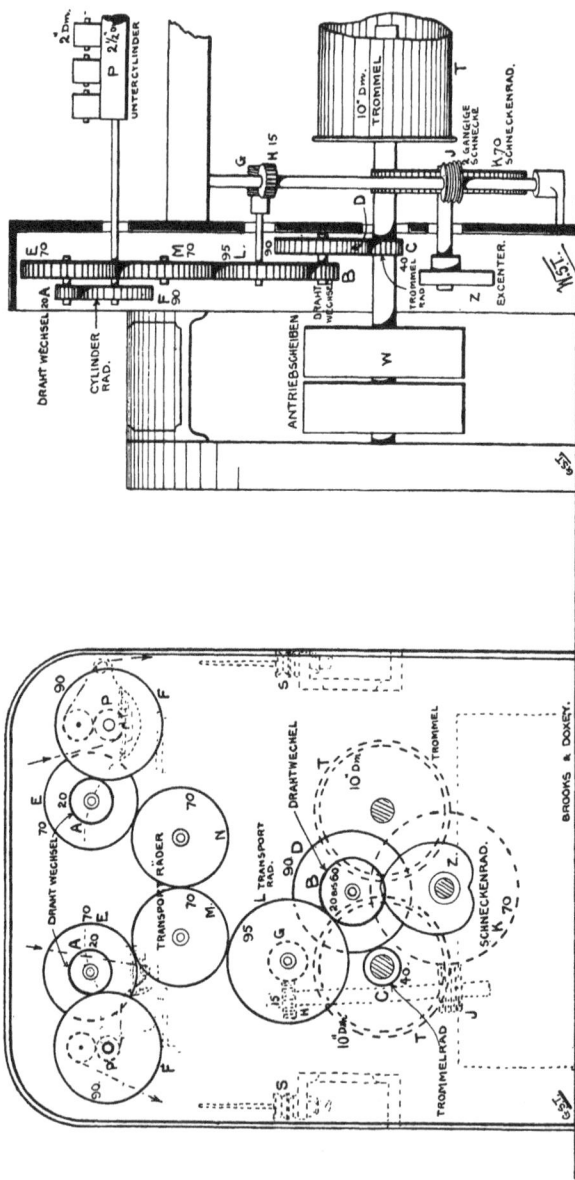

Fig. 123. Ringzwirnmaschine von Brooks & Doxey.

Auf Seite 324 ist eine Produktionsliste für Ringzwirnmaschinen, die neben der Lieferung Angaben über Spindeltouren, Drehungen und Ringläufer enthält.

Ringzwirnmaschine der Carl Hamel A.-G. Chemnitz.

Fig. 124.

Die Maschine wird in folgenden Verhältnissen ausgeführt:

Spindelteilung	60	65	70	75	81	83	88	92	95,5	101,6 mm
Ringweite	38	45	51	57	60	63	70	70	76	76 »
Spulenstärke . . .	33	40	45	52	54	58	64	64	70	70 »
Hub f. Spulenwindg.	100	100	115	115	125	125	125	150	150	150 »
Hub f. Kötzerwindg.	145	150	165	175	185	185	185	200	200	200 »

Für grobe Zwirne werden große Kötzer oder Spulen verwendet, um die Abzüge möglichst groß und damit die Anzahl der Abzüge und den Zeitverlust dafür möglichst klein zu erhalten. Demgemäß werden die T e i l u n g e n etwa wie folgt verwendet:

	60	65	70	75	83	88	95 mm
6 fach	—	—	100—150/6	70—100/6	50—60/6	14—40/6	10—12/6
4 fach	—	—	80--120/4	36—60/4	20—36/4	14—20/4	10--12/4
3 fach	—	über 120/3	70--120/3	46—60/3	26—40/3	18—24/3	10—16/3
2 fach	120—150/2	70—120/2	40—60/2	26—40/2	18—24/2	10—16/2	—

Stickgarne (10—100/4 fach) können alle auf 88 mm Teilung und Stopfgarne (20—100/2 fach) auf 83 mm oder einer ähnlichen Teilung verarbeitet werden, also mit großer Ringweite und starkem Zug.

Der K r a f t b e d a r f ist annähernd:

1 PS für 65 Spindeln bei 38 mm Ringw. 8000 Spindeltouren pr. Min.

1	»	» 60	»	» 45	»	»	8000	»	»	»
1	»	» 55	»	» 51	»	»	7250	»	»	»
1	»	» 55	»	» 57	»	»	6000	»	»	»
1	»	» 50	»	» 63	»	»	5000	»	»	»
1	»	» 45	»	» 76	»	»	4000	»	»	»

Die Antriebsscheiben haben 300, bei längeren Maschinen 350 mm Durchmesser, bei je 100 mm Breite.

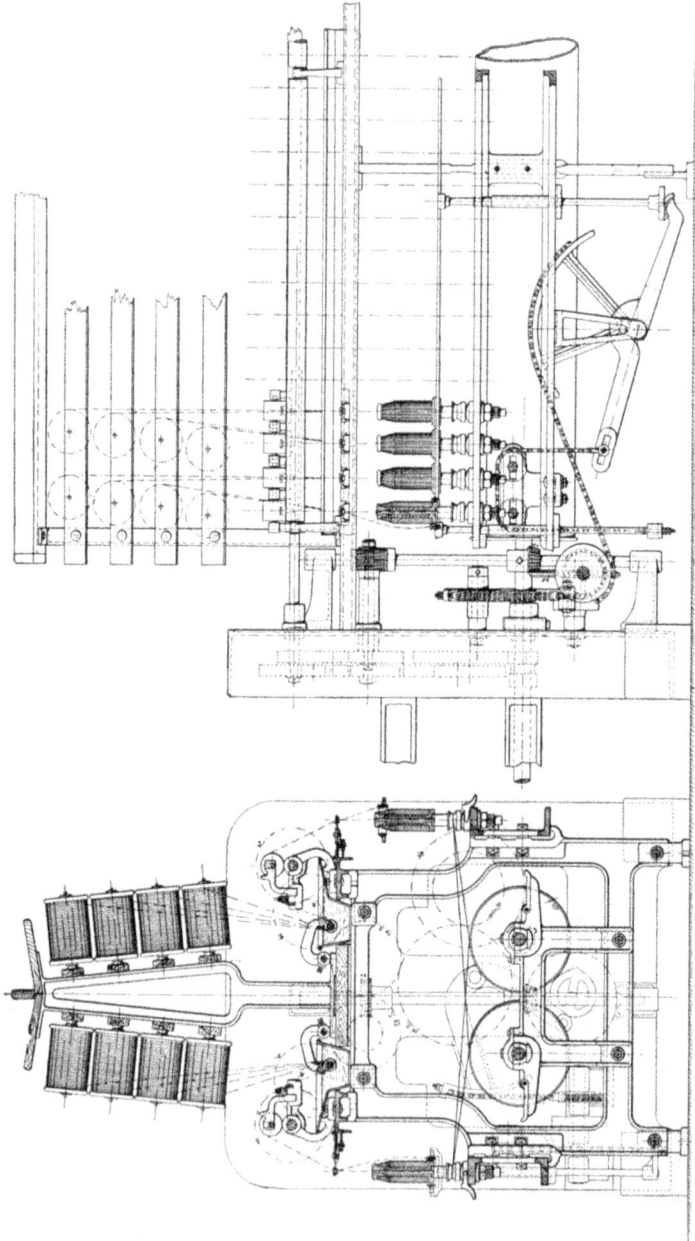

Fig. 124. Ringzwirner von Carl Hamel, A.-G.

Spindel-geschwin-digkeit (theoretisch)	Umdrehungszahl der Fest- und Losscheiben							
	bei 250 mm Trommeldurch-messer und einem Spindelwirtel-durchmesser von				bei 230 mm Trommeldurch-messer und einem Spindel-wirteldurchmesser von			
	22	25	28	32 mm	22	25	28	32 mm
3 500	308	350	392	448	335	380	426	487
4 000	350	400	448	512	382	434	486	557
4 500	396	450	504	576	430	488	546	627
5 000	440	500	560	640	478	543	606	697
5 500	484	550	616	704	526	597	666	767
6 000	528	600	672	768	574	651	726	837
6 500	572	650	728	832	622	706	786	905
7 000	616	700	784	896	670	760	846	975
7 500	660	750	840	960	718	814	906	1 045
8 000	704	800	896	1 024	766	869	966	—
8 500	748	850	952	—	814	923	1 026	—
9 000	792	900	1 008	—	862	977	—	—
9 500	836	950	1 064	—	910	1 032	—	—
10 000	880	1 000	—	—	958	—	—	—

Zahlen des Getriebes.

Zylinderdurchmesser . . 45 mm (60 mm für schottischen Trog)
Zylinderrad . . . . 20—60 Zähne (f. schott. Trog: 40, 50 od. 60
Oberes Wechselbockrad . 60 »
Unteres Wechselbockrad . 96 » bei 24ʳ Trommelrad
Unteres Wechselbockrad . 92 » bei 20ʳ »
W oberer Drahtwechsel . 20—60 »
W' unterer Drahtwechsel 20—60 »
Trommelrad . . . . . . 24 od. 20 Zähne
Trommeldurchmesser . . 250 od. 230 mm
Spindelwirtel-Durchm.. . 24, 28, 32 od. 38 mm.

Drehung pro Dezimeter ergibt sich wieder aus der Über-setzung vom Zylinder auf die Spindeln, oder in anderen Worten, Spindeltouren auf 1 Umdrehung des Zylinders, wenn dieser $32 \cdot 3{,}1416 = 100$ mm $= 1$ dm Umfang hat. Der Umfang ist aber hier größer ($1\frac{1}{2}$—2 dm), so daß wir durch den Umfang dividieren und nur einen Bruchteil der Spindeltouren pro Umdrehung des Zylinders erhalten.

$$\frac{60 \cdot 60 \cdot 96 \cdot 252 \cdot 100}{W \cdot W' \cdot 24 \cdot 30 \cdot 45 \cdot 3,1416} = \text{Drehung pro Dezimeter.}$$

$$\text{Drehungskonstante} = \frac{85\,600}{W \cdot W'}.$$

und wenn $W = 30$, $W' = 25$, so ist die

$$\text{Drehung pro Dezimeter} = \frac{85\,600}{30 \cdot 25} = 114.$$

$$\text{Zwirnwechsel } W = \frac{85\,600}{114 \cdot 25} = 30.$$

$$\text{Zwirnwechsel } W' = \frac{85\,600}{114 \cdot 30} = 25.$$

Produktion täglich (10 Stunden):

$$\frac{\text{minutl. Zylinderlieferung in Meter} \cdot 60 \cdot 10}{768 \cdot \text{Nr. engl.}} = \text{Pfund engl.}$$

$$\frac{t/m \cdot 24 \cdot W' \cdot W \cdot 0{,}045 \cdot \pi \cdot 60 \cdot 10}{96 \cdot 60 \cdot 60 \cdot 768 \cdot \text{Nr. engl.}} = \text{Pfund engl.}$$

Für die praktische Lieferung ist dabei ebenfalls der Zeitverlust für Abziehen etc. zu berücksichtigen, der für Kötzerwindung und dementsprechenden periodenweisen Abzug größer ist, als für zylindrische Spulen.

Die Produktionslänge wird außerdem verringert durch

> Verkürzung des Fadens, die bei harten Zwirnen bis zu 8 v. H. beträgt, und die insbesonders für die folgende

> Lieferungsberechnung aus den Spindeltouren und der Drehung zu berücksichtigen ist.

$$\text{Lieferung in Meter} = \frac{t/m \text{ der Spindeln} \cdot 60 \cdot 10}{\text{Drehung pro dm} \cdot 10} = \text{Meter in 10 Std.}$$

$$\frac{t/m \text{ der Spindeln} \cdot 60 \cdot 10}{\text{Drehung pro dm} \cdot 10 \cdot 768 \cdot \text{Nr. engl.}} = \text{Pfd. engl. in 10 Std.}$$

Grobe Nummern haben natürlich den größten Verlust in der Verkürzung und auch im Zeitverlust für Abziehen etc. Die Verkürzung ist außerdem am größten, wenn die Zwirndrehung in derselben Drahtrichtung erfolgt, die der Faden oder der Vorzwirn enthält, anderseits kann sogar eine Verlängerung eintreten, wenn der Zwirn eine der Fadendrehung entgegengesetzte schwache Drehung erhält, und die Drehung des Fadens sich zum Teil in den Zwirn legt. Diese Verkürzung

oder Verlängerung bringt eine Nummernänderung
mit sich, die berücksichtigt werden muß, wenn eine genaue
Zwirn-Nr. erreicht werden soll. Es ist deshalb nötig, für sehr
harte Drehung die Garn-Nr. bis zu 5 v. H. feiner zu nehmen
und für sehr weiche Drehung eine um 2 bis 3 v. H. gröbere
Nr., auf jeden Fall aber die Zwirn-Nr. immer genau zu kon-
trollieren.

Drehungs-Hilfszahlen für Nr. engl.

		für Zoll	für dm
16—160/2 fach	Webzwirne für Kette	4—4½	16—18
20— 60/2 fach	Glanz-Nähzwirne	3,75—4	15—16
16—160/2 fach	Nähgarn-Vorzwirn	3	12
16—160/6 fach	Nähgarn (3 · 2 fach)	2,75	11

X. Abschnitt.

Nützliche Angaben.

Pferdestärken für komplette Spinnereianlagen.

Nr. 1 Spinnerei, Anzahl der Spindeln (Selfaktor, Ring u. Zwirn)
       53 000 = 48 Spindeln eine indizierte Pferdekraft,
Nr. 2 Spinnerei, Anzahl der Spindeln (nur Selfaktor)
       69 300 = 72 Spindeln eine indizierte Pferdekraft,
Nr. 3 Spinnerei, Anzahl der Spindeln (nur Selfaktor)
       101 900 = 66 Spindeln eine indizierte Pferdekraft,
Nr. 4 Spinnerei, Anzahl der Spindeln (nur Selfaktor)
       82 000 = 69 Spindeln eine indizierte Pferdekraft,
Nr. 5 Spinnerei, Anzahl der Spindeln (nur Selfaktor)
       80 000 = 66 Spindeln eine indizierte Pferdekraft.

Kardengeschwindigkeiten.

Baumwollgattung	Tambour-touren	Abnehmer-touren	Einzug-zylinder	Vorreißer
Indische Baumwolle . .	165—170	15—18	2—2,3	Ungefähr 400 Touren
Amerikan. Baumwolle .	170—180	14—20	2,3	
Ägyptische Baumwolle .	160—166	9—12	2,3—2,5	
Sea Islands - Baumwolle	150—160	5—9	2,5—2,7	

Die Deckel bewegen sich mit einer Geschwindigkeit
von ungefähr 3½ Zoll pro Minute.

Nummer des Kardenbeschlags.

Baumwollgattung	Trommel	Abnehmer	Deckel	Anmerkung
Indische Baumwolle:				
geringste	80	90	70—90	
beste	90	100—110	80—110	
Amerikan. Baumwolle:				
geringste	100	110	100	
beste	110	120	110	
Ägyptische Baumwolle:				
geringste	110—120	120	} 110—130	
beste	120—130	130		
Sea Islands-Baumwolle:	120	130—140	130—140	

Anmerkung: Es gibt Firmen, die sehr feine Garne erzeugen und die höchsten in dieser Tabelle vorkommenden Beschlagsnummern verwenden.

Maschinenstillstände.

Die folgende Tabelle zeigt die durch Andrehen infolge F a d e n b r u c h s bei den verschiedenen Maschinen t ä g - l i c h verursachten Stillstände. Die Resultate wurden aus drei Spinnereien genommen und sind das Resultat von jahre- langen aufmerksamen Beobachtungen des Sekretärs Geo Draper der Firma Geo Draper & Sohn, Vereinigte Staaten von Amerika, mit deren Erlaubnis das Verzeichnis veröffent- licht wird.

	Stillstände Aus Spinnerei Nr. 1	Stillstände Aus Spinnerei Nr. 2	Stillstände Aus Spinnerei Nr. 3
Karde	1,90	1,64	13,50
Strecke Nr. 1	6,18	1,49	5,17
Strecke Nr. 2	1,29	—	—
Strecke Nr. 3	2,57	1,75	3,45
Grobflyer	4,40	7,67	12,57
Mittelflyer	13,30	8,50	14,31
Feinflyer	46,82	30,60	27,74
Kette-Ringspinnmaschine	410,00	630,00	1180,00
Schuß-Ringspinnmaschine	720,00	1120,00	1260,00
Selfaktor	—	1670,00	—

Die Stillstände bei den Vorbereitungsmaschinen wurden auf die Gesamtspindelzahl, die Spinnmaschinen auf 1000 Spindeln geschätzt. Auf Grund der Tabelle würde ein Selfaktor von 1000 Spindeln einen totalen Fadenbruch 1,67 mal während eines Tages erleiden.

Seiltrieb.

Zulässige Pferdestärken für ein Seil.

	25	40	50
Seildurchmesser in mm:			
Betriebsbeanspruchung in kg:	40	80	120
sekundliche Seilgeschwindigkeit			
12	6	13	19
16	8	17	25
20	10	21	32
24	12	25	38
30	15	32	48

Riementrieb.

Pferdestärken.

Riemen-breite mm	Riemen-dicke mm	Quer-schnitt qcm	Riemengeschwindigkeit in m/sek.				
			12	16	20	24	30
50	4	2	4	5,3	6,7	8	10
60	4	2,4	4,8	6,4	8	9,6	12
70	5	3,5	6,9	9,2	11,5	13,8	17
80	5	4	8	10,7	13,3	16	20
90	5	4,5	9	11,9	15	18	22
100	6	6	12	16	20	24	30
200	7	14	28	37	46	56	70
300	8	24	48	64	80	96	120
500	8	40	80	107	133	160	200

Durchmesser. Die Transmissionen arbeiten ungünstig, wenn die eine Scheibe einen mehr als sechsfach größeren Durchmesser als die andere hat.

Breite. Die Scheibe soll immer 1¼ mal größer als die Riembreite sein.

Doppelriemen übertragen 1½ mal mehr Kraft als einfache Riemen.

Garnnumerierung und Drehung.
Vergleichstabellen für Garn-Nr.

Zur Ermittlung des Gewichtes eines Schnellers oder Bruchteiles desselben.

Grundregel: Dividiere 7000 Grän (1 lb Garn) durch 840 Yard = Dividend für I Yard.

Die Feinheitsnummer eines Garnes kann man leicht in andere Systeme umrechnen.

$$\text{Nr. engl.} \cdot 0{,}847 = \text{Nr. französisch},$$
$$\text{Nr. engl.} \cdot 0{,}423 = \text{Nr. international},$$
$$\text{Nr. franz.} \cdot 1{,}18 = \text{Nr. englisch},$$
$$\text{Nr. franz.} \cdot 0{,}5 = \text{Nr. international}.$$

Vergleichstabelle der englischen, französischen und metrischen Nummern.

Engl. Nr.	Franz. Nr.	Meter Nr.	Engl. Nr.	Franz. Nr.	Meter Nr.	Engl. Nr.	Franz. Nr.	Meter Nr.
1	0,85	0,42	26	22,02	11,01	60	51,82	25,41
2	1,69	0,85	28	23,72	11,86	62	52,51	26,25
3	2,54	1,27	30	25,41	12,7	64	54,21	27,1
4	3,39	1,69	32	27,10	13,55	66	55,90	27,95
5	4,24	2,12	34	28,8	14,4	68	57,50	28,8
6	5,08	2,54	36	30,49	15,25	70	59,29	29,65
7	5,93	2,96	38	32,19	16,1	75	63,53	31,76
8	6,78	3,39	40	33,88	16,94	80	67,76	33,88
9	7,62	3,81	42	35,57	17,79	85	72,	36
10	8,47	4,23	44	37,27	18,63	90	76,23	38,11
12	10,16	5,08	46	38,96	19,48	95	80,47	40,23
14	11,86	5,93	48	40,66	20,33	100	84,7	42,35
16	13,55	6,77	50	42,35	21,18	110	93,14	46,57
18	15,25	7.62	52	44,04	22,02	120	101,64	50,82
20	16,94	8,47	54	45,74	22,87	130	110,11	55,5
22	18,63	9,31	56	47,43	23,76	140	118,58	59,29
24	20,33	10,16	58	49,13	24,56	150	126,99	63,50

Vergleichstabelle der französischen und englischen
Garn-Nummern.

Franz. Nr.	Engl. Nr.	Franz. Nr.	Engl. Nr.	Franz. Nr.	Engl. Nr.	Franz. Nr.	Engl. Nr.
1	1,18	22	25,98	52	61,41	82	96,84
2	2,36	24	28,34	54	63,77	84	99,20
3	3,54	26	30,70	56	66,13	86	101,56
4	4,72	28	33,07	58	68,49	88	103,93
5	5,90	30	35,43	60	70,86	90	106,29
6	7,08	32	37,79	62	73,22	95	112,19
7	8,26	34	40,15	64	75,58	100	118,10
8	9,44	36	42,51	66	77,96	110	129,90
9	10,63	38	44,88	68	80,30	120	141,70
10	11,81	40	47,24	70	82,67	130	153,50
12	14,17	42	49,60	72	85,03	140	165,30
14	16,53	44	51,96	74	87,39	150	177,80
16	18,89	46	54,32	76	89,75	160	188,90
18	21,25	48	56,68	78	92,12	170	200,70
20	23,62	50	59,50	80	94,48	180	212,51

Dividenden.

Yard	Dividend	Yard	Dividend
1	8 333	10	83 333
2	16 666	15	125 000
3	25 000	20	166 000
4	33 333	30	250 000
5	41 666	40	333 333
6	50 000	60	500 000
7	58 333	80	666 666
8	66 666	100	833 333
9	75 000	120	1 000 000

Beispiele: Wenn 2 Yard eines Kardenbandes 80 Grän
wiegen, welches ist die Nr. engl.?

Dividiere den Dividenden von 2 Yard durch 80 = 0,208
Hank.

Wenn 30 Yard Feinflyerlunte 62½ Grän wiegen, welches ist die Garnnummer? Dividiere den Dividenden von 30 Yard durch 62½ = 4^r Vorgarn.

Was sollten 60 Yard 4½^r Vorgarn wiegen? Dividiere den Dividenden für 60 Yard durch 4½ = 111 Grän.

Quadratwurzeln aus der Nr.

Nr.	Quadrat-wurzel	Nr.	Quadrat-wurzel	Nr.	Quadrat-wurzel	Nr.	Quadrat-wurzel
0,0625	0,250	0,4375	0,661	0,65	0,806	0,86	0,927
0,125	0,353	0,44	0,663	0,66	0,812	0,87	0,933
0,1875	0,433	0,45	0,671	0,67	0,819	0,875	0,935
0,25	0,500	0,46	0,678	0,68	0,825	0,88	0,938
0,26	0,510	0,47	0,686	0,6875	0,829	0,89	0,943
0,27	0,520	0,48	0,693	0,69	0,831	0,90	0,949˙
0,28	0,529	0,49	0,700	0,70	0,837	0,91	0,954
0,29	0,539	0,50	0,707	0,71	0,843	0,92	0,959
0,30	0,548	0,51	0,714	0,72	0,849	0,93	0,964
0,31	0,557	0,52	0,721	0,73	0,854	0,9375	0,968
0,3125	0,559	0,53	0,728	0,74	0,860	0,94	0,970
0,32	0,566	0,54	0,735	0,75	0,866	0,95	0,975
0,33	0,574	0,55	0,742	0,76	0,872	0,96	0,980
0,34	0,583	0,56	0,748	0,77	0,878	0,97	0,985
0,35	0,592	0,5625	0,750	0,78	0,883	0,98	0,990
0,36	0,600	0,57	0,755	0,79	0,889	0,99	0,995
0,37	0,608	0,58	0,762	0,80	0,894	1,00	1,0
0,375	0,612	0,59	0,768	0,81	0,900	7,5	2,739
0,38	0,616	0,60	0,755	0,8125	0,901	8,0	2,828
0,39	0,624	0,61	0,781	0,82	0,906	8,5	2,915
0,40	0,632	0,62	0,787	0,83	0,911	9,0	3,0
0,41	0,640	0,625	0,790	0,84	0,917	9,5	3,082
0,42	0,648	0,63	0,794	0,85	0,922	10,0	3,162
0,43	0,656	0,64	0,800	—	—	—	—

Anmerkung: Für die Quadratwurzel höherer Nummern beziehe man sich auf die Garntabelle.

Garndrehungen pro Zoll und Quadratwurzel aus den Nrn.

Nr.	Quadrat-wurzel der Nr.	Indische und amerikanische Baumwolle			Ägyptische Baumwolle		
		Self.-Kette	Self.-Schuß	Ringspinn-kette	Self.-Kette	Self.-Schuß	Ringspinn-kette
1	1,000	3,75	3,25	4,00	—	—	—
2	1,414	5,30	4,60	5,65	—	—	—
3	1,732	6,49	5,62	6,92	—	—	—
4	2,000	7,50	6,50	8,00	—	—	—
5	2,236	8,38	7,26	8,94	—	—	—
6	2,449	9,18	7,96	9,79	—	—	—
7	2,645	9,92	8,59	10,58	—	—	—
8	2,828	10,60	9,19	11,31	—	—	—
9	3,000	11,25	9,75	12,00	—	—	—
10	3,162	11,85	10,27	12,64	11,44	10,10	11,44
11	3,316	12,43	10,77	13,26	11,95	10,55	11,95
12	3,464	12,99	11,25	13,85	12,47	11,01	12,47
13	3,605	13,52	11,71	14,42	13,00	11,57	13,00
14	3,741	14 03	12,16	14,96	13,46	11,89	13,46
15	3,872	14,52	12,48	15,49	13,96	12,32	13,96
16	4,000	15,00	13,00	16,00	14,40	12,72	14,40
17	4,123	15,46	13,40	16,49	14,86	13,12	14,86
18	4,242	15,90	13,78	16,97	15,27	13,48	15,27
19	4,358	16,34	14,16	17,43	15,71	13,87	15,71
20	4,472	16,77	14,53	17,88	16,09	14,21	16,09
22	4,690	17,58	15,24	18,76	16,88	14,91	16,88
24	4,898	18,37	15,92	19,59	17,63	15,57	17,63
26	5,099	19,11	16,57	20,39	18,35	16,21	18,35
28	5,291	19,84	17,19	21,16	19,04	16,83	19,04
30	5,477	20,54	17,80	21,90	19,75	17,42	19,75
32	5,656	21,21	18,38	22,62	20,40	18,00	20,40
34	5,830	21,86	18,95	23,32	21,02	18,55	21,02
36	6,000	22,50	19,50	24,00	21,64	19,09	21,64
38	6,164	23,11	20,03	24,65	22,23	19,61	22,23
40	6,324	23,71	20,55	25,29	22,81	20,13	22,81
42	6,480	24,30	21,06	25,92	23,37	20,62	23,37
44	6,633	24,87	21,55	26,53	23,92	21,10	23,92
46	6,782	25,43	22,04	27,12	24,45	21,58	24,45
48	6,928	25,98	22,51	27,71	24,98	22,04	24,98
50	7,071	26,51	22,98	28,28	25,50	22,50	25,50
52	7,211	—	—	—	26,00	22,94	26,00

Die Drehung der Garne (Fortsetzung).

Nr.	Quadrat-wurzel der Nr.	indische und amerikanische Baumwolle			Ägyptische Baumwolle		
		Self.-Kette	Self.-Schuß	Ringspinn-kette	Self.-Kette	Self.-Schuß	Ringspinn-kette
54	7,348	—	—	—	26,50	23,38	26,50
56	7,483	—	—	—	26,98	23,81	26,98
58	7,615	—	—	—	27,46	24,23	27,46
60	7,745	—	—	—	27,93	24,54	27,93
62	7,874	—	—	—	28,39	25,05	28,39
64	8,000	—	—	—	28,85	25,45	28,85
66	8,124	—	—	—	29,29	25,87	29,29
68	8,246	—	—	—	29,73	26,23	29,73
70	8,366	—	—	—	30,17	26,62	30,17
72	8,485	—	—	—	30,60	27,00	30,60
74	8,602	—	—	—	31,02	27,37	31,02
76	8,717	—	—	—	31,49	27,74	31,44
78	8,831	—	—	—	31,85	28,10	31,85
80	8,944	—	—	—	32,25	28,47	32,25
82	9,055	—	—	—	32,65	28,81	32,65
84	9,165	—	—	—	33,05	29,16	33,05
86	9,273	—	—	—	33,44	29,50	33,44
88	9,380	—	—	—	33,83	29,84	33,83
90	9,486	—	—	—	34,21	30,18	34,21
92	9,591	—	—	—	34,59	30,52	34,59
94	9,695	—	—	—	34,96	30,85	34,96
96	9,797	—	—	—	35,33	31,17	35,33
98	9,899	—	—	—	35,70	31,50	35,70
100	10,000	—	—	—	36,06	31,83	36,06
102	10,099	—	—	—	36,41	32,14	36,41
104	10,198	—	—	—	36,77	32,46	36,77
106	10,295	—	—	—	37,12	32,76	37,12
108	10,392	—	—	—	37,47	33,07	37,47
110	10,488	—	—	—	37,81	33,32	37,81
112	10,583	—	—	—	38,16	33,68	38,16
114	10,677	—	—	—	38,50	33,98	38,50
116	10,770	—	—	—	38,83	34,28	39,83
118	10,862	—	—	—	39,17	34,57	39,17
120	10,954	—	—	—	39,50	34,86	39,50

Gewichte der Bänder von einer bestimmten Länge und ihre Nummern.

Karden-, Strecken- und Grobflyerlunten.

Band-nummer	oz	dwts	Grän	Band-nummer	oz	dwts	Grän	Band-nummer	oz	dwts	Grän
0,05	2	5	5	0,145	—	14	8,82	0,295	—	7	1,49
0,055	2	1	10,09	0,146	—	14	6,46	0,3	—	6	22,66
0,06	1	16	11,83	0,148	—	14	1,80	0,305	—	6	19,93
0,065	1	13	19,73	0,15	—	13	21,33	0,31	—	6	17,28
0,07	1	11	12,5	0,152	—	13	16,94	0,315	—	6	14,73
0,075	1	9	13,21	0,154	—	13	12,68	0,32	—	6	12,24
0,08	1	7	19,5	0,155	—	13	10,58	0,325	—	6	9,84
0,085	1	6	6,73	0,156	—	13	8,51	0,33	—	6	7,51
0,09	1	4	22,05	0,158	—	13	4,45	0,335	—	6	5,25
0,095	1	3	16,81	0,160	—	13	0,5	0,34	—	6	3,0
0,098	1	3	0,7	0,163	—	12	18,74	0,345	—	6	0,92
0,099	1	2	19,55	0,165	—	12	15,3	0,35	—	5	22,85
0,1	1	2	14,5	0,167	—	12	11,4	0,355	—	5	20,94
0,101	1	2	9,05	0,17	—	12	6,0	0,36	—	5	18,88
0,102	1	2	4,69	0,173	—	12	1,01	0,365	—	5	16,98
0,103	1	1	23,93	0,175	—	11	21,71	0,37	—	5	15,13
0,104	1	1	19,26	0,177	—	11	18,48	0,375	—	5	13,32
0,105	1	1	14,68	0,179	—	11	15,32	0,38	—	5	11,58
0,106	1	1	9,91	0,18	—	11	13,77	0,385	—	5	9,87
0,107	1	1	5,78	0,183	—	11	9,22	0,39	—	5	8,2
0,108	1	1	1,46	0,185	—	11	6,27	0,395	—	5	6,58
0,109	1	0	21,21	0,187	—	11	3,37	0,4	—	5	5,0
0,11	1	0	17,04	0,189	—	11	0,55	0,41	—	5	1,95
0,111	1	0	12,95	0,19	—	10	23,15	0,42	—	4	23,05
0,112	1	0	9,46	0,193	—	10	19,06	0,43	—	4	20,28
0,113	1	0	4,97	0,195	—	10	16,41	0,44	—	4	17,63
0,114	1	0	1,09	0,197	—	10	13,8	0,45	—	4	15,11
0,115	—	18	2,78	0,2	—	10	10,0	0,46	—	4	12,69
0,116	—	17	23,03	0,205	—	10	3,9	0,47	—	4	10,38
0,117	—	17	19,35	0,21	—	9	22,1	0,48	—	4	8,16
0,118	—	17	15,72	0,215	—	9	16,55	0,49	—	4	6,04
0,119	—	17	12,16	0,22	—	9	11,27	0,50	—	4	4,0
0,12	—	17	8,66	0,225	—	9	6,22	0,52	—	4	0,15
0,122	—	17	1,83	0,23	—	9	1,38	0,54	—	3	20,59
0,124	—	16	19,22	0,235	—	8	20,76	0,56	—	3	17,28

Gewichte der Bänder von einer bestimmten Länge und ihre Nummern.
Karden-, Strecken- und Grobflyerlunten. (Fortsetzung.)

6 Yard				6 Yard				6 Yard			
Band-nummer	oz	dwts	Grän	Band-nummer	oz	dwts	Grän	Band-nummer	oz	dwts	Grän
0,125	—	16	16,0	0,24	—	8	16,33	0,58	—	3	14,2
0,126	—	16	12,82	0,245	—	8	12,06	0,60	—	3	11,33
0,128	—	16	6,62	0,25	—	8	8,0	0,65	—	3	4,92
0,130	—	16	0,6	0,255	—	8	4,07	0,70	—	2	23,42
0,132	—	15	18,78	0,26	—	8	0,3	0,75	—	2	18,66
0,134	—	15	13,13	0,265	—	7	20,67	0,80	—	2	14,5
0,136	—	15	7,74	0,27	—	7	17,18	0,85	—	2	10,82
0,138	—	15	2,31	0,275	—	7	13,81	0,9	—	2	7,55
0,14	—	14	21,0	0,28	—	7	10,56	1,95	—	2	4,62
0,142	—	14	16,11	0,285	—	7	7,43	1,0	—	2	2,0
0,144	—	14	11,22	0,29	—	7	4,41				

Grob- und Feinflyerlunte.

30 Yard				30 Yard			30 Yard			30 Yard		
Nr.	oz	dwts	Grän	Nr.	dwts	Grän	Nr.	dwts	Grän	Nr.	dwts	Grän
0,5	1	2	14,3	0,69	15	2,3	0,88	11	20,0	1,35	7	17,2
0,51	1	2	4,7	0,7	14	21,1	0,89	11	16,9	1,4	7	10,5
0,52	1	1	19,1	0,71	14	16,1	0,9	11	13,8	1,45	7	4,4
0,53	1	1	10,1	0,72	14	11,2	0,91	11	10,7	1,5	6	22,6
0,54	1	1	1,8	0,73	14	6,4	0,92	11	7,7	1,55	6	17,2
0,55	1	0	17,0	0,74	14	1,8	0,93	11	4,8	1,6	6	12,2
0,56	1	0	8,9	0,75	13	21,3	0,94	11	1,9	1,65	6	7,6
0,57	1	0	1,1	0,76	13	16,8	0,95	10	23,1	1,7	6	3,0
0,58	—	17	22,8	0,77	13	12,6	0,96	10	20,4	1,75	5	22,8
0,59	—	17	15,6	0,78	13	8,4	0,97	10	17,7	1,8	5	18,8
0,6	—	17	8,4	0,79	13	4,4	0,98	10	15,1	1,85	5	15,1
0,61	—	17	1,83	0,8	13	0,3	0,99	10	12,5	1,9	5	11,5
0,62	—	16	19,2	0,81	12	20,6	1,0	10	10,0	1,95	5	8,2
0,63	—	16	12,8	0,82	12	16,8	1,05	9	22,0	2,0	5	5,0
0,64	—	16	6,6	0,83	12	13,2	1,1	9	11,2	2,05	5	1,9
0,65	—	16	0,61	0,84	12	9,6	1,15	9	1,4	2,1	4	23,0
0,66	—	15	18,0	0,85	12	6,1	1,2	8	16,3	2,15	4	20,2
0,67	—	15	13,3	0,86	12	2,7	1,25	8	8,0	2,2	4	17,6
0,68	—	15	7,6	0,87	11	23,3	1,3	8	0,3	2,25	4	15,1

Grob- und Feinflyerlunte. (Fortsetzung.)

30 Yard			30 Yard			120 Yard			120 Yard		
Nr.	dwts	Grän	Nr.	dwts	Grän	Nr.	dwts	Grän	Nr.	dwts	Grän
2,3	4	12,6	4,15	2	12,2	6,8	6	3,0	14,25	2	22,17
2,35	4	10,3	4,2	2	11,5	6,9	6	0,9	14,5	2	20,96
2,4	4	8,1	4,25	2	10,8	7,0	5	22,8	14,75	2	19,79
2,45	4	6,0	4,3	2	10,1	7,1	5	20,8	15,0	2	18,66
2,5	4	4,0	4,35	2	9,4	7,25	5	17,9	15,25	2	17,57
2,55	4	2,0	4,4	2	8,8	7,3	5	17,0	15,5	2	16,51
2,6	4	0,1	4,45	2	8,1	7,4	5	15,1	15,75	2	15,49
2,65	3	22,3	4,5	2	7,5	7,5	5	13,3	16,0	2	14,5
2,7	3	20,6	4,55	2	6,9	7,6	5	11,5	16,25	2	13,6
2,75	3	18,9	4,6	2	6,3	7,75	5	9,0	16,5	2	12,6
2,8	3	17,2	4,65	2	5,7	7,8	5	8,2	16,75	2	11,7
2,85	3	15,7	4,7	2	5,2	7,9	5	6,5	17,0	2	10,82
2,9	3	14,2	4,75	2	4,7	8,0	5	5,0	17,25	2	9,9
2,95	3	12,7				8,25	5	1,2	17,5	2	9,14
3,0	3	11,3	**120 Yard**			8,5	4	21,6	17,75	2	8,33
3,05	3	9,9	4,8	8	16,3	8,75	4	18,2	18,0	2	7,55
3,1	3	8,6	4,85	8	14,1	9,0	4	15,1	18,25	2	6,8
3,15	3	7,3	4,9	8	12,0	9,25	4	12,0	18,5	2	6,05
3,2	3	6,1	4,95	8	10,0	9,5	4	9,2	18,75	2	5,3
3,25	3	4,9	5,0	8	8,0	9,75	4	6,4	19,0	2	4,63
3,3	3	3,7	5,1	8	4,0	10,0	4	4,0	19,25	2	3,94
3,35	3	2,6	5,25	7	22,4	10,25	4	1,56	19,5	2	2,28
3,4	3	1,5	5,3	7	20,6	10,5	3	23,23	19,75	2	2,63
3,45	3	0,4	5,4	7	17,1	10,75	3	21,04	20,0	2	2,029
3,5	2	23,4	5,5	7	13,8	11,0	3	18,9	21	1	23,64
3,55	2	22,4	5,6	7	10,5	11,25	3	16,88	22	1	22,48
3,6	2	21,4	5,75	7	5,9	11,5	3	14,95	23	1	19,503
3,65	2	20,5	5,8	7	4,4	11,75	3	13,1	24	1	17,69
3,7	2	19,5	5,9	7	1,5	12,0	·3	11,33	25	1	16,023
3,75	2	18,6	6,0	6	22,6	12,25	3	9,6	26	1	14,48
3,8	2	17,7	6,1	6	19,9	12,5	3	8,0	27	1	13,058
3,85	2	16,9	6,25	6	16,0	12,75	3	6,43	28	1	11,734
3,9	2	16,1	6,3	6	14,7	13,0	3	4,92	29	1	10,502
3,95	2	15,3	6,4	6	12,2	13,25	3	3,47	30	1	9,352
4,0	2	14,5	6,5	6	9,8	13,5	3	2,07			
4,05	2	13,7	6,6	6	7,5	13,75	3	0,72			
4,1	2	12,9	6,75	6	4,1	14,0	2	23,42			

Garnnummern
für 1, 2, 5 und 7 Gebinde.
1 Gebinde = 120 Yard = 80 Faden Weifenumfang.

Garn Nr.	1 Gebinde			2 Gebinde			5 Gebinde			7 Gebinde			Garn Nr.
	ozs	dwts	Grän	ozs	dwts	Gran	ozs	dwts	Grän	ozs	dwts	Grän	
1	2	5	5,071	4 ½	1	7,267	11	7	19,606	16	0	0,000	1
2	1	2	14,535	2	5	5,071	5 ½	3	21,803	8	0	0,000	2
3	½	4	18,649	1 ½	0	10,422	3 ½	5	15,493	5	6	1,924	3
4	½	1	7,268	1	2	14,536	2 ½	6	12,339	4	0	0,000	4
5	0	8	8,114	½	7	13,353	2	5	5,017	3	3	15,549	5
6	0	6	22,762	½	4	18,649	1 ½	7	9,185	2 ½	3	0,958	6
7	0	5	22,939	½	2	19,003	1 ½	2	10,070	2	5	5,071	7
8	0	5	5,071	½	1	7,267	1	7	19,607	2	0	0,000	8
9	0	4	15,174	½	0	3,474	1	4	22,123	1 ½	5	1,597	9
10	0	4	4,057	0	8	8,114	1	2	14,536	1 ½	1	19,775	10
11	0	3	18,961	0	7	13,922	1	0	17,055	1	8	6,977	11
12	0	3	11,381	0	6	22,762	½	8	6,030	1	6	1,917	12
13	0	3	4,967	0	6	9,934	½	6	21,960	1	4	4,019	13
14	0	2	23,469	0	5	22,939	½	5	18,472	1	2	14,536	14
15	0	2	18,705	0	5	13,410	½	4	18,649	1	1	5,183	15
16	0	2	14,536	0	5	5,071	½	3	21,804	1	0	0,000	16
17	0	2	10,857	0	4	21,714	½	3	3,411	1	8	1,125	17
18	0	2	7,587	0	4	15,175	½	2	11,062	½	7	2,236	18
19	0	2	4,662	0	4	9,323	½	1	20,433	½	6	5,757	19
20	0	2	2,029	0	4	4,057	½	1	7,268	½	5	11,325	20
21	0	1	23,646	0	3	23,293	½	0	19,256	½	4	18,649	21
22	0	1	21,481	0	3	18,961	½	0	8,528	½	4	3,489	22
23	0	1	19,503	0	3	15,006	0	9	1,516	½	3	13,647	23
24	0	1	17,690	0	3	11,381	0	8	16,452	½	3	0,958	24
25	0	1	16,023	0	3	8,046	0	8	8,114	½	2	13,285	25
26	0	1	14,484	0	3	4,967	0	8	0,417	½	2	2,509	26
27	0	1	13,058	0	3	2,116	0	7	17,291	½	1	16,532	27
·28	0	1	11,734	0	2	23,469	0	7	10,673	½	1	7,268	28
29	0	1	10,502	0	2	21,005	0	7	4,512	½	0	22,642	29
30	0	1	9,352	0	2	18,705	0	6	22,762	½	0	14,591	30
31	0	1	8,276	0	2	16,553	0	6	17,382	½	0	7,060	31
32	0	1	7,268	0	2	14,535	0	6	12,339	½	0	0,000	32
33	0	1	6,320	0	2	12,641	0	6	7,602	0	8	20,242	33
34	0	1	5,428	0	2	10,857	0	6	3,143	0	8	14,000	34
35	0	1	4,588	0	2	9,176	0	5	22,939	0	8	8,114	35

Garnnummern für 1, 2, 5 und 7 Gebinde.

1 Gebinde = 120 Yard = 80 Faden Weifenumfang. (Fortsetzung.)

Garn Nr.	1 Gebinde			2 Gebinde			5 Gebinde			7 Gebinde			Garn Nr.
	ozs	dwts	Grän	ozs	dwts	Grän	ozs	dwts	Grän	ozs	dwts	Grän	
36	0	1	3,793	0	2	7,587	0	5	18,968	0	8	2,555	36
37	0	1	3,042	0	2	6,085	0	5	15,212	0	7	21,297	37
38	0	1	2,331	0	2	4,661	0	5	11,654	0	7	16,316	38
39	0	1	1,656	0	2	3,311	0	5	8,278	0	7	11,589	39
40	0	1	1,014	0	2	2,028	0	5	5,071	0	7	7,100	40
41	0	1	0,404	0	2	0,808	0	5	2,021	0	7	2,829	41
42	0	0	23,823	0	1	23,646	0	4	23,115	0	6	22,762	42
43	0	0	23,269	0	1	22,538	0	4	20,346	0	6	18,884	43
44	0	0	22,740	0	1	21,480	0	4	17,701	0	6	15,182	44
45	0	0	22,235	0	1	20,470	0	4	15,174	0	6	11,644	45
46	0	0	21,751	0	1	19,503	0	4	12,758	0	6	8,261	46
47	0	0	21,289	0	1	18,577	0	4	10,444	0	6	5,021	47
48	0	0	20,845	0	1	17,690	0	4	8,226	0	6	1,916	48
49	0	0	20,420	0	1	16,840	0	4	6,099	0	5	22,939	49
50	0	0	20,011	0	1	16,023	0	4	4,057	0	5	20,080	50
51	0	0	19,619	0	1	15,238	0	4	2,095	0	5	17,333	51
52	0	0	19,242	0	1	14,483	0	4	0,208	0	5	14,692	52
53	0	0	18,879	0	1	13,757	0	3	22,394	0	5	12,151	53
54	0	0	18,529	0	1	13,058	0	3	20,645	0	5	9,703	54
55	0	0	18,192	0	1	12,384	0	3	18,961	0	5	7,345	55
56	0	0	17,867	0	1	11,734	0	3	17,336	0	5	5,071	56
57	0	0	17,554	0	1	11,108	0	3	15,739	0	5	2,877	57
58	0	0	17,251	0	1	10,502	0	3	14,256	0	5	0,758	58
59	0	0	16,959	0	1	9,918	0	3	12,794	0	4	22,712	59
60	0	0	16,676	0	1	9,352	0	3	11,381	0	4	20,733	60
61	0	0	16,403	0	1	8,806	0	3	10,014	0	4	18,820	61
62	0	0	16,138	0	1	8,276	0	3	8,691	0	4	16,967	62
63	0	0	15,882	0	1	7,764	0	3	7,410	0	4	15,175	63
64	0	0	15,634	0	1	7,268	0	3	6,169	0	4	13,437	64
65	0	0	15,393	0	1	6,787	0	3	4,967	0	4	11,754	65
66	0	0	15,160	0	1	6,320	0	3	3,801	0	4	10,121	66
67	0	0	14,934	0	1	5,868	0	3	2,670	0	4	8,537	67
68	0	0	14,714	0	1	5,428	0	3	1,571	0	4	7,000	68
69	0	0	14,501	0	1	5,002	0	3	0,505	0	4	5,507	69
70	0	0	14,294	0	1	4,588	0	2	23,469	0	4	4,057	70
71	0	0	14,093	0	1	4,185	0	2	22,463	0	4	2,648	71

Garnnummern für 1, 2, 5 und 7 Gebinde.

1 Gebinde = 120 Yard = 80 Faden Weifenumfang. (Fortsetzung.)

Garn Nr.	1 Gebinde			2 Gebinde			5 Gebinde			7 Gebinde			Garn Nr.
	ozs	dwts	Grän	ozs	dwts	Grän	osz	dwts	Grän	ozs	dwts	Grän	
72	0	0	13,896	0	1	3,793	0	2	21,484	0	4	1,277	72
73	0	0	13,706	0	1	3,413	0	2	20,532	0	3	23,945	73
74	0	0	13,521	0	1	3,042	0	2	19,606	0	3	22,648	74
75	0	0	13,341	0	1	2,682	0	2	18,705	0	3	21,380	75
76	0	0	13,165	0	1	2,330	0	2	17,827	0	3	20,158	76
77	0	0	12,994	0	1	1,989	0	2	16,972	0	3	18,961	77
78	0	0	12,828	0	1	1,655	0	2	16,139	0	3	17,794	78
79	0	0	12,665	0	1	1,331	0	2	15,327	0	3	16,658	79
80	0	0	12,507	0	1	1,014	0	2	14,535	0	3	15,550	80
81	0	0	12,352	0	1	0,704	0	2	13,761	0	3	14,465	81

Maße und Gewichte.

Metrische Maße.

1 m = 10 dm oder 100 cm oder 1000 mm.

1 km = 10 Hektometer oder 100 Dekameter oder 1000 m.

1 ha = 100 a oder 10 000 qm oder 3,9 preuß. Morgen.

1 qkm = 100 ha; 1 qcm = 100 qmm; 1 ccm = 1000 cmm.

1 l = 0,001 cbm; 1 hl = 0,1 cbm oder 100 l.

1 kg = 1000 g = 2 Pfund.

1 Tonne = 1000 kg = 0,984 engl. Ton.

Umwandlung des metrischen und englischen Systems.

Meter ·	1,094	= Yard,	Yard ·	0,9144	= Meter,
Meter ·	3,281	= Fuß,	Fuß ·	0,3048	= Meter,
Meter ·	39,37	= Zoll,	Zoll ·	0,0254	= Meter,
mm ·	0,03937	= Zoll,	Zoll · 25,399		= mm,
Grän (Troy) ·	0,0648	= g,	Gramm · 15,43		= Grän (Troy),
Dwts. (Troy) ·	1,555	= g,	Gramm ·	0,643	= dwts. (Troy),
Unze (av.) ·	28,36	= g,	Gramm ·	0,03527	= Unzen (av.),
lbs · 453,59		= g,	Gramm ·	0,0022	= lbs.,
lbs ·	0,4535	= kg,	kg ·	2,2046	= lbs.

Englische und metrische Maße.

1 Fuß = 12 Zoll = 0,304 m; 1 Zoll = 25,3995 mm,

1 Yard = 3 Fuß = 0,91438 m; 1 Acre = 40,467 ar,

1 Pfund (av.) = 16 Unzen = 453,6 g = 7000 Grän,

1 Zentner (cwt.) = 112 Pfd. = 50,8 kg,

1 Pfund (Troy) = 12 Unzen = 5760 Grän = 373,248 g,

1 Grän = 0,0648 g; 1 g = 15,43 Grän,

1 Unze (Troy) = 31,104 g.

Bequeme Multiplikanten.
Kreise und Flächen.

Durchmesser eines Kreises · 3,1416 oder $\dfrac{22}{7}$ = Umfang.

Umfang eines Kreises · 0,31831 oder $\dfrac{7}{22}$ = Durchmesser.

Quadrat des Durchmessers · 0,7854 = Fläche des Kreises.

Quadrat des Durchmessers · $\dfrac{11}{14}$ = Fläche des Kreises.

Quadratwurzel der Fläche · 1,12837 = Durchmesser des Kreises.

Halbmesser des Kreises · 6,28317 = Umfang des Kreises.

Umfang des Kreises = 3,5449 · $\sqrt{\text{Fläche des Kreises}}$.

Durchmesser eines Kreises · 0,8862 = Seite eines gleichen Quadrats.

Seite eines Quadrats · 1,128 = Durchmesser eines gleichen Kreises.

Fläche eines Dreiecks = die Grundlinie · $\dfrac{1}{2}$ Höhe.

Englische Fuße in m.

Fuß	0	1	2	3	4	5	6	7	8	9
0	0,0000	0,3048	0,6096	0,9144	1,2192	1,5240	1,8288	2,1336	2,4384	2,7432
10	3,0479	3,3527	3,6575	3,9623	4,2671	4,5719	4,8767	5,1815	5,4863	5,7911
20	6,0959	6,4007	6,7055	7,0103	7,3151	7,6199	7,9247	8,2295	8,5342	8,8390
30	9,1483	9,4486	9,7534	10,058	10,363	10,668	10,973	11,277	11,582	11,887
40	12,192	12,497	12,801	13,106	13,411	13,716	14,021	14,325	14,630	14,935
50	15,240	15,545	15,849	16,154	16,459	16,764	17,068	17,373	17,678	17,983
60	18,288	18,592	18,897	19,202	19,507	19,812	20,116	20,421	20,726	21,031
70	21,336	21,640	21,945	22,250	22,555	22,860	23,164	23,469	23,774	24,079
80	24,384	24,688	24,993	25,298	25,603	25,908	26,212	26,517	26,822	27,127
90	27,432	27,736	28,041	28,346	28,651	28,955	29,260	29,565	29,870	30,175

Englische Zoll und Bruchteile in mm.

Zoll	0	$^1/_{16}$	$^1/_8$	$^3/_{16}$	$^1/_4$	$^5/_{16}$	$^3/_8$	$^7/_{16}$
0		1,587	3,175	4,762	6,350	7,937	9,525	11,112
1	25,400	26,987	28,574	30,162	31,749	33,337	34,924	36,512
2	50,799	52,387	53,974	55,561	57,149	58,736	60,324	61,911
3	76,199	77,786	79,374	80,961	82,549	84,136	85,723	87,311
4	101,60	103,19	104,77	106,36	107,95	109,54	111,12	112,71
5	127,00	128,59	130,17	131,76	133,35	134,94	136,52	138,11
6	152,40	153,98	155,57	157,16	158,75	160,33	161,92	163,51
7	177,80	179,38	180,97	182,56	184,15	185,73	187,32	188,91
8	203,20	204,78	206,37	207,96	209,55	211,13	212,72	214,31
9	228,60	230,18	231,77	233,36	234,95	236,53	238,12	239,71
10	254,00	255,58	257,17	258,76	260,35	261,93	263,52	265,11
11	279,39	280,98	282,57	284,16	285,74	287,33	288,92	290,51
12	304,79	306,38	307,97	309,56	311,14	312,73	314,32	315,91

Englische Zoll und Bruchteile in mm.

Zoll	$^1/_2$	$^9/_{16}$	$^5/_8$	$^{11}/_{16}$	$^3/_4$	$^{13}/_{16}$	$^7/_8$	$^{15}/_{16}$
0	12,700	14,287	15,875	17,462	19,050	20,637	22,225	23,812
1	38,099	39,687	41,274	42,862	44,449	46,037	47,624	49,212
2	63,499	65,086	66,674	68,261	69,849	71,436	73,024	74,611
3	88,898	90,486	92,073	93,661	95,248	96,836	98,423	100,01
4	114,30	115,89	117,47	119,06	120,65	122,24	123,82	125,41
5	139,70	141,28	142,87	144,46	146,05	147,63	149,22	150,81
6	165,10	166,68	168,27	169,86	171,45	173,03	174,62	176,21
7	190,50	192,08	193,67	195,26	196,85	198,43	200,02	201,61
8	215,90	217,48	219,07	220,66	222,25	223,83	225,42	227,01
9	241,30	242,88	244,47	246,06	247,65	249,23	250,82	252,41
10	266,70	268,28	269,87	271,46	273,05	274,63	276,22	277,81
11	292,09	293,68	295,27	296,86	298,44	300,03	301,62	303,21
12	317,49	319,08	320,67	322,26	323,84	325,43	327,02	328,61

Yard in Meter.

Yard	Meter	Yard	Meter	Yard	Meter	Yard	Meter	Yard	Meter	Yard	Meter
1	0,9144	19	17,373	37	33,831	55	50,292	73	66,750	91	83,208
2	1,8288	20	18,288	38	34,746	56	51,204	74	67,665	92	84,123
3	2,7432	21	19,202	39	35,661	57	52,119	75	68,580	93	85,038
4	3,6575	22	20,116	40	36,576	58	53,034	76	69,492	94	85,953
5	4,5719	23	21,031	41	37,491	59	53,949	77	70,407	95	86,865
6	5,4863	24	21,945	42	38,403	60	54,864	78	71,322	96	87,780
7	6,4007	25	22,860	43	39,318	61	55,776	79	72,237	97	88,695
8	7,3151	26	23,774	44	40,233	62	56,691	80	73,152	98	89,610
9	8,2295	27	24,688	45	41,148	63	57,606	81	74,064	99	90,525
10	9,1438	28	25,603	46	42,063	64	58,521	82	74,979	100	91,439
11	10,058	29	26,517	47	42,975	65	59,436	83	75,894	120	109,727
12	10,973	30	27,432	48	43,890	66	60,348	84	76,809	240	219,453
13	11,887	31	28,346	49	44,805	67	61,263	85	77,724	360	329,180
14	12,801	32	29,260	50	45,720	68	62,178	86	78,636	480	438,906
15	13,716	33	30,175	51	46,635	69	63,093	87	79,551	600	548,633
16	14,630	34	31,089	52	47,547	70	64,008	88	80,466	720	658,359
17	15,545	35	32,004	53	48,462	71	64,920	89	81,381	840	768,086
18	16,459	36	32,918	54	49,377	72	65,836	90	82,296		

Meter in Yard.

Meter	Yard	Meter	Yard	Meter	Yard	Meter	Yard	Meter	Yard	Meter	Yard
1	1,0936	18	19,685	35	38,273	52	56,876	69	75,453	86	94,046
2	2,1872	19	20,778	36	39,370	53	57,970	70	76,552	87	95,139
3	3,2808	20	21,872	37	40,463	54	59,064	71	77,645	88	96,240
4	4,3744	21	22,965	38	41,556	55	60,158	72	78,740	89	97,333
5	5,4690	22	24,060	39	42,650	56	61,240	73	79,833	90	98,424
6	6,5616	23	25,153	40	43,744	57	62,333	74	80,926	91	99,517
7	7,6552	24	26,246	41	44,833	58	63,428	75	82,020	92	100,612
8	8,7488	25	27,339	42	45,930	59	64,522	76	83,112	93	101,705
9	9,8424	26	28,438	43	47,023	60	65,616	77	84,205	94	102,798
10	10,936	27	29,532	44	48,120	61	66,709	78	85,300	95	103,892
11	12,030	28	30,620	45	49,214	62	67,802	79	86,393	96	104,984
12	13,123	29	31,714	46	50,306	63	68,895	80	87,488	97	106,077
13	14,219	30	32,808	47	51,399	64	69,998	81	88,581	98	107,172
14	15,310	31	33,901	48	52,492	65	71,081	82	89,666	99	108,265
15	16,404	32	34,994	49	53,586	66	72,176	83	90,759	100	109,363
16	17,497	33	36,088	50	54,680	67	73,270	84	91,860		
17	18,590	34	37,180	51	55,773	68	74,360	85	92,954		

Grän in Gramm.

	0	1	2	3	4	5	6	7	8	9
0	0	0,0648	0,1296	0,1944	0,2592	0,3240	0,3888	0,4536	0,5184	0,5832
10	0,6480	0,7128	0,7776	0,8424	0,9072	0,9720	1,0368	1,1017	1,1664	1,2312
20	1,2960	1,3608	1,4257	1,4904	1,5552	1,6200	1,6848	1,7496	1,8144	1,8792
30	1,9440	2,0088	2,0736	2,1384	2,2032	2,2680	2,3328	2,3977	2,4624	2,5272
40	2,5920	2,6568	2,7216	2,7864	2,8512	2,9160	2,9808	3,0456	3,1104	3,1752
50	3,2400	3,3048	3,3696	3,4344	3,4992	3,5640	3,6288	3,6936	3,7584	3,8232
60	3,8880	3,9532	4,0176	4,0824	4,1472	4,2122	4,2768	4,3416	4,4064	4,4712
70	4,5360	4,6008	4,6656	4,7305	4,7952	4,8600	4,9248	4,9896	5,0544	5,1192
80	5,1840	5,2488	5,3136	5,3784	5,4432	5,5080	5,5728	5,6376	5,7024	5,7672
90	5,8320	5,8968	5,9616	6,0264	6,0912	6,1560	6,2208	6,2856	6,3504	6,4152

Gramm in Grän.

	0	1	2	3	4	5	6	7	8	9
0		15,432	30,864	46,296	61,728	77,160	92,592	108,025	123,457	138,889
10	154,32	169,75	185,19	200,62	216,05	231,48	246,91	262,35	277,78	293,20
20	308,64	324,07	339,51	354,94	370,37	385,80	401,24	416,67	432,10	447,53
30	462,96	478,40	493,83	509,26	524,69	540,12	555,56	570,99	586,42	601,85
40	617,28	632,72	648,15	663,58	679,01	694,45	709,88	725,31	740,74	756,17
50	771,61	787,04	802,47	817,90	833,33	848,77	864,20	879,63	895,06	910,49
60	925,93	941,36	956,79	972,22	987,65	1003,09	1018,52	1033,95	1049,38	1064,81
70	1080,25	1095,68	1111,11	1126,54	1141,98	1157,41	1172,84	1188,27	1203,70	1219,14
80	1234,57	1250,00	1265,43	1280,86	1296,30	1311,73	1327,16	1342,59	1358,03	1373,46
90	1388,89	1404,32	1419,75	1435,19	1450,62	1466,05	1481,48	1496,91	1512,35	1527,78

Engl. Pfund in Kilogramm.

	0	1	2	3	4	5	6	7	8	9
0		0,454	0,907	1,361	1,814	2,268	2,722	3,175	3,629	4,082
10	4,536	4,990	5,443	5,897	6,350	6,804	7,258	7,711	8,165	8,618
20	9,072	9,526	9,979	10,433	10,886	11,34	11,794	12,247	12,700	13,154
30	13,61	14,06	14,52	14,97	15,42	15,88	16,33	16,78	17,24	17,69
40	18,14	18,60	19,05	19,50	19,96	20,41	20,87	21,32	21,77	22,23
50	22,68	23,13	23,59	24,04	24,49	24,95	25,40	25,86	26,31	26,76
60	27,22	27,67	28,12	28,58	29,03	29,48	29,94	30,39	30,84	31,30
70	31,75	32,21	32,66	33,11	33,57	34,02	34,47	34,93	35,38	35,83
80	36,29	36,74	37,20	37,65	38,10	38,56	39,01	39,46	39,92	40,37
90	40,82	41,28	41,73	42,18	42,64	43,09	43,55	44,00	44,45	44,91

Kilogramm in engl. Pfund.

	0	1	2	3	4	5	6	7	8	9
0		2,2	4,4	6,6	8,8	11	13,2	15,4	17,6	19,8
10	22	24,2	26,4	28,6	30,8	33	35,2	37,4	39,6	41,8
20	44	46,2	48,4	50,6	52,8	55	57,2	59,4	61,6	63,8
30	66	68,2	70,4	72,6	74,8	77	79,2	81,4	83,6	85,8
40	88	90,2	92,4	94,6	96,8	99	101,2	103,4	105,6	107,8
50	110	112,2	114,4	116,6	118,8	121	123,2	125,4	127,6	129,8
60	132	134,2	136,4	138,6	140,8	143	145,2	147,4	149,6	151,8
70	154	156,2	158,4	160,6	162,8	165	167,2	169,4	171,6	173,8
80	176	178,2	180,4	182,6	184,8	187	189,2	191,4	193,6	195,8
90	198	200,2	202,4	204,6	206,8	209	211,2	213,4	215,6	217,8

Leistungstafeln.

Die Lieferungszahlen gelten für gute Amerikaner. Für ostindische Baumwolle etc. ist die Lieferung um 8—10% niedriger und für bessere Baumwolle wie Ägypter, Sea Island etc. 10—12% höher; diese Lieferungen können aber in der Praxis noch übertroffen werden, besonders wenn für Verminderung der Zeit für Abziehen etc. gesorgt wird.

Die Gewichte sind in Zollpfund (= ½ kg) eingesetzt und beziehen sich auf 10 Stunden.

Tägliche Lieferung.

	Schlägertouren	Lieferung
Ballenbrecher		15 000 Pfund
Kastenspeiser		7 000 »
Voröffner		6 000 »
Vertikalöffner (Crighton) . . .	800 — 1000 t/m . .	6 000 »
Horizontaler Exhaustöffner .	1000 — 1200 t/m . .	6 000 »
Trommelöffner.	1000—1200 t/m . .	5 500 »
Schlagmaschine	1000—1500 t/m . .	3 000 »
Karden, Trommel	160—200 t/m . .	80—200 »

Kämmaschinen, Elsäß. Maschbg.,

90 bis 100 Kammzüge 40—50 Pfund pro Kopf

Kämmaschinen, Nasmith,

90—100 Kammzüge 20—30 » » »

Strecken,

300—380 Zylindertouren 150—220 » » Abliefg.

Spindelgeschwindigkeiten.

Grobbank . . Nr. engl.	0,4—0,5		0,5—0,8	0,8—1
t/m	650		700	750
Mittelfeinbank Nr. engl.	0,9—1		1—2	2—2,4
t/m	700		800	900
Feinbank . . Nr. engl.	2—2,4		2,4—5	5—10
t/m	1000		1100	1200
Extrafeinbank Nr. engl.	6—10		10—20	20—24
t/m	1100		1200	1300

Nr. engl.	8	12	16	20	24—60
Selfaktor, Zettel, t/m	7 000	8 000	9 000	10 000	11 000
Selfaktor, Schuß, t/m	6 000	7 000	8 000	9 000	10 000
Ringspinner, Zettel, t/m	7 000	8 000	9 000	10 000	11 000
Ringspinner, Schuß, t/m	6 000	7 000	8 000	9 000	10 000

Lieferung von Deckelkrempeln.

Praktische Lieferung in Pfund in 10 Stunden.

Abzugzylinder t/m		Zylinder-Lieferung	Band Nr. engl.	0,10	0,12	0,14	0,16	0,18	0,20
3 Zoll 76 mm	4 Zoll 102 mm	minutlich in m	Gramm pro m	5,9	4,9	4,2	3,7	3,3	3
80	60	19		128	108	95	82	73	66
85	64	20		136	115	100	88	76	70
90	67	21		145	123	106	92	81	74
95	71	22½		153	130	112	97	86	78
100	75	24		162	137	118	102	90	82
105	79	25		170	145	125	108	94	87
110	83	26		180	152	131	113	100	90
115	86	27		189	159	137	118	104	93
120	90	28½		198	165	143	123	108	96
125	94	30		208	173	150	128	112	100
130	97	31		217	180	156	134	116	103
135	101	32		226	187	162	139	121	107
140	105	33		235	194	168	144	126	111
145	109	34½		245	200	174	150	131	115
150	112	36		250	206	180	155	136	119

Lieferung der Strecken.

Praktische Lieferung in Pfund in 10 Stunden pro Ablieferung.

Vorderzylindertouren minutlich				V.-Zylinder Lieferung minutlich		Band Nr. engl.	0,10	0,12	0,14	0,16	0,18	0,20
1¹/₈″ 28,5 mm	1³/₁₆″ 30 mm	1¹/₄″ 32 mm	1³/₈″ 35 mm	m	Zoll. engl.	Gramm pro m	5,9	4,9	4,2	3,7	3,3	3
223	212	190	182	20	787		120	100	86	76	70	66
246	233	209	200	22	866		132	110	93	84	77	73
268	254	228	218	24	945		144	120	100	91	84	80
290	276	247	236′	26	1024		156	130	110	98	91	86
313	297	266	254	28	1102		168	140	118	106	100	92
335	318	285	272	30	1181		180	150	128	114	107	98
357	339	304	291	32	1260		192	160	137	122	114	105
380	360	323	309	34	1339		204	170	146	130	121	111
402	381	342	327	36	1417		216	180	155	138	128	118
425	403	361	346	38	1496		228	190	164	146	135	124
447	424	380	364	40	1575		240	200	173	155	142	130
469	445	399	382	42	1654		252	210	182	164	150	137
491	466	418	400	44	1732		264	220	191	173	157	143
513	488	437	418	46	1811		276	230	200	182	164	150
536	509	456	436	48	1890		288	240	209	191	171	156
559	530	475	455	50	1970		300	250	218	200	180	163

Lieferung der Grobbank.

Praktische Lieferung in Pfund und 10 Stunden pro Spindel.

Minutliche Spindeltouren		650		700		750	
Nr. engl.	Drehung auf 1 Zoll engl.	Schneller	Pfund	Schneller	Pfund	Schneller	Pfund
0,4	0,6	11,5	26	12	27	12,5	28
0,5	0,7	10,5	19	11	20	11,5	21
0,6	0,8	9,8	14,5	10,2	15,3	10,7	16,2
0,7	0,85	9,7	12,6	10,1	13	10,6	13,5
0,8	0,95	9,6	10,8	10	11,2	10,5	11,7
0,9	1	9,4	9,5	9,8	10	10,3	10,3
1	1,1	9,2	8,3	9,6	8,7	10,2	9,2

Lieferung der Mittelfeinbank.

Praktische Lieferung in Pfund und 10 Stunden pro Spindel.

Minutliche Spindel-touren		700		800		900	
Nr. engl.	Drehung auf 1 Zoll engl.	Schneller	Pfund	Schneller	Pfund	Schneller	Pfund
1	1,1	9,5	8,5	10,8	9,8	11,7	10,5
1,1	1,2	9,3	7,5	10,4	8,6	11,5	9,5
1,2	1,25	9	6,8	10,2	7,7	11,2	8,5
1,3	1,3	8,8	6,2	10	7	11	7,7
1,4	1,35	8,6	5,4	9,8	6,3	10,8	7
1,5	1,4	8,4	5	9,6	5,8	10,5	6,3
1,6	1,5	8,1	4,5	9,2	5,3	10,3	6
1,7	1,55	7,8	4	9	4,8	10	5,4
1,8	1,6	7,6	3,8	8,8	4,5	9,7	5
1,9	1,65	7,5	3,6	8,6	4,2	9,4	4,5
2	1,7	7,3	3,4	8,3	3,8	9,2	4,2
2,2	1,8	7	2,9	7,9	3,3	8,8	3,6
2,4	1,85	6,9	2,7	7,7	3	8,6	3,3

Lieferung der Feinbank.

Praktische Lieferung in Pfund und 10 Stunden pro Spindel.

Minutliche Spindel-touren		1000		1100		1200	
Nr. engl.	Drehung auf 1 Zoll engl.	Schneller	Pfund	Schneller	Pfund	Schneller	Pfund
2	1,6	9,5	4,3	10,4	4,7	11,3	5
2,2	1,7	9,2	3,8	10	4,2	10,9	4,5
2,4	1,8	9	3,4	9,9	3,8	10,7	4,1
2,6	1,88	8,7	3,1	9,5	3,4	10,3	3,7
2,8	1,95	8,5	2,8	9,3	3,1	10,1	3,3
3	2,03	8,2	2,5	9	2,8	9,8	3
3,2	2,1	8,0	2,3	8,8	2,6	9,6	2,8
3,4	2,15	7,9	2,2	8,6	2,4	9,3	2,6
3,6	2,22	7,8	2	8,5	2,2	9,1	2,4
3,8	2,28	7,7	1,85	8,4	2,1	9,0	2,2

Lieferung der Feinbank.
Praktische Lieferung in Pfund und 10 Stunden pro Spindel.
(Fortsetzung.)

Minutliche Spindeltouren		1000		1100		1200	
Nr. engl.	Drehung auf 1 Zoll engl.	Schneller	Pfund	Schneller	Pfund	Schneller	Pfund
4	2,35	7,5	1,7	8,2	1,85	8,8	2
4,5	2,4	7,2	1,5	8	1,6	8,7	1,7
5	2,54	7	1,3	7,7	1,4	8,4	1,5
5,5	2,7	6,8	1,15	7,4	1,25	8	1,3
6	2,9	6,5	1	7,1	1,1	7,7	1,15
6,5	3	6,1	0,9	6,7	0,95	7,3	1
7	3,1	6	0,8	6,6	0,85	7,2	0,9
7,5	3,2	5,8	0,72	6,4	0,76	7	0,8
8	3,3	5,6	0,63	6,1	0,68	6,6	0,73
9	3,5	5,4	0,54	5,9	0,59	6,4	0,64
10	3,6	5,2	0,47	5,7	0,52	6,2	0,58

Lieferung der Extrafeinbank.
Praktische Lieferung in Pfund und 10 Stunden pro Spindel.

Minutliche Spindeltouren		1100		1200		1300	
Nr. engl.	Drehung auf 1 Zoll engl.	Schneller	Pfund	Schneller	Pfund	Schneller	Pfund
6	2,5	7,9	1,17	8,6	1,3	9,4	1,4
7	2,65	7,7	1	8,4	1,08	9,1	1,17
8	2,8	7,3	0,82	7,9	0,89	8,6	0,97
9	3	7	0,7	7,5	0,75	8,2	0,82
10	3,15	6,5	0,6	7	0,63	7,6	0,66
11	3,30	6,2	0,5	6,7	0,54	7,3	0,6
12	3,45	6	0,45	6,5	0,5	7,1	0,54
13	3,60	5,8	0,4	6,3	0,45	6,9	0,5
14	3,75	5,6	0,36	6,1	0,4	6,6	0,42
15	3,90	5,4	0,32	5,9	0,36	6,4	0,38
16	4	5,2	0,29	5,7	0,32	6,2	0,35
17	4,20	5,1	0,27	5,5	0,3	6	0,32
18	4,30	5	0,25	5,4	0,27	5,9	0,3
19	4,40	4,9	0,23	5,2	0,25	5,7	0,27
20	4,50	4,7	0,21	5,1	0,23	5,6	0,25
22	4,70	4,5	0,18	4,9	0,20	5,4	0,22
24	4,90	4,3	0,15	4,7	0,17	5,2	0,20

Selfaktor-Lieferung.

Zettelgarn-Lieferung pro Spindel in 10 Stunden. Warpcopsdrehung $= 3{,}75 \cdot \sqrt{\text{Nr.}}$

Nr. engl.	Drehung auf 1 Zoll engl.	7000			8000			9000			10000			11000		
		Sekunden für 1 Wagenspiel	Schneller	Pfund	Sekunden für 1 Wagenspiel	Schneller	Pfund	Sekunden für 1 Wagenspiel	Schneller	Pfund	Sekunden für 1 Wagenspiel	Schneller	Pfund	Sekunden für 1 Wagenspiel	Schneller	Pfund
8	10,6	9,8	6,6	0,74	—	—	—	—	—	—	—	—	—	—	—	—
10	11,8	10,5	6,3	0,57	—	—	—	—	—	—	—	—	—	—	—	—
12	13	11,1	6	0,45	10	6,6	0,48	—	—	—	—	—	—	—	—	—
14	14	11,7	5,8	0,37	10,6	6,4	0,40	9,8	7	0,45	—	—	—	—	—	—
16	15	12,2	5,6	0,32	11,1	6,2	0,35	10,2	6,7	0,38	9,6	6,9	0,40	—	—	—
18	15,9	12,7	5,5	0,28	11,6	6	0,31	10,6	6,5	0,33	10	6,7	0,35	9,4	6,9	0,37
20	16,8	13,2	5,4	0,24	12	5,8	0,25	11	6,4	0,29	10,4	6,6	0,31	9,6	7,1	0,33
22	17,6	13,7	5,2	0,21	12,4	5,7	0,23	11,4	6,3	0,26	10,7	6,5	0,28	10	7	0,30
24	18,4	14,1	5,1	0,19	12,8	5,6	0,21	11,7	6,1	0,23	11	6,3	0,25	10,2	6,9	0,27
26	19,1	14,5	4,9	0,17	13,1	5,5	0,19	12	6	0,21	11,2	6,2	0,23	10,5	6,8	0,25
28	19,8	14,9	4,8	0,15	13,5	5,3	0,17	12,3	5,8	0,19	11,4	6	0,20	10,7	6,7	0,23
30	20,5	15,3	4,7	0,14	13,8	5,2	0,15	12,6	5,7	0,17	11,7	5,9	0,19	11	6,5	0,21
32	21,2	15,7	4,6	0,13	14,1	5	0,14	12,9	5,5	0,16	12	5,7	0,18	11,2	6,4	0,20
36	22,5	16,4	4,4	0,11	14,8	4,8	0,12	13,2	5,4	0,14	12,5	5,6	0,15	11,7	6,1	0,17
40	23,7	—	—	—	—	—	—	—	—	—	13	5,5	0,13	12,1	5,9	0,15
44	24,9	—	—	—	—	—	—	—	—	—	13,4	5,3	0,11	12,5	5,7	0,13
50	26,5	—	—	—	—	—	—	—	—	—	14	5	0,09	13,1	5,4	0,1
60	29	—	—	—	—	—	—	—	—	—	15	4,8	0,07	14	5,1	0,08

(Spindeltouren)

Selfaktor-Lieferung.

Schußgarn-Lieferung pro Spindel in 10 Stunden. Pincopsdrehung $= 3{,}25 \cdot \sqrt{\text{Nr.}}$

Spindeltouren (6000, 7000, 8000, 9000, 10 000)

Nr. engl.	Drehung auf 1 Zoll engl.	6000 Sekunden für 1 Wagenspiel	6000 Schneller	6000 Pfund	7000 Sekunden für 1 Wagenspiel	7000 Schneller	7000 Pfund	8000 Sekunden für 1 Wagenspiel	8000 Schneller	8000 Pfund	9000 Sekunden für 1 Wagenspiel	9000 Schneller	9000 Pfund	10 000 Sekunden für 1 Wagenspiel	10 000 Schneller	10 000 Pfund
8	9,2	10,2	5,2	0,6	—	—	—	—	—	—	—	—	—	—	—	—
10	10,3	10,8	5	0,45	9,6	5,5	0,5	—	—	—	—	—	—	—	—	—
12	11,3	11,5	4,9	0,35	10,3	5,4	0,4	9,2	5,9	0,45	—	—	—	—	—	—
14	12,2	12	4,8	0,3	10,8	5,3	0,36	9,8	5,8	0,38	—	—	—	—	—	—
16	13	12,5	4,7	0,25	11,3	5,3	0,32	10,3	5,8	0,32	9,5	6,1	0,38	—	—	—
18	13,8	—	—	—	11,7	5,3	0,28	10,7	5,7	0,28	9,8	6,1	0,31	9,2	6,4	0,33
20	14,5	—	—	—	12,1	5,2	0,25	11	5,7	0,26	10,2	6	0,30	9,5	6,4	0,31
22	15,3	—	—	—	—	—	—	11,4	5,6	0,23	10,5	6	0,28	9,8	6,3	0,29
24	16	—	—	—	—	—	—	11,7	5,6	0,21	10,8	6	0,26	10	6,3	0,27
26	16,6	—	—	—	—	—	—	—	—	—	11	5,9	0,24	10,3	6,2	0,26
28	17,2	—	—	—	—	—	—	—	—	—	11,3	5,8	0,20	10,5	6,2	0,23
30	17,8	—	—	—	—	—	—	—	—	—	11,5	5,8	0,18	10,8	6,1	0,20
32	18,4	—	—	—	—	—	—	—	—	—	11,8	5,7	0,17	11	6,1	0,18
36	19,5	—	—	—	—	—	—	—	—	—	12,2	5,6	0,14	11,4	6	0,16
40	20,6	—	—	—	—	—	—	—	—	—	12,7	5,5	0,13	11,8	5,9	0,14
44	21,6	—	—	—	—	—	—	—	—	—	13,2	5,4	0,12	12,2	5,8	0,13
50	23	—	—	—	—	—	—	—	—	—	13,8	5,2	0,1	12,8	5,5	0,11
60	25,2	—	—	—	—	—	—	—	—	—	14,6	5	0,07	13,6	5,2	0,08

Lieferung der Ringspinner.

Zettelgarn-Lieferung pro Spindel in 10 Stunden, Zettelgarndrehung $= 4 \cdot \sqrt{\text{Nr.}}$

Nr. engl.	Drehung auf 1 Zoll engl.	7000 Schneller	7000 Pfund	8000 Schneller	8000 Pfund	9000 Schneller	9000 Pfund	10000 Schneller	10000 Pfund	11000 Schneller	11000 Pfund
8	11,3	10,6	1,2	11,8	1,3	—	—	—	—	—	—
10	12,6	10	0,9	10,8	1	—	—	—	—	—	—
12	13,8	9,2	0,7	10,4	0,8	11,6	0,85	—	—	—	—
14	15	9	0,6	10,2	0,7	11	0,72	—	—	—	—
16	16	8,5	0,5	9,6	0,57	10,8	0,63	12	0,7	—	—
18	17	7,8	0,42	9	0,48	10,1	0,52	11,2	0,58	—	—
20	17,9	7,4	0,34	8,6	0,4	9,6	0,44	10,6	0,46	11,5	0,5
22	18,7	7,1	0,3	8,1	0,35	9,3	0,38	10,2	0,4	11,1	0,45
24	19,6	6,8	0,26	7,8	0,3	8,9	0,34	9,9	0,38	10,8	0,42
26	20,4	6,6	0,23	7,5	0,27	8,4	0,3	9,4	0,34	10,3	0,37
28	21,2	6,3	0,20	7,2	0,24	8,1	0,27	9	0,3	9,9	0,33
30	22	6,1	0,18	7	0,22	7,9	0,24	8,7	0,27	9,6	0,3
32	22,6	6	0,17	6,8	0,2	7,7	0,22	8,5	0,25	9,3	0,27
36	24	5,6	0,15	6,3	0,17	7,2	0,18	8	0,2	8,7	0,22
40	25,3	—	—	—	—	6,9	,16	7,5	0,18	8,2	0,19
44	26,5	—	—	—	—	—	—	7	0,16	7,7	0,17
50	28,3	—	—	—	—	—	—	6,6	0,12	7,3	0,14
60	31	—	—	—	—	—	—	6	0,09	6,6	0,1

Lieferung der Ringspinner.

Schußgarn-Lieferung pro Spindel in 10 Stunden, Schußgarndrehung $= 3,5 \cdot \sqrt{\text{Nr.}}$

Nr. engl.	Drehung auf 1 Zoll engl.	Spindeltouren 6000		7000		8000		9000		10000	
		Schneller	Pfund	Schneller	Pfund	Schneller	Pfund	Schneller	Pfund	Schneller	Pfund
8	10	10	1,2	12	1,4	—	—	—	—	—	—
10	11	9,3	0,85	11,2	1	11,5	0,9	—	—	—	—
12	12	8,8	0,7	10	0,8	11	0,7	—	—	—	—
14	13	8,3	0,55	9,6	0,62	10,5	0,6	—	—	—	—
16	14	7,8	0,45	9,2	0,52	10	0,5	11,6	0,66	12,6	0,7
18	14,8	7,4	0,36	8,8	0,45	9,6	0,45	11,2	0,56	12	0,6
20	15,6	7	0,32	8,5	0,38	9,2	0,39	10,8	0,5	11,70	0,54
22	16,4	6,8	0,27	8,2	0,33	8,9	0,34	10,4	0,44	11,3	0,50
24	17,1	6,5	0,22	7,8	0,28	8,6	0,30	10	0,38	10,9	0,44
26	17,8	—	—	7,6	0,25	8,4	0,28	9,6	0,34	10,6	0,38
28	18,5	—	—	7,3	0,23	—	—	9,3	0,3	10,2	0,33
30	19,1	—	—	—	—	—	—	9,0	0,27	9,9	0,3
32	19,7	—	—	—	—	—	—	8,7	0,24	9,7	0,27
36	21	—	—	—	—	—	—	8,2	0,20	9,2	0,23
40	22	—	—	—	—	—	—	7,7	0,18	8,8	0,20
44	23	—	—	—	—	—	—	7,2	0,15	8,2	0,17
50	24,5	—	—	—	—	—	—	6,8	0,12	7,9	0,14
60	27	—	—	—	—	—	—	6,2	0,1	7,3	0,12

Lieferung der Ringzwirnmaschinen.

Zwirnnummer		Spindel-touren	Drehungskoeffizient		Drehung pro		Lieferung minutl. in m	Lieferung in 60 Std.		Läufer
engl.	franz.		Nr. engl. in Zoll	Nr. franz. in dm	Zoll	dm		engl. Schneller	kg	
10/6	8,5/6	4000	5	21	6½	25½	15,6	60	18	9
20/6	17/6	4500	5	21	9½	37½	12	47	7	10
30/6	25/6	4500	5	21	11½	45½	10	39	3,9	11
30/9	25/9	4500	5	21	9½	37½	12	47	7	10
16/3	13,5/3	5500	5	21	11	43½	12,7	49	4,6	13
20/3	17/3	5500	5	21	12½	49¼	11,2	42	3,2	14
20/6	17/6	5500	5	21	9	35½	15,5	58	8,8	11
30/6	25/6	5500	5	21	11	43½	12,7	50	5	12
40/6	34/6	5500	5	21	12½	49¼	11,2	43	3,2	13
20/2	17/2	7250	5	21	16	63	11,5	44	2,2	16
30/2	25/2	7250	5	21	19½	77	9,5	36	1,2	17
40/2	34/2	7250	5	21	22	86	8,3	32	0,8	18
50/6	42/C	7250	5	21	14	55	13	50	3	15
60/6	51/6	7250	5	21	16	63	11,5	44	2,2	16
80/6	68/6	7250	5	21	18	71	10,2	40	1,5	17
50/2	42/2	8000	5	21	25	98	8	30	0,6	18
60/2	51/2	8000	5	21	28	110	4,7	28	0,45	19
80/2	68/2	8000	5	21	31	122	6,5	24	0,3	20
100/6	85/6	8000	5	21	20	78	10	40	1,2	21
120/6	102/6	8000	5	21	22½	88	9	32	0,8	22
100/2	85/2	8500	5	21	35	138	6,2	23	0,23	22
120/2	102/2	8500	5	21	38	150	5,7	22	0,18	23
140/2	119/2	8500	5	21	41	161	5,2	21	0,15	24
160/2	136/2	8500	5	21	45	177	4,8	20	0,12	25

Trockenzwirn
mit Kötzerwindung für Webgarne, Leistengarne etc.

Zwirnnummer		Spindel-touren	Drehungskoeffizient		Drehung pro		Lieferung minutl. in m	Lieferung in 60 Std.		Läufer
engl.	franz.		Nr. engl. in Zoll	Nr. franz. in dm	Zoll	dm		engl. Schneller	kg	
16/2	13,5/2	6500	4,25	19	12	48	13,8	48	3	12
20/2	17/2	6500	4,1	18	13	52	12,7	46	2,3	10
30/2	25/2	6500	4,1	18	16	63	10,3	36	1,2	8
40/2	34/2	6500	4	17	18	71	9,2	32	0,8	6

Sachregister.